·高等学校计算机基础教育教材精选·

计算机系统导论

常晋义 王小英 周蓓 编著

清华大学出版社

北京

内 容 简 介

本书借鉴了国内外同类教材的经验,结合作者多年讲授"计算机系统导论"的教学实践写作而成。本书主要内容包括计算机系统概论,计算机运算基础,计算机系统组成,操作系统,计算机网络,Internet及其应用,程序设计语言,算法基础,数据库技术,信息与信息管理,多媒体应用技术,软件开发技术,信息安全技术,人工智能,计算机领域热点问题,信息社会与计算机应用,计算机学科体系,计算机伦理与职业等。本教材编写体系安排为每一章一个主题,可根据专业方向进行取舍。

本书可作为高等学校计算机科学与技术及相关专业的教材,也适用于从事计算机应用与信息技术的相关人员阅读。

图书在版编目(CIP)数据

计算机系统导论/常晋义,王小英,周蓓编著. —北京:清华大学出版社,2011.9
(高等学校计算机基础教育教材精选)
ISBN 978-7-302-25823-0

I. ①计… II. ①常… ②王… ③周… III. ①计算机系统—高等学校—教材 IV. ①TP30

中国版本图书馆 CIP 数据核字(2011)第 113549 号

责任编辑:白立军 李玮琪
责任校对:焦丽丽
责任印制:王秀菊

出版发行:清华大学出版社   地   址:北京清华大学学研大厦 A 座
         http://www.tup.com.cn   邮   编:100084
         社 总 机:010-62770175   邮   购:010-62786544
         投稿与读者服务:010-62795954,jsjjc@tup.tsinghua.edu.cn
         质 量 反 馈:010-62772015,zhiliang@tup.tsinghua.edu.cn
印 刷 者:北京四季青印刷厂
装 订 者:三河市兴旺装订有限公司
经   销:全国新华书店
开   本:185×260   印   张:22.25   字   数:513 千字
版   次:2011 年 9 月第 1 版   印   次:2011 年 9 月第 1 次印刷
印   数:1~3000
定   价:35.00 元

产品编号:041884-01

出版说明

在教育部关于高等学校计算机基础教育三层次方案的指导下,我国高等学校的计算机基础教育事业蓬勃发展。经过多年的教学改革与实践,全国很多学校在计算机基础教育这一领域中积累了大量宝贵的经验,取得了许多可喜的成果。

随着科教兴国战略的实施及社会信息化进程的加快,目前我国的高等教育事业正面临着新的发展机遇,但同时也必须面对新的挑战。这些都对高等学校的计算机基础教育提出了更高的要求。为了适应教学改革的需要,进一步推动我国高等学校计算机基础教育事业的发展,我们在全国各高等学校精心挖掘和遴选了一批经过教学实践检验的优秀的教学成果,编辑出版了这套教材。教材的选题范围涵盖了计算机基础教育的三个层次,包括面向各高校开设的计算机必修课、选修课,以及与各类专业相结合的计算机课程。

为了保证出版质量,同时更好地适应教学需求,本套教材将采取开放的体系和滚动出版的方式(即成熟一本、出版一本,并保持不断更新)。坚持宁缺毋滥的原则,力求反映我国高等学校计算机基础教育的最新成果,使本套丛书无论在技术质量上还是出版质量上均成为真正的"精选"。

清华大学出版社一直致力于计算机教育用书的出版工作,在计算机基础教育领域出版了许多优秀的教材。本套教材的出版将进一步丰富和扩大我社在这一领域的选题范围、层次和深度,以适应高校计算机基础教育课程层次化、多样化的趋势,从而更好地满足各学校由于条件、师资和生源水平、专业领域等的差异而产生的不同需求。我们热切期望全国广大教师能够积极参与到本套丛书的编写工作中来,把自己的教学成果与全国的同行们分享;同时也欢迎广大读者对本套教材提出宝贵意见,以便我们改进工作,为读者提供更好的服务。

我们的电子邮件地址是 jiaoh@tup.tsinghua.edu.cn。联系人:焦虹。

清华大学出版社

前言

计算机系统导论是计算机科学与技术及相关专业的一门专业基础课程。它通过系统、全面地介绍计算机科学技术的基础知识,揭示计算机学科领域的特色并概述性地介绍该学科各分支的专业知识,展示在该领域能够做什么,让学生对计算机学科的框架有一个系统性的认识。

本教材围绕计算机科学与技术学科的定义、特点、基本问题、发展主线、主流方向、学科方法论、历史渊源、发展变化、知识组织结构与分类体系、发展潮流与未来发展方向、学科人才培养与科学素养等内容进行了系统而又深入浅出的论述,全面地阐述了计算机学科的基本概念和技术。

教材内容包括计算机系统概论,计算机运算基础,计算机系统组成,操作系统,计算机网络,Internet 及其应用,程序设计语言,算法基础,数据库技术,信息与信息管理,多媒体应用技术,软件开发技术,信息安全技术,人工智能,计算机领域热点问题,信息社会与计算机应用,计算机学科体系,计算机伦理与职业等。

本教材编写体系安排为每一章一个主题,可根据专业方向进行取舍。本课程只是起到入门和课程整合的作用,深入学习,有待于后续各门专业课程的开设。

为了便于教师使用和学生学习,教材配有教学课件和学习辅导资料,读者可直接与作者联系,E-mail 地址为 jinyichang@sina.com。

本书由常晋义主编,王小英、周蓓副主编。参加编写工作的有常晋义、徐文彬、王小英、周蓓、赵彩云、高燕、刘永俊、应文豪等。何世明、赵彩云审阅了全部书稿,江苏省高等院校的相关教师对本书的编写提出了宝贵的建议和意见,并提供了相关资料,在编写过程中,也参考了众多相关教材、资料,在此表示诚挚的感谢。

由于本书涉及面广,技术新,书中如有不妥之处,请读者批评指正。

作　者

2011 年 1 月

目录

第 1 章　计算机系统概论 ………………………………………… 1

1.1　计算机概述 …………………………………………………… 1

　　1.1.1　认识计算机 …………………………………………… 1

　　1.1.2　计算机的类型 ………………………………………… 4

　　1.1.3　计算机的应用领域 …………………………………… 6

1.2　计算机系统构成 ……………………………………………… 8

　　1.2.1　计算机硬件系统 ……………………………………… 8

　　1.2.2　计算机软件系统 …………………………………… 10

1.3　计算机的发展 ……………………………………………… 11

　　1.3.1　计算机的产生与发展 ……………………………… 11

　　1.3.2　我国计算机的发展 ………………………………… 16

　　1.3.3　影响计算机发展的人物与思想 …………………… 17

　　1.3.4　计算机的发展趋势 ………………………………… 19

1.4　思考与讨论 ………………………………………………… 21

　　1.4.1　问题思考 …………………………………………… 21

　　1.4.2　课外讨论 …………………………………………… 22

第 2 章　计算机运算基础 ……………………………………… 23

2.1　数制 ………………………………………………………… 23

　　2.1.1　数制的概念 ………………………………………… 23

　　2.1.2　不同进制间的转换 ………………………………… 25

　　2.1.3　二进制及其运算 …………………………………… 26

2.2　计算机中信息的表示 ……………………………………… 28

　　2.2.1　计算机中符号数的表示 …………………………… 29

　　2.2.2　定点数与浮点数 …………………………………… 34

　　2.2.3　计算机中字符的编码表示 ………………………… 35

2.3　思考与讨论 ………………………………………………… 38

　　2.4.1　问题思考 …………………………………………… 38

　　2.4.2　课外讨论 …………………………………………… 39

第3章　计算机系统组成 ·· 40

  3.1　计算机组成原理 ·· 40

     3.1.1　计算机的硬件结构 ··· 40

     3.1.2　计算机的层次结构 ··· 42

     3.1.3　计算机的工作原理 ··· 44

  3.2　计算机系统单元 ·· 46

     3.2.1　存储系统 ·· 46

     3.2.2　中央处理器 ·· 48

  3.3　外部设备与输入输出系统 ·· 52

     3.3.1　计算机外部设备 ·· 52

     3.3.2　主机与外设的连接 ··· 53

  3.4　思考与讨论 ·· 56

     3.4.1　问题思考 ·· 56

     3.4.2　课外讨论 ·· 56

第4章　操作系统 ·· 57

  4.1　操作系统概述 ·· 57

     4.1.1　操作系统的基本概念 ·· 57

     4.1.2　操作系统的功能 ·· 59

     4.1.3　操作系统的结构设计 ·· 60

  4.2　操作系统的演化 ·· 61

     4.2.1　CP/M ··· 61

     4.2.2　MS-DOS ·· 62

     4.2.3　Windows ··· 63

     4.2.4　UNIX ··· 65

     4.2.5　Linux ··· 67

     4.2.6　FreeBSD ·· 69

     4.2.7　Mac OS ·· 70

  4.3　嵌入式操作系统 ·· 71

     4.3.1　嵌入式系统 ·· 71

     4.3.2　嵌入式操作系统 ·· 72

     4.3.3　常用的嵌入式操作系统 ·· 73

  4.4　思考与讨论 ·· 75

     4.4.1　问题思考 ·· 75

     4.4.2　课外讨论 ·· 76

第5章　计算机网络 ·· 77

  5.1　计算机网络基础 ·· 77

　　　　5.1.1　计算机网络的概念 ·············· 77

　　　　5.1.2　计算机网络的发展 ·············· 79

　　5.2　计算机网络的构成与分类 ············· 80

　　　　5.2.1　计算机网络的构成 ·············· 81

　　　　5.2.2　计算机网络的分类 ·············· 82

　　　　5.2.3　无线网络 ·················· 83

　　5.3　计算机网络的体系结构 ·············· 85

　　　　5.3.1　计算机网络体系结构的概念 ········· 85

　　　　5.3.2　开放系统互连参考模型 ··········· 85

　　　　5.3.3　OSI 七层协议的主要功能 ·········· 87

　　5.4　常用的计算机网络设备 ·············· 90

　　　　5.4.1　传输媒体 ·················· 90

　　　　5.4.2　网络设备 ·················· 92

　　5.5　思考与讨论 ·················· 95

　　　　5.5.1　问题思考 ·················· 95

　　　　5.5.2　课外讨论 ·················· 95

第 6 章　Internet 及其应用 ·············· 96

　　6.1　Internet 简介 ················· 96

　　　　6.1.1　Internet 概述 ··············· 96

　　　　6.1.2　Internet 的构成 ·············· 99

　　　　6.1.3　TCP/IP 协议簇 ··············· 101

　　6.2　Internet 的应用 ················ 103

　　　　6.2.1　Internet 的连接 ·············· 103

　　　　6.2.2　Internet 服务 ··············· 105

　　6.3　网站创建与网页制作 ··············· 109

　　　　6.3.1　网站概述 ·················· 109

　　　　6.3.2　网页设计与制作 ··············· 112

　　　　6.3.3　网页设计技术 ················ 113

　　6.4　思考与讨论 ·················· 114

　　　　6.4.1　问题思考 ·················· 114

　　　　6.4.2　课外讨论 ·················· 115

第 7 章　程序设计语言 ················ 116

　　7.1　程序设计语言介绍 ··············· 116

　　　　7.1.1　程序设计概述 ················ 116

　　　　7.1.2　程序设计语言的发展 ············· 117

　　　　7.1.3　程序设计语言的类型 ············· 120

7.2　程序设计过程 ·· 124
　　7.2.1　程序设计过程介绍 ······························ 124
　　7.2.2　结构化程序设计 ································ 125
　　7.2.3　面向对象程序设计 ······························ 126
7.3　思考与讨论 ·· 128
　　7.3.1　问题思考 ···································· 128
　　7.3.2　课外讨论 ···································· 129

第 8 章　算法基础 ·· 130

8.1　算法的概念 ·· 130
　　8.1.2　算法及其特性 ································ 130
　　8.1.2　算法的表示 ·································· 133
　　8.1.3　算法的分类 ·································· 135
8.2　算法分析与设计 ·· 137
　　8.2.1　算法分析 ···································· 137
　　8.2.2　常用算法设计 ································ 138
8.3　计算机学科典型实例 ···································· 142
　　8.3.1　哥尼斯堡七桥问题 ······························ 142
　　8.3.2　汉诺塔问题 ·································· 144
　　8.3.3　哲学家进餐问题 ································ 145
　　8.3.4　旅行商问题 ·································· 146
8.4　思考与讨论 ·· 147
　　8.4.1　问题思考 ···································· 147
　　8.4.2　课外讨论 ···································· 148

第 9 章　数据库技术 ·· 149

9.1　数据库技术概述 ·· 149
　　9.1.1　数据库技术介绍 ································ 149
　　9.1.2　数据库系统 ·································· 151
　　9.1.3　数据模型 ···································· 152
9.2　数据库管理系统 ·· 155
　　9.2.1　数据库管理系统基础 ······························ 155
　　9.2.2　常见的数据库管理系统 ·························· 157
9.3　数据库技术应用与发展 ·································· 158
　　9.3.1　主流数据库 ·································· 158
　　9.3.2　数据库技术的研究热点 ·························· 160
　　9.3.3　数据库技术发展趋势 ······························ 162
9.4　思考与讨论 ·· 163

9.4.1 问题思考 ·· 163

9.4.2 课外讨论 ·· 163

第 10 章　信息与信息管理 ································· 164

10.1 信息与信息资源 ·· 164

10.1.1 信息的基本概念 ······························ 164

10.1.2 信息资源及管理 ······························ 167

10.2 信息管理 ·· 169

10.2.1 信息管理的基本概念 ······················ 169

10.2.2 信息管理发展的特征 ······················ 170

10.3 信息系统 ·· 172

10.3.1 信息系统的概念 ······························ 172

10.3.2 信息系统的应用 ······························ 175

10.3.3 信息系统在企业中的应用 ··············· 177

10.3.4 信息系统的开发 ······························ 182

10.4 思考与讨论 ··· 183

10.4.1 问题思考 ··· 183

10.4.2 课外讨论 ··· 184

第 11 章　多媒体应用技术 ································· 185

11.1 多媒体与多媒体技术 ···································· 185

11.1.1 多媒体 ·· 185

11.1.2 多媒体技术 ······································ 187

11.2 多媒体系统 ··· 191

11.2.1 多媒体计算机系统 ··························· 191

11.2.2 多媒体系统开发关键技术 ················ 192

11.3 多媒体应用技术 ··· 195

11.3.1 文字媒体技术 ·································· 195

11.3.2 声音媒体技术 ·································· 196

11.3.3 图形图像媒体技术 ··························· 199

11.3.4 动画技术 ··· 202

11.3.5 虚拟现实技术 ·································· 203

11.4 思考与讨论 ··· 206

11.4.1 问题思考 ··· 206

11.4.2 课外讨论 ··· 206

第 12 章　软件开发技术 ····································· 207

12.1 软件与软件工程 ··· 207

　　　12.1.1　软件与软件危机 ·· 207

　　　12.1.2　软件工程 ·· 209

　　12.2　软件生存周期 ·· 212

　　　12.2.1　软件生存周期介绍 ·· 212

　　　12.2.2　软件生存周期模型 ·· 214

　　　12.2.3　微软产品开发过程模型 ·· 217

　　12.3　软件工程方法学 ·· 219

　　　12.3.1　软件开发方法 ·· 219

　　　12.3.2　软件开发工具 ·· 220

　　　12.3.3　软件开发基本策略 ·· 222

　　12.4　软件过程改进 ·· 223

　　　12.4.1　软件能力成熟度模型 ·· 223

　　　12.4.2　个体软件过程 ·· 225

　　　12.4.3　团队软件过程 ·· 228

　　12.5　思考与讨论 ·· 228

　　　12.5.1　问题思考 ·· 228

　　　12.5.2　课外讨论 ·· 229

第 13 章　信息安全技术 ·· 230

　　13.1　信息安全 ·· 230

　　　13.1.1　信息安全概述 ·· 230

　　　13.1.2　信息安全问题分析 ·· 233

　　13.2　密码技术 ·· 235

　　　13.2.1　密码学基础 ·· 235

　　　13.2.2　加密技术 ·· 238

　　13.3　网络安全技术 ·· 240

　　　13.3.1　防火墙技术 ·· 240

　　　13.3.2　入侵检测技术 ·· 242

　　　13.3.3　虚拟网技术 ·· 244

　　13.4　计算机病毒及防治 ·· 246

　　　13.4.1　计算机病毒的概念 ·· 246

　　　13.4.2　计算机病毒的检测与预防 ······································ 249

　　13.5　思考与讨论 ·· 249

　　　13.5.1　问题思考 ·· 249

　　　13.5.2　课外讨论 ·· 250

第 14 章　人工智能 ·· 251

　　14.1　人工智能介绍 ·· 251

      14.1.1　人工智能概述 ·· 251

      14.1.2　人工智能的研究与应用 ·································· 255

  14.2　人工智能的经典问题 ·· 259

      14.2.1　图灵机与图灵测试 ·· 259

      14.2.2　人工智能经典实例 ·· 261

  14.3　思考与讨论 ··· 264

      14.3.1　问题思考 ··· 264

      14.3.2　课外讨论 ··· 264

第 15 章　计算机领域热点问题 ·· 265

  15.1　信息技术的发展 ··· 265

      15.1.1　新型技术的相互渗透 ······································ 265

      15.1.2　信息技术发展取向 ·· 268

  15.2　计算机领域的热点 ··· 268

      15.2.1　普适计算 ··· 268

      15.2.2　云计算 ··· 270

      15.2.3　物联网 ··· 273

      15.2.4　嵌入式系统 ··· 277

  15.3　信息技术发展面临的问题 ······································ 279

      15.3.1　信息技术的需求与困惑 ·································· 279

      15.3.2　计算机领域面临的难题 ·································· 280

  15.4　思考与讨论 ··· 284

      15.4.1　问题思考 ··· 284

      15.4.2　课外讨论 ··· 284

第 16 章　信息社会与计算机应用 ···································· 285

  16.1　信息社会概述 ··· 285

      16.1.1　信息社会 ··· 285

      16.1.2　信息化及发展目标 ·· 287

      16.1.3　国家信息化发展战略 ······································ 290

  16.2　计算机在信息社会中的应用 ·································· 291

      16.2.1　计算机应用 ··· 291

      16.2.2　电子商务 ··· 294

  16.3　思考与讨论 ··· 297

      16.3.1　问题思考 ··· 297

      16.3.2　课外讨论 ··· 297

第 17 章　计算机学科体系 ·· 298

  17.1　计算机学科概论 ··· 298

17.1.1　计算机学科的特点 ································· 298

17.1.2　计算机学科的基本问题 ····························· 299

17.1.3　计算机学科的发展主线 ····························· 301

17.2　计算机学科方法论 ·································· 304

17.2.1　计算机学科的形态 ································· 304

17.2.2　计算机学科的核心概念 ····························· 305

17.2.3　计算机学科的典型方法 ····························· 309

17.3　计算机学科体系 ···································· 309

17.3.1　计算机学科知识体系 ······························· 309

17.3.2　计算机学科与其他学科的联系 ························· 312

17.3.3　计算机学科的研究内容 ····························· 317

17.4　思考与讨论 ······································· 319

17.4.1　问题思考 ··· 319

17.4.2　课外讨论 ··· 319

第18章　计算机伦理与职业 ································· 320

18.1　计算机伦理学 ····································· 320

18.1.1　计算机伦理学的建设背景 ··························· 320

18.1.2　计算机伦理学的主要内容 ··························· 323

18.1.3　美国计算机职业伦理规范 ··························· 324

18.2　职业理想与职业道德 ································ 326

18.2.1　职业理想 ··· 326

18.2.2　计算机职业道德 ··································· 328

18.2.3　美国计算机职业道德 ······························· 329

18.2.4　软件工程师基本素质 ······························· 332

18.3　信息产业的法律法规 ································ 333

18.3.1　信息产业法律法规 ································· 333

18.3.2　计算机软件保护 ··································· 335

18.4　职业与择业 ······································· 337

18.4.1　与计算机专业有关的职业领域 ······················· 337

18.4.2　计算机职业资格考试 ······························· 338

18.5　思考与讨论 ······································· 339

18.5.1　问题思考 ··· 339

18.5.2　课外讨论 ··· 340

参考文献 ·· 341

第 **1** 章 计算机系统概论

【本章导读】

本章从认识计算机出发,对计算机的概念、特点与局限进行了分析,介绍了计算机的类型、应用领域、系统构成,以及计算机发展历程中的重要问题和发展趋势。读者可以了解计算机的概念与特点,了解计算机的应用领域,以及计算机发展流行趋势等相关知识;熟悉计算机系统的构成、软硬件间相互的关系。

【本章主要知识点】

① 计算机的概念与特点;

② 计算机的类型与应用领域;

③ 计算机系统的构成;

④ 计算机的发展历程与趋向。

1.1 计算机概述

计算机是 20 世纪科学技术发展最伟大的发明创造之一,它的诞生给人类社会带来了深刻的影响。这种影响不仅仅体现在物质方面,更重要的是反映在对人类思维方式产生的深刻影响。时至今日,计算机已被广泛地应用于科学技术、国防建设、工农业生产以及人民生活等各个领域,对国民经济、国防建设和科学文化事业的发展产生了巨大的推动作用。

1.1.1 认识计算机

计算机是一种特殊的工具,其特殊性决定了计算机的应用不同于其他工具的应用。人与计算机的关系要比人与其他工具的关系复杂许多。计算机所具备的功能正在逐渐增强执行智能任务的能力,因此它又被称为"智力工具"。

1. 无处不在的计算机

当今,社会生活的很多地方都可以看到计算机的身影。例如,在图书馆借阅图书的过程中,需要通过计算机来检索管理图书的具体位置和借阅情况。在商场、购物中心等场所,能够见到用于票务输出、财务管理等各种工作的计算机。可以看出,在现在的生活、学习和工作中，计算机已经无处不在，并在许多方面为人们提供便利及帮助。

（1）提高工作效率，提升产品质量。在没有计算机以及计算机欠发达且没有广泛普及的年代里，很多工作都需要手工完成，不仅效率低，而且很容易出现错误。这一问题使得产品的产量极其有限，产品规格也很难统一，这些都是造成产品生产成本高和质量不稳定的重要因素。

将计算机引入生产制造行业，商品生产可以在计算机统一管理下全面转为半自动或自动化的生产流程。这样不仅加快了生产速度，提高了工作效率，还统一了产品规格，减少了不合格产品的数量，从而实现了降低生产成本的目的。

（2）带来新的学习方式与方法。在这个信息爆炸的时代，每天都有吸收不完的信息和知识。在借助计算机及相关网络后，可以更加迅速地搜索到所需的各种信息和知识资料。此外，计算机功能的不断拓展，使得编辑文稿、计算数学题、绘制图形等工作都可以在计算机上实现，还可以通过 Internet 实现在线学习或实施远程教育。

（3）丰富娱乐生活，拉近人与人之间的距离。通过计算机可以看电影、听音乐、收发电子邮件、与好朋友聊天或进行互动性游戏，甚至还可以让远在天边的多个用户实时参加同一个视频会议。计算机的这些功能，不仅丰富了娱乐生活，还影响和改变着人们相互交往的方式，从而逐渐缩短人与人之间的相互距离。

综上所述，计算机作为处理和加工信息的电子设备已经成为新技术革命中的主力，它是推动社会向现代化迈进的活跃因素。其相关产业已经在世界范围内发展成为一种极富生产力的科技产业，并且最终将在促进社会发展和改善人们生活水平与提高生活质量等方面做出巨大的贡献。

2．什么是计算机

对"什么是计算机"这一问题，人们从不同角度提出了不同的见解。例如，"计算机是一种可以自动进行信息处理的工具"，"计算机是一种能快速而高效地自动完成信息处理的电子设备"，"计算机是一种能够高速运算、具有内部存储能力、由程序控制其操作过程的电子装置"等。从根本上说，计算机是一种能迅速而高效地自动完成信息处理的电子设备，其基本功能包括数学运算、逻辑比较、存储和读取操作。

一般对计算机描述是：计算机是一种能够按照指令对各种数据和信息进行自动加工和处理的电子设备，擅长完成快速计算、大型数据库分类和检索等规模较大且重复性较强的任务，能够在现有指令的引导下有条不紊地完成各种各样的工作。

通过上述描述，可以了解计算机的以下 3 大特征。

（1）只有有限的能力。计算机的能力是有限的，只能进行对数据与信息的加工和处理，擅长完成的只是重复性较强的任务。

（2）只能进行简单的工作。计算机的工作原理决定了计算机的能力只局限在数学运算与逻辑比较，并由此完成存储和读取等操作，其他工作无法进行。

（3）必须由指令来引导它完成工作。这是计算机与其他应用工具的根本区别。"计算机是一台笨拙的机器，具有从事令人难以置信的聪明工作的能力"（Jamie Shiers）。正是因为聪明的人赋予计算机完成任务的指令（程序），使计算机可以按照人的要求去完成任务，程序员与计算机的完美配合使计算机成为一种神奇的工具，可以完成各种各样的任务。

3. 计算机的特点

计算机能够按照程序对信息进行加工、处理、存储。运算速度、存储容量、可靠性、准确性等性能指标体现了计算机的特点。

（1）运算速度快。世界上第一台电子计算机的运算速度是 5000 次/秒。目前一般微型计算机的运算速度可达每秒几千万至一亿次，超级计算机的运算速度已经达到每秒几百亿次。2010 年 10 月，我国"天河一号"超级计算机实现了一系列重大技术突破，其每秒4700 万亿次的峰值性能和每秒 2507 万亿次的持续性能，双双刷新了当前世界超级计算机系统运算速度记录。计算机这么快的运算速度，使得过去需要几年甚至几十年才能完成的任务，现在只要几天、几小时甚至更短时间就能完成。

（2）存储容量大。计算机的存储器可以存储大量的数据，它不仅能够存储计算结果信息，还能存储计算机在执行过程中的中间信息，并能根据解决问题的需要随时取用。随着计算机硬件技术的飞速发展，计算机存储容量也在快速增长。

（3）可靠性高。由于采用了大规模和超大规模集成电路，计算机有非常高的可靠性。计算机不仅用于数值计算，还可以用于数据处理、工业控制、辅助设计、办公自动化等。

（4）准确性高（精度高）。现在的计算机一般有十几位有效数字。随着计算机技术更深入的发展，获得更高的有效数字位数是必然的，有效数字位数越多，计算机计算的范围越大，准确性越高。例如，对圆周率的计算，数学家们经过长期艰苦的努力只算到小数点后 500 位，而使用计算机很快就算到小数点后 200 万位。

4. 计算机的局限性

虽然计算机有着种种的优点，但作为一种科学计算工具，它还存在一定的局限。计算机的局限性主要包括以下几个方面。

（1）不具备自己的思想。"您看着办吧"这样的问题，计算机无法执行。也就是说，要让计算机完成什么工作，必须由人为其编制一步不差的运行程序，错了一个符号，计算机也不能正确工作。现在的计算机还是一个刺激系统，发出一个正确的命令，计算机就有一个正确的反应，否则一定出错。另外，还必须给计算机的工作"指路"，这个"指路"就是程序、软件。目前，随着软件技术的发展，有时路径比较模糊计算机也能认识并走下去，但是要实现革命性的突破，还要取决于基本理论和人工智能的突破性进展。

（2）没有很好的直觉和想象能力，根据过去经验摸索新知识的能力有限。出现这些问题都是由于计算机处理的信息必须量化，凡是不能数字量化的信息（如人类的思维、触觉、感情等）计算机都不能处理。也就是说，计算机还无法像人一样，提到大海，就想到浩瀚无边、蔚蓝、波涛汹涌等概念，从而对大海产生直接的感性认识。

（3）运算速度和存储容量还远不能满足实际需要。虽然短短的 50 余年仅运算速度和存储容量两项就提高了将近 10～20 次方的倍数，但是还远远不够。例如，国际象棋与围棋的问题。由于速度和容量的大幅度提高，深蓝Ⅰ型机没有战胜国际象棋冠军，而Ⅱ型机战胜了国际象棋冠军卡斯波洛夫。围棋计算机尚未问世，也是因为速度和容量还远远不够，首先最根本的是容量，仅仅围棋的盘面就有 361 个状态（19×19＝361 点位，黑白空），而存一个状态就要若干字节。像这样巨大的存储容量是当今计算机还不能解决的。

1.1.2　计算机的类型

在计算机的发展过程中，出现了各种各样的发展分支，其类型也在不断地发生着变化。到目前为止，计算机主要分为以下几种类型（图 1-1）。

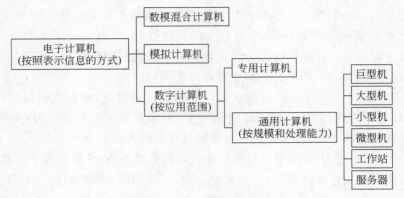

图 1-1　计算机的分类

1．不同数据表示方式的计算机类型

根据计算机表示数据方式的不同，可以将计算机分为数字计算机、模拟计算机和数模混合计算机 3 种类型。

（1）数字计算机。数字计算机通过电信号的有无来表示数据，并利用算术和逻辑运算法则进行计算，具有运算速度快、精度高、灵活性强和便于数据存储等优点，因此主要应用于科学计算、信息处理、实时控制和人工智能等领域。目前，生活中使用和接触到的计算机都是数字计算机。

（2）模拟计算机。模拟计算机的问世时间早于数字计算机，其内部所有数据信号都是在模拟自然界实际信号的基础上进行处理和显示的，这些数据信号被称为模拟电信号。模拟计算机的基本运算部件是由运算放大器构成的各种模拟电路，其所处理的模拟信号在时间上是连续且不间断的模拟量，如电压、电流或温度等。

与数字计算机相比，模拟计算机的通用性较差，其电路结构复杂、抗干扰能力不强、处理问题时的精度较低，但运算速度较快，因此主要用于过程控制和模拟仿真。

（3）数模混合计算机。数模混合计算机兼有数字和模拟两种计算机的优点，即能接收、输出和处理模拟信号，又能接收、输出和处理数字信号。

2．不同用途的计算机类型

计算机发展至今已被广泛应用于众多领域，在各种行业的发展过程中发挥着重要的作用。不同行业所使用计算机的用途大都有所差异，但总体可以将其分为两大类型。

（1）专用计算机。专用计算机是专门为解决某种问题而设计制造的，其特点是功能单一且针对性强，有些甚至属于专机专用的类型。在设计制造过程中，由于专用计算机在增强专用功能的同时削弱或去除了次要功能,因此专用计算机能够高速度、高效率地解决特定问题,图1-2为超市内常见的POS收款机。

(2)通用计算机。通用计算机是指使用比较普遍的计算机,其特点是功能多、配置全、用途广、通用性强。在日常办公和家庭中用到的计算机都属于通用计算机,如图1-3所示。

图1-2　专用POS收款机

图1-3　通用计算机

3. 不同规模和处理能力的计算机类型

在通用计算机中,按照其规模、速度和功能可以分为巨型机、大型机、小型机、微型机、工作站和服务器等多种类型。不同类型间的差别主要体现在体积大小、结构复杂程度、功率消耗、性能指标、数据存储容量、指令系统和设备及软件配置等方面。

(1)巨型机。通常把最快、最大、最昂贵的计算机称为巨型机。其主要应用于国防、空间技术、石油勘探、长期天气预报以及社会模拟等尖端科学领域。现阶段巨型机的运算速度都在万亿次/秒以上。

(2)大型机。其特点是通用性较好、综合处理能力强,性能覆盖面广等,但运算速度要慢于巨型机。通常情况下,大型机都会配备有许多其他的外部设备和数量众多的终端,从而组成一个计算机中心,因此只有大中型企业、银行、政府部门和社会管理机构等单位才会使用,其又被称为"企业级"计算机。图1-4为中国银行大型计算机的数据处理系统。

图1-4　中国银行大型计算机

(3)小型机。与巨型机和大型机相比,小型机的规模较小,而且结构较为简单,通常用做大型计算机系统的辅助机。不过,小型机具有可靠性高、对运行环境要求低、易于操作且便于维护等优点,因此常用于中小规模的企事业单位。例如,高等院校的计算机中心常以一台小型机为主机,并配以几十台甚至上百台的终端机来满足大量学生学习程序设计课程的需求。

此外,在工业自动控制、大型分析仪器、测量仪器、医疗设备中的数据采集、分析计算等领域也能够看到小型机的身影。

(4)微型机。这是一种以微处理器为基础,配以内部存储器、输入输出(I/O)接口电路以及相应辅助电路等部件组合而成的计算机类型,其特点是体积小、结构紧凑、价格便宜且使用方便。

微型计算机又分为几种不同的类型。例如，当以微型计算机为核心，并配以鼠标、键盘、显示器等外部设备和控制计算机工作的软件后，可以构成一套常见的微型计算机系统，此时的微型计算机又被称为个人计算机（Personal Computer，PC），如图1-5所示。当以印刷电路板为主体，将微型计算机集成在一个芯片上时，便构成了单片式微型计算机（Single Chip Microcomputer），简称单片机，如图1-6所示。

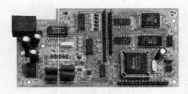

图1-5　不同形式的个人计算机　　　　　　　　图1-6　单片机

（5）工作站。工作站（Workstation）是一种介于个人计算机和小型计算机之间的高档微型计算机系统，其特点是既具有较高的运算速度和多任务、多用户的能力，又兼具微型计算机的操作便利和友好的人机界面。与普通的微型计算机相比，工作站的独到之处在于其拥有较大容量的主存和大尺寸的显示器，其图形性能也极为优越，具有很强的图形交互处理能力，因此特别适合于计算机辅助工程，尤其是在计算机辅助设计（CAD）领域得到广泛的应用。

（6）服务器。服务器（Server）是网络环境中的高性能计算机，它侦听网络上的其他计算机（客户机）提交的服务请求，并提供相应的服务。为此，服务器必须具有承担服务并且保障服务的能力。

1.1.3　计算机的应用领域

计算机的应用领域已渗透到社会的各行各业，正在改变着传统的工作、学习和生活方式，推动着社会的发展。计算机的主要应用领域主要包括以下6个方面。

1. 科学计算

科学计算是指利用计算机来完成科学研究和工程技术中提出的数学问题的计算。利用计算机的高速计算、大存储容量和连续运算的能力，可以实现人工无法解决的各种科学计算问题。

例如，建筑设计中为了确定构件尺寸，通过弹性力学导出一系列复杂方程，长期以来由于计算方法跟不上而一直无法求解。而计算机不但能求解这类方程，并且引起弹性理论上的一次突破，出现了有限单元法。

2. 数据处理

数据处理是指对各种数据进行收集、存储、整理、分类、统计、加工、利用、传播等一系列活动的统称。据统计，80%以上的计算机主要用于数据处理，这类工作量大且面宽，决定了计算机应用的主导方向。

目前,数据处理已被广泛地应用于办公自动化、企事业计算机辅助管理与决策、情报检索、图书管理、影视动画、会计电算化等各行各业。信息正在形成独立的产业,多媒体技术使信息展现在人们面前的不仅是数字和文字,也有声情并茂的声音和图像信息。图 1-7 是用计算机来管理和查阅图书资料的图片。

3. 辅助技术

计算机辅助技术包括 CAD、CAM 和 CAI 等。

(1) 计算机辅助设计(Computer Aided Design,CAD)是利用计算机系统辅助设计人员进行工程或产品设计,以实现最佳设计效果的一种技术。它已被广泛地应用于飞机、汽车、机械、电子、建筑和轻工等领域。例如,在计算机的设计过程中,利用 CAD 技术进行体系结构模拟、逻辑模拟、插件划分、自动布线等,从而大大提高了设计工作的自动化程度。又如,在建筑设计过程中,可以利用 CAD 技术进行力学计算、结构计算、绘制建筑图纸等,这样不但提高了设计速度,而且可以大大提高设计质量。

(2) 计算机辅助制造(Computer Aided Manufacturing,CAM)是利用计算机系统进行生产设备的管理、控制和操作的过程。例如,在产品的制造过程中,用计算机控制机器的运行,处理生产过程中所需的数据,控制和处理材料的流动以及对产品进行检测等。使用 CAM 技术可以提高产品质量,降低成本,缩短生产周期,提高生产率和改善劳动条件。

将 CAD 和 CAM 技术集成,实现设计生产自动化,这种技术被称为计算机集成制造系统(CIMS)。它的实现将真正做到无人化工厂(或车间)。

(3) 计算机辅助教学(Computer Aided Instruction,CAI)是利用计算机系统使用课件来进行教学。课件可以用制作工具或高级语言来开发,它能引导学生循环渐进地学习,使学生轻松自如地从课件中学到所需要的知识。CAI 的主要特色是交互教育、个别指导和因人施教,如图 1-8 所示。

图 1-7　用计算机来管理和查阅图书资料

图 1-8　计算机辅助教学与辅助设计

4. 过程控制

过程控制是利用计算机及时采集检测数据,按最优值迅速地对控制对象进行自动调节或自动控制。采用计算机进行过程控制,不仅可以大大提高控制的自动化水平,而且可以提高控制的及时性和准确性,从而改善劳动条件、提高产品质量及合格率。因此,计算机过程控制已在机械、冶金、石油、化工、纺织、水电、航天等部门得到广泛的应用。

例如,在汽车工业方面,利用计算机控制机床、控制整个装配流水线,不仅可以实现精度要求高、形状复杂的零件自动化加工,而且可以使整个车间或工厂实现自动化。

5. 人工智能

人工智能(Artificial Intelligence)是计算机模拟人类的智能活动,诸如感知、判断、理解、学习、问题求解和图像识别等。现在人工智能的研究已取得不少成果,有些已开始走向实用阶段。例如,能模拟高水平医学专家进行疾病诊疗的专家系统,具有一定思维能力的智能机器人等。

6. 网络应用

计算机技术与现代通信技术的结合构成了计算机网络。计算机网络的建立,不仅解决了一个单位、一个地区、一个国家中计算机与计算机之间的通信,各种软、硬件资源的共享,也大大促进了国际间的文字、图像、视频和声音等各类数据的传输与处理。

1.2　计算机系统构成

一个完整的计算机系统由硬件系统和软件系统两大部分组成,二者即相互依存,又互为补充。其中,硬件是计算机系统中看得见、摸得着的物理部分,其性能决定计算机的运行速度、显示效果等内容;软件是计算机程序的集合,其功能决定计算机可以进行的工作。如果说硬件是计算机系统的躯体,那么软件便是计算机的头脑,只有将这二者有效地结合起来,才能发挥出计算机的功能,使其真正地发挥作用。

1.2.1　计算机硬件系统

计算机发展至今出现各种各样的类型,其组成部件大都有所差异,即使是同一类型的计算机,不同型号的组成部件也不尽相同。从硬件的组成结构上看,计算机的设计思路全都采用冯·诺依曼体系结构,即计算机硬件部分从整体上分为运算器、控制器、存储器、输入设备和输出设备5大功能部件(图1-9),运算器和控制器组成中央处理器。

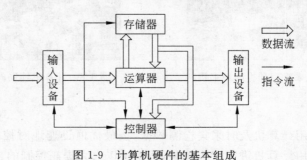

图 1-9　计算机硬件的基本组成

1. 中央处理器

中央处理器(Central Processing Unit,CPU)由运算器和控制器组成,是现代计算机系统的核心组成部件。随着大规模和超大规模集成电路技术的发展,微型计算机内的CPU已经集成为一个被称为微处理器(MPU)的芯片。

计算机内的所有配件都由 CPU 负责指挥,其功能主要体现在以下 4 个方面。

(1) 指令控制。计算机之所以能够自动、连续地工作全都依赖于事先编好的程序,而这也是计算机能够完成各项任务最为基础的因素。在实际运行过程中,这些指令的执行顺序和相互关系是不能任意颠倒的,CPU 的功能之一便是控制计算机内的各个配件,使其按照预先设定的指令顺序协调地进行工作,以实现预期的结果。

(2) 操作控制。在计算机内部,即使是最为简单的一条指令,往往也需要将若干个操作信号组合在一起后才能实现其功能。因此,CPU 在按照指令控制各个部件的时候,还需为每条指令生成相应的操作信号,并将这些操作信号送往各自的部件,从而实现使这些部件按照指令要求进行操作的目的。

(3) 时间控制。作为一种精密的电子设备,计算机内部的任何操作信号均要受到时间的控制,只有这样计算机才能够有条不紊地自动工作。在这一过程中,CPU 的作用便是严格地控制各操作信号的完成和实施时间。

(4) 数据处理。所谓数据处理,是指对数据进行算术运算或逻辑运算来完成对数据进行加工、处理的过程,这也是 CPU 的根本任务,任何原始信息只有在经过加工处理后才有价值。

2. 存储器

存储器是计算机内部存储信息的地方,计算机内的所有信息(包括原始的输入数据、经过初步加工的中间数据以及最后处理完成的有用数据)都要存储在存储器中。存储器分为内部存储器(主存储器)和外部存储器(辅助存储器)两大类。

(1) 内部存储器。主要分为两大类型,一类是其内部信息只能读取,不能修改或写入新信息的只读存储器(Read Only Memory,ROM);另一类是内部信息可随时修改、写入或读取的随机存储器(Random Access Memory,RAM)。

ROM 的特点是所保存的信息在断电后也不会丢失,因此其内部存储的都是系统引导程序、自检程序以及输入/输出驱动程序等重要的程序。相比之下,RAM 内的信息则会随着电力供应的中断而消失,因此其只能用于存放临时信息。

在计算机内使用的 RAM 中,根据工作方式的不同可以将其分为静态 SRAM 和动态DRAM 两种类型。二者间的差别在于,动态 DRAM 需要不断地刷新电路,否则便会丢失其内部的数据,因此速度稍慢,而静态 SRAM 无须刷新电路即可持续保存内部存储的数据,因此速度相对较快。

(2) 外部存储器。外部存储器的作用是长期保存计算机内的各种信息。其特点是存储容量大,但存储速度较慢。目前,计算机上常用的外部存储器主要有硬盘、光盘和优盘等类型,如图 1-10 所示。

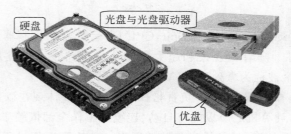

图 1-10　各种类型的外部存储器

3. 输入/输出设备

输入/输出设备(Input/Output,I/O)是用户和计算机系统之间进行信息交换的重要设备,也是用户与计算机通信的桥梁。计算机能够接收、存储、处理和输出的可以是数值型数据,也可以是图形、图像、声音等非数值型数据,并且其方式和途径也多种多样。例如,按照输入设备的功能和数据输入形式可以将目前常见的输入设备分为:字符输入设备(键盘)、图形输入设备(鼠标、操纵杆、光笔)、图像输入设备(摄像机、扫描仪、传真机)、音频输入设备(麦克风)等。

在数据输出方面,计算机上任何输出设备的主要功能都是将计算机内的数据处理结果传递给某个存储设备进行保存或将其转换成字符、图形、图像、声音等能够被接收的媒体信息。根据输出形式的不同,目前常见的输出设备有:影像输出设备(显示器、投影仪)、打印输出设备(打印机、绘图仪)、音频输出设备(耳机、音箱)等。

1.2.2　计算机软件系统

软件系统是计算机所运行各类程序及其相关文档的集合,计算机进行的任何工作都依赖软件的运行。离开软件系统,计算机的硬件系统将变得毫无意义。因此,只有配备了软件系统的计算机才能称为完整的计算机系统。

1. 计算机系统的软件

硬件需要依靠软件或程序才能工作。所采用的软件类型取决于要完成的工作。计算机系统的软件通常分为两种,系统软件和应用软件。系统软件控制并协调计算机硬件的工作,应用软件则针对解决某一特定问题或特殊任务。

(1)系统软件。系统软件用于实现计算机系统的管理、调度、监视和服务等功能,其目的是方便用户,提高计算机使用效率,扩充系统的功能。系统软件主要包括操作系统、数据库管理系统、语言处理程序、服务性程序等。

(2)应用软件。应用软件是用户利用计算机来解决某些问题所开发的软件,如工程设计程序、数据处理程序、自动控制程序、企业管理程序、情报检索程序、科学计算程序等。随着计算机的广泛应用,这类程序的种类越来越多。

2. 软件与硬件的兼容性

随着大规模集成电路技术的发展和软件硬化的趋势,计算机系统软、硬件界限已经变得模糊了。因为任何操作可以由软件来实现，也可以由硬件来实现；任何指令的执行可以由硬件完成，也可以由软件来完成。

对于某一功能采用硬件方案还是软件方案，取决于器件价格、速度、可靠性、存储容量、变更周期等因素。

随着大规模集成电路和计算机系统结构的发展，实体硬件的功能范围在不断地扩大。容量大、价格低、体积小、可以改写的只读存储器提供了软件固化的良好物质手段。现在已经可以把许多复杂的、常用的程序制作成所谓固件。就它的功能来说是软件，但从形态来说，又是硬件。目前在一片硅单晶芯片上制作复杂的逻辑电路已经是实际可行的，这就为扩大指令的功能提供了物质基础，因此本来通过软件手段来实现的某种功能，现在可以通过硬件来直接解释执行。进一步的发展，就是设计所谓面向高级语言的计算机。这样的计算机，可以通过硬件直接解释执行高级语言的语句而不需要先经过编译程序的处理。传统的软件部分，今后完全有可能"固化"，甚至"硬化"。

3. 软件使用的本质

软件是人类智慧的延伸和拓展，直接反映了人类的思维和智能。计算机软件与文化密切相关，计算机使用的本质也是一种文化的同化过程。现代计算机诞生于西方，计算机带来的文化自然带有西方文化的烙印。要深层次地应用计算机，首先要了解西方文化的思维方式，或者了解各种技术、软件工具的产生背景和思想，然后理解技术、软件工具本身，进而对其进行灵活应用，最后融入东方文化内涵，创造性地进行技术、软件工具的扩展与深层应用。

1.3 计算机的发展

人类所使用的计算工具是随着生产的发展和社会的进步，从简单到复杂、从低级到高级的发展过程。随着计算机的发展，计算工具也得到快速的发展，相继出现了如算盘、计算尺、手摇机械计算机、电动机械计算机等。

1.3.1 计算机的产生与发展

计算机是人类对计算工具的不懈努力追求的最好回报。我们的祖先早在史前时期就已经知道了用石块和贝壳记数。随着文化的发展，人类创造了简单的计算工具。我国在唐朝就开始使用算盘，17世纪出现了计算尺，这些都是著名的手动计算工具。

1. 现代计算机的萌芽

1642年，法国数学家帕斯卡（Pascal）创造了第一台能完成加、减运算的机械计算器，用来计算税收，取得了很大的成功。1673年德国莱布尼兹（Leibnitz）改进了帕斯卡的设计，增加了乘、除运算。这一时期的计算机有一个共同的特点，就是每一步运算都需要人工干预，即操作数由操作者提供，计算结果由操作者重新安排。这些发明在灵巧性上有些进步,但都无一例外,没有突破手工操作的局限。

直到 19 世纪 20 年代,英国数学家巴贝奇(Babbage)才取得突破,从手动机械跃入机械自动时代,巴贝奇提出了自动计算机的基本概念:要使计算机能自动进行计算,必须把计算步骤和原始数据预先地存放在机器内,并使计算机能取出这些数据,在必要时能进行一些简单的判断,决定自己下一步的计算顺序。他还分别于 1823 年和 1834 年设计了一台差分机和一台分析机,提出了一些创造性的建议,从而奠定了现代数字计算机的基础。

2. 现代计算机的发展

通常说到"世界公认的第一台电子数字计算机",大多数人都认为是 1946 年面世的"ENIAC",是由美国宾夕法尼亚大学莫尔电气工程学院制造的。ENIAC 体积庞大,占地面积 170 多平方米,重量约 30 吨,消耗近 150 千瓦的电力。显然,这样的计算机成本很高,使用不便。这个说法被计算机基础教科书上普遍采用。事实上在 1973 年根据美国最高法院的裁定,最早的电子数字计算机,应该是美国爱荷华州立大学的物理系副教授约翰·阿坦那索夫(John Vincent Atanasoff)和其研究生助手克利夫·贝瑞(Clifford E. Berry)于 1939 年 10 月制造的 ABC(Atanasoff Berry Computer)。之所以会有这样的说法,是因为 ENIAC 的研究小组中的一个叫莫奇利(Mauchly)的人于 1941 年剽窃了约翰·阿坦那索夫的研究成果,并在 1946 年申请了专利。由于种种原因直到 1973 年这个事件才被证实。后来为了表彰和纪念约翰·阿坦那索夫在计算机领域的贡献,1990 年美国前总统布什授予约翰·阿坦那索夫全美最高科技奖项——"国家科技奖"。

1956 年,晶体管电子计算机诞生,只要几个大一点的柜子就可将它容下,运算速度也大大地提高了。1959 年出现的是第三代集成电路计算机。从 20 世纪 70 年代开始是计算机发展的最新阶段。到 1976 年,由大规模集成电路和超大规模集成电路制成的"克雷一号",使计算机进入了第四代。超大规模集成电路的发明,使电子计算机不断向着小型化、微型化、低功耗、智能化、系统化的方向更新换代。

20 世纪 90 年代,计算机向"智能"方向发展,制造出与人脑相似的计算机,可以进行思维、学习、记忆、网络通信等工作。进入 21 世纪,计算机更是笔记本化、微型化和专业化,每秒运算速度超过 100 万次,不但操作简易、价格便宜,而且可以代替人们的部分脑力劳动,甚至在某些方面扩展了人的智能。于是,今天的微型电子计算机就被形象地称做电脑。

世界上第一台个人电脑由 IBM 于 1981 年推出。IBM 推出以英特尔的 x86 的硬件架构及微软公司的 MS-DOS 操作系统的个人电脑,并制定以 PC/AT 为 PC 的规格。之后由英特尔所推出的微处理器以及微软所推出的操作系统发展历史几乎等同于个人电脑的发展历史。Wintel 架构全面取代了 IBM 在个人电脑主导的地位。

3. 计算机硬件的发展

计算机硬件的发展阶段主要依据计算机所采用的电子器件不同来划分,这就是通常所说的以电子管、晶体管、集成电路、超大规模集成电路等为标志的计算机时代。

(1) 第一代电子计算机。主要是指 1946—1958 年间的计算机,通常称之为电子管计算机时代。其主要特点是:采用电子管(图 1-11)作为逻辑开关元件;存储器使用水银延迟线、静电存储管、磁鼓等;外部设备采用纸带、卡片、磁带等;使用机器语言,20 世纪 50

年代中期开始使用汇编语言,但还没有操作系统。

第一代计算机主要用于军事目的和科学计算。它体积庞大、笨重、耗电多、可靠性差、速度慢、维护困难。具有代表性的机器有 ABC、ENIAC、EDVAC、EDSAC、UNIVAC 等。

(2) 第二代电子计算机。主要是指 1959—1964 年间的计算机,通常称之为晶体管计算机时代。其主要特点是:使用半导体晶体管(图 1-12)作为逻辑开关元件;使用磁芯作为主存储器,辅助存储器采用磁盘和磁带;输入输出方式有了很大改进;开始使用操作系统,有了如 Fortran、ALGOL 和 COBOL 等各种计算机高级语言。

图 1-11　电子管

图 1-12　晶体管

计算机的应用已由军事领域和科学计算扩展到数据处理和事务处理。它的体积减小、重量减轻、耗电量减少、速度加快、可靠性增强。具有代表性的机器有 UNIVAC Ⅱ、贝尔的 TRADIC、IBM 的 7090、7094、7040、7044 等。

(3) 第三代电子计算机。主要是指 1965—1970 年间的计算机,通常称之为集成电路计算机时代。其主要特点是:使用中、小规模集成电路(图 1-13)作为逻辑开关元件;开始使用半导体存储器。辅助存储器仍以磁盘、磁带为主;外部设备种类和品种增加;开始走向系列化、通用化和标准化;操作系统进一步完善,高级语言数量增多。

计算机主要用于科学计算、数据处理以及过程控制。计算机的体积、重量进一步减小,运算速度和可靠性有了进一步提高。具有代表性的机器是 IBM 360 系列、Honey Well6000 系列、富士通 F230 系列等。

(4) 第四代电子计算机。在指甲盖大小的芯片上集成几百万个晶体管电路,这就是大规模集成电路技术,以此为基础的计算机即为大规模集成电路计算机,即第四代计算机。

第四代计算机是从 1971 年开始,至今仍在继续发展,通常称为大规模、超大规模集成电路(图 1-14)计算机时代。其主要特点是:使用大规模、超大规模集成电路作为逻辑开关元件;主存储器采用半导体存储器,辅助存储器采用大容量的软、硬磁盘,并开始引入光盘;外部设备有了很大发展,采用光字符阅读器(OCR)、扫描仪、激光打印机和各种绘图仪;操作系统不断发展和完善,数据库管理系统进一步发展,软件行业已发展成为现代新型的工业部门。

图 1-13　集成电路

图 1-14　超大规模集成电路

数据通信、计算机网络已有很大发展,微型计算机异军突起,遍及全球。计算机的体积、重量、功耗进一步减小,运算速度、存储容量、可靠性等又有了大幅度提高。人们通常把这一时期出现的大型主机称为第四代计算机。具有代表性的机种有 IBM 的 4300 系列、3080 系列、3090 系列,以及最新的 IBM 9000 系列。

从 20 世纪 80 年代开始,日本、美国以及欧洲共同体都相继开展了新一代计算机(FGCS)的研究。新一代计算机是把信息采集、存储、处理、通信和人工智能结合在一起的计算机系统,它不仅能进行一般信息处理,而且能面向知识处理,具有形式推理、联想、学习和解释能力,能帮助人类开拓未知的领域和获取新的知识。

新一代计算机的研究领域大体包括人工智能、系统结构、软件工程和支援设备,以及对社会的影响等。新一代计算机的系统结构将突破传统的冯·诺依曼机器的概念,实现高度并行处理。但至今仍未有突破性进展。

4. 计算机软件的发展

计算机软件是由计算机程序和程序设计的概念发展演化而来的,是程序和程序设计发展到规模化和商品化后所逐渐形成的概念。软件是程序以及程序实现和维护程序时所必需的文档的总称。

英国著名诗人拜伦(Byron)的女儿,数学家爱达·奥古斯塔·拉夫拉斯伯爵夫人(Ada Augusta Lovelace)在帮助巴贝奇研究分析机时指出分析机可以像织布机一样进行编程,并发现进行程序设计和编程的基本要素,被认为是有史以来的第一位程序员。

早期利用计算机器解决问题的一般过程是:

① 针对特定的问题制造解决该问题的机器;

② 设计所需的指令并把完成该指令的代码序列传送到卡片或机械辅助部件上;

③ 使计算机器运转,执行预定的操作。

1948 年后,二值逻辑代数被引入程序设计过程。程序的表现形式就是存储在不同信息载体上的 0 和 1 的序列,这些载体包括纸带、穿孔卡、氢延迟线以及后来的磁鼓、磁盘和光盘。此后,计算机程序设计进入了一个崭新的发展阶段。程序设计语言经历了机器语言、汇编语言、高级语言、非过程语言 4 个阶段。第 5 代自然语言的研究也已经成为学术研究的热点。

计算机软件的发展与计算机软件产业化的进程息息相关。在电子计算机诞生之初,计算机程序是作为解决特定问题的工具和信息分析工具而存在的,并不是一个独立的产业。计算机软件产业化是在 20 世纪 50 年代随着计算机在商业应用中的迅猛发展而产生的。这种增长直接导致了社会对程序设计人员需求的增长,于是一部分具有计算机程序设计经验的人分离出来专门从事程序设计工作,并创建了程序设计服务公司,根据用户的订单提供相应的程序设计服务,这样就产生了第一批软件公司。如 1955 年创建的计算机使用公司(CUC)和 1959 年创建的应用数据研究(ADR)公司等。

进入 20 世纪 60 年代和 70 年代,计算机的应用范围持续快速增长,使计算机软件产业无论是软件公司的数量还是产业的规模都有了更大的发展。同时与软件业相关的各种制度也逐步建立。1968 年 Martin Goetz 获得了世界上第一个软件专利,1969 年春 ADR公司就 IBM 垄断软件产业提出了诉讼,促使 IBM 在 1969 年 6 月 30 日宣布结束一些软件和硬件的捆绑销售,为软件产品单独定价。这一时期成立的软件公司有美国计算机公司(CCA)、Information Builder 公司和 Oracle 公司等。

5. 计算机网络的发展

计算机网络是指将若干台计算机用通信线路按照一定规范连接起来,以实现资源共享和信息交换为目的的系统。计算机网络发展的经历了以下 4 个阶段。

(1) 面向终端的远程联机系统。整个系统里只有一台主机,远程终端没有独立的处理能力。它通过通信线路点到点的连接方式,或通过专用通信处理机,或集中器的间接方式和主机相连,从而构成网络。在前一种连接方式下主机和终端通信的任务由主机来完成,而在后一种方式下该任务则由通信处理机和集中器承担。这种网络主要用于数据处理,远程终端负责数据采集,主机则对采集到的数据进行加工处理。常用于航空自动售票系统,商场的销售管理系统等。

(2) 以通信子网为中心的计算机通信网。系统中有多台主机(可以带有各自的终端),这些主机之间通过通信线路相互连接。通信子网是网络中纯粹通信的部分,其功能是负责把消息从一台主机传到另一台主机,消息传递采用分组交换技术。这种网络出现在 20 世纪 60 年代后期。1969 年由美国国防部高级研究计划局建立的阿帕网 ARPANET 是其典型代表。

(3) 遵循国际标准化网络体系结构的计算机网络。按照分层的方法设计计算机网络系统,1974 年美国 IBM 公司研制的系统网络体系结构(SNA)就是其早期代表。网络体系结构的出现方便了具有相同体系结构的网络用户之间的互连,但同时其局限性也是显然的。20 世纪 70 年代后期,为了解决不同网络体系结构用户之间难以相互连接的问题,国际标准化组织(ISO)提出了一个试图使各种计算机都能够互连的标准框架,即开放系统互连基本参考模型(OSI)。20 世纪 80 年代建立的计算机网络多属这一代计算机网络。

(4) 宽带综合业务数字网。传输数据的多样化和高的传输速度,宽带网络不但能够用于传统数据的传输,而且还可以胜任声音、图像、动画等多媒体数据的传输,数据传输速率可以达到几十到几百 Mbps 甚至达到几十 Gbps。这一代网络将可以提供视频点播、电视现场直播、全动画多媒体电子邮件、CD 级音乐等网上服务。美国在第四代计算机网络的筹划和建设上走在了世界的前列。

进入 20 世纪 90 年代,计算机技术、通信技术以及建立在计算机和网络技术基础上的计算机网络技术得到了迅猛的发展。1993 年美国宣布建立国家信息基础设施 NII 后,全世界许多国家纷纷制定和建立本国的 NII,从而极大地推动了计算机网络技术的发展,使计算机网络进入了一个崭新的阶段。目前,全球以美国为核心的高速计算机互联网络即 Internet 已经形成,Internet 已经成为人类最重要的、最大的知识宝库。而美国政府又分别于 1996 年和 1997 年开始研究发展更加快速可靠的互联网 2(Internet 2)和下一代互联网(Next Generation Internet)。可以说,网络互联和高速计算机网络正成为最新一代的计算机网络的发展方向。

1.3.2　我国计算机的发展

1. 古代文明对计算机发展的贡献

在人类文明发展的历史上中国曾经在早期计算工具的发明创造方面写过光辉的一页。远在商代,中国就创造了十进制记数方法,领先于世界千余年。到了周代,发明了当时最先进的计算工具——算筹。这是一种用竹、木或骨制成的颜色不同的小棍。计算每一个数学问题时,通常编出一套歌诀形式的算法,一边计算,一边不断地重新布棍。中国古代数学家祖冲之,就是用算筹计算出圆周率在 3.141 592 6 和 3.141 592 7 之间。这一结果比西方早一千年。珠算盘是中国的又一独创,也是计算工具发展史上的第一项重大发明。这种轻巧灵活、携带方便、与人民生活关系密切的计算工具,最初大约出现于汉朝,到元朝时渐趋成熟。珠算盘不仅对中国经济的发展起过有益的作用,而且传到日本、朝鲜、东南亚等地区,经受了历史的考验,至今仍在使用。

中国发明创造指南车、水运浑象仪、记里鼓车、提花机等,不仅对自动控制机械的发展有卓越的贡献,而且对计算工具的演进产生了直接或间接的影响。例如,张衡制作的水运浑象仪,可以自动地与地球运转同步,后经唐、宋两代的改进,遂成为世界上最早的天文钟。记里鼓车则是世界上最早的自动记数装置。提花机原理与计算机程序控制的发展有过间接的影响。中国古代用阳、阴两爻构成八卦,也对计算技术的发展有过直接的影响。莱布尼兹写过研究八卦的论文,系统地提出了二进制算术运算法则。他认为,世界上最早的二进制表示法就是中国的八卦。

2. 我国计算机事业的发展

经过漫长的沉寂,新中国成立后,中国计算技术迈入了新的发展时期,先后建立了研究机构,在高等院校建立了计算技术与装置专业和计算数学专业,并且着手创建中国计算机制造业。

我国的计算机事业始于 1956 年,我国最早倡导研究计算技术的著名数学家华罗庚教授起草了发展电子计算机的措施。从 1964 年开始,北京、天津、上海等地相继制成一批晶体管计算机。20 世纪 70 年代以后,我国进入集成电路计算机时期,20 世纪 70 年代中后期相继研制成功多种每秒百万次的大型机。

1983 年,我国先后研制成功 757 大型计算机和"银河Ⅰ"巨型计算机。757 机是由我国自行设计的第一台大型向量计算机,每秒向量运算千万次。"银河Ⅰ"是每秒向量运算一亿次的计算机,它填补了国内巨型计算机的空白,使我国跨进世界研制巨型计算机行列。

1986 年中华学习机投产。1988 年长城 386 投产。1993 银河计算机Ⅱ型通过鉴定,运算速度达到每秒 10 亿次。1995 曙光 1000 研制成功,其运算峰值可达每秒 25 亿次。1996 年,国产联想电脑在国内微机市场销售量首次实现排名第一。1997 年,银河Ⅲ型巨型计算机研制成功。

2000 年,我国自行研制成功高性能计算机"神威Ⅰ",其主要技术指标和性能达到国际先进水平。2002 年 8 月,联想深腾 1800 大规模计算机系统研制成功。2003 年 11 月,由深圳大学和清华大学联合研制的深超－21C 通过技术鉴定。2003 年 11 月,联想深腾

6800超级计算机研制成功,在2003年11月16日公布的全球最新超级计算机500强排行榜中实际运算速度居第14位。2004年6月21日 美国能源部劳伦斯伯克利国家实验室公布了最新的全球计算机500强名单,曙光计算机公司研制的超级计算机"曙光4000A"排名第十,运算速度达8.061万亿次。

2007年12月26日,我国首台采用国产高性能通用处理器芯片"龙芯2F"和其他国产器件、设备和技术的万亿次高性能计算机"KD-50-I"在中国科学技术大学研制成功,并通过专家鉴定。

2008年9月16日,我国首台超百万亿次超级计算机曙光5000A在天津下线。曙光5000A不仅使中国成为继美国之后第二个能研发、生产、应用百万亿次超级计算机的国家,而且大大提升了我国的科技竞争力和综合国力,是我国自主创新与产业化的重大突破。

2009年10月29日,随着第一台国产千万亿次超级计算机在湖南长沙亮相,作为算盘这一古老计算器的发明者,中国拥有了历史上计算速度最快的工具。每秒钟1206万亿次的峰值速度和每秒563.1万亿次的Linpack实测性能,使这台名为"天河一号"的计算机位居同日公布的中国超级计算机前100强之首,也使中国成为继美国之后世界上第二个能够自主研制千万亿次超级计算机的国家(图1-15)。这个速度意味着,如果用"天河一号"计算一秒,则相当于全国13亿人连续计算88年。如果用"天河一号"计算一天,一台当前主流微机得算160年。"天河一号"的存储量,则相当于4个国家图书馆藏书量之和。

图1-15 "天河一号"超级计算机

2010年,国防科学技术大学在"天河一号"的基础上,对加速节点进行了扩充与升级,新的"天河一号A"系统已经完成了安装部署,其实测运算能力从上一代的每秒563.1万亿次倍增至2507万亿次,成为目前世界上最快的超级计算机。2010年11月,"天河一号"创世界纪录协会世界最快的计算机世界纪录。

1.3.3 影响计算机发展的人物与思想

1. 摩尔与摩尔定律

1965年,英特尔(Intel)创始人之一戈登·摩尔(Gordon Moore)准备一个关于计算机存储器发展趋势的报告。他整理了一份观察资料。在他开始绘制数据时,发现了一个惊人的趋势。每个新芯片大体上包含其前任两倍的容量,每个芯片的产生都是在前一个芯片产生后的18~24个月内。如果这个趋势继续的话,计算能力相对于时间周期将呈指数式的上升。

Moore的观察资料,就是现在所谓的摩尔定律,所阐述的趋势一直延续至今,且仍不同寻常地准确。人们还发现这不光适用于对存储器芯片的描述,也精确地说明了处理机能力和磁盘驱动器存储容量的发展。该定律成为许多工业对于性能预测的基础。在26

年的时间里，芯片上的晶体管数量增加了 3200 多倍，从 1971 年推出的第一款 4004 的 2300 个增加到奔腾 II 处理器的 750 万个。

由于高纯硅的独特性，集成度越高，晶体管的价格越便宜，这样也就引出了摩尔定律的经济学效益，在 20 世纪 60 年代初，一个晶体管要 10 美元左右，但随着晶体管越来越小，小到一根头发丝上可以放 1000 个晶体管时，每个晶体管的价格只有 1/1000 美分。

据有关统计，按运算 10 万次乘法的价格算，IBM704 电脑为 1 美元，IBM709 降到 20 美分，而 20 世纪 60 年代中期 IBM 耗资 50 亿研制的 IBM360 系统电脑已变为 3.5 美分。

2. 图灵与图灵奖

图灵（Alan Mathison Turing，1912—1954），英国著名的数学家和逻辑学家，被称为计算机科学之父、人工智能之父，是计算机逻辑的奠基者，提出了"图灵机"和"图灵测试"等重要概念。人们为纪念其在计算机领域的卓越贡献而设立"图灵奖"。"图灵奖"是计算机界最负盛名的奖项，有"计算机界诺贝尔奖"之称。

1936 年，图灵做出了他一生最重要的科学贡献，在他发表的《论应用于决定问题的可计算数字》一文中，提出思考实验原理计算机概念。图灵把人在计算时所做的工作分解成简单的动作，与人的计算类似。机器需要：用于储存计算结果的存储器；表示运算和数字的语言；扫描；计算意向，即在计算过程中下一步打算做什么；执行下一步计算。图灵还采用了二进位制。这样，他就把人的工作机械化了。这种理想中的机器被称为"图灵机"。

图灵是一位科学史上罕见的具有非凡洞察力的奇才，他的独创性成果使他生前就已名扬四海，而他深刻的预见使他死后备受敬佩。当人们发现后人的一些独立研究成果似乎不过是在证明图灵思想超越时代的程度时，都为他的英年早逝感到由衷的惋惜。苹果公司以那个咬了一口的苹果作为其商标图案，就是为纪念这位伟大的人工智能领域的先驱者——图灵。

3. 冯·诺依曼与存储程序原理

"存储程序原理"是由美籍匈牙利数学家冯·诺依曼（John von Neumann）于 1946 年提出的，把程序本身当作数据来对待，程序和该程序处理的数据用同样的方式储存，这正是治愈"神童"ENIAC 健忘症的良方。冯·诺依曼和同事们依据此原理设计出了一个完整的现代计算机雏形，并确定了存储程序计算机的 5 大组成部分和基本工作方法。冯·诺依曼的这一设计思想被誉为计算机发展史上的里程碑，标志着计算机时代的真正开始。

虽然计算机技术发展很快，但"存储程序原理"至今仍然是计算机内在的基本工作原理。自计算机诞生的那一天起，这一原理就决定了人们使用计算机的主要方式——编写程序和运行程序。科学家们一直致力于提高程序设计的自动化水平，改进用户的操作界面，提供各种开发工具、环境与平台，其目的都是为了让人们更加方便地使用计算机，可以少编程甚至不编程来使用计算机。但不管用户的开发与使用界面如何演变，"存储程序原理"没有变，它仍然是我们理解计算机系统功能与特征的基础。

4. 乔布斯与苹果公司

史蒂夫·保罗·乔布斯（Steve Paul Jobs，生于 1955 年 2 月 24 日）是苹果电脑的现任首席执行长（首席执行官）兼创办人之一，同时也是 Pixar 动画公司的董事长及首席执行长。1976 年他与斯蒂夫·沃兹尼亚克在自家的车房里成立了苹果电脑。他们制造了世界上首台个人电脑,并称为 Apple Ⅰ。1985 年因为内部权力斗争,Sculley 接管了苹果电脑,并把乔布斯赶出了苹果电脑。他离开后创立了 NeXT 电脑公司,并发展出 NeXT 电脑及 NeXTSTEP 操作系统。1986 年他花 1000 万美元从乔治·卢卡斯手中收购了 Lucasfilm 旗下位于加利福尼亚州 Emeryville 的电脑动画效果工作室,并成立独立公司皮克斯动画工作室(Pixar)。在之后 10 年,该公司成为了众所周知的 3D 电脑动画公司。1996 年陷入财政困难的苹果电脑以 4 亿美元收购了 NeXT 电脑公司,同时乔布斯也回到了苹果电脑。1997 年,当 Gil Amelio 离开公司后,他重掌苹果电脑的大权。在同年推出着重外表的 iMac,因为在美国和日本的大卖,使苹果电脑度过财政危机。并在之后推出深受大众欢迎的 iPod 和 iTunes 音乐商店,使公司的股票大幅上扬。

在英国《卫报》2006 年 7 月的媒体大亨 100 强(Media Guardian 100)排行榜中乔布斯名列第二。其评判标准基于候选者在文化、经济和政治上的影响,偏重其在英国的影响。对苹果 CEO 乔布斯的评价是这样的:“他改变了我们欣赏音乐的方式。乔布斯正在计划推出像电视机一样的视频 iPod,可以在视频 iPod 上观看从网上下载的电影及 TV。”其中一位评审总结如下:“世界上几乎没有一个媒体交换行业是乔布斯无法进入的。任何人都在猜测他接下来会做些什么。他影响了每个人的想法。”

5. 香农和信息论

信息是个很抽象的概念。我们常常说信息很多,或者信息较少,但却很难说清楚信息到底有多少。比如一本 50 万字的中文书到底有多少信息量。直到 1948 年,香农提出了“信息熵”的概念,才解决了对信息的量化度量问题。

克劳德·香农(Claude Elwood Shannon,1916—2001 年),1916 年 4 月 30 日诞生于美国密歇根州,现代信息论的著名创始人,信息论及数字通信时代的奠基人。1948 年香农长达数 10 页的论文“通信的数学理论”成了信息论正式诞生的里程碑。在他的通信数学模型中,清楚地提出信息的度量问题,他把哈特利的公式扩大到概率 pi 不同的情况,得到了著名的计算信息熵 H 的公式:$H = \sum - pi \log pi$。如果计算中的对数 log 是以 2 为底的,那么计算出来的信息熵就以比特(bit)为单位。今天在计算机和通信中广泛使用的字节(Byte)、KB、MB、GB 等词都是从比特演化而来。“比特”的出现标志着人类知道了如何计量信息量。香农的信息论为明确什么是信息量概念做出决定性的贡献。

1.3.4 计算机的发展趋势

1. 计算机的发展方向

当前计算机的发展趋势是向功能巨型化、体积微型化、资源网络化和处理智能化的方向发展。

(1) 功能巨型化。功能巨型化是指其高速运算、大存储容量和强功能的巨型计算机,其运算能力一般在每秒百亿次以上、内存容量在几百兆字节以上。巨型计算机主要用于尖端科学技术和军事国防系统的研究开发。

巨型计算机的发展集中体现了计算机科学技术的发展水平,推动了计算机系统结构、硬件和软件的理论和技术、计算数学以及计算机应用等多个科学分支的发展。

(2) 体积微型化。体积微型化是指笔记本型、掌上型等微型计算机的发展。20 世纪 70 年代以来,由于大规模和超大规模集成电路的飞速发展,微处理器芯片连续更新换代,微型计算机连年降价,加上丰富的软件和外部设备、操作上的简单,使微型计算机很快普及到社会各个领域并走进了千家万户。

随着微电子技术的进一步发展,微型计算机的发展将更加迅速,其稳定性和性能将得到更大的提升和优化,价格也将逐渐降低,从而越来越受到人们的欢迎。

(3) 资源网络化。资源网络化是指利用通信技术和计算机技术,把分布在不同地点的计算机互连起来,按照网络协议相互通信,以达到所有用户都可共享软件、硬件和数据资源的目的。现在,计算机网络在交通、金融、企业管理、教育、邮电、商业等各行各业中得到广泛的应用。

目前,各国都在开发三网合一的系统工程,即将计算机网、电信网、有线电视网合为一体。将来通过网络能更好地传送数据、文本资料、声音、图形和图像,用户可随时随地在全世界范围拨打可视电话或收看任意国家的电视和电影。

(4) 处理智能化。处理智能化指的是计算机能模拟人的感觉和思维能力,在一定程度上体现人类的智能。智能化也是第 5 代计算机追求的最终目标。智能化的研究领域很多,其中最有代表性的领域是专家系统和机器人。目前已研制出的机器人可以代替人从事危险环境的劳动,运算速度每秒约 10 亿次的“深蓝”计算机在 1997 年战胜了国际象棋世界冠军卡斯帕罗夫。智能化也将进一步推动人机交互技术的发展。目前人类还很难以自然的方式(如语言、手势、表情)与计算机打交道,但随着计算机文字识别(包括印刷体、手写体)、声音和图像处理技术的发展,未来手写和口语输入将逐步成为计算机的主要输入方式。此外,计算机也能对人类的手势(特别是哑语手势)和脸部表情进行有效识别。

2. 计算机发展的研究工作

为了实现计算机发展要求,围绕计算机的相关技术展开了大量研究与开发工作,主要包括以下几个方面。

(1) 芯片技术。从 1971 年微处理器问世后,计算机经历了 4 位机、8 位机和 16 位机的时代。20 世纪 90 年代初,出现了 32 位结构的微处理器计算系统,并逐渐进入 64 位计算时代。自从 1991 年 MIPS 公司的 64 位机 R4000 问世之后,已陆续出现了 DEC 公司的 Alpha 21064、21066、21164 和 21264,HP 公司的 PA8000,IBM/Motorola/Alpha 的 Power PC 620,Sun 的 Ultra-SPARC 以及 Intel 公司的 Merced 等 64 位机。

(2) 并行处理技术。并行处理技术包括并行结构、并行算法、并行操作系统、并行语言及编译系统。并行处理方式有多处理机体系结构、大规模并行处理系统、工作站群(包括工作站机群系统、网络工作站)。目前,已经出现了 MP(具有 100 个以下 CPU 的系统)、MPP(具有 100 个以上 CPU 的系统)。

(3) 分布式客户/服务器模式。早期的集中式主机模式逐渐被客户/服务器模式所取代,如今已发展成基于 Internet 和 Web 技术的 3 层模式。在 3 层模式下,服务器网络通信和应用平台的发展趋势,也是人们关注的焦点。服务器技术已经完成了由 32 位机向 64 位机的过渡。服务器的总体结构将由目前的 UMA、NUMA 和 MPP 等模式发展到利

计算机系统导论

用高速交换设备把多个 CPU、内存和 I/O 模块连接在一起的 Crossbar Switches 模式,从而大大提高 CPU、内存和 I/O 的通信带宽和互连能力以及服务器的处理能力。此外,在配置方面将更注重灵活性、可伸缩性和可靠性,从而发展成为下一代的高性能服务器。

(4) 千兆位网络。千兆位以太网能在不影响现有网络的情况下,获得更高的带宽。千兆位以太网与以太网、快速以太网使用相同的变量长度帧格式,无须对网络进行其他改动便可使用千兆位以太网。千兆位以太网是在旧的以太网用户中安装的,因而总成本较低。千兆位以太网分为交换式、路由式和共享式多种解决方案。所有的网络技术(包括 IP 交换技术和 Layer 交换技术)均与千兆位以太网全面兼容。

(5) 网络计算。企业管理在经历了库存管理、物料需求计划(MRP)、制造资源计划(MRP-Ⅱ)等发展阶段,发展到企业资源计划(ERP)。企业在生产计划、物资需求、成本核算、营销管理、市场策略等方面的需求构成了企业计算。

世界各大硬件公司都从网络出发提出了自己对未来的看法,例如,IBM 的网络中心计算、SCO 的 Internet 计算、Oracle 的网络计算、Sybase 的分布式计算、Intel 的 MMX 计算、Microsoft 的 NT 计算、DEC 的 Web 计算、HP 的可缩放优质服务器、Sun 公司的 Java 计算等。总之,从世界 IT 发展趋势看,网络计算时代已经到来。

(6) 企业网络技术的发展。从 20 世纪 80 年代初开始,企业局域网经历了两个主要发展阶段,即共享主干网(如单一局域网、桥式局域网和路由局域网等)和交换主干网(如以太网、快速以太网、FDDI 交换网、ATM 交换网)。总的发展趋势是从共享式主干网向交换式主干网方向发展。

(7) 多媒体技术。多媒体技术使计算机具有综合处理声音、文字、图像和视频信息的能力,其丰富的声、文、图信息和方便的交互性与实时性,极大地改善了人机界面,改善了计算机的使用方式,为计算机进入人类生活的各个领域打开了大门。因而,尽快发展多媒体技术和多媒体产业具有重大意义。多媒体技术是解决高清晰度电视、常规电视数字化、交互式电视、点播电视、多媒体电子邮件、远程教学、远程医疗、家庭办公、家庭购物、三电一体化等问题的最佳方法,也是改造传统产业(特别是出版印刷、影视、广告、娱乐等产业)的先进技术。

展望未来,计算机的发展必然要经历很多新的突破。从目前的发展趋势来看,未来的计算机将是微电子技术、光学技术、超导技术和电子仿生技术相互结合的产物。第一台超高速全光数字计算机已由英国、法国、德国、意大利和比利时等 70 多名科学家和工程师合作研制成功。相信在不久的将来,超导计算机、神经网络计算机等全新的计算机也会诞生。未来计算机将把人类引领进一个更加文明、发展与进步的时代。

1.4 思考与讨论

1.4.1 问题思考

1. 为什么计算机成了社会的必需品?
2. 计算机的 3 大特征是什么?

3. 计算机是一台笨拙的机器,为什么可以具有从事令人难以置信的聪明工作的能力?

4. 你是否感觉到了计算机的局限性?局限性能否突破?

5. 按不同规模和处理能力划分,计算机可分为哪几种类型?

6. 你接触过计算机应用中的哪些领域?

7. 计算机硬件部分包括哪些功能部件?

8. 计算机软件系统包括哪些类型?

9. 什么是摩尔定律?对摩尔定律你有什么感受?

10. 当前计算机的发展趋势是什么?

1.4.2 课外讨论

1. 为什么说计算机无处不在?举例说明。

2. 如何理解软件与硬件的兼容性?

3. 从软件使用的本质分析计算机作为工具的特殊性。

4. 计算机是人类对计算工具的不懈努力追求的最好回报。如何理解?

5. 计算机的发展主要标志有哪些方面?

6. 说出几位计算机发展史上的重要人物,简述他们在计算机发展史上的贡献。

7. 大多数机器只能做一类事,为什么计算机能够做许多种不同的事?

8. 写一篇短文,谈谈你对计算机的认识。

第 **2** 章　计算机运算基础

【本章导读】

本章主要讲述在计算机不同处理过程中出现的各种数据的形式,讨论其表示方法并给出这些表示方法的目的和意义,以便于更好地理解计算机的工作原理。读者可以了解数制的概念及各类数制之间的相互转换,计算机中数据的表示方式与处理方法,了解计算机编码的各种形式。

【本章主要知识点】

① 数制及数制间的转换;

② 计算机中数与字符的表示;

③ 算术运算与逻辑运算。

2.1　数　　制

在日常生活中经常要用到数制,通常以十进制进行记数,除了十进制记数以外,还有许多非十进制的记数方法。例如,60 分钟为 1 小时,用的是 60 进制记数法;每星期有 7 天,是 7 进制记数法;每年有 12 个月,是 12 进制记数法。不论是哪一种数制,其记数和运算都有共同的规律和特点。

2.1.1　数制的概念

1. 进位记数制

数制是用一组固定的数字和一套统一的规则来表示数目的方法。按照进位方式记数的数制称为进位记数制,或称进制。

任何进制都有它存在的原因。由于日常生活中大都采用十进制记数,因此对十进制最习惯,十进制即逢十进一。生活中也常常遇到其他进制,如 60 进制,每分钟 60 秒,每小时 60 分钟,即逢 60 进 1;如十二进制,12 的可分解的因子多(12,6,4,3,2,1),商业中不少包装计量单位“一打”;如十六进制,16 可被平分的次数较多(16,8,4,2,1),即使现代在某些场合如中药、金器的计量单位还在沿用这种记数方法。

进位记数涉及基数与各数位的位权。十进制记数的特点是“逢十进一”,在一个十进制数中,需要用到 10 个数字符号 0~9,其基数为 10,即十进制数中的每一位是这 10 个数字符号之一。在任何进制中,一个数的每个位置都有一个权值。

2. 基数

基数是指该进制中允许选用的基本数码的个数。每一种进制都有固定数目的记数符号。

十进制数的基数为 10,其有 10 个记数符号,0、1、2、…、9。每一个数码符号根据它在这个数中所在的位置(数位),按"逢十进一"来决定其实际数值。

二进制数的基数为 2,其有 2 个记数符号,0 和 1。每个数码符号根据它在这个数中的数位,按"逢二进一"来决定其实际数值。

八进制数的基数为 8,其有 8 个记数符号,0、1、2、…、7。每个数码符号根据它在这个数中的数位,按"逢八进一"来决定其实际的数值。

十六进制数的基数为 16,其有 16 个记数符号,0～9、A、B、C、D、E、F。其中 A～F 对应十进制的 10～15。每个数码符号根据它在这个数中的数位,按"逢十六进一"来决定其实际的数值。

3. 位权

一个数码处在不同位置上所代表的值不同,如数字 6 在十位数位置上表示 60,在百位数上表示 600,而在小数点后 1 位表示 0.6,可见每个数码所表示的数值等于该数码乘以一个与数码所在位置相关的常数,这个常数叫做位权。位权的大小是以基数为底、数码所在位置的序号为指数的整数次幂。十进制的个位数位置的位权是 10^0,十位数位置上的位权为 10^1,小数点后 1 位的位权为 10^{-1}。

十进制数 34958.34 的值为:

$$34958.34 = 3 \times 10^4 + 4 \times 10^3 + 9 \times 10^2 + 5 \times 10^1 + 8 \times 10^0 + 3 \times 10^{-1} + 4 \times 10^{-2}$$

小数点左边:从右向左,每一位对应权值分别为 10^0、10^1、10^2、10^3、10^4;小数点右边:从左向右,每一位对应的权值分别为 10^{-1}、10^{-2}。

二进制数 $100101.01 = 1 \times 2^5 + 0 \times 2^4 + 0 \times 2^3 + 1 \times 2^2 + 0 \times 2^1 + 1 \times 2^0 + 0 \times 2^{-1} + 1 \times 2^{-2}$

小数点左边:从右向左,每一位对应的权值分别为 2^0、2^1、2^2、2^3、2^4;小数点右边:从左向右,每一位对应的权值分别为 2^{-1}、2^{-2}。

不同的进制由于其进位的基数不同其权值也是不同的。一般而言,对于任意的 R 进制数:

$$a_{n-1}a_{n-2}\cdots a_1 a_0 a_{-1} \cdots a_{-m} \quad (\text{其中 } n \text{ 为整数位数},m \text{ 为小数位数})$$

可以表示为以下和的形式:

$$a_{n-1} \times R^{n-1} + a_{n-2} \times R^{n-2} + \cdots + a_1 \times R^1 + a_0 \times R^0 + a_{-1}$$
$$\times R^{-1} + \cdots + a_{-m} \times R^{-m} \quad (\text{其中 } R \text{ 为基数})$$

为了表示不同数制的数,经常用后缀或下标表示不同的进制数。如十进制数 3.14159 表示为 $(3.14159)_{10}$ 或 3.14159D。同理,二进制数 10101.01、八进制数 127、十六进制数 6A.4 分别表示为:$(10101.01)_2$ 或 10101.01B、$(127)_8$ 或 127O、$(6A.4)_{16}$ 或 6A.4H。

2.1.2　不同进制间的转换

在计算机内部,数据程序都用二进制表示和处理,人们的输入与计算机的输出还是十进制表示,这就存在数制间转换工作,转换过程是通过机器完成的,但我们应当了解数制转换的原理。

1. 非十进制数转换为十进制数

二进制数转换为十进制数的转换原则是,按权展开求和。如:

$$(10001101.11)_2 = 1 \times 2^7 + 0 \times 2^6 + 0 \times 2^5 + 0 \times 2^4 + 1 \times 2^3 + 1 \times 2^2 + 0 \times 2^1$$
$$+ 1 \times 2^0 + 1 \times 2^{-1} + 1 \times 2^{-2}$$
$$= (141.75)_{10}$$

八进制数转换为十进制数遵循同样的原则,如:

$$(337.4)_8 = 3 \times 8^2 + 3 \times 8^1 + 7 \times 8^0 + 4 \times 8^{-1} = (223.5)_{10}$$

在十六进制数转换成十进制数时,要将符号 A～F 还原成 10～15 进行运算。如果进制中有小数,也同样采用按权展开再相加的方法。

$$(3BF.4)_{16} = 3 \times 16^2 + 11 \times 16^1 + 15 \times 16^0 + 4 \times 16^{-1} = (959.25)_{10}$$

2. 十进制数转换为二进制数

要把十进制正整数转换为二进制正整数,其方法是用 2 不断去除十进制数,直到商为 0 时为止,每次所得余数从后向前排列即为转换后的二进制数。该方法称为"除 2 取余法"。

例 2-1　将十进制数 35 转换成二进制数。

2	35	取余数	低
2	17	1	
2	8	1	
2	4	0	
2	2	0	
2	1	0	
2	0	1	高

第一次得到的余数是二进制数的最低位,最后一次得到的余数是二进制数的最高位。也可用如下方式计算:

商：0 1 2 4 8 17 35　　　　|2
余数　1 0 0 0 1 1　　　　←

即 $(35)_{10} = (100011)_2$

十进制的纯小数转换成二进制数,就不是用"除 2 取余"法,而是用"乘 2 取整"的方法。

例 2-2　将十进制数 0.25 转换成二进制数。

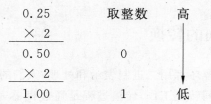

$$
\begin{array}{lll}
0.25 & \text{取整数} & \text{高} \\
\underline{\times 2} & & \\
0.50 & 0 & \\
\underline{\times 2} & & \\
1.00 & 1 & \text{低}
\end{array}
$$

所以，$(0.25)_{10} = (0.01)_2$

当十进制小数不能用有限位二进制小数精确表示时，根据精度要求，采用"0 舍 1 入"法，取有限位二进制小数近似表示。

若十进制数中既有整数又有小数，就必须将整数部分用"除 2 取余法"算出二进制整数；小数部分用"乘 2 取整法"算出二进制小数，再将二进制整数部分与小数部分相加，便得到结果。

十进制数转换为八进制数、十六进制数可按同样原则进行转换。

3. 二进制与八进制、十六进制的转换

因为 3 位二进制正好表示 000～111 共 8 个数字，所以二进制与八进制之间的转换是十分方便的。二进制转换为八进制的原则是，整数部分从低位到高位每 3 位为一组，不足补零，一组一组地转换成对应的八进制数；小数部分从高位到低位每 3 位为一组，不足补零，一组一组地转换成对应的八进制数。

例 2-3 将二进制数 10011110.00111 转换成八进制数。

$$
\begin{array}{ccccc}
010 & 011 & 110 \ . & 001 & 110 \\
2 & 3 & 6 & 1 & 6
\end{array}
$$

所以 $(10011110.00111)_2 = (236.16)_8$

相反，如果由八进制数转换成二进制数时，只要将每位八进制数字写成对应的 3 位二进制数，再按原来的顺序排列起来就可以了。

同理，十六进制数与二进制数的转换原则是，十六进制数中的每一位用 4 位二进制数来表示。

例 2-4 将二进制数 10011110.00111 转换成十六进制数。

$$
\begin{array}{cccc}
1001 & 1110 \ . & 0011 & 1000 \\
9 & E & 3 & 8
\end{array}
$$

所以 $(10011110.00111)_2 = (9E.38)_{16}$

2.1.3　二进制及其运算

1. 二进制的特点

由于十进制应用在计算机上遇到表示上的困难，用 10 个不同符号来表示和运算很复杂，在计算机中采用二进制表示。二进制表示的特点如下。

（1）可行性。采用二进制，只有 0 和 1 两个状态，需要表示 0、1 两种状态的电子器件很多，如开关的接通和断开，晶体管的导通和截止，磁元件的正负剩磁，电位电平的高与低等都可表示 0、1 两个数码。使用二进制，电子器件具有实现的可行性。

（2）简易性。二进制数的运算法则少，运算简单，使计算机运算器的硬件结构大大简化。如十进制的乘法九九口诀表 55 条公式，而二进制乘法只有 4 条规则。

（3）逻辑性。由于二进制 0 和 1 正好和逻辑代数的假（False）和真（True）相对应，有逻辑代数的理论基础，用二进制表示二值逻辑很自然。

2. 算术运算

二进制数的算术运算与十进制的算术运算类似，但其运算规则更为简单，其规则如表 2-1 所示。

表 2-1　二进制数的运算规则

加　　法	乘　　法	减　　法	除　　法
$0+0=0$	$0 \times 0 = 0$	$0-0=0$	$0 \div 0 = 0$
$0+1=1$	$0 \times 1 = 0$	$1-0=1$	$0 \div 1 = 0$
$1+0=1$	$1 \times 0 = 0$	$1-1=0$	$1 \div 0 = （没有意义）$
$1+1=10$（逢二进一）	$1 \times 1 = 1$	$0-1=1$（借一当二）	$1 \div 1 = 1$

1）加法运算

例 2-5　二进制数 1001 与 1011 相加。

算式：被加数　　　$(1001)_2 \cdots\cdots (9)_{10}$

加数　　　$(1011)_2 \cdots\cdots (11)_{10}$

进位　　$+）1\ 11$

和数　　　$(10100)_2$

结果：$(1001)_2 + (1011)_2 = (10100)_2$

由算式可以看出，两个二进制数相加时，每一位最多有 3 个数（本位被加数、加数和来自低位的进位）相加，按二进制数的加法运算法则得到本位相加的和及向高位的进位。

2）减法运算

例 2-6　二进制数 11000001 与 00101101 相减。

算式：被减数　　　$(11000001)_2 \cdots\cdots (193)_{10}$

减数　　　$(00101101)_2 \cdots\cdots (45)_{10}$

借位　　$-）1111$

差数　　　$(10010100)_2 \cdots\cdots (148)_{10}$

结果：$(11000001)_2 - (11000001)_2 = (10010100)_2$

由算式可以看出，两个二进制数相减时，每一位最多有 3 个数（本位被减数、减数和向高位的借位）相减，按二进制数的减法运算法则得到本位相减的差数和向高位的借位。

3. 逻辑运算

计算机中的逻辑关系是一种二值逻辑，逻辑运算的结果只有"真"或"假"两个值。二值逻辑很容易用二进制的"0"和"1"来表示，一般用"1"表示真，用"0"表示假。逻辑值的每一位表示一个逻辑值，逻辑运算是按对应位进行的，每位之间相互独立，不存在进位和借位关系，运算结果也是逻辑值。

逻辑运算有"或"、"与"和"非"三种。其他复杂的逻辑关系都可以由这 3 个基本逻辑关系组合而成。

(1) 逻辑"或"。用于表示逻辑"或"关系的运算,"或"运算符可用＋,OR,∪ 或 ∨ 表示。

逻辑"或"的运算规则如下:

$$0+0=0 \quad 0+1=1 \quad 1+0=1 \quad 1+1=1$$

即两个逻辑位进行"或"运算,只要有一个为"真",逻辑运算的结果为"真"。

例 2-7　如果 A＝1001111,B＝1011101,求 A＋B。步骤如下:

$$
\begin{array}{r}
1001111 \\
+\ \ 1011101 \\
\hline
1011111
\end{array}
$$

结果:

$$A+B=1001111+1011101=1011111$$

(2) 逻辑"与"。用于表示逻辑"与"关系的运算,称为"与"运算,与运算符可用 AND,·,×,∩ 或 ∧ 表示。

逻辑"与"的运算规则如下:

$$0\times0=0 \quad 0\times1=0 \quad 1\times0=0 \quad 1\times1=1$$

即两个逻辑位进行"与"运算,只要有一个为"假",逻辑运算的结果为"假"。

例 2-8　如果 A＝1001111,B＝1011101,求 A×B。步骤如下:

$$
\begin{array}{r}
1001111 \\
\times\ \ 1011101 \\
\hline
1001101
\end{array}
$$

结果:

$$A\cdot B=1001111\times1011101=1001101$$

(3) 逻辑"非"。用于表示逻辑"非"关系的运算,该运算常在逻辑变量上加一横线表示或用在变量前加 NOT 表示。逻辑"非"的运算规则:

$$\overline{1}=0 \quad \overline{0}=1$$

即对逻辑位求反。

2.2　计算机中信息的表示

计算机所能处理的数据、信息在计算机中都是以数字编码形式表示的。数值数据在用计算机进行处理时需要解决好两个问题,一是符号位数字化的问题;二是小数点表示的问题。在考虑解决方案时需要同时结合数值数据的四则运算规则,以便计算机运算过程中无须将符号位和数值位分别考虑。

2.2.1 计算机中符号数的表示

1. 符号数机器码表示方法

通常,数的正、负是用"+"、"-"来表示的。在计算机中,机器只能识别"0"与"1",纯数值是完全可以用"0"与"1"来表示,那么符号怎样在计算机中表示呢?因为计算机只能识别"0"与"1"两种对立状态,所以在计算机中仍然用"0"与"1"来表示正号与负号,这样,数的符号在计算机中就数码化了。

通常规定,在计算机中数的最前面增设一位符号位,正数符号用"0"表示,负数符号用"1"表示。因此,在计算机中的数是用一位符号位和若干数值位来表示的。

例 2-9 以八位二进制数为例,设:$N_1 = +1010010$,$N_2 = -1001101$,则 N_1 和 N_2 在计算机中表示如图 2-1 所示。

为了区别原来的数与它在计算机中的数的表示方式,将已经数码化了的带符号数称为机器数,而把原来的数称为机器数的真值。

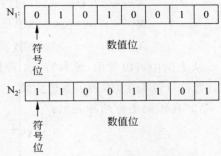

图 2-1 计算机中数的表示示例

2. 原码表示法

原码表示是一种简单的机器数表示,它的数值按一般二进制表示,符号位用数码"0"表示正号,用数码"1"表示负号。

原码的定义式为:

$$(X)_{原} = \begin{cases} X, & X \geqslant 0 \\ 2^N - X, & X \leqslant 0 \end{cases}$$

上述定义说明,当 X 为正数时,其原码就是它的机器数;当 X 为负数时,其原码为 2^N 去减这个负数,其中 N 表示该二进制整数的位数。

在实际工作中,往往是给出真值需求原码,或是给出原码如何求真值。

(1) 已知 X 真值,求 $(X)_{原}$。

如果给出真值要求写出原码,其方法是:

符号位用"0"替代"+",用"1"替代"-",而其余二进制数数值位不变(若真值给出的是十进制数,需转换成二进制数)。

例 2-10 若 $X = +1101$, 则 $(X)_{原} = 01101$

若 $X = -1101$, 则 $(X)_{原} = 11101$

我们用定义来证明上述方法的正确性:X 为正数时,答案是显而易见的。根据定义,当 X 为负数时,$(X)_{原} = 2^N - X$,此题中,$X = -1101$ 整数的位数为四位,即 $N = 4$,若将 X 代入定义式,则有:

$$(X)_{原} = 2^4 - X = 10000 + 1101 = 11101$$

（2）已知原码$(X)_原$，求真值。

如果给出原码，要求写出真值，其方法是：

符号位用"＋"代表"0"，用"－"代表"1"，其余数值位不变。

例 2-11　若$(X)_原＝01101$，　则$X＝＋1101$

　　　　　若$(X)_原＝11101$，　则$X＝－1101$

如果用原码来表示一个八位带符号数，并规定其中最高位为符号位，其余 7 位为有效数字位。

例 2-12　$X＝＋8D＝＋0001000B$

　　　　　$X＝＋8D＝＋0001000B$　　　$(X)_原＝00001000$

　　　　　$X＝－8D＝－0001000B$　　　$(X)_原＝10001000$

　　　　　$X＝＋127D＝＋1111111B$　　$(X)_原＝01111111$

　　　　　$X＝－127D＝－1111111B$　　$(X)_原＝11111111$

　　　　　$X＝＋0＝＋0000000B$　　　　$(X)_原＝00000000$

　　　　　$X＝－0＝－0000000B$　　　　$(X)_原＝10000000$

从上例中可以看出，原码特点：原码最高位为符号位，当符号位为 0 时，表示真值为正；当符号位为 1 时，表示真值为负。

"0"在原码中有两种表示：

$$(＋0)_原 ＝ 00000000$$
$$(－0)_原 ＝ 10000000$$

八位带符号数的原码，表示数的范围为：$-127\sim+127$，即 $11111111\sim01111111$。

原码表示直观易懂，且容易与真值转换。但是，它的最大缺点是进行加减法运算比较复杂。因为若是遇到两个数相加，且同号，则数值相加，符号不变；若是遇到两个数异号，数值部分实际上是相减，而且必须先比较出两数绝对值的大小，然后从绝对值较大的数中减去绝对值较小的数，差值的符号与绝对值较大的数的符号一致。这使计算机控制线路较为复杂，并且降低了加减运算的速度，而加减运算在计算机中是最常用的运算。因此，为简化判断手续，提高运算速度，节省机器设备，人们在实践中找到了更适合计算机进行加减运算的机器数表示方法补码表示法。

3. 补码表示法

负数用补码表示可以使减法转化为加法，从而使加减运算转换为单纯正数相加的运算，解决了原码表示法在加减运算中所遇到的困难。

正数的补码与原码相同。负数的补码按下述规则：符号位以 1 表示，数值部分各位按位取反，且在最低位上加 1。

补码的定义：

$$(X)_补 ＝ \begin{cases} X, & X \geqslant 0 \\ 2^{N+1} + X, & X < 0 \end{cases}$$

定义式中$(X)_补$就是机器数，或称为补码，X 则为机器数（或补码）的真值，N 为二进制整数的位数。

（1）已知真值 X，求补码 $(X)_补$。

其一般方法如下。

符号位用"0"代"+"，数值部分不变。

符号位用"1"代"−"，数值部分按位变反，末位加 1。

例 2-13　　　$X=+1101$　$(X)_补=01101$

　　　　　　　　　$X=-1101$　$(X)_补=10011$

即 $X=-1101$；用"1"代替"−"，数值位按位变反，末位加 1，即可求得 $(X)_补$。

$$(X)_补 = 10010 + 1 = 10011$$

（2）已知补码 $(X)_补$，求真值 X。

其一般方法如下。

符号位用"+"代"0"数值位不变。

符号位用"−"代"1"数值部分按位变反，末位加 1。

例 2-14　　　$(X)_补=01101$　则 $X=+1101$

　　　　　　　　　$(X)_补=11101$　则 $X=-(0010+0001)=-0011$

例 2-15　如果用补码来表示 8 位带符号的数，其中最高位为符号位，其余 7 位表示有效数字。

$$X=+8D\qquad (X)_补=00001000$$
$$X=-8D\qquad (X)_补=11111000$$
$$X=+127D\quad (X)_补=01111111$$
$$X=-127D\quad (X)_补=10000001$$
$$X=+1\qquad (X)_补=00000001$$
$$X=-1\qquad (X)_补=11111111$$
$$X=+0\qquad (X)_补=00000000$$
$$X=-0\qquad (X)_补=00000000$$
$$X=-128D\quad (X)_补=10000000$$

从上例中可以看出，补码的特点：补码最高位为符号位，当符号位为"0"时，表示真值为正，补码跟原码相同；符号位为 1 时，表示真值为负，真值为负时，补码是对原码除符号位外，各位均变反，末位加 1。

"0"在补码中的表示是唯一的。即 $(+0)_补 = (-0)_补 = 00000000$。

8 位带符号数的补码，表示范围为：$-128 \sim +127$，即 $10000000 \sim 01111111$。

（3）原码与补码的相互转换。

正数的补码跟原码相同，因此不需转换。负数的原码同补码之间转换时，符号位不变，数值部分各位取反，末位加 1。

例 2-16　若 $(X)_原=10110110$，　则 $(X)_补=11001010$

　　　　　　　若 $(X)_补=00110001$，　则 $(X)_原=00110001$

（4）已知$(X)_{补}$，求$(-X)_{补}$。

已知一个以补码表示的数$(X)_{补}$，若要求$(-X)_{补}$，则不论该数是正还是负，将$(X)_{补}$连同符号位一起，各位求反，最末位加1。

例 2-17　若$(X)_{补}=01101011$，　则$(-X)_{补}=10010101$

　　　　　　若$(X)_{补}=11011010$，　则$(-X)_{补}=00100110$

（5）补码表示中的模数。

在机器中，数只能用有限位来表示，假设用 8 位（包括符号位在内）来表示。

$$若 X = -1001101，\quad 则(X)_{补} = 10110011$$

我们将$(X)_{补}$减去 X 则有：

$$(X)_{补} - X = 10110011 - (-1001101) = 10110011 + 1001101$$

$$= 100000000$$

从上述可知：$(X)_{补} - X$ 的结果正好等于符号位上产生的进位数。这个数（$100000000 = 2^8 = 256$）称为补码表示的模数，由于在机器中数的表示只能用有限的位表示，因此，这个进位数在机器中自动地丢失。

因而，一个数的补码表示等于模数与这个数的真值的和，即

$$(X)_{补} = 模数 + X$$

（6）有符号表示法和无符号表示法。

前面讲的表示法中，一个数用符号位和数值位两个部分来表示，故称为有符号数表示法。在实际的机器中，特别是小型机和微型机中，也可以采用无符号数表示法。所谓无符号数表示法就是指机器中的数没有符号位只有数值部分，在无符号数表示中所有的数都是正数（即绝对值），因此就不需要符号位了。

在计算机中减去一个无符号数，也应把它变为加上这个无符号数的补数。其操作是对一个无符号数的所有位按位求反，最末位加 1。如无符号数 10101101 的补码为 01010011。

因此，在计算机中有符号数表示和无符号数表示可以看成机器中数据有限位表示中不同的两种方式。在机器中，最高位既可以作为符号位，也可作为数值位，既可以采用有符号数表示法，也可以采用无符号数表示法，究竟采用何种，可由程序员确定。

4. 反码表示法

正数的反码和原码相同，负数的反码是符号位以"1"表示，数值部分各位按位取反，即 0 变 1，1 变 0。

反码的定义：

$$(X)_{反} = \begin{cases} X, & X \geqslant 0 \\ 2^{N+1} - X - 1, & X \leqslant 0 \end{cases}$$

定义式中$(X)_{反}$就是机器数，或称为反码，X 则为机器数（或反码）的真值，N 仍然表示二进制整数的位数。

（1）已知原码$(X)_原$，求反码$(X)_反$。

正数的原码和反码相同，对于负数的原码$(X)_原$，若要求$(X)_反$，除符号位不变外，原码数值部分每位变反。

例 2-18　若$(X)_原 = 01010111$，　则$(X)_反 = 01010111$

　　　　　　若$(X)_原 = 10110011$，　则$(X)_反 = 11001100$

（2）已知真值 X，求反码$(X)_反$。

一般方法是符号位用"0"代"+"，数值不变；用"1"代"-"，数值部分按位变反。

例 2-19　若$(X) = +1011010$，　则$(X)_反 = 01011010$

　　　　　　若$(X) = -1011010$，　则$(X)_反 = 10100101$

（3）已知反码$(X)_反$，求真值 X。

一般方法是符号位用"+"代"0"，其余数值不变；用"-"代"1"，其余数值部分全部逐位变反。

例 2-20　若$(X)_反 = 01011010$，　则$(X) = 01011010$

　　　　　　若$(X)_反 = 11011010$，　则$(X) = 10100101$

如果用反码来表示一个 8 位带符号数，其中最高位为符号位，其余 7 位表示有效数字，此时，真值为负。

例 2-21　$X = +8D$　　$(X)_反 = 00001000$

　　　　　　$X = -8D$　　$(X)_反 = 11110111$

　　　　　　$X = +127D$　$(X)_反 = 01111111$

　　　　　　$X = -127D$　$(X)_反 = 10000000$

　　　　　　$X = +0$　　　$(X)_反 = 00000000$

　　　　　　$X = -0$　　　$(X)_反 = 11111111$

从上面看出，反码的特点：反码最高位为符号位，当符号位为"0"时，表示真值为正，真值为正的反码跟原码、补码相同；符号位"1"时，表示真值为负，真值为负时，反码是其原码除符号外，逐位取反。

0 在反码中有两种表示：

$$（+0）_反 = 00000000$$

$$（-0）_反 = 11111111$$

8 位带符号数的反码，其表示范围为：$-127 \sim +127$。

上面我们介绍了原码、反码和补码。引进这 3 种机器码的目的在于解决机器中数的正负号的数码化问题，即用"0"和"1"分别表示机器数中的正号和负号。补码的引进，使机器中的加减运算统一为加运算，即使两个异号数相加和两个同号数相减时，均不做减法，而是通过补码做加法。这样，使得计算机内部线路变得十分简单，通常只要设置一个加法器和相应的电路，就可以完成加、减、乘、除四则运算了。

2.2.2　定点数与浮点数

我们日常表示的数据类型主要有两种,一种是一般的数据表示形式,如 125、98.6 等;另一种是科学记数法表示的数据形式,如 1.25×108 等。这两种数据类型对应在计算机中的表示形式就是定点数和浮点数。

1. 定点数的表示方法

作为一个一般的十进制数据,在计算机中除了要表示其数值外,还要表示其符号(正或负)和小数点。符号我们可以使用一位二进制表示,如"0"表示正号,"1"表示负号。而对于小数点则需要采取一些特殊的处理方法。

所谓定点数是指数据的小数点位置是固定不变的。由于定点数的小数点位置是固定的,因此小数点"."就不需要表示出来了。在计算机中,定点数主要分为两种:一是定点整数,即纯整数;二是定点小数,即纯小数。

假设用一个 $n+1$ 位二进制来表示一个定点数 x,其中一位 x_0 用来表示数的符号位,其余 n 位数代表它的数值。这样,对于任意定点数 $x = x_0 x_1 x_2 \cdots x_n$,其在机器中的定点数表示如图 2-2 所示。

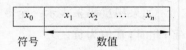

图 2-2　定点数表示

如果数 x 表示的是纯小数,那么小数点位于 x_0 和 x_1 之间,其数值范围为:

$$0 \leqslant |x| \leqslant 1 - 2^{-n}$$

如果数 x 表示的是纯整数,那么小数点位于最低位 x_n 的右边,其数值范围为:

$$0 \leqslant |x| \leqslant 2^{n+1} - 1$$

在采用定点数表示的机器中,对于非纯整数或纯小数的数据在处理前必须先通过合适的比例因子转换成相应的纯整数或纯小数,运算结果再按比例转换回去。目前计算机中多采用定点纯整数表示,因此将定点数表示的运算简称为整数运算。

2. 浮点数的表示方法

由于在计算机中表示数据的二进制位数(称为字长)是有限的,因此定点数所表示的数据范围也是很有限的,对于一些很大的数据就无法表示。例如,使用 16 位二进制表示纯整数,其表示范围仅为 0～16 383。为此,人们吸取生活中十进制数据的科学记数法的思想,采用一种浮点数的表示法来表示更大的数。

在浮点数表示中,数据被分为两部分:尾数和阶码。尾数表示数的有效数位,阶码则表示小数点的位置。加上符号位,浮点数据可以表示为:

$$N = (-1)^s \times M \times R^E$$

其中 M(Mantissa)是浮点数的尾数;R(Radix)是基数;E(Exponent)是阶码;S(Sign)是浮点数的符号位,在计算机中表示如图 2-3 所示。

在计算机中,基数 R 取 2,是个常数,在系统中是约定的,不需要表示出来;阶码 E 用定点整数表示,它的位数越长,浮点数所能表示的数的范围越大;尾数 M 用定点小数表示,它的位数越长,浮点数所能表示的数的精度越高。

S	E_0	$E_1 E_2 \cdots E_m$	$M_1 M_2 \cdots M_n$
数符	阶符	阶码	尾数

图 2-3　浮点数表示

2.2.3　计算机中字符的编码表示

字母、数字、符号等各种字符(例如键盘输出的信息或打印输出的信息都是按字符方式输出)按特定的规则,用二进制编码在计算中表示。字符的编码方式很多,最普遍采用的是美国标准信息交换码 ASCII 码。

1. ASCII 码

字符是计算机中使用最多的非数值型数据,是人与计算机进行通信、交互的重要媒介,通常使用 ASCII 码或 EBCDIC 码。ASCII(American Standard Code for Information Interchange)码是美国标准信息交换码,已被国际标准化组织定为国际标准,是目前最普遍使用的字符编码,ASCII 码有 7 位码和 8 位码两种形式。在计算机的存储单元中,一个 ASCII 码值占一个字节(8 个二进制位)。

因为 1 位二进制数可以表示两种状态,0 或 1;2 位二进制数可以表示 4 种状态,00、01、10、11;依此类推,7 位二进制数可以表示 128 种状态($2^7 = 128$),每种状态都唯一对应一个 7 位的二进制码,对应一个字符,这些码可以排列成一个十进制序号 0~127。所以,7 位 ASCII 码是用 7 位二进制数进行编码的,可以表示 128 个字符。

例如,大写字母 A 的 ASCII 码值为 01000001,即十进制数 65,小写字母 a 的 ASCII 码值为 01100001,即十进制数 97。

为了查阅方便,表 2-2 中列出了 ASCII 码字符编码。

例如,大写字母 A,查表得($b_7 b_6 b_5 b_4 b_3 b_2 b_1$)=1000001。

当从键盘输入字符"A",计算机首先在内存中存入"A"的 ASCII 码 01000001,然后在 BIOS(只读存储器)中查找 01000001 对应的字形(英文字符的字形固化在 BIOS 中),最后在输出设备(如显示器)输出"A"的字形。

在计算机中,1 个字符用 1 字节表示,其最高位总是 0。

2. BCD 码

采用若干位二进制数码表示一位十进制数的编码,统称为二进制编码的十进制数,也就是 BCD 码(Binary Coded Decimal),简称二—十进制编码。

二—十进制编码的方法很多,8421 码是最常用的一种,它采用 4 位二进制数表示 1 位十进制数,即每一位十进制数用 4 位二进制编码来表示。这 4 位二进制数各位权由高到低分别是 8、4、2、1。例如,十进制数 95 的 8421 码为 10010101。

表 2-2　7 位 ASCII 码表

b4	b3	b2	b1	列 / 行	0	1	2	3	4	5	6	7
				b7	0	0	0	0	1	1	1	1
				b6	0	0	1	1	0	0	1	1
				b5	0	1	0	1	0	1	0	1
0	0	0	0	0	NUL	DLE	SP	0	③	P	③	p
0	0	0	1	1	SOH	DC1	!	1	A	Q	a	q
0	0	1	0	2	STX	DC2	"	2	B	R	b	r
0	0	1	1	3	ETX	DC3	#	3	C	S	c	s
0	1	0	0	4	EOT	DC4	$	4	D	T	d	t
0	1	0	1	5	ENQ	NAK	%	5	E	U	e	u
0	1	1	0	6	ACK	SYN	&	6	F	V	f	v
0	1	1	1	7	BEL	ETB	'	7	G	W	g	w
1	0	0	0	8	BS	CAN	(	8	H	X	h	x
1	0	0	1	9	HT	EM	)	9	I	Y	i	y
1	0	1	0	10	LF	SUB	*	:	J	Z	j	z
1	0	1	1	11	VT	ESC	+	;	K	[	k	{
1	1	0	0	12	FF	FS	,	<	L	\	l	|
1	1	0	1	13	CR	GS	—	=	M	]	m	}
1	1	1	0	14	SO	RS	.	>	N	^	n	~
1	1	1	1	15	SI	US	/	?	O	_	o	DEL

8421BCD 码在计算结束前需要复杂的校正,因为这种码是二进制形式,但是本质上是十进制数据,所以按照二进制规则计算得到的结果往往是不对的。

表 2-3 是十进制数 0～9 与一种 BCD(8421)码的对应关系。

表 2-3　8421 编码表

十进制数	8421 码	十进制数	8421 码
0	0000	5	0101
1	0001	6	0110
2	0010	7	0111
3	0011	8	1000
4	0100	9	1001

3. 汉字编码

计算机在处理汉字信息时也要将其转化为二进制代码,这就需要对汉字进行编码。

汉字字符要在计算机中处理,要解决汉字的输入输出以及汉字的处理,较为复杂。

汉字集很大,必须解决如下问题:键盘上无汉字,不可能直接与键盘对应,需要输入码来对应;计算机中存放,需要机内码来表示,以便查找;汉字量大,字型变化复杂。需要用对应的字库查找来存储。

由于汉字具有特殊性,计算机处理汉字信息时,汉字的输入、存储、处理及输出过程中所使用的汉字代码不相同,其中有用于汉字输入的输入码,用于机内存储和处理的机内码,用于输出显示和打印的字模点阵码(或称字形码)。即在汉字处理中需要经过汉字输入码、汉字机内码、汉字字形码的 3 码转换,具体转换过程如图 2-4 所示。

图 2-4　汉字编码转换过程

(1) 汉字输入码。对应键盘无汉字问题,解决汉字与键盘的对应问题,需要通过汉字输入码实现。

汉字输入码是为了利用现有的计算机键盘,将形态各异的汉字输入计算机而编制的代码。目前在我国推出的汉字输入编码方案很多,其表示形式大多用字母、数字或符号。编码方案大致可以分为:以汉字发音进行编码的音码,例如全拼码、简拼码、双拼码等;按汉字书写的形式进行编码的形码,例如五笔字型码。也有音形结合的编码,例如自然码。

(2) 国标码。计算机处理汉字所用的编码标准是我国于 1980 年颁布的国家标准GB 2312-80,即《中华人民共和国国家标准信息交换汉字编码》,简称国标码。国标码的主要用途是作为汉字信息交换码使用。

国标码与 ASCII 码属同一制式,可以认为它是扩展的 ASCII 码。由两个字节表示一个汉字字符。第一个字节称为"区",第二个字节称为"位"。这样,该字符集共有 94 个区,每个区有 94 个位,最多可以组成 94×94＝8836 个字。

在国标码表中,共收录了一、二级汉字和图形符号 7445 个。其中图形符号 682 个,分布在 1～15 区;一级汉字(常用汉字)3755 个,按汉语拼音字母顺序排列,分布在 16～55 区;二级汉字(不常用汉字)3008 个,按偏旁部首排列,分布在 56～87 区;88 区以后为空白区,以待扩展。

国标码本身也是一种汉字输入码,由区号和位号共 4 位十进制数组成,通常称为区位码输入法。在区位码中,两位区号在高位,两位位号在低位。区位码可以唯一确定一个汉字或字符,反之任何一个汉字或字符都对应唯一的区位码。例如,汉字"啊"的区位码是"1601",即在 16 区的第 01 位;符号"。"的区位码是"0103"。其"1601"和"0103"是十六进制数。

区位码最大的特点就是没有重码,虽然不是一种常用的输入方式,但对于其他输入方法难以找到的汉字,通过区位码却很容易得到,但需要一张区位码表与之对应。例如,汉字"丰"的区位码是"2365"。

（3）机内码。机内码是指在计算机中表示一个汉字的编码。正是由于机内码的存在,输入汉字时就允许用户根据自己的习惯使用不同的汉字输入码,例如,拼音、五笔、自然、区位等,进入系统后再统一转换成机内码存储。国标码也属于一种机器内部编码,其主要用途是将不同的系统使用的不同编码统一转换成国标码,使不同系统之间的汉字信息进行相互交换。

机内码一般都采用变形的国标码。所谓变形的国标码是国标码的另一种表示形式,即将每个字节的最高位置1。这种形式避免了国标码与 ASCII 码的二义性,通过最高位来区别是 ASCII 码字符还是汉字字符。

因为汉字的区码和位码都在 01～94 范围内,所以不直接用区位码作为计算机内码,否则会与基本的 ASCII 码发生冲突。

（4）汉字的字形码。汉字字形码是汉字字库中存储的汉字字形的数字化信息,用于汉字的显示和打印。常用的输出设备是显示器与打印机。汉字字形库可以用点阵与矢量来表示。目前汉字字形的产生方式大多是以点阵方式形成汉字。因此汉字字形码主要是指汉字字形点阵的代码。

汉字字形点阵有 16×16 点阵、24×24 点阵、32×32 点阵、64×64 点阵、96×96 点阵、128×128 点阵、256×256 点阵等。一个汉字方块中行数、列数分得越多,描绘的汉字也就越细微,但占用的存储空间也就越多。汉字字形点阵中每个点的信息要用一位二进制码来表示。对 16×16 点阵的字形码,需要用 32B($16×16÷8＝32$)表示;24×24 点阵的字形码需要用 72B($24×24÷8＝72$)表示。

汉字字库是汉字字形数字化后,以二进制文件形式存储在存储器中而形成的汉字字模库。汉字字模库亦称汉字字形库,简称汉字字库。

2.3　思考与讨论

2.3.1　问题思考

1. 什么是数制? 数制的主要特点是什么?
2. 二进制与十进制数如何进行转换?
3. 二进制与八进制、十六进制之间如何进行转换?
4. 什么是 ASCII 码? 其作用什么?
5. 什么是原码、反码和补码?
6. 什么是定点数? 什么是浮点数?

2.3.2　课外讨论

1. 计算机为什么要采用二进制？如果采用其他数制来设计计算机,会带来哪些问题？

2. 总结二进制与十进制数间转换的技巧。

3. 计算机中用二进制表示,为什么实际还需要八进制和十六进制？

4. 计算机为什么要用补码？

5. 什么是编码？计算机中常用的信息编码有哪几种？请列出它们的名称及各自的特点。

第 3 章 计算机系统组成

【本章导读】

本章主要介绍计算机的硬件结构、组成及工作原理，介绍了计算机系统单元，以及外部设备与输入输出系统，读者可以熟悉计算机总体结构和工作原理，了解计算机系统单元的组成及主要技术指标。

【本章主要知识点】

① 计算机的硬件结构；

② 计算机的工作原理；

③ 计算机系统单元；

④ 外部设备与输入输出系统。

3.1 计算机组成原理

计算机是一种电子设备，它接收数据（输入）、根据某些规则来处置这些数据（处理）、产生处理结果（输出），并储存这些结果（存储）为后续处理部件所用。

3.1.1 计算机的硬件结构

硬件（Hardware）是组成计算机的所有电子器件和机电装置的总称，是计算机系统中可触摸得到的设备实体。现代计算机均遵照冯·诺依曼体系结构。据此，计算机硬件系统均由运算器、控制器、存储器、输入设备、输出设备以及将它们联结为有机整体的总线构成。在计算机中，运算器与控制器被封装在一起，称为中央处理单元（CPU）。CPU 是计算机硬件系统的核心。CPU 和内存储器一起被称为主机（Main Frame）。外存储器和输入、输出设备一起统称为外部设备或外围设备。

1. 计算机的主要部件

理论上通常将计算机硬件结构划分为运算器、控制器、存储器、输入设备、输出设备5 大部分。其结构如图 3-1 所示。

（1）运算器。运算器是对信息进行处理和运算的部件。经常进行的运算是算术运算和逻辑运算，所以，运算器又被称为算术逻辑运算部件（Arithmetic and Logical Unit，

ALU）。运算器的核心是加法器。运算器中还有若干个通用寄存器或累加寄存器，用来暂存操作数，并存放运算结果。寄存器的存取速度比存储器的存取速度快得多。

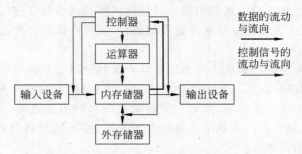

图 3-1 计算机硬件结构示意图

（2）控制器。控制器是整个计算机的指挥中心，它的主要功能是按照人们预先确定的操作步骤，控制整个计算机的各部件有条不紊地自动工作。控制器从主存中逐条地取出指令进行分析，根据指令的不同来安排操作顺序，向各部件发出相应的操作信号，控制它们执行指令所规定的任务，控制器中包括一些专用的寄存器。

（3）存储器。存储器是用来存放程序和数据的部件，它是一个记忆装置，也是计算机能够实现"存储程序控制"的基础。

在计算机系统中，存储器往往分成若干级，称其为存储系统。内存储器（也称主存储器）可由 CPU 直接访问，存取速度快但容量较小，一般用来存放当前正在执行的程序和数据。外存储器（也称辅助存储器）设置在主机外部，它的存储容量大，价格较低，但存取速度较慢，一般用来存放暂时不参与运行的程序和数据，这些程序和数据在需要时可传送到内存储器，因此它是内存储器的补充和后援。当 CPU 速度很高时，为了使访问存储系统的速度能与 CPU 的速度相匹配，又在内存储器与 CPU 间增设了一级 Cache（高速缓冲存储器）。Cache 的访问速度比内存储器更快，但集成度低、容量更小，用来存放当前最急需处理的程序和数据，以便快速地向 CPU 提供指令和数据。

（4）输入设备。输入设备的任务是把人们编好的程序和原始数据送到计算机中去，并且将它们转换成计算机内部所能识别和接受的信息方式。按输入信息的形态可分为字符（包括汉字）输入、图形输入、图像输入及语音输入等。常见的输入设备有键盘、鼠标、扫描仪等。辅助存储器（磁盘、磁带）也可以看做输入设备。另外，自动控制和检测系统中使用的模数（A/D）转换装置也是一种输入设备。

（5）输出设备。输出设备的任务是将计算机的处理结果以人或其他设备所能接受的形式送出计算机。目前最常用的输出设备是打印机和显示器。辅助存储器也可以看做输出设备。另外，数模（D/A）转换装置也是一种输出设备。

2. 计算机的总线结构

将计算机的各大基本部件，按某种方式连接起来就构成了计算机的硬件系统。目前计算机的各大基本部件之间是用总线连接起来的。所谓总线是一组能为多个部件服务的公共信息传送线路，它能分时地发送与接收各部件的信息。系统总线按传送信息的不同可以细分为地址总线、数据总线和控制总线。地址总线由单方向的多根信号线组成，用于CPU 向主存、外设传输地址信息；数据总线由双方向的多根信号线组成，CPU 可以沿这些线从主存或外设读入数据,也可以沿这些线向主存或外设送出数据;控制总线上传输的是控制信息,包括 CPU 送出的控制命令和主存(或外设)返回 CPU 的反馈信号。

总线结构是微型计算机的典型结构。其设计目标是以小的硬件代价组成具有较强功能的系统,不仅可以大大地减少信息传送线的数目,又可以提高计算机扩充主存及外部设备的灵活性。

总线电路主要由三态门组成。三态门是具有 3 种逻辑状态的门电路。这 3 种状态为逻辑"0"、逻辑"1"和浮空状态。所谓浮空状态,就是三态门的输出呈现开路的高阻状态。三态门与普通门的不同之处在于,除了正常的输入端和输出端之外,还有一个控制端,只有当控制端有效时,该三态门才满足正常的逻辑关系;否则输出将呈现高阻状态,相当于这个三态门与外界断开联系。

现代计算机中广泛使用三态门,利用它可以控制传输线上信号的传送方向,同时还允许多个输出端并联使用,只要这些门的控制端不同时有效就可以了。

3. 计算机的典型 I/O 结构

计算机系统 I/O 子系统的设计目标着重于系统功能的扩大与效率的提高。在系统连接上分为 4 级:主机、通道、设备控制器和外部设备。通道是承担 I/O 操作管理的主要部件,能使 CPU 的数据处理和与外部设备交换信息这两项操作同时进行。每个通道可以接一台或几台设备控制器,每个设备控制器又可接一台或几台外部设备,这样整个系统就可以连接很多的外部设备。这种结构具有较大的扩充余地。对较小的系统来说,可将设备控制器与外设合并在一起,将通道与 CPU 合并在一起;对较大的系统,则单独设置通道部件;对更大的系统,通道可发展成为具有处理功能的外围处理机。

3.1.2 计算机的层次结构

1. 计算机系统的多层次结构

现代计算机系统是一个由硬件与软件组成的综合体,可以把它看成是按功能划分的多级层次结构,如图 3-2 所示。

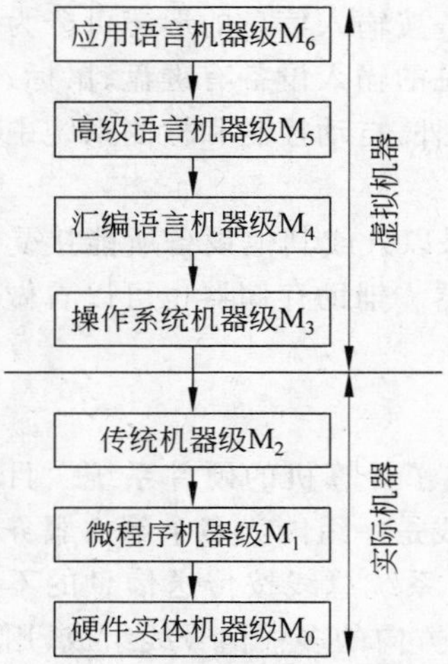

第 0 级为硬件组成的实体。

第 1 级是微程序级。这级的机器语言是微指令集,程序员用微指令编写的微程序一般是直接由硬件执行的。

第 2 级是传统机器级。这级的机器语言是该机的指令集,程序员用机器指令编写的程序可以由微程序进行解释。

第 3 级是操作系统级。从操作系统的基本功能来看,一方面它要直接管理传统机器中的软硬件资源,另一方面它又是传统机器的延伸。

第 4 级是汇编语言级。这级的机器语言是汇编语言,完成汇编语言翻译的程序叫做汇编程序。

第 5 级是高级语言级。这级的机器语言就是各种高级语言,通常用编译程序来完成高级语言翻译的工作。

应用语言机器级 M_6

高级语言机器级 M_5

汇编语言机器级 M_4

操作系统机器级 M_3

传统机器级 M_2

微程序机器级 M_1

硬件实体机器级 M_0

虚拟机器

实际机器

图 3-2 计算机系统的多层次结构

第 6 级是应用语言级。这一级是为了使计算机满足某种用途而专门设计的,因此这一级语言就是各种面向问题的应用语言。

把计算机系统按功能划分成多级层次结构,有利于正确理解计算机系统的工作过程,明确软件、硬件在计算机系统中的地位和作用。

在图 3-2 的多级层次结构中,对每一个机器级的用户来说,都可以将此机器级看做是一台独立的使用自己特有的"机器语言"的机器。实际机器是指由硬件或固件实现的机器,如图 3-2 中的第 0～2 级。虚拟机器是指以软件或以软件为主实现的机器,如图 3-2 中的第 3～6 级。虚拟机器只对该级的观察者存在,即在某一级观察者看来,其只需要通过该级的语言来了解和使用计算机,至于下级是如何工作和实现就不必关心了。如高级语言级及应用语言级的用户,可以不了解机器的具体组成,不必熟悉指令系统,直接用所指定的语言描述所要解决的问题。

2. 计算机的主要性能指标

计算机主要有如下性能指标,可以进一步表征计算机的特性,全面衡量一台计算机的性能。

(1) 机器字长。一般来说,计算机在同一时间内处理的一组二进制数称为一个计算机的"字",而这组二进制数的位数就是"字长"。机器字长是指参与运算的数的基本位数,它是由加法器、寄存器的位数决定的,所以机器字长一般等于内部寄存器的字长。字长标志着精度,字长越长,计算的精度就越高。倘若字长较短,又要计算位数较多的数据,那么需要经过两次或多次的运算才能完成,这样势必影响整机的运算速度。在计算机中,为了更灵活地表达和处理信息,又以字节(Byte)为基本单位,用大写字母 B 表示。一个字节等于 8 位二进制位(bit)。不同的计算机,字(Word)的长度可以不相同,但对于系列机来说,在同一系列中,字长却是固定的,如 80x86 系列中,一个字等于 16 位。

(2) 数据通路宽度。数据总线一次所能并行传送信息的位数,称为数据通路宽度。它影响到信息的传送能力,从而影响计算机的有效处理速度。这里所说的数据通路宽度是指外部数据总线的宽度,它与 CPU 内部的数据总线宽度(内部寄存器的大小)有可能不同。有些 CPU 的内、外数据总线宽度相等,例如 Intel 8086、80286、80486 等;有些 CPU 的外部数据总线宽度小于内部,如 8088;也有些 CPU 的外部数据总线宽度大于内部。

(3) 主存容量。一个主存储器所能存储的全部信息量称为主存容量。通常,以字节数来表示存储容量,这样的计算机称为字节编址的计算机。也有一些计算机是以字为单位编址的,它们用字数乘以字长来表示存储容量。计算机的主存容量越大,存放的信息就越多。

存储容量单位,一个位(bit)代表一个 0 或 1,每 8 个位组成一个字节(Byte)。一般位简写为小写字母 b,字节简写为大写字母 B。每 1024(2^{10})个字节称为 1KB(千字节),即 1KB=1024B。每 1024MB 就是 1GB(吉字节),即 1GB=1024MB。随着信息量的增大,有更大的单位表示存储容量单位:TB(TeraByte)、PB(PetaByte)、EB(ExaByte)、ZB (ZettaByte)及 YB(Yotta byte)等,其中,1TB=1024GB,1PB=1024TB,1EB=1024PB,1ZB=1024EB,1YB=1024ZB。

(4) 运算速度。计算机的运算速度与许多因素有关,如机器的主频、执行什么样的操作以及主存本身的速度等。对运算速度的衡量有不同的方法。

根据不同类型指令在计算过程中出现的频繁程度,乘上不同的系数,求得统计平均值,这时所指的运算速度是平均运算速度。以每条指令执行所需时钟周期数(Cycles per Instruction,CPI)来衡量运算速度;或者以 MIPS 和 MFLOPS 作为计量单位来衡量运算速度。MIPS(Million Instructions per Second)表示每秒执行多少百万条指令;MFLOPS(Million Floating-point Operations per Second)表示每秒执行多少百万次浮点运算。

3.1.3　计算机的工作原理

为使计算机按预定要求工作,首先要编制程序。程序是一个特定的指令序列,它告诉计算机要做哪些事,按什么步骤去做。指令是一组二进制信息的代码,用来表示计算机所能完成的基本操作。

1. 计算机的指令系统

计算机之所以能够自动地进行工作,是由于人们把实现计算机的步骤用命令的形式预先输入到存储器中。在工作时,计算机把这些命令一条一条地取出来,加以翻译和执行。把要求计算机执行的各种操作,用命令的形式表示出来就称为指令。通常一条指令对应着一种操作,它指示计算机做什么操作,和对哪些数据进行操作。但是计算机怎么才能辨别和执行这些操作呢? 这是由设计人员设计计算机时决定的;一台计算机能执行怎样的操作,能做多少种操作,是由计算机的指令系统所决定的。不同类型的计算机有不同的指令系统,指令系统中指令类型的多少,是计算机功能强弱的具体体现。

程序是人们为了解决某一实际问题而设计的一系列指令的有序集合。计算机程序可以分为机器语言程序、汇编语言程序和高级语言程序。机器语言程序是用机器指令(二进制代码表示)编写的,计算机能够直接识别和执行。汇编语言程序是用汇编指令(助记符表示)编写的,必须经汇编程序汇编(翻译)为机器语言程序,计算机才能识别和执行。高级语言程序是使用一些接近人们书写习惯的英语和数学表达式形式的语言编写的,同样需要翻译(编译)成机器语言程序,计算机才能执行。就是说,机器语言程序是计算机唯一能直接识别并执行的程序。

2. 计算机的工作过程

编制好的程序放在主存中,由控制器控制逐条取出指令执行,下面以一个例子来加以说明。

例如,计算 $a+b-c$(设 a、b、c 为已知的 3 个数,分别存放在主存的 5～7 号单元中,结果将存放在主存的 8 号单元),如果采用单累加寄存器结构的运算器,完成上述计算至少需要 5 条指令,这 5 条指令依次存放在主存的 0～4 号单元中,参加运算的数也必须存放在主存指定的单元中,主存中有关单元的内容如图 3-3 所示。

运算器的简单框图如图 3-4 所示,参加运算的两个操作数一个来自累加寄存器,一个来自主存,运算结果则放在累加寄存器中。图 3-4 中的存储器数据寄存器是用来暂存从主存中读出的数据或写入主存的数据的,它本身不属于运算器的范畴。计算机的控制器将控制指令逐条执行,最终得到正确的结果。

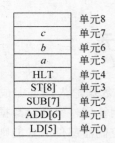

图 3-3 存储器指令和数据

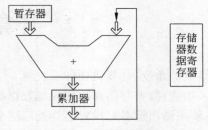

图 3-4 运算器框图

指令的执行步骤如下。

（1）执行取数指令，从主存 5 号单元取出数 a，送入累加寄存器中。

（2）执行加法指令，将累加寄存器中的内容 a 与从主存 6 号单元取出数 b 一起送到 ALU 中相加，结果 $a+b$ 保留在累加寄存器中。

（3）执行减法指令，将累加寄存器中的内容 $a+b$ 与从主存 7 号单元取出的数 c 一起送到 ALU 中相减，结果 $a+b-c$ 保留在累加寄存器中。

（4）执行存数指令，把累加寄存器的内容 $a+b-c$ 存储在主存 8 号单元。

（5）执行停机指令，计算机停止工作。

3. 存储程序原理

在研制世界上第一台电子数字计算机 ENIAC 的同时，以美籍匈牙利数学家冯·诺依曼（John Von Neumann）为首的研制小组提出了"存储程序控制"的计算机结构，并开始了存储程序控制的计算机 EDVAC（Electronic Discrete Variable Automatic Computer）的研制。由于种种原因，EDVAC 直到 1951 年才问世。而采用了冯·诺依曼的设计思想，由英国剑桥大学研制的 EDSAC（Electronic Delay Storage Automatic Computer）则先于它两年诞生，成为世界上的第一台存储程序的计算机。

存储程序概念可以简要地概括为以下几点。

（1）计算机（指硬件）应由运算器、存储器、控制器、输入设备和输出设备 5 大基本部件组成。

（2）计算机内部采用二进制来表示指令和数据。

（3）将编好的程序和原始数据事先存入存储器中，然后再启动计算机工作。

冯·诺依曼对计算机界的最大贡献在于"存储程序控制"概念的提出和实现。50 多年来，虽然计算机的发展速度是惊人的，但就其结构原理来说，目前绝大多数计算机仍建立在存储程序概念的基础上。通常把符合存储程序概念的计算机统称为冯·诺依曼型计算机。当然，现代计算机与早期计算机相比在结构上还是有许多改进的。随着计算机技术的不断发展，也暴露出了冯·诺依曼型计算机的一些缺点。目前已出现了一些突破冯·诺依曼结构的计算机，统称非冯结构计算机，如数据驱动的数据流计算机、需求驱动的归约计算机和模式匹配驱动的智能计算机等。

3.2 计算机系统单元

从组成的角度,计算机硬件系统由 5 个基本部分组成。数据输入设备完成对原始数据的输入功能;数据存储部件完成对数据的存储功能;数据运算部件完成对数据的运算处理功能;结果输出设备完成对运算处理结果的输出功能;而控制器部件的功能则是向系统各个部件或设备提供它们协调运行所需要的控制信号。数据存储部件、数据运算部件及控制器部件构成了计算机系统单元。

3.2.1 存储系统

计算机存储系统是由几个容量、速度和价格各不相同的存储器构成的系统。设计一个容量大、速度快、成本低的存储系统是计算机发展的一个重要课题。

1. 存储系统层次结构

随着计算机系统结构和存储技术的发展,存储器的种类日益增多。按存储器在计算机系统中的作用可分为以下几种类型。

(1) 高速缓冲存储器。高速缓冲存储器(Cache)位于主存和 CPU 之间,用来存放正在执行的程序和数据使 CPU 能高速地使用它们。高速缓冲存储器的存取速度可以与 CPU 的速度相匹配,但存储容量较小,价格较高。目前的高档微机通常将它们或它们的一部分制作在 CPU 芯片中。

(2) 主存储器。主存储器用来存放计算机运行期间所需要的程序和数据,CPU 可直接随机地进行读写访问,主存具有一定容量,存取速度较高。由于 CPU 要频繁地访问主存,而主存的速度往往比 CPU 慢很多,所以主存的性能在很大程度上影响了整个计算机系统的性能。

(3) 辅助存储器。它用来存放当前暂不参与运行的程序和数据以及一些需要永久性保存的信息。辅存设在主机外部,容量极大且成本很低,但存取速度较低,而且 CPU 不能直接访问它。辅存中的信息必须经操作系统调入主存后,CPU 才能使用。

为了解决存储容量、存取速度和价格之间的矛盾,通常把各种不同存储容量、不同存取速度的存储器,按一定的体系结构组织起来,形成一个统一整体的存储系统。

由高速缓冲存储器、主存储器、辅助存储器构成的 3 级存储系统可以分为两个层次,其中高速缓存和主存间的 Cache—主存存储层次被称为 Cache 存储系统;主存—辅存存储层次被称为虚拟存储系统。

高速缓存系统是为解决主存速度不足而提出来的。在 Cache 和主存之间,增加辅助硬件,让它们构成一个整体。从 CPU 来看,该存储系统整体的速度接近 Cache 的速度,容量是主存的容量,每位价格接近于主存的价格。由于 Cache 存储系统全部用硬件来调度,因此它对系统程序员和应用程序员都是透明的。

虚拟存储系统是为解决主存容量不足而提出来的。在主存和辅存之间,增加辅助的软硬件,让它们构成一个整体。从 CPU 来看,该存储系统整体的速度接近主存的速度,容量是虚拟的地址空间的容量,价格却接近于辅存的价格。由于虚拟存储系统需要通过操作系统来调度,因此对系统程序员是不透明的,但对应用程序员是透明的。

2. 主存储器的组织

主存储器是整个存储系统的核心,它用来存放计算机运行期间所需要的程序和数据,CPU 可直接随机地对它进行访问。

冯·诺依曼计算机是以主存为中心的结构,由主存直接向 CPU 和 I/O 设备交换信息,主存储器作为计算机的记忆核心,其作用可体现在以下几个方面。

(1) 主存储器是计算机中信息存储的核心。

(2) 内存是 CPU 与外界进行数据交换的窗口,CPU 所执行的程序和所涉及的数据都由内存直接提供;运算的结果一般也要送回内存。

(3) 内存可以与 CPU 有机结合、达到高速、准确运算的目的。因此,主存储器是计算机中信息的存放地;是 CPU 与外界进行数据交流的窗口;是计算机中的核心组成部分。

位是存储器存储信息的最小单位。一个二进制数由若干位组成,当这个二进制数作为一个整体存入或取出时,称其为存储字。存放存储字或存储字节的主存空间被称为存储单元或主存单元。大量存储单元的集合构成一个存储体,为了区别存储体中的各个存储单元,必须将它们逐一编号。存储单元的编号被称为地址。一个存储单元可能存放一个字,也可能存放一个字节,这是由计算机的结构来确定的。对于字节编址的计算机,最小寻址单位是一个字节,相邻的存储单元地址指向相邻的存储字节;对于字编址的计算机,最小寻址单位是一个字,相邻的存储单元地址指向相邻的存储字。所以,存储单元是CPU 对主存可访问操作的最小存储单位。

计算机主存储器采用半导体存储器,主要类型有以下两种。

(1) 随机存储器(RAM)。随机存储器(又称为读写存储器)指通过指令可以随机地、个别地对各个存储单元进行访问。其一般访问所需时间基本固定,与存储单元地址无关。

(2) 只读存储器(ROM)。只读存储器是一种工作时只能读出,不能写入信息的存储器。它通常用来存放固定不变的程序、汉字字型库、字符及图形符号等。由于它和读写存储器分享主存储器的同一地址空间,故仍属于主存储器的一部分。

3. 主存储器的技术指标

主存储器的主要技术指标有以下 5 个。

(1) 存储容量。对于字节编址的计算机,以字节数来表示存储容量;对于字编址的计算机,以字数与其字长的乘积来表示存储容量。如某机的主存容量为 64KB×16,表示它有 64KB 个存储单元,每个存储单元的字长为 16 位,若改用字节数表示,则可记为 128K字节(128KB)。

(2) 存取速度。主存的存取速度通常由存取时间 Ta、存取周期 Tm 和主存带宽 Bm等参数来描述。

存取时间又称为访问时间或读写时间,它是指从启动一次存储器操作到完成该操作所经历的时间。显然 Ta 越小,存取速度越快。

存取周期又可称做读写周期,是指主存进行一次完整的读写操作所需的全部时间,即连续两次访问存储器操作之间所需要的最短时间。

与存取周期密切相关的指标是主存的带宽,它又被称为数据传输率。其表示每秒从主存进出信息的最大数量,单位为字每秒或字节每秒或位每秒。目前,主存提供信息的速度还跟不上 CPU 处理指令和数据的速度,所以,主存的带宽是改善计算机系统性能瓶颈的一个关键因素。为了提高主存的带宽,可以采取的措施有缩短存取周期、增加存储字长、增加存储体。

(3)可靠性。其是指在规定的时间内,存储器无故障读写的概率。通常,用平均无故障时间(Mean Time Between Failures,MTBF)来衡量可靠性。MTBF 可以理解为两次故障之间的平均时间间隔,MTBF 越长,说明存储器的可靠性越高。

(4)功耗。功耗是一个不可忽视的问题,它反映了存储器件耗电多少,也反映了其发热的程度。

(5)性价比。其是衡量存储器经济性能好坏的综合性指标。这项指标与存储器的结构和外围电路以及用途、要求、使用场合等诸多因素有关。

3.2.2　中央处理器

中央处理器(CPU)是计算机系统的核心。微型计算机的 CPU 是由一块超大规模集成电路组成,称其为微处理器(Microprocessor)。大、中、小型计算机的 CPU 则由多块超大规模集成电路组成。

1. CPU 的组成

在早期的计算机中,CPU 被分成运算器和控制器两个部分。随着超大规模集成电路技术的发展,许多早期放在 CPU 外部的逻辑功能部件(如 Cache,浮点运算器等)被集成到 CPU 内部,使得 CPU 的内部结构越来越复杂。

通常,我们认为目前的 CPU 由运算器、控制器和 Cache 等三大部分组成。

运算器由算术逻辑单元(ALU)、累加寄存器、数据寄存器和状态条件寄存器等组成,通常还包括一个寄存器组。相对控制器而言,运算器是执行部件,它接受控制器的命令进行数据加工处理等工作。运算器有两个主要功能:执行所有的算术运算;执行所有的逻辑运算,并进行逻辑测试,如零值测试或两个值的比较。

控制器由程序计数器、指令寄存器、指令译码器、时序产生器和操作控制器等组成,它完成协调和指挥整个计算机系统的操作。主要功能有:从内存中取出一条指令,并指出下一条指令在内存中的位置;对指令进行译码或测试,并产生相应的操作控制信号,以便启动规定的动作;指挥并控制 CPU、内存和输入/输出设备之间数据流动的方向。

为了进一步提高 CPU 的运行效率,目前的 CPU 内部通常会内置高速缓冲存储器。内置 Cache 的容量和结构对 CPU 的性能影响较大,一般容量越大越好。在许多高性能处理器内部,一级缓存通常设置指令 Cache 和数据 Cache,以减少取指令和读操作数的访问冲突。

CPU 的结构示意图如图 3-5 所示。

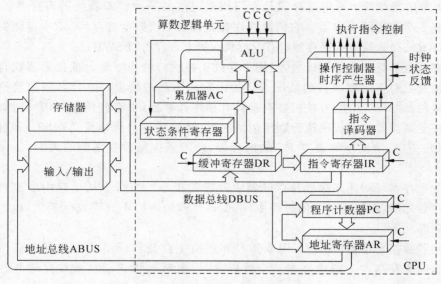

图 3-5　CPU 的结构

2. CPU 的工作原理

若用计算机来解决某个问题,首先要为这个问题编制解题程序,而程序又是指令的有序集合。按"存储程序"的概念,只要把程序装入主存储器后,即可由计算机自动地完成取指令和执行指令的任务。在程序运行过程中,在计算机的各部件之间流动的指令和数据形成了指令流和数据流。

这里的指令流和数据流都是程序运行的动态概念。它不同于程序中静态的指令序列,也不同于存储器中数据的静态分配序列。指令流是指 CPU 执行的指令序列,数据流是指根据指令操作要求依次存取数据的序列。从程序运行的角度来看,CPU 的基本功能就是对指令流和数据流在时间与空间上实施正确的控制。

对于冯·诺依曼结构的计算机而言,数据流是根据指令流的操作而形成的,也就是说数据流是由指令流来驱动的。

3. CPU 中的主要寄存器

CPU 中的寄存器是用来暂时保存运算和控制过程中的中间结果、最终结果以及控制或状态信息的,它可分为通用寄存器和专用寄存器两大类。

(1)通用寄存器。通用寄存器可用来存放原始数据和运算结果,有的还可以作为变址寄存器、计数器、地址指针等。现代计算机中为了减少访问存储器的次数,提高运算速度,往往在 CPU 中设置大量的通用寄存器,少则几个,多则几十个,甚至上百个。通用寄存器一般由程序编址访问。

累加寄存器 ACC 也是一个通用寄存器,它用来暂时存放 ALU 运算的结果信息。例如,在执行一个加法运算前,先将一个操作数暂时存放在 ACC 中,再从主存中取出另一操作数,然后同 ACC 的内容相加,所得的结果送回 ACC 中。运算器中至少要有一个累加寄存器。

(2) 专用寄存器。专用寄存器是专门用来完成某一种特殊功能的寄存器。CPU 中至少要有 5 个专用的寄存器。它们是程序计数器(PC)、指令寄存器(IR)、存储器地址寄存器(MAR)、存储器数据寄存器(MDR)、状态标志寄存器(PSWR)。

程序计数器又称为指令计数器,用来存放正在执行的指令地址或接着要执行的下一条指令地址。对于顺序执行的情况,PC 的内容应不断地增量(加"1"),以控制指令的顺序执行这种加"1"的功能,有些机器本身具有程序计数器,也有些机器是借助运算器来实现的。在遇到需要改变程序执行顺序的情况时,将转移的目标地址送往 PC,即可实现程序的转移。有些情况下除改变 PC 的内容外,还需要保留改变之前的内容,以便返回时使用。

指令寄存器(IR)用来存放从存储器中取出的指令。当指令从主存中取出暂并存于指令寄存器之后,在执行指令的过程中,指令寄存器的内容不允许发生变化,以保证实现指令的全部功能。

存储器数据寄存器(MDR)用来暂时存放由主存储器读出的一条指令或一个数据字;反之,向主存存入一条指令或一个数据字时,也暂时将它们存放在存储器数据寄存器中。

存储器地址寄存器(MAR)用来保存当前 CPU 所访问的主存单元的地址。由于主存和 CPU 之间存在着操作速度上的差别,所以必须使用地址寄存器来保持地址信息,直到主存的读写操作完成为止。当 CPU 和主存进行信息交换,无论是 CPU 向主存存取数据时,还是 CPU 从主存中读出指令时,都要使用存储器地址寄存器和数据寄存器。

状态标志寄存器(PSWR)用来存放程序状态字(PSW)。程序状态字的各位表征程序和机器运行的状态是参与控制程序执行的重要依据之一。它主要包括两部分内容:一是状态标志,如进位标志(C)、结果为零标志(Z)等,大多数指令的执行将会影响到这些标志位;二是控制标志,如中断标志、陷阱标志等。状态标志寄存器的位数往往等于机器字长。

4. CPU 的主要技术参数

CPU 品质的高低直接决定了一个计算机系统的档次,而 CPU 的主要技术参数可以反映出 CPU 的大致性能。

(1) 主频。主频也叫时钟频率(CPU Clock Speed),单位是 MHz,用来表示 CPU 的运算速度。CPU 的主频=外频×倍频系数,主频表示在 CPU 内数字脉冲信号震荡的速度。主频和实际的运算速度是有关的,但主频仅仅是 CPU 性能表现的一个方面,而不代表 CPU 的整体性能。

(2) 外频。外频是 CPU 的基准频率,单位也是 MHz。CPU 的外频决定着整块主板的运行速度。在台式机中所说的超频,都是超 CPU 的外频,但对于服务器 CPU 来讲,超频是绝对不允许的。目前的绝大部分计算机系统中外频也是内存与主板之间的同步运行的速度,在这种方式下,可以理解为 CPU 的外频直接与内存相连通,实现两者间的同步运行状态。

(3) 前端总线(FSB)频率。前端总线(FSB)频率(即总线频率)是直接影响 CPU 与内存直接数据交换速度。有一条公式可以计算,即数据带宽=(总线频率×数据带宽)/8,数据传输最大带宽取决于所有同时传输的数据的宽度和传输频率。比如,支持 64 位的至强Nocona,前端总线是 800MHz,按照公式,它的数据传输最大带宽是 6.4GBps。

外频与前端总线(FSB)频率的区别是,前端总线的速度指的是数据传输的速度,外频是 CPU 与主板之间同步运行的速度。也就是说,100MHz 外频特指数字脉冲信号在每秒钟震荡一千万次;而 100MHz 前端总线指的是每秒钟 CPU 可接受的数据传输量是$100MHz \times 64bit \div 8Byte/bit = 800MBps$。

(4) CPU 的位和字长。能处理字长为 8 位数据的 CPU 通常称为 8 位的 CPU,同理32 位的 CPU 就能在单位时间内处理字长为 32 位的二进制数据。字长的长度是不固定的,对于不同的 CPU,字长的长度也不一样。8 位的 CPU 一次只能处理一个字节,而 32位的 CPU 一次就能处理 4 个字节,同理字长为 64 位的 CPU 一次可以处理 8 个字节。

(5) 倍频系数。倍频系数是指 CPU 主频与外频之间的相对比例关系。在相同的外频下,倍频越高 CPU 的频率也越高。但实际上,在相同外频的前提下,高倍频的 CPU 本身意义并不大。这是因为 CPU 与系统之间数据传输速度是有限的,一味追求高倍频而得到高主频的 CPU 就会出现明显的"瓶颈"效应,CPU 从系统中得到数据的极限速度不能够满足 CPU 运算的速度。

(6) 缓存。缓存大小也是 CPU 的重要指标之一,而且缓存的结构和大小对 CPU 速度的影响非常大,CPU 内缓存的运行频率极高,一般是和处理器同频运作,工作效率远远大于系统内存和硬盘。实际工作时,CPU 往往需要重复读取同样的数据块。而缓存容量的增大,可以大幅度提升 CPU 内部读取数据的命中率,而不用再到内存或者硬盘上寻找,以此提高系统性能。但是由于 CPU 芯片面积和成本的因素来考虑,缓存都很小。

L1 Cache(一级缓存)是 CPU 第一层高速缓存。内置的 L1 高速缓存的容量和结构对 CPU 的性能影响较大,不过高速缓冲存储器均由静态 RAM 组成,结构较复杂,在CPU 管芯面积不能太大的情况下,L1 级高速缓存的容量不可能做得太大。一般服务器CPU 的 L1 缓存的容量通常在 32~256KB。

L2 Cache(二级缓存)是 CPU 的第二层高速缓存,分内部和外部两种芯片。内部的芯片二级缓存运行速度与主频相同,而外部的二级缓存则只有主频的一半。L2 高速缓存容量也会影响 CPU 的性能。原则是越大越好,普通台式机 CPU 的 L2 缓存一般为128KB 到 2MB 或者更高,笔记本、服务器和工作站上用 CPU 的 L2 高速缓存最高可达1~3MB。

缓存只是内存中少部分数据的复制品,所以 CPU 到缓存中寻找数据时,也会出现找不到的情况(因为这些数据没有从内存复制到缓存中去),这时 CPU 还是会到内存中去找数据,这样系统的速度就慢下来了,不过 CPU 会把这些数据复制到缓存中去,以便下一次不要再到内存中去取。随着时间的变化,被访问得最频繁的数据不是一成不变的,也就是说,刚才还不频繁的数据,此时已经需要被频繁的访问,刚才还是最频繁的数据,又不频繁了,所以说缓存中的数据要经常按照一定的算法来更换,这样才能保证缓存中的数据是被访问最频繁的。

(7) CPU 内核和 I/O 工作电压。从 586 CPU 开始,CPU 的工作电压分为内核电压和 I/O 电压两种,通常 CPU 的核心电压小于等于 I/O 电压。其中内核电压的大小是根据 CPU 的生产工艺而定,一般制作工艺越小,内核工作电压越低;I/O 电压一般都在 1.6~5V。低电压能解决耗电过大和发热过高的问题。

(8) 制造工艺。线宽是指芯片上门电路的宽度,实际上门电路之间连线的宽度与门电路的宽度相同,所以可以用线宽来描述制造工艺。线宽越小,意味着芯片上包括的晶体管数目越多。Pentium Ⅱ 的线宽是 $0.35\mu m$,晶体管数达到 750 万个;Pentium Ⅲ 的线宽是 $0.25\mu m$,晶体管数达到 950 万;Pentium 4 的线宽是 $0.18\mu m$,晶体管数达到 4200 万个。

3.3　外部设备与输入输出系统

外部设备是计算机系统中不可缺少的重要组成部分,计算机的输入输出系统是整个计算机系统中最具有多样性和复杂性的部分。

3.3.1　计算机外部设备

中央处理器(CPU)和主存储器构成计算机的主机。除主机以外,围绕着主机设置的各种硬件装置称为外部设备或外围设备。它们主要用来完成数据的输入、输出、成批存储以及对信息加工处理的任务。

1. 外部设备的种类

外部设备的种类很多,从它们的功能及其在计算机系统中的作用来看,可以分为以下几类。

(1) 输入输出设备。从计算机的角度出发,向计算机输入信息的外部设备称为输入设备,接收计算机输出信息的外部设备称为输出设备。输入设备有键盘、鼠标、扫描器、数字化仪、磁卡输入设备、语音输入设备等。输出设备有显示设备、绘图机、打印输出设备等。另外,还有一些兼有输入和输出功能的复合型输入输出设备,如电传打字机、控制台打字机以及键盘和显示器相结合的终端设备。

(2) 辅助存储器。辅助存储器是指主机以外的存储装置,又称为后援存储器。辅助存储器的读写就其本质来说也是输入或输出,所以可以认为辅助存储器也是一种复合型的输入输出设备。目前,常见的辅助存储器有软磁盘存储器、硬磁盘存储器、磁带存储器及光盘存储器等。

(3) 终端设备。终端设备由输入设备、输出设备和终端控制器组成。通常通过通信线路与主机相连。终端设备具有向计算机输入信息和接收计算机输出信息的能力,具有与通信线路连接的通信控制能力,有些还具有一定的数据处理能力。

终端设备一般分为通用终端设备和专用终端设备两大类。专用终端设备是指专门用于某一领域的终端设备,不具备其他方面的功能;而通用终端设备则适用于各个领域,它又可分为会话型终端、远地批处理终端和智能终端。

(4) 过程控制设备。当计算机进行实时控制时,需要从控制对象取得参数,而这些原始参数大多数是模拟量,需要先用模数转换器将模拟量转换为数字量,然后再输入计算机进行处理。而经计算机处理后的控制信息,需先经数模转换器把数字量转换成模拟量,再送到执行部件对控制对象进行自动调节。模数、数模转换设备均是过程控制设备,有关的检测设备也属于过程控制设备。

2. 外部设备的地位

长期以来,在计算机系统中对外部设备部分的重视较少,说起计算机系统的性能,往往只提 CPU 的性能,许多人认为 CPU 的速度就是计算机的速度,加之外部设备又冠以"外部"和"外围"的前缀,因此往往受到人们的忽视。

其实,从计算机系统整体的角度来看,外部设备是计算机和外部世界联系的纽带、接口和界面。没有外部设备,计算机将无法工作。随着大规模集成电路技术的发展,主机的价格越来越低,而外部设备的价格在整个计算机系统中所占的比例越来越高,外部设备在计算机系统中所占据的地位变得越来越重要了。计算机的性能主要由系统中最慢的部分(称为系统"瓶颈")决定。在 CPU 的性能以摩尔速度飞速发展时,要是外部设备的性能不随之改进的话,即使 CPU 再快也没有多大意义,整机性能的提高将受到外部设备性能的严重制约。

3. 外部设备的作用

外部设备在计算机系统中的作用主要体现在以下 4 个方面。

(1) 人机对话的通道。无论是微型计算机系统,还是小、中、大型计算机系统,要把数据、程序送入计算机或要把计算机的计算结果及各种信息送出来,都要通过外部设备来实现。

(2) 完成数据媒体变换的设备。将各种信息变成计算机能识别的二进制代码形式,再输入到计算机;同样,经计算机加工处理的结果也必须变换成人们所熟悉的表示方式(例十进制形式),这两种变换只能通过外部设备来实现。

(3) 计算机系统软件和信息的存放地。随着计算机技术的发展,系统软件、数据库和待处理的信息量越来越大,不可能将其全部存放在主存中。因此,以磁盘存储器或光盘存储器为代表的辅助存储器已成为系统软件、数据库及各种信息的存放地。

(4) 计算机在各领域应用的桥梁。随着计算机应用范围的扩大,已从早期的数值计算扩展到文字、表格、图形、图像和语音等非数值信息的处理。为了适应这些处理,各种新型的外部设备陆续地被制造出来。由此可见,无论哪个领域、哪个部门,只有配置了相应的外部设备,才能使计算机在这些方面获得广泛的应用。

3.3.2 主机与外设的连接

现代计算机系统中外部设备的种类繁多,各类外部设备不仅结构和工作原理不同,而且与主机的连接方式也是复杂多变的。

1. 输入输出接口

由于主机和外设各自具有自己的工作特点,它们在信息形式和工作速度上具有很大的差异,接口正是为了解决这些差异而设置的。输入输出接口(I/O 接口)是主机和外设之间的交接界面。通过接口可以实现主机和外设之间的信息交换,主要有数据信息、控制信息、状态信息、联络信息、外设识别信息等。

输入输出接口的功能主要有以下5个方面。

(1)实现主机和外设的通信联络,控制接口中的同步控制电路用来解决主机与外设的时间配合问题。

(2)进行地址译码和设备选择。任何一个计算机系统都配备有多种外设。同一种外设也可能配备多台,主机在不同时刻要与不同外设交换信息。当CPU送来选择外设的地址码后,接口必须对地址进行译码以产生设备要选择的信息,使主机能和指定外设交换信息。

(3)实现数据缓冲。在接口电路中,一般设置有一个或几个数据缓冲寄存器,用于数据的暂存,以避免因速度不一致而丢失数据。在传送过程中,先将数据送入数据缓冲寄存器中,然后再送到输出设备或主机中去。

(4)数据格式的变换。在输入或输出操作过程中,为了满足主机或外设的各自要求,接口电路中必须具有实现各类数据相互转换的功能。例如,并—串转换、串—并转换、模—数转换、数—模转换以及二进制数和ASCII码的相互转换等。

(5)传递控制命令和状态信息。当CPU要启动某一外设时,通过接口中的命令寄存器向外设发出启动命令;当外设准备就绪时,则有"准备好"状态信息送回接口中的状态寄存器,为CPU提供反馈信息,告诉CPU,外设已经具备与主机交换数据的条件。

2. 外设的识别与端口寻址

为了能在众多的外设中寻找或挑选出要与主机进行信息交换的外设,就必须对外设进行编址。外设识别是通过地址总线和接口电路中的外设识别电路来实现的。I/O端口地址就是主机与外设直接通信的地址。CPU可以通过端口发送命令、读取状态和传送数据。实现对这些端口的访问就是I/O端口的编址方式。

(1)端口地址编址方式。I/O端口编址方式有两种:一种是独立编址方式,即把I/O端口地址与存储器地址分别进行独立的编址;另一种是存储器映射方式,即把端口地址与存储器地址统一编址。

在独立编址方式中,主存地址空间和I/O端口地址空间是相对独立的,分别单独编址。比如在8086中,其主存地址范围是从00000H~FFFFFH连续的1MB;其I/O端口的地址范围从0000H~FFFFH;它们互相独立,互不影响。CPU访问主存时,由主存读写控制线控制。访问外设时,由I/O读写控制线控制,所以在指令系统中必须设置专门的I/O指令。当CPU使用I/O指令时,其指令的地址字段直接或间接地指示出端口地址。这些端口地址被接口电路中的地址译码器接收并且进行译码,符合者就是CPU所指定的外设寄存器,该外设寄存器将被CPU访问。

统一编址方式中,I/O端口地址和主存单元的地址是统一编址的。把I/O接口中的端口作为主存单元一样进行访问,不设置专门的I/O指令。当CPU访问外设时,把分配给该外设的地址码(具体到该外设接口中的某一寄存器号)送到地址总线上,然后各外设接口中的地址译码器对地址码进行译码,如果符合即是CPU指定的外设寄存器。

(2)独立编址方式的端口访问。独立编址方式在微机中得到广泛应用。Intel 80x86

的 I/O 地址空间由 64K 个独立编址的 8 位端口组成。两个连续的 8 位端口可作为 16 位端口处理；4 个连续的 8 位端口可作为 32 位端口处理。因此，I/O 地址空间最多能提供 64K 个 8 位端口、32K 个 16 位端口、16K 个 32 位端口或总容量不超过 64KB 的不同端口的组合。

80x86 的专用 I/O 指令 IN 和 OUT 有直接寻址和间接寻址两种类型。直接寻址 I/O 端口的寻址范围为 0000H～00FFH，至多为 256 个端口地址。

间接寻址由 DX 寄存器间接给出 I/O 端口地址。DX 寄存器长 16 位，所以最多可寻址 64K 个端口地址。

3. 输入/输出信息传送控制方式

主机和外设之间的信息传送控制方式，经历了由低级到高级、由简单到复杂、由集中管理到各部件分散管理的发展过程，按其发展的先后次序和主机与外设并行工作的程度，可以分为以下 4 种。

（1）程序查询方式。程序查询方式是一种程序直接控制方式。这是主机与外设间进行信息交换的最简单方式。输入和输出完全是通过 CPU 执行程序来完成的。一旦某一外设被选中并启动之后，主机将查询这个外设的某些状态位，看其是否准备就绪。若外设未准备就绪，主机将再次查询；若外设已准备就绪，则执行一次 I/O 操作。

这种方式控制简单，但外设和主机不能同时工作，各外设之间也不能同时工作，系统效率很低，因此，仅适用于外设的数目不多，对 I/O 处理的实时要求不高的情况。

（2）程序中断方式。在主机启动外设后，无须等待查询，而是继续执行原来的程序；外设在做好输入输出准备时，向主机发中断请求；主机接到请求后就暂时中止原来执行的程序，然后转去执行中断服务程序对外部请求进行处理；在中断处理完毕后返回原来的程序继续执行（图 3-6）。显然，程序中断不仅适用于外部设备的输入输出操作，也适用于对外界发生的随机事件的处理。

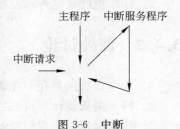

图 3-6　中断

程序中断在信息交换方式中处于最重要的地位。它不仅允许主机和外设同时并行工作，并且允许一台主机管理多台外设，使它们同时工作。但是完成一次程序中断还需要许多辅助操作。当外设数目较多时，中断请求过分频繁，可能使 CPU 应接不暇；另外，对于一些高速外设，由于信息交换是成批的，如果处理不及时，可能会造成信息丢失。因此，它主要适用于中、低速外设。

（3）直接存储器存取（Direct Memory Access，DMA）方式。DMA 方式是在主存和外设之间开辟直接的数据通路，可以进行基本上不需要 CPU 介入的主存和外设之间的信息传送，这样不仅能保证 CPU 的高效率，而且能满足高速外设的需要。

DMA 方式只能进行简单的数据传送操作，在数据块传送的起始和结束时还需 CPU 及中断系统进行预处理和后处理。

（4）I/O 通道控制方式。I/O 通道控制方式是 DMA 方式的进一步发展，在系统中设有通道控制部件。每个通道挂若干外设，主机在执行 I/O 操作时，只需启动有关通道，通道将执行通道程序，从而完成 I/O 操作。

通道是一个具有特殊功能的处理器,它能独立地执行通道程序,产生相应的控制信号,实现对外设的统一管理和外设与主存之间的数据传送。但它不是一个完全独立的处理器。它要在 CPU 的 I/O 指令指挥下才能启动、停止或改变工作状态,是从属于 CPU 的一个专用处理器。

目前,小型、微型计算机大多采用程序查询方式、程序中断方式和 DMA 方式;大、中型机多采用通道方式。

3.4　思考与讨论

3.4.1　问题思考

1. 理论上通常将计算机硬件结构划分为哪几部分? 各部分的功能是什么?
2. 什么叫总线? 三总线结构有何特点?
3. 说明计算机系统的层次结构。
4. 计算机系统的主要技术指标有哪些?
5. 什么是计算机指令系统?
6. 什么是存储程序原理?
7. 计算机系统单元由哪些部件构成?
8. 计算机的常见外部设备有哪些?

3.4.2　课外讨论

1. 指令和数据都存于存储器中,计算机如何区分它们?
2. 冯·诺依曼计算机的特点是什么?
3. 从存储程序和程序控制两个方面说明计算机的基本原理。
4. 计算机外部设备在计算机系统中占据什么地位?
5. 同种类的外部设备接入计算机系统时,应解决哪些主要问题?
6. 计算机系统中的硬件和软件在逻辑功能上等价吗? 为什么?

第 4 章　操作系统

【本章导读】

本章从操作系统的概念出发,对操作系统的特点和功能进行了阐述;介绍了操作系统的结构设计方法以及桌面操作系统的发展和演化过程;重点阐述了 CP/M、MS-DOS、Windows、UNIX、Linux、FreeBSD、Mac OS 等桌面主流操作系统的演化历史和相关特点;最后介绍了嵌入式系统及嵌入式操作系统的特点,以及常用的嵌入式操作系统等。读者可以了解操作系统的演化历史、主流操作系统的特点、应用领域,以及常用的嵌入式操作系统等相关知识;熟悉操作系统的功能、特点及设计方法。

【本章主要知识点】

① 操作系统的基本特征;

② 操作系统的主要功能;

③ 操作系统的发展和演化过程;

④ 嵌入式操作系统。

4.1　操作系统概述

操作系统是电子计算机系统中负责支撑应用程序运行环境以及用户操作环境的系统软件,同时也是计算机系统的核心与基石。操作系统在计算机系统中的作用,大致表现在两个方面:对内,操作系统管理计算机系统的各种资源,扩充硬件的功能;对外,操作系统提供良好的人机界面,方便用户使用计算机。它在整个计算机系统中具有承上启下的地位。

4.1.1　操作系统的基本概念

计算机系统由硬件系统和软件系统两大部分组成,没有软件系统的硬件系统只是一堆电子元件而已。再完善的硬件系统,也需要软件系统的支撑才能发挥其效用。

当然,硬件系统是整个计算机系统的核心,通常只有硬件系统的计算机称为裸机。操作系统(Operating System,OS)是建立在裸机之上的第一层软件,是对硬件资源的首次扩充。其他软件都是建立在操作系统的基础之上的,通过操作系统对硬件功能进行管理,并在操作系统的统一管理和支持下运行。因此,操作系统在整个计算机系统中占据着特殊的、重要的地位。它是硬件与所有其他软件的接口，是用户与计算机的接口，更是整个计算机系统的管理与控制中心。图 4-1 为计算机硬件和软件构成的层次关系。

1. 操作系统的概念

操作系统是一个大型的软件系统，其功能复杂，体系庞大。从不同的角度看的结果也不同，正是"横看成岭侧成峰"，下面我们通过最典型的两个角度来分析一下。

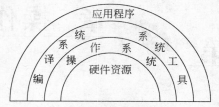

图 4-1　计算机硬件和软件构成的层次关系

（1）从程序员的角度来理解操作系统。如果没有操作系统，程序员在开发软件的时候就会陷入复杂的硬件实现细节。使得程序员无法集中精力放在更具有创造性的程序设计工作中去。程序员需要的是一种简单的，高度抽象的可以与之打交道的设备。将硬件细节与程序员隔离开来，这当然就是操作系统。

从这个角度看，操作系统的作用是为用户提供一台等价的扩展机器，也称虚拟机，它比底层硬件更容易编程。

（2）从使用者的角度来理解操作系统。操作系统是用来管理一个复杂系统的各个部分。操作系统负责在相互竞争的程序之间有序地控制对 CPU、内存及其他 I/O 接口设备的分配。比如说，在一台计算机上运行了 3 个程序，它们试图同时在同一台打印机上输出计算结果。那么头几行可能是程序 1 的输出；下几行是程序 2 的输出；然后又是程序 3 的输出等；最终结果将是一团糟。这时，操作系统采用将打印输出送到磁盘上的缓冲区的方法就可以避免这种混乱。在一个程序结束后，操作系统可以将暂存在磁盘上的文件送到打印机输出。

从这种角度来看，操作系统则是系统的资源管理者。

总之，操作系统是管理计算机系统的软、硬件资源，使之正常运行的系统软件，是为用户提供人机操作界面的系统软件。

2. 操作系统的基本特征

相对于操作系统的各个功能，操作系统具有 4 个基本特征，分别是并发性、共享性、异步性和虚拟性。

（1）并发性。指两个或两个以上的运行程序在同一时间间隔内同时执行，以改善系统资源的利用率，改进系统的吞吐率，从而提高系统效率。

（2）共享性。指操作系统中的资源（包括硬件资源和信息资源）可被多个并发执行的进程所使用。资源共享的方式可分成两种：一种是互斥共享，即同一时刻只允许一个进程访问的资源，如打印机、磁带机、卡片机等，当一个程序还在使用资源时，其他欲访问该资源的进程就必须等待，仅当该进程访问完毕并释放资源后，才允许另一个进程对该资源访问；另一种是同时访问，允许同一时间内多个进程对它进行访问的资源，例如磁盘、系统的公用存储区。

（3）异步性。在多道程序环境中，允许多个进程并发执行，但由于资源有限而进程众多，通常进程的执行不是一贯到底，而是"时走时停"。例如一个进程在 CPU 上运行一段时间后,由于等待资源满足或时间发生,它被暂时执行,CPU 转让给另一个进程执行。

(4)虚拟性。这是操作系统中经常使用的一个概念。例如,在只有一个 CPU 的计算机上可以同时运行多个程序,每个程序都好像独占一个 CPU;分时系统中的每个用户都像是在使用一台独立的计算机就是操作系统虚拟性的表现。

4.1.2 操作系统的功能

计算机系统资源常被分为 4 类:中央处理器、内/外存储器、外部设备、程序和数据。因此,从资源管理的观点出发,操作系统的功能可归纳为中央处理器管理、存储器管理、设备管理、文件管理。但由于处理器管理复杂,可分为静态管理和动态管理,所以一般将中央处理器管理又分为作业管理和进程管理两个部分。

1. 作业管理

作业管理包括任务管理、界面管理、人机交互、图形界面、语音控制和虚拟现实等。

计算机系统的软硬件资源是由前述 4 种管理功能负责,建立起操作系统与计算机系统的联系。那么,用户怎样通过操作系统来使用计算机系统,以便完成自己的任务呢?也就是用户程序和数据如何提交系统,系统又如何执行用户的计划呢?为此,操作系统还必须提供自身与用户间的接口,这部分工作就由作业管理来承担。

作业管理的任务是为用户提供一个使用系统的良好环境,使用户能有效地组织自己的工作流程。用户要求计算机处理某项工作称为一个作业。一个作业包括程序、数据以及解题的控制步骤。用户一方面使用作业管理提供"作业控制语言"来书写自己控制作业执行的操作说明书;另一方面使用作业管理提供的"命令语言"与计算机资源进行交互活动,请求系统服务。

2. 进程管理

进程管理又称处理机管理,实质上是对处理机执行"时间"的管理,即如何将 CPU 真正合理地分配给每个任务。

主要是对中央处理机(CPU)进行动态管理。由于 CPU 的工作速度要比其他硬件快得多,而且任何程序只有占有了 CPU 才能运行。因此,CPU 是计算机系统中最重要、最宝贵、竞争最激烈硬件资源。

为了提高 CPU 的利用率,采用多道程序设计技术(Multiprogramming)。当多道程序并发运行时,引进进程的概念(将一个程序分为多个处理模块,进程是程序运行的动态过程)。通过进程管理,协调多道程序之间的 CPU 分配调度、冲突处理及资源回收等关系。

3. 存储管理

存储管理实质是对存储"空间"的管理,主要指对内存的管理。

只有被装入主存储器的程序才有可能去竞争中央处理机。因此,有效地利用主存储器可保证多道程序设计技术的实现,也就保证了中央处理机的使用效率。

存储管理就是要根据用户程序的要求为用户分配主存储区域。当多个程序共享有限的内存资源时,操作系统就按某种分配原则,为每个程序分配内存空间,使各用户的程序和数据彼此隔离(Segregate),互不干扰(Interfere)及破坏;当某个用户程序工作结束时,要及时收回它所占的主存区域,以便再装入其他程序。另外,操作系统利用虚拟内存技术,把内、外存结合起来,共同管理。

4. 设备管理

设备管理实质是对硬件设备的管理,其中包括对输入输出设备的分配、启动、完成和回收。

设备管理负责管理计算机系统中除了中央处理机和主存储器以外的其他硬件资源,是系统中最具有多样性和变化性的部分,也是系统重要的资源。

操作系统对设备的管理主要体现在两个方面。一方面它提供了用户和外设的接口。用户只需通过键盘命令或程序向操作系统提出申请,则操作系统中设备管理程序实现外部设备的分配、启动、回收和故障处理。另一方面,为了提高设备的效率和利用率,操作系统还采取了缓冲技术和虚拟设备技术,尽可能使外设与处理器并行工作,以解决快速CPU与慢速外设的矛盾。

5. 文件管理

文件管理又称为信息管理,将逻辑上有完整意义的信息资源(程序和数据)以文件的形式存放在外存储器(磁盘、磁带)上,并赋予一个名字,称其为文件。

文件管理是操作系统对计算机系统中软件资源的管理。通常由操作系统中的文件系统来完成这一功能。文件系统是由文件、管理文件的软件和相应的数据结构组成。

文件管理有效地支持文件的存储、检索和修改等操作;解决文件的共享、保密和保护问题;并提供方便的用户界面,使用户能实现按名存取;一方面,使得用户不必考虑文件如何保存以及存放的位置,另一方面,也要求用户按照操作系统规定的步骤使用文件。

4.1.3 操作系统的结构设计

操作系统有多种实现方法与设计思路,下面仅选取最有代表性的 3 种设计方法和思路做一简单的叙述。

1. 整体式系统结构设计

这是最常用的一种组织方式,它常被誉为"大杂烩"。也可说,整体式系统结构就是"无结构"。整个操作系统是一堆过程的集合,每个过程都可以调用其他过程。使用这种技术时,系统中的每一过程都有一个定义完好的接口,即它的入口参数和返回值,而且相互间的调用不受约束。

这种结构方式下,开发人员为了构造最终的目标——操作系统程序,首先将一些独立的过程,或包含过程的文件进行编译;然后用链接程序将它们链接成为一个单独的目标程序。从信息隐藏的观点来看,它没有任何程度的隐藏,每个过程对其他过程都是可见的。

Linux 操作系统就是采用整体式的系统结构设计。但其在此基础上增加了一些如动态模块加载等方法来提高整体的灵活性,弥补整体式系统结构设计的不足。

2. 层次式系统结构设计

层次式系统,即上层软件基于下层软件之上。按此模型构造的第一个操作系统是 E. W. Dijkstra 和他的学生 1968 年在荷兰的 Eindhoven 技术学院开发的 THE 系统,它是为荷兰制造的 Electrologica X8 计算机配备的一个简单的批处理系统。

这种方式则是对系统进行严格的分层,使得整个系统层次分明,等级森严。这种系统学术味道较浓。实际完全按照这种结构进行设计的操作系统不多,也没有广泛的应用。

现代的操作系统设计是在整体式系统结构与层次式系统结构设计中寻求平衡。

3. 微内核系统结构设计

微内核系统结构设计是近几年来出现的一种新的设计理念。微内核系统,顾名思义就是系统内核很小。最有代表性的操作系统有 Mach 和 QNX。

微内核的目标是将系统服务的实现和系统的基本操作规则分离开来。例如,进程的输入/输出锁定服务可以由运行在微内核之外的一个服务组件来提供。这些模块化的用户态服务器用于完成操作系统中比较高级的操作。这样的设计使内核中最为核心的部分的设计更简单。一个服务组件的失效并不会导致整个系统的崩溃。内核需要做的仅仅是重新启动这个组件,而不必影响其他的部分。

微内核将许多 OS 服务放入分离的进程,如文件系统、设备驱动程序,而进程通过消息传递调用 OS 服务。微内核结构必然是多线程的,第一代微内核,在核心提供了较多的服务,因此被称为"胖微内核",它的典型代表是 MACH,它既是 GNU HURD 也是 APPLE SERVER OS 的核心。第二代为内核只提供最基本的 OS 服务,典型的 OS 是 QNX,其在理论界很有名,被认为是一种先进的 OS。

4.2 操作系统的演化

操作系统的功能演化是伴随着计算机的发展历史,操作系统与计算机硬件的发展息息相关。操作系统的本意原为提供简单的工作排序能力,后为辅助更新更复杂的硬件设施而渐渐演化。从最早的批次模式开始,分时机制也随之出现。随着多处理器时代的来临,操作系统随之添加多处理器协调功能,甚至是分布式系统的协调功能。个人计算机的操作系统发展也在硬件越来越复杂、强大时,逐步实现了以往只有大型计算机才有的功能。

4.2.1 CP/M

20 世纪 70 年代中期,台式微机,工作站,超级微机,膝上机相继面世,"谁来指挥他们",人们千呼万唤。

事实上,早在 1972 年,AMAA(美国微型机协会)就悄悄地为一个"指挥系统"作临产前的准备了。他们用 PL/M 程序设计语言为 Intel 8086 编写了纸带编辑程序 ED。1973

年,在 PL/M 的创始人 Gary Kildall 博士的主持下,在 DEC 公司的主机 TOPS-10 上,培植成功一个管理程序和数据的"胚胎"。1974 年,"胚胎"得以向全世界公布,名称为控制程序或监控程序(Control Program/Monitor,CP/M),版本号 V1.3。

虽然 CP/M V1.3 是为肩任"控制程序和数据"的"上帝"而来的,但却颇受冷落,电脑业者依旧冷眼旁观。1975 年,CP/M V1.4 继承"王位",开始大造舆论,加之 Kildall 博士创建了 Digital Research(数字研究公司),为 CP/M 呐喊欢呼。CP/M 陆续被各国微机厂商采用,围绕他的软件也爆炸般地得到了开发。CP/M 变红发紫,神话般普及,被推崇为"标准八位机软件总线",Kildall 博士更是声名远播。

CP/M 其实就是第一个微机操作系统,享有指挥主机、内存、磁鼓、磁带、磁盘、打印机等硬设备的特权。通过控制总线上的程序和数据,操作系统有条不紊地执行着人们的指令,如同指挥一台晚会或乐队,高效率地合奏美妙的乐章。

繁荣的 CP/M 家族不断添丁。运行在 Intel 8080 芯片上的 CP/M-80;运行在 8088、8086 芯片上的叫 CP/M-86;而在 Motorola(摩托罗拉)68000 上运行的 CP/M 叫做 CP/M-68K。CP/M-80、CP/M-86、CP/M-68K 等组成了庞大的 CP/M 家族。

单用户的 CP/M-80 操作系统发展成多用户的 MP/M-80;单用户的 CP/M-86 又发展成并发的 CP/M-86 和多用户 MP/M-86,它们成为家族的新生力量。

CP/M 开创了软件的新纪元,称得上是计算机改朝换代的里程碑。

4.2.2 MS-DOS

20 世纪 70 年代末期,CP/M 后院起火,其微机操作系统霸主地位开始动摇。

1979 年,IBM 公司为开发 16 位微处理器 Intel 8086,请微软公司(Microsoft)为 IBM PC 设计一个磁盘操作系统。微软公司慷慨承诺,但当时手头仅有 XENIX 操作系统,XENIX 操作系统要求处理器支持存储管理和保护设备的功能,可 PC 的 CPU 8086/8088 均不具备此功能。微软公司急于满足 PC 的要求,购买了由西雅图公司工程师 Tim Paterson 研制的、可在 8088 上运行的 CP/M-86"无性系"——SCP-DOS 操作系统的销售权,将 SCP-DOS 改称 MS-DOS V1.0 发表。为避"偷梁换柱"的嫌疑,微软公司又于 1981 年 8 月推出了支持内存为 320KB 的 MS-DOS 1.1 版。由于蓝色巨人的推波助澜,操作系统软件市场几乎一夜之间呈现出一边倒的局面,CP/M 地位岌岌乎可危。

随后,IBM 公司向微软公司购得 MS-DOS 使用权,将其更名为 PC-DOS 1.0。MS-DOS 又称为 PC-DOS,就是这个原因。

1982 年,支持 PC/XT 硬盘的微软 MS-DOS 2.0 问世。该版本首次具有多级目录管理功能,在人机界面上部分吸收了 UNIX 操作系统的优点;1984 年 8 月,3.0 版公布,内存管理能力适应于 IBM PC/AT 及其兼容机;1984 年 11 月,支持网络的 3.1 版面向社会推出;1986 年 1 月,MS-DOS 3.2 版宣布,它支持 3.5 英寸软盘,格式化功能集中到外设驱动器;1987 年 4 月,3.3 版推出,它适应于 PS/2 型;1989 年,采用实地址方式运行的 MS-DOS 4.0 上市;1991 年 6 月,微软公司推出 MS-DOS 5.0 版,随即引发了一次极大的升级行动,该版本使人印象极深的特点是占有内存仅 18K;安装程序简便易学,而且一旦出现差错,还能使你保留旧的 DOS。

1992 年之后,微软公司不断推陈出新,6.0 版,6.2 版,6.3 版,至 1995 年 8 月,随着 Windows 95 的亮相,MS-DOS 终极版——7.0 版推出。不断更新的 MS-DOS,膨胀了微软公司的欲望,进一步坚定了它全球软件业霸主的信心。

MS-DOS 取得巨大成功的原因在于它的最初设计思想及其追求目标的正确和恰当,那就是为用户上机操作和应用软件开发提供良好的外部环境。首先使用户可以非常方便的使用几十个 DOS 命令,或以命令行方式直接输入或在 DOS4.0 以上版本下以 DOS Shell 菜单驱动,都可完成上级所需的一切操作。其次在于用户可用汇编语言或 C 语言来调用 DOS 支持的 10 多个中断功能和百个系统功能。用户通过这些服务功能所开发出的应用程序具有代码清晰,简洁和实用性强等优点。但它仍然存在着很大的局限性。尽管它已经具备一些多任务处理能力,但能力有限。在内存管理上采用的是静态分配,DOS 内核的不可重入性,I/O 控制和修改向量缺乏自我保护等方面都有缺陷。

4.2.3　Windows

1. Windows 的发展

微软自 1985 年推出 Windows 1.0 以来,Windows 系统经历了 10 多年的风风雨雨。从最初运行在 DOS 下的 Windows 3.x,到现在风靡全球的 Windows 9x、Windows 2000、Windows XP、Windows 2003、Windows Vista、Windows 7。Windows 代替了 DOS。

鲜艳的色彩、动听的音乐、前所未有的易用性,以及令人兴奋的多任务操作,使电脑操作成为一种享受。点几下鼠标就能完成工作,还可以一边用"CD 播放器"放 CD,一边用 Word 写文章,这是多么悠闲的事情,这都是 Windows 带给人们的礼物。

最初的 Windows 3.x 系统只是 DOS 的一种 16 位应用程序。但在 Windows 3.1 中出现了剪贴板、文件拖动等功能,以及 Windows 的图形界面使用户的操作变得简单。当 32 位的 Windows 95 发布的时候,Windows 3.x 中的某些功能被保留了下来。

Windows 的流行让人们感到吃惊,几乎所有家庭用户的电脑上都安装了 Windows,大部分的商业用户也选择了它。一时间,蓝天白云出现在世界各个角落。

Windows 98 是 Windows 9x 的最后一个版本。在它以前有 Windows 95 和 Windows 95 OEM 两个版本,Windows 95 OEM 也就是常说的 Windows 97,其实这 3 个版本并没有很大的区别,它们都是前一个版本的改良产品。越到后来的版本可以支持的硬件设备种类越多,采用的技术也越来越先进。Windows ME(Windows 千禧版)具有 Windows 9x 和 Windows 2000 的特征,它实际上是由 Windows 98 改良得到的,但在界面和某些技术方面是模仿 Windows 2000。微软声称在 Windows ME 中去除掉了 DOS,不再以 DOS 为基础。但实际上并不是如此,DOS 仍然存在,只不过不能通过正常步骤进入,各种媒体上已有"恢复 Windows ME 的实 DOS 模式"一类的文章出现。Windows 2000 即 Windows NT 5.0,这是微软为解决 Windows 9x 系统的不稳定和 Windows NT 的多媒体支持不足推出的一个版本。它分为 Windows 2000 Professional 和 Windows 2000 Sever 两种版本,前者是面向普通用户的,后者则是面向网络服务器的。后者的硬件要求要高于前者。

Windows Vista 在 2006 年 11 月 8 日开发完成并正式进入批量生产。Windows Vista 距离上一版本的操作系统 Windows XP 已有超过 5 年的时间，这是 Windows 历史上间隔时间最久的一次发布。Windows Vista 包含了上百种新功能。其中较特别的是新版的图形用户界面和称为 Windows Aero 的全新界面风格、加强后的搜索功能（Windows indexing service）、新的多媒体创作工具（例如 Windows DVD Maker），以及重新设计的网络、音频、输出（打印）和显示子系统。Vista 也使用点对点技术（peer-to-peer）提升了计算机系统在家庭网络中的通信能力，将让在不同计算机或设备之间分享文件与多媒体属性变得更简单。针对开发者方面，Vista 使用.NET Framework 3.0 版本，比起传统的 Windows API 更能让开发者简单地写出高品质的程序。Windows Vista 的第 1 版只支持在 NTFS 硬盘分区上安装 Windows 系统。

微软也在 Vista 的安全性方面进行改良。Windows XP 最受到批评的一点是系统经常出现安全漏洞，并且容易受到恶意软件、计算机病毒或缓存溢出等问题的影响。

Windows 7 是微软公司目前最新的 Windows 操作系统版本，于 2009 年 10 月 22 日正式发布。Windows 7 更"以用户为中心"，在运行程序方面上有较大的改进，增加的功能大致上包括：支持多个显卡、新版本的 Windows Media Center、增强的音频功能、自带的 XPS 和 Windows PowerShell 以及一个包含了新模式且支持单位转换的新版计算器。另外，其控制面板也增加了不少新项目：ClearType 文字调整工具、显示器色彩校正向导、桌面小工具、系统还原、疑难解答、工作空间中心（Workspaces Center）、认证管理员、系统图标和显示。Windows 7 提高了屏幕触控支持和手写识别，支持虚拟硬盘，改善多核心处理器的运作效率，开机速度和内核改进。

Windows 7 涵盖 32 位和 64 位 2 个版本，考虑了从 32 位系统过渡到 64 位系统的趋势。Windows 7 新增加了一个称为虚拟 Windows XP 模式的功能。此功能可以让 Windows 7 通过虚拟化技术调用虚拟机中的 Windows XP，实现近乎的完全兼容。

2. Windows 的特点

Windows 之所以如此流行，是因为它有吸引功能上的强大以及 Windows 的易用性。

（1）界面图形化。以前 DOS 的字符界面使得一些用户操作起来十分困难，Mac 首先采用了图形界面和使用鼠标，这就使得人们不必学习太多的操作系统知识，只要会使用鼠标就能进行工作，就连几岁的小孩子都能使用。这就是界面图形化的好处。在 Windows 中的操作可以说是"所见即所得"，所有的东西都摆在你眼前，只要移动鼠标，单击、双击即可完成。

（2）多用户、多任务。Windows 系统可以使多个用户用同一台电脑而不会互相影响。Windows 9x 在此方面做得很不好，多用户设置形同虚设，根本起不到作用。Windows 2000 在此方面就做得比较完善，管理员（Administrator）可以添加、删除用户，并设置用户的权限范围。多任务是现在许多操作系统都具备的，这意味着可以同时让电脑执行不同的任务，并且互不干扰。比如一边听歌一边写文章，同时打开数个浏览器窗口进行浏览等都是利用了这一点。这对现在的用户是必不可少的。

（3）网络支持良好。Windows 9x 和 Windows 2000 中内置了 TCP/IP 协议和拨号上

网软件,用户只需进行一些简单的设置就能上网浏览、收发电子邮件等。同时它对局域网的支持也很出色,用户可以很方便地在 Windows 中实现资源共享。

(4)出色的多媒体功能。这也是 Windows 吸引人们的一个亮点。在 Windows 中可以进行音频、视频的编辑/播放工作,可以支持高级的显卡、声卡使其"声色具佳"。MP3以及 ASF、SWF 等格式的出现使电脑在多媒体方面更加出色,用户可以轻松地播放最流行的音乐或观看影片。

(5)硬件支持良好。Windows 95 以后的版本包括 Windows 2000 都支持"即插即用(Plug and Play)"技术,这使得新硬件的安装更加简单。用户将相应的硬件和电脑连接好后,只要有其驱动程序 Windows 就能自动识别并进行安装。用户再也不必像在 DOS 中一样去改写 Config. sys 文件了,并且有时候需要手动解决中断冲突。绝大多数的硬件设备都有 Windows 下的驱动程序。随着 Windows 的不断升级,它能支持的硬件和相关技术也在不断增加,如 USB 设备、AGP 技术等。

(6)众多的应用程序。在 Windows 下有众多的应用程序可以满足用户各方面的需求。Windows 下有数种编程软件,有无数的程序员在为 Windows 编写着程序。

此外,Windows NT、Windows 2000 系统还支持多处理器,这对大幅度提升系统性能很有帮助。

4.2.4 UNIX

另一种可选的主要网络操作系统(NOS)是由不同类型的 UNIX 组成。UNIX 系统自 1969 年踏入计算机世界以来已有 30 多年。虽然目前市场上面临某种操作系统(如 Windows NT)强有力的竞争,但是它仍然是笔记本电脑、PC、PC 服务器、中小型机、工作站、大巨型机及群集、SMP、MPP 上全系列通用的操作系统,至少到目前为止还没有哪一种操作系统可以担此重任。而且以其为基础形成的开放系统标准(如 POSIX)也是迄今为止唯一的操作系统标准,即使是其竞争对手或者目前还尚存的专用硬件系统(某些公司的大中型机或专用硬件)上运行的操作系统,其界面也是遵循 POSIX 或其他类 UNIX 标准的。

从此意义上讲,UNIX 就不只是一种操作系统的专用名称,而成了当前开放系统的代名词。UNIX 系统的转折点是 1972—1974 年,因 UNIX 用 C 语言写成,把可移植性当成主要的设计目标。1988 年开放软件基金会成立后,UNIX 经历了一个辉煌的历程。成千上万的应用软件在 UNIX 系统上开发并施用于很多应用领域。UNIX 从此成为世界上用途最广的通用操作系统。UNIX 不仅大大推动了计算机系统及软件技术的发展,从某种意义上说,UNIX 的发展对推动整个社会的进步也起了重要的作用。

UNIX 功能主要体现在以下几个方面。

(1)网络和系统管理。现在所有 UNIX 系统的网络和系统管理都有重大扩充。它包括了基于新的 NT(以及 Novell NetWare)的网络代理,用于 OpenView 企业管理解决方案,支持 Windows NT 作为 OpenView 网络节点管理器。

(2)高安全性。Presidium 数据保安策略把集中式的安全管理与端到端(从膝上/桌面系统到企业级服务器)结合起来。例如惠普公司的 Presidium 授权服务器支持 Windows 操作系统和桌面型 HP-UX;又支持 Windows NT 和服务器的 HP-UX。

(3) 通信。OpenMail 是 UNIX 系统的电子通信系统,是为适应异构环境和巨大的用户群设计的。OpenMail 可以安装到许多操作系统上,不仅包括不同版本的 UNIX 操作系统,也包括 Windows NT。

(4) 可连接性。在可连接性领域中各 UNIX 厂商都特别专注于文件/打印的集成。NOS(网络操作系统)支持与 NetWare 和 NT 共存。

(5) Internet。从 1996 年 11 月惠普公司宣布了扩展的国际互连网计划开始,各 UNIX 公司就陆续推出了关于网络的全局解决方案,为大大小小的组织对于他们控制跨越 Microsoft Windows NT 和 UNIX 的网络业务提供了崭新的帮助和业务支持。

(6) 数据安全性。随着越来越多的组织中的信息技术体系框架成为具有战略意义的一部分,对解决数据安全问题的严重性变得日益迫切。无论是内部的还是外部的蓄意入侵,没有什么不同。UNIX 系统提供了许多数据保安特性,可以使计算机信息机构和管理信息系统的主管们对自己的系统有一种安全感。

(7) 可管理性。随着系统越来越复杂,无论从系统自身的规模或者与不同的供应商的平台集成,以及系统运行的应用程序对企业来说,都变得从未有过的苛刻,系统管理的重要性与日俱增。HP-UX 支持的系统管理手段是按既易于管理单个服务器,又方便管理复杂的联网的系统设计的;既要提高操作人员的生产力又要降低业主的总开销。

(8) 系统管理器。UNIX 的核心系统配置和管理是由(SAM)系统管理器来实施的。SAM 使系统管理员既可采用直觉的图形用户界面,也可采用基于浏览器的界面(它引导管理员在给定的任务里做出种种选择),对全部重要的管理功能执行操作。SAM 是为一些相当复杂的核心系统管理任务而设计的,如给系统增加和配置硬盘时,可以简化为若干简短的步骤,从而显著提高了系统管理的效率。SAM 能够简便地指导对海量存储器的管理,显示硬盘和文件系统的体系结构,以及磁盘阵列内的卷和组。除了具有高可用性的解决方案,SAM 还能够强化对单一系统,镜像设备,以及集群映像的管理。SAM 还支持大型企业的系统管理,在这种企业里有多个系统管理员各事其职共同维护系统环境。SAM 可以由首席系统管理员(超级用户)为其他非超级用户的管理员生成特定的任务子集,让他们各自实施自己的管理责任。通过减少要求具备超级用户管理能力的系统管理员人数,改善系统的安全性。

(9) Ignite/UX。Ignite/UX 采用推和拉两种方法自动地对操作系统软件作跨越网络的配置。用户可以把这种建立在快速配备原理上的系统初始配置,跨越网络同时复制给多个系统。这种能力能够取得显著节省系统管理员时间的效果,因此节约了资金。Ignite/UX 也具有获得系统配置参数的能力,用作系统规划和快速恢复。

(10) 进程资源管理器。进程资源管理器可以为系统管理提供额外的灵活性。它可以根据业务的优先级,让管理员动态地把可用的 CPU 周期和内存的最少百分比分配给指定的用户群和一些进程。据此,一些要求苛刻的应用程序就有保障在一个共享的系统上,取得其要求的处理资源。

UNIX 并不能很好地作为 PC 的文件服务器,这是因为 UNIX 提供的文件共享方式涉及不支持任何 Windows 或 Macintosh 操作系统的 NFS 或 DFS。虽然可以通过第三方应用程序,NFS 和 DFS 客户端也可以被加在 PC 上,但价格昂贵。和 NetWare 或 NT 相比安装和维护 UNIX 系统比较困难。绝大多数中小型企业只是在有特定应用需求时才能选择 UNIX。UNIX 经常与其他 NOS 一起使用,如 NetWare 和 Windows NT。在企业网络中文件和打印服务由 NetWare 或 Windows NT 管理。而 UNIX 服务器负责提供 Web 服务和数据库服务,建造小型网络时,在与文件服务器相同环境中运行应用程序服务器,可避免附加的系统管理费用,从而给企业带来利益。

4.2.5 Linux

自 1991 年 Linux 操作系统发表以来,Linux 操作系统以令人惊异的速度迅速在服务器和桌面系统中获得了成功。它已经被业界认为是未来最有前途的操作系统之一。并且在嵌入式领域,由于 Linux 操作系统具有开放源代码、良好的可移植性、丰富的代码资源以及异常的健壮,使得它获得越来越多的关注。

Linux 源于一位名叫 Linus Torvalds 的芬兰赫尔辛基大学的学生。他的目的是设计一个代替 Minix(是由一位名叫 Andrew Tannebaum 的计算机教授编写的一个操作系统示教程序)的操作系统,这个操作系统可用于 386、486 或奔腾处理器的个人计算机上,并且具有 UNIX 操作系统的全部功能,因而开始了 Linux 雏形的设计。

Linux 以它的高效性和灵活性著称。它能够在 PC 上实现全部的 UNIX 特性,具有多任务、多用户的能力。Linux 是在 GNU 公共许可权限下免费获得的,是一个符合 POSIX 标准的操作系统。Linux 操作系统软件包不仅包括完整的 Linux 操作系统,而且还包括了文本编辑器、高级语言编译器等应用软件。它还包括带有多个窗口管理器的 X-Windows 图形用户界面,如同我们使用 Windows NT 一样,允许我们使用窗口、图标和菜单对系统进行操作。

Linux 之所以受到广大计算机爱好者的喜爱,主要原因有两个。一是它属于自由软件,用户不用支付任何费用就可以获得它和它的源代码,并且可以根据自己的需要对它进行必要的修改,无偿对它使用,无约束地继续传播。另一个原因是,它具有 UNIX 的全部功能,任何使用 UNIX 操作系统或想要学习 UNIX 操作系统的人都可以从 Linux 中获益。

由于 Linux 是一套自由软件,用户可以无偿得到它及其源代码,可以无偿地获得大量的应用程序,而且可以任意地修改和补充它们。这对用户学习、了解 UNIX 操作系统的内核非常有益。学习和使用 Linux,能为用户节省一笔可观的资金。Linux 是可免费获得的、为 PC 平台上的多个用户提供多任务、多进程功能的操作系统,这是人们要使用它的主要原因。就 PC 平台而言,Linux 提供了比其他任何操作系统都要强大的功能,Linux 还可以使用户远离各种商品化软件提供者促销广告的诱惑,再也不用承受每过一段时间就升级之苦,因此,可以节省大量用于购买或升级应用程序的资金。

Linux 不仅为用户提供了强大的操作系统功能,而且还提供了丰富的应用软件。用户不但可以从 Internet 上下载 Linux 及其源代码,而且还可以从 Internet 上下载许多

Linux 的应用程序。可以说，Linux 本身包含的应用程序以及移植到 Linux 上的应用程序包罗万象，任何一位用户都能从有关 Linux 的网站上找到适合自己特殊需要的应用程序及其源代码。这样，用户就可以根据自己的需要下载源代码，以便修改和扩充操作系统或应用程序的功能。这对 Windows NT、Windows 98、MS-DOS 或 OS/2 等商品化操作系统来说是无法做到的。

Linux 为广大用户提供了一个在家里学习和使用 UNIX 操作系统的机会。尽管 Linux 是由计算机爱好者们开发的，但是它在很多方面上是相当稳定的，从而为用户学习和使用目前世界上最流行的 UNIX 操作系统提供了廉价的机会。现在有许多 CD-ROM 供应商和软件公司（如 RedHat 和 Turbo Linux）支持 Linux 操作系统。Linux 成为 UNIX 系统在个人计算机上的一个代用品，并能用于替代那些较为昂贵的系统。因此，如果一个用户在公司上班的时候在 UNIX 系统上编程，或者在工作中是一位 UNIX 的系统管理员，他就可以在家里安装一套 UNIX 的兼容系统，即 Linux 系统，在家中使用 Linux 就能够完成一些工作任务。

Linux 的流行是因为它具有许多诱人之处。

（1）完全免费。Linux 是一款免费的操作系统，用户可以通过网络或其他途径免费获得，并可以任意修改其源代码。这是其他的操作系统所做不到的。正是由于这一点，来自全世界的无数程序员参与了 Linux 的修改、编写工作，程序员可以根据自己的兴趣和灵感对其进行改变。这让 Linux 吸收了无数程序员的精华，不断壮大。

（2）完全兼容 POSIX 1.0 标准。这使得可以在 Linux 下通过相应的模拟器运行常见的 DOS、Windows 的程序。这为用户从 Windows 转到 Linux 奠定了基础。许多用户在考虑使用 Linux 时，就想到以前在 Windows 下常见的程序是否能正常运行，这一点就消除了他们的疑虑。

（3）多用户、多任务。Linux 支持多用户，各个用户对于自己的文件设备有自己特殊的权利，保证了各用户之间互不影响。多任务则是现在电脑最主要的一个特点，Linux 可以使多个程序同时并独立地运行。

（4）良好的界面。Linux 同时具有字符界面和图形界面。在字符界面用户可以通过键盘输入相应的指令来进行操作。它同时也提供了类似 Windows 图形界面的 X-Windows 系统，用户可以使用鼠标对其进行操作。在 X-Windows 环境中就和在 Windows 中相似，可以说是一个 Linux 版的 Windows。

（5）丰富的网络功能。互联网是在 UNIX 的基础上繁荣起来的，Linux 的网络功能当然不会逊色。它的网络功能和其内核紧密相连，在这方面 Linux 要优于其他操作系统。在 Linux 中，用户可以轻松实现网页浏览、文件传输、远程登录等网络工作。并且可以作为服务器提供 WWW、FTP、E-Mail 等服务。

（6）可靠的安全、稳定性能。Linux 采取了许多安全技术措施，其中有对读、写进行权限控制、审计跟踪、核心授权等技术，这些都为安全提供了保障。Linux 由于需要应用到网络服务器，这对稳定性也有比较高的要求，实际上 Linux 在这方面也十分出色。

（7）支持多种平台。Linux 可以运行在多种硬件平台上，如具有 x86、680x0、SPARC、Alpha 等处理器的平台。此外 Linux 还是一种嵌入式操作系统，可以运行在掌上电脑、机顶盒或游戏机上。2001 年 1 月份发布的 Linux 2.4 版内核已经能够完全支持 Intel 64 位芯片架构。同时 Linux 也支持多处理器技术。多个处理器同时工作,使系统性能大大提高。

4.2.6　FreeBSD

FreeBSD 就是一种运行在 Intel 平台上、可以自由使用的 UNIX 系统,它可以从 Internet 上免费获得。而它又具备极其优异的性能,使它得到了计算机研究人员和网络专业人士的认可。因此,不但专业科研人员把它用作个人使用的 UNIX 工作站,很多企业,特别是 ISP(Internet 服务提供商)都使用运行 FreeBSD 的高档 PC 服务器来为他们的众多用户提供网络服务。在专用路由器系统开始流行之前,Internet 上的路由器大部分是基于 UNIX 的软件路由器,其中多数是 BSD UNIX。显然这是由于 BSD UNIX 在 Internet 上占据的重要地位决定的,即便是在专用硬件路由器流行的今天,当由于价格等因素不能考虑硬件路由器时,BSD 系统仍然是用作软件路由器的首选系统。

FreeBSD 是真正的 32 位操作系统,不是任何 16 位操作系统的升级版本。它是十分成熟的 BSD UNIX 向英特尔 386 体系的处理器进行移植的结果。系统核心不包含任何 16 位代码,也不需要兼容任何 16 位软件,从而提高了系统稳定性。FreeBSD 具有如下特点。

(1) 多任务功能。FreeBSD 具有可调整的动态优先级抢占式多任务能力。使多个应用程序能够十分平滑的共享系统资源。即使在高负载下仍然能在不同任务间平缓切换,而不会发生由于个别任务独占系统资源,其他任务因此而发生停顿、死锁现象,也决不会造成整个系统死锁。

(2) 多用户系统。FreeBSD 是多用户操作系统,可以支持多个使用者同时使用 FreeBSD 系统,共享系统的磁盘、外设、处理器等系统资源。每个用户也可以同时启动多个任务,使得工作效率更高。

(3) 强大的网络功能。FreeBSD 全面支持 TCP/IP 协议。FreeBSD 能够十分方便的和其他支持 TCP/IP 的系统集成在一起,用作 Internet/Intranet 服务器,提供 NFS、FTP、E-mail、WWW、路由和防火墙能力。其操作系统内部的存储器保护机制使每个应用程序和用户互不干扰。一旦一个任务崩溃,其他任务仍然照常运行。由于 FreeBSD 中不存在任何 16 位代码,从而保证了系统的强壮性。

(4) UNIX 兼容性强。它也支持在英特尔的 386 芯片上运行的其他 UNIX 操作系统的二进制执行文件,包括 SCO UNIX,B SD/OS,NetBSD,Linux 等。能够直接运行这些系统的二进制应用程序而不需重新编译,这极大地丰富了 FreeBSD 下的可使用的应用软件。

FreeBSD 的 Ports Collections 包括了许多立即可以使用的应用程序,使得安装应用程序十分简便。

FreeBSD 与其他多种 UNIX 在源码级兼容,并且由于 BSD 在 UNIX 和 Internet 发展中的巨大影响,大多数软件是在类似 BSD 的系统下开发的,因此 FreeBSD 是最容易移植的平台,在 Internet 上有很多的软件很容易移植到 FreeBSD 上。

(5) 高效的虚拟存储器管理。FreeBSD 具有高效的虚拟存储器管理结构,可以按照需要合理分配内存空间,只有在必要的时候,内存中的数据才被交换到交换设备上去。并且磁盘缓冲区不是单独划分出来的,而是和虚拟存储器结合为一体,使 FreeBSD 既能够高效的满足要求大量内存的应用程序,又能最大效率地利用内存来缓冲硬盘数据,提高读写硬盘效率。

具有动态共享连接库的能力,使应用程序能够共享库函数(类似 Windows 下的 DLL),充分利用内存和磁盘空间。

(6) 方便的开发功能。FreeBSD 下包括了各种高级语言和各种开发工具,C、C++、Fortran、Perl、T、Cl/Tk、CVS 等,这使得软件开发和移植非常方便。

4.2.7 Mac OS

1984 年,苹果发布了 System 1,这是一个黑白界面的,也是世界上第一款成功的图形化用户界面操作系统。System 1 含有桌面、窗口、图标、光标、菜单和卷动栏等项目。其中令如今的电脑用户最觉稚嫩而有趣的是创建一个新的文件夹的方法——磁盘中有一个 Empty Folder(空文件夹),创建一个文件夹的方法就是把这个空文件夹改名;接着,系统就自动又出现了一个 Empty Folder,这个空文件夹就可以用于再次创建新文件夹了。当时的苹果操作系统没有今天的 AppleTalk 网络协议、桌面图像、颜色、QuickTime 等丰富多彩的应用程序,同时,文件夹中也不能嵌套文件夹。实际上,System 1 中的文件夹是假的,所有的文件都直接放在根目录下,文件根据系统的一个表被对应在各自的文件夹中,文件夹的形式只是为了方便用户在桌面上操作文件罢了。

在随后的十几年风风雨雨中,苹果操作系统历经了 System 1~6,到 7.5.3 的巨大变化,苹果操作系统从单调的黑白界面变成 8 色、16 色、真彩色,在稳定性、应用程序数量、界面效果等各方面,苹果都在向人们展示着自己日益成熟和长大的笑脸。从 7.6 版开始,苹果操作系统更名为 Mac OS,此后的 Mac OS 8 和 Mac OS 9,直至 Mac OS 9.2.2 以及今天的 Mac OS 10.3,采用的都是这种命名方式。

2000 年 1 月,Mac OS X 正式发布,之后则是 10.1 和 10.2。苹果为 Mac OS X 投入了大量的热情和精力,而且也取得了初步的成功。2002 年,苹果电脑公司的创建者之一,苹果公司现任执行总裁 Steve Jobs 亲自主持了一个仪式:将一个 Mac OS 9 的产品包装盒放到了一个棺材中,正式宣布 Mac OS X 时代的全面来临。

从苹果的操作系统进化史上来看,Mac OS Panther(以下简称 Panther)似乎只是苹果操作系统一次常规性的升级。可是,事实果真如此吗? 在下结论以前,先让我们一起来看一个事实:2003 年的 WWDC(苹果全球开发商大会),这一历来在 5 月中下旬举行的会议,因为要为开发商提供 Panther Developer Preview(开发商预览版),而专门推迟到了 6 月。一个月的等待并没有让用户失望,在每年都令无数苹果迷期盼的 Jobs 主题演讲中,我们听到了比以往多得多的掌声。

2003 年 10 月 24 日,Mac OS X 10.3 正式上市;11 月 11 日,苹果又迅速发布了 Mac

OS X 10.3 的升级版本 Mac OS X 10.3.1。或许在本文发表之际，Panther 就可以升级到 10.3.2 了。苹果公司宣称："Mac OS Panther 拥有超过 150 种创新功能，让你感觉就像拥有一台全新的苹果电脑"。

Mac OS 的特点包括以下几个方面。

（1）多平台兼容模式。Java 从来未体验过这种好处，所有的 Java 软件和程序使用 Aqua，用于 Mac OS X 时呈现了令人惊奇的表观效果和感受。视窗得到双倍缓冲，滚动翻页更为平稳，用户界面单元也相应尺寸可调。所有的绘图工作都由 Quartz Extreme 完成，这项 Mac OS X 以 PDF 为基础的成像模式得到了硬件加速，在更好的性能之外，还提供了清晰的文本和图形。

（2）为安全和服务做准备。Java 是优秀的服务器方案的主要构成之一。那也是 Java 作为用于 Xserve 的 Mac OS X 服务器软件系统的重要组分的原因。另外，Xserve 包含了 Tomcat，一款基于 JSP 和 Servlets 用于开发简单的 Java 软件的大众化的服务器。如果这还不够，Xserve 还包含有全部 WebObjects 的 Java 应用软件服务器的配置许可证明，这样您就能正确地从寄存器配置经典网络应用软件了。同时能有效执行的 J2EE 还包括了 Macromedia 的 Jrun 和开放式资源的 JBoss 服务器。

（3）占用更少的内存。在其他平台上，每一项 Java 软件都会消耗一定的系统内存，因此结束运行多重 Java 软件可能占用更多的内存资源。其他语言是使用共享库来解决这一问题的，比如 C 或 C++。苹果公司则发明了一种创新技术，在多重软件交叉运行时可以共享 Java 代码。这样就减少了 Java 软件通常占用的内存量。这种技术完全适合 Sun 公司的 Hot Spot VM，并使 Mac OS X 保持与标准版 Java 的兼容。另外，苹果公司还将其交付 Sun 公司予以实施，使其能配置在其他平台上。这只不过是苹果公司支持标准化和共享以使全行业都受益的例证之一。

（4）多种途径的开发工具。在 Mac OS X 上有很多种方法可以开发 Java 软件。使用许多行业领先的工具都能实现，包括 IntelliJ 的 IDEA，Oracle 的 JDeveloper，Eclipse 和 Sun 的 NetBeans 等。Mac OS X 也包含有支持从寄存器进行 Java 快速开发的免费开发工具。

4.3 嵌入式操作系统

嵌入式系统是将先进的计算机技术、半导体技术以及电子技术与各个行业的具体应用相结合的产物，是一个技术密集、资金密集、高度分散、不断创新的知识集成系统。嵌入式系统通常是面向用户、面向产品、面向特定应用的。

4.3.1 嵌入式系统

嵌入式系统是指包含于特定设备，以应用为中心，以计算机技术为基础，以辅助特定设备高质量地完成其功能为目的而设计的小巧的计算机系统。该系统主要适用于对功能,可靠性,成本,体积,功耗有严格要求的应用领域。其软硬件可裁剪,一般由嵌入式硬件(嵌入式微处理器和外围硬件设备)、嵌入式操作系统以及用户的应用程序 3 个部分组成,用于实现对特定设备的控制,监视或管理等功能。

为了提高执行速度和系统可靠性,嵌入式系统中的软件一般都固化在存储器芯片或单片机中,而不是存储于磁盘等载体中。

嵌入式系统硬件的核心部件是各种类型的嵌入式处理器。嵌入式系统中的 CPU 与通用型 CPU 的最大不同就是前者大多工作在为特定用户群设计的系统中。通常,嵌入式系统 CPU 都具有低功耗、体积小、集成度高等特点,能够把通用 CPU 中许多由板卡完成的任务集成在芯片内部,从而有利于整个系统设计趋于小型化。

据不完全统计,全世界嵌入式处理器的品种总量已经超过 1000 多种。流行体系结构有 30 几个系列,其中 8051 体系的占有多半。生产 8051 单片机的半导体厂家有 20 多个,共 350 多种衍生产品,仅 Philips 就有近 100 种。现在绝大多数半导体制造商都生产嵌入式处理器。越来越多的公司有自己的处理器设计部门。嵌入式处理器的寻址空间一般为 64KB~16MB,处理速度为 0.1~2000MIPS,常用封装为 8~144 个引脚。

从架构上讲,ARM 架构、Intel 的 8051、Microchip 的 PIC 和 Zilog 的 Z80 是嵌入式处理器的主流架构。而在 8 位、16 位和 32 位处理器中,各主流厂商又有不同的侧重点。比如在 8 位 CPU 上,Intel、Microchip 和 Zilog 的市场地位稳固;在 32 位 CPU 上,ARM、X-Scale 和 MIPS 架构为业界所广泛采用。ARM(Advanced RISC Machines)是近年来在嵌入式系统极有影响力的微处理器 IP 核提供商。作为 ARM 的竞争厂商,MIPS 公司是一家设计制造高性能和嵌入式 32 位和 64 位处理器的厂商。如今,MIPS 在数字机顶盒、视频游戏机、彩色激光打印机及交换机等领域排名第一。

4.3.2　嵌入式操作系统

嵌入式操作系统(Embedded Operating System,EOS)是一种支持嵌入式系统应用的操作系统软件,它是嵌入式系统的重要组成部分。EOS 负责嵌入式系统的全部软、硬件资源的分配、调度工作,控制协调并发活动。它必须体现其所在系统的特征,能够通过装卸某些模块来达到系统所要求的功能。

目前,已推出一些应用比较成功的 EOS 产品系列。随着 Internet 技术的发展、信息家电的普及应用及 EOS 的微型化和专业化,EOS 开始从单一的弱功能向高专业化的强功能方向发展。嵌入式操作系统在系统实时高效性、硬件的相关依赖性、软件固态化以及应用的专用性等方面具有较为突出的特点。EOS 是相对于一般操作系统而言的,它除具备了一般操作系统最基本的功能,如任务调度、同步机制、中断处理、文件功能等外,还有以下特点。

(1) 可装卸性。开放性、可伸缩性的体系结构。

(2) 强实时性。EOS 实时性一般较强,可用于各种设备控制当中。

(3) 统一的接口。提供各种设备驱动接口。

(4) 操作方便、简单、提供友好的图形 GUI,图形界面,追求易学易用。

（5）提供强大的网络功能，支持 TCP/IP 协议及其他协议，提供 TCP/UDP/IP/PPP 协议支持及统一的 MAC 访问层接口，为各种移动计算设备预留接口。

（6）强稳定性，弱交互性。嵌入式系统一旦开始运行就不需要用户过多的干预，这就要负责系统管理的 EOS 具有较强的稳定性。嵌入式操作系统一般不提供操作命令，它通过系统调用命令向用户程序提供服务。

（7）固化代码。在嵌入式系统中，嵌入式操作系统和应用软件被固化在嵌入式系统计算机的 ROM 中。辅助存储器在嵌入式系统中很少使用，因此，嵌入式操作系统的文件管理功能应该能够很容易地拆卸，可以使用各种内存文件系统。

（8）更好的硬件适应性，也就是良好的移植性。

4.3.3 常用的嵌入式操作系统

在计算机行业中，占整个计算机行业 90% 的个人电脑产业，其绝大部分采用的是 Intel 的 x86 体系结构，而芯片厂商则集中在 Intel、AMD、Cyrix 等几家公司，操作系统方面更是被微软占据垄断地位。但这样的情况却不会在嵌入式系统领域出现。这是一个分散的，充满竞争、机遇与创新的工业，没有哪个公司的操作系统和处理器能够垄断市场。

1. VxWorks

VxWorks 操作系统是美国 WindRiver 公司于 1983 年设计开发的一种嵌入式实时操作系统（RTOS），是 Tornado 嵌入式开发环境的关键组成部分。良好的持续发展能力、高性能的内核以及友好的用户开发环境，在嵌入式实时操作系统领域逐渐占据一席之地。

VxWorks 具有可裁剪微内核结构；高效的任务管理；灵活的任务间通信；微秒级的中断处理；支持 POSIX 1003.1b 实时扩展标准；支持多种物理介质及标准的、完整的 TCP/IP 网络协议等。它以其良好的可靠性和卓越的实时性被广泛地应用在通信、军事、航空、航天等高精尖技术及实时性要求极高的领域中，如卫星通信、军事演习、弹道制导、飞机导航等。在美国的 F-16、FA-18 战斗机、B-2 隐形轰炸机和爱国者导弹上，甚至连 1997 年 7 月在火星表面登陆的火星探测器上也使用到了 VxWorks。

然而其价格昂贵。由于操作系统本身以及开发环境都是专有的，价格一般都比较高，通常需花费 10 万元人民币以上才能建起一个可用的开发环境，对每一个应用一般还要另外收取版税。一般不提供源代码，只提供二进制代码。由于它们都是专用操作系统，需要专门的技术人员掌握开发技术和维护，所以软件的开发和维护成本都非常高，支持的硬件数量有限。

2. Windows CE

Windows CE 与 Windows 系列有较好的兼容性，无疑是 Windows CE 推广的一大优势。其中 Windows CE 3.0 是一种针对小容量、移动式、智能化、32 位、设备的模块化实时嵌入式操作系统。为建立针对掌上设备、无线设备的动态应用程序和服务提供了一种功能丰富的操作系统平台，它能在多种处理器体系结构上运行，并且通常适用于那些对内存占用空间具有一定限制的设备。它是从整体上为有限资源的平台设计的多线程、完整优先权、多任务的操作系统。它的模块化设计允许它对从掌上电脑到专用的工业控制器的用户电子设备进行定制。操作系统的基本内核需要至少 200KB 的 ROM。由于嵌入式产品的体积、成本等方面有较严格的要求，所以处理器部分占用空间应尽可能的小。系统的可用内存和外存数量也要受限制，而嵌入式操作系统就运行在有限的内存(一般在 ROM 或快闪存储器)中，因此就对操作系统的规模、效率等提出了较高的要求。从技术角度上讲，Windows CE 作为嵌入式操作系统有很多的缺陷：没有开放源代码，使应用开发人员很难实现产品的定制；在效率、功耗方面的表现并不出色，而且和 Windows 一样占用过多的系统内存，应用程序庞大；版权许可费也是厂商不得不考虑的因素。

3. 嵌入式 Linux

这是嵌入式操作系统的一个新成员，其最大的特点是源代码公开并且遵循 GPL (General Public License，GNU 通用公共许可证)协议。在近一年以来成为研究热点，据 IDG 预测，嵌入式 Linux 将占未来两年的嵌入式操作系统份额的 50%。

嵌入式 Linux 源代码公开，人们可以任意修改，以满足自己的应用，并且查错也很容易。遵从 GPL，无须为每例应用交纳许可证费。有大量的免费的应用软件，可以稍加修改后应用于用户自己的系统。有大量的免费的优秀的开发工具，且都遵从 GPL。有庞大的开发人员群体，无须专门的人才，只要懂 UNIX/Linux 和 C 语言即可。随着 Linux 在中国的普及，这类人才越来越多。所以软件的开发和维护成本很低。优秀的网络功能，这在 Internet 时代尤其重要。稳定——这是 Linux 本身具备的一个很大优点。内核精悍，运行所需资源少，十分适合嵌入式应用。

支持的硬件数量庞大。嵌入式 Linux 和普通 Linux 并无本质区别，PC 上用到的硬件嵌入式 Linux 几乎都支持。而且各种硬件的驱动程序源代码都可以得到，为用户编写自己专有硬件的驱动程序带来很大方便。

在嵌入式系统上运行 Linux 的一个缺点是，Linux 系统提供实时性能需要添加实时软件模块。而这些模块运行的内核空间正是操作系统实现调度策略、硬件中断异常和执行程序的部分。由于这些实时软件模块是在内核空间运行的，因此代码错误可能会破坏操作系统从而影响整个系统的可靠性，这对于实时应用将是一个非常严重的弱点。

4. μC/OS-Ⅱ

μC/OS-Ⅱ是著名的源代码公开的实时内核，是专为嵌入式应用设计的，可用于 8 位，16 位和 32 位单片机或数字信号处理器(DSP)。它是在原版本 μC/OS 的基础上做了重大改进与升级，并有了近 10 年的使用实践，有许多成功应用该实时内核的实例。它的主要特点有：公开源代码，易于操作；可将系统移植到各个不同的硬件平台上；可移植性，绝大部分源代码是用 C 语言写的，便于移植到其他微处理器上；可固化；可裁剪性，有选择的使用需要的系统服务，以减少斗所需的存储空间；抢占式，完全是抢占式的实时内核，即总是运行就绪条件下优先级最高的任务；多任务，可管理 64 个任务，任务的优先级必须是不同的，不支持时间片轮转调度法；可确定性，函数调用与服务的执行时间具有其可确定性，不依赖于任务的多少；实用性和可靠性，成功应用该实时内核的实例，是其实用性和可靠性的最好证据。

由于 μC/OS-II 仅是一个实时内核,这就意味着它不像其他实时操作系统那样提供给用户的只是一些 API 函数接口,还有很多工作需要用户自己去完成。

5. Palm OS

Palm OS 是由 Palm Computing 公司开发的嵌入式操作系统,目前最大的应用是在 PDA 上,是市场占有率最高的 PDA 操作系统。Palm 操作系统架构非常简洁,因为删去了很多功能,如内存管理、多任务等,使得 Palm 硬件需求低,连带的整体耗电量也可压缩得非常低,因此采用 Palm 操作系统的 PDA 都有待机时间长的优点。

6. Android

Android 是基于 Linux 内核的软件平台和操作系统。早期由 Google 开发,后由开放手机联盟(Open Handset Alliance)开发。它采用了软件堆层的架构,低层以 Linux 内核工作为基础,只提供基本功能;其他的应用软件则由各公司自行开发,以 Java 作为编写程序的一部分。之后 Android 提供了 NDK 以供开发者使用其他语言编写程序。另外,为了推广此技术,Google 和其他几十个手机公司创建了开放手机联盟。Android 在未公开之前常被传闻为 Google 电话或 gPhone。

Android 是运行于 Linux kernel 之上,但并不是 GNU/Linux。因为在一般 GNU/Linux 里支持的功能,Android 大都没有支持,包括 Cairo、X11、Alsa、FFmpeg、GTK、Pango 及 Glibc 等都被移除掉了。Android 又以 bionic 取代 Glibc、以 Skia 取代 Cairo、再以 opencore 取代 FFmpeg 等。Android 为了达到商业应用,必须移除被 GNU GPL 授权证所约束的部分,例如 Android 将驱动程序移到 userspace,使得 Linux driver 与 Linux kernel 彻底分开。bionic/libc/kernel/并非标准的 kernel header files。Android 的 kernel header 是利用工具由 Linux kernel header 所产生的,这样做是为了保留常数、数据结构与宏。

其他还有一些常见的嵌入式操作系统,如 μClinux、Symbian、eCos、pSOS、Nucleus、ThreadX、RTEMS、QNX、INTEGRITY、OSE、C Executive、Ethernut、TinyOS、AvrX 等。

4.4　思考与讨论

4.4.1　问题思考

1. 什么是操作系统?
2. 操作系统的主要作用是什么?
3. 从资源管理角度出发,简述操作系统的 5 大管理功能。
4. 目前 PC 经常配置的操作系统有哪些?
5. Windows、Linux 各有哪些主要特点?
6. 什么是嵌入式操作系统?它的主要特点有哪些?

4.4.2　课外讨论

1. 从资源管理、程序控制和人机交互等方面描述操作系统的主要功能。
2. 从设计与实现上划分,操作系统主要有哪几种结构? 试举几个例子说明。
3. 目前主流的操作系统有哪些? 各自有什么特点?
4. 选择一种操作系统,写出你感兴趣的操作系统的功能。
5. 作为一名使用者和一名程序开发者,谈谈你对操作系统使用与开发的体会。

第 5 章 计算机网络

【本章导读】

本章从计算机网络的定义出发,对计算机网络的功能进行了阐述;介绍了计算机网络的构成、资源子网与通信子网的组成,以及计算机网络的分类;介绍了计算机网络的体系结构,以及常用的计算机网络设备。读者可以了解计算机网络的定义、功能、构成、分类;熟悉计算机网络的 OSI 参考模型及各层的内容,熟悉常用的计算机网络设备。

【本章主要知识点】

① 计算机网络的功能;

② 计算机网络的构成与分类;

③ 计算机网络的体系结构;

④ 常用的计算机网络设备。

5.1 计算机网络基础

随着通信和计算机技术紧密结合和同步发展,计算机网络得以飞速发展。计算机网络技术实现了资源共享。人们可以在办公室、家里或其他任何地方,访问查询网上的任何资源,极大地提高了工作效率,促进了办公自动化、工厂自动化、家庭自动化的发展。

5.1.1 计算机网络的概念

计算机网络是用通信设备和线路,将处在不同地方和空间位置、操作相对独立的多个计算机连接起来,再配置一定的系统和应用软件,在原本独立的计算机之间实现软硬件资源共享和信息传递的计算机系统。

1. 计算机网络的定义

凡是利用通信设备和线路按不同的拓扑结构将地理位置不同的、功能独立的多个计算机系统连接起来,以功能完善的网络软件(网络通信协议、信息交换方式及网络操作系统等)实现网络中硬件、软件资源共享和信息传递的系统,称为计算机网络系统。

(1)"地理位置不同"是一个相对的概念,可以小到一个房间内,也可以大至全球范围内。

（2）"功能独立"是指在网络中计算机都是独立的，没有主从关系，一台计算机不能启动、停止或控制另一台计算机的运行。

（3）"通信线路"是指通信介质，它既可以是有线的（如同轴电缆、双绞线和光纤等），也可以是无线的（如微波和通信卫星等）。

（4）"通信设备"是在计算机和通信线路之间按照通信协议传输数据的设备。

（5）"拓扑结构"是指通信线路连接的方式。

（6）"资源共享"是指在网络中的每一台计算机都可以使用系统中的硬件、软件和数据等资源。

2. 计算机网络的功能

计算机网络是计算机技术和通信技术紧密结合的产物。它不仅使计算机的作用范围超越了地理位置的限制，而且也大大加强了计算机本身的能力。计算机网络具有单个计算机所不具备功能，其主要包括以下几个方面。

（1）数据交换和通信。计算机网络中的计算机之间或计算机与终端之间，可以快速可靠地相互传递数据、程序或文件。例如，电子邮件（E-mail）可以使相隔万里的异地用户快速准确地相互通信；电子数据交换（EDI）可以实现在商业部门（如银行、海关等）或公司之间进行订单、发票、单据等商业文件安全准确的交换；文件传输服务（FTP）可以实现文件的实时传递，为用户复制和查找文件提供了有力的工具。

（2）资源共享。充分利用计算机网络中提供的资源（包括硬件、软件和数据）是计算机网络组网的目标之一。计算机的许多资源是十分昂贵的，不可能为每个用户所拥有。例如，进行复杂运算的巨型计算机、海量存储器、高速激光打印机、大型绘图仪和一些特殊的外部设备等，另外还有大型数据库和大型软件等。这些昂贵的资源都可以为计算机网络上的用户所共享。资源共享既可以使用户减少投资，又可以提高这些计算机资源的利用率。

（3）提高系统的可靠性和可用性。在单机使用的情况下，如没有备用机，则计算机有故障便引起停机。如有备用机，则费用会大大增高。当计算机连成网络后，各计算机可以通过网络互为后备，当某一处计算机发生故障时，可由别处的计算机代为处理；还可以在网络的一些节点上设置一定的备用设备，起全网络公用后备的作用，这种计算机网络能起到提高可靠性及可用性的作用。特别是在地理分布很广而且要求具有实时性管理和不间断运行的系统中，建立计算机网络便可保证更高的可靠性和可用性。

（4）均衡负荷，相互协作。对于大型的任务或当网络中某台计算机的任务负荷太重时，可将任务分散到较空闲的计算机上去处理，或由网络中比较空闲的计算机分担负荷。这就使得整个网络资源能互相协作，以免网络中的计算机忙闲不均，既影响任务又不能充分利用计算机资源。

（5）分布式网络处理。在计算机网络中，用户可根据问题的实质和要求选择网内最合适的资源来处理，以便使问题能迅速而经济地得以解决。对于综合性大型问题可以采用合适的算法将任务分散到不同的计算机上进行处理。各计算机连成网络也有利于共同协作进行重大科研课题的开发和研究。利用网络技术还可以将许多小型机或微型机连成具有高性能的分布式计算机系统，使它具有解决复杂问题的能力，而费用大为降低。

（6）提高系统性能价格比，易于扩充，便于维护。计算机组成网络后，虽然增加了通信费用，但由于资源共享，明显提高了整个系统的性能价格比，降低了系统的维护费用，且易于扩充，方便系统维护。计算机网络的以上功能和特点使得它在社会生活的各个领域得到了广泛的应用。

5.1.2 计算机网络的发展

1. 计算机网络的发展史

计算机时代早期是巨型机时代。计算机世界被称为分时系统的大系统所统治。分时系统允许用户通过只含显示器和键盘的哑终端来使用主机。哑终端很像 PC，但没有自身的 CPU、内存和硬盘。靠哑终端，成百上千的用户可以同时访问一台主机。这是如何工作的？是由于分时系统将主机时间分成片，给用户分配时间片。每一段时间片很短，但由于用户在输入/输出设备上的操作速度远远低于主机的处理速度，仍然会认为主机完全为他独自使用。

远程终端计算机系统是在分时计算机系统基础上，通过 Modem（调制解调器）和 PSTN（公用电话网）向地理上分布的许多远程终端用户提供共享资源服务的。这虽然还不能算是真正的计算机网络系统，但它是计算机与通信系统结合的最初尝试。远程终端用户似乎已经感觉到使用"计算机网络"的味道了。

在远程终端计算机系统基础上，人们开始研究把各个计算机通过 PSTN 等已有的通信系统互联起来。为了使计算机之间的通信连接可靠，建立了分层通信体系和相应的网络通信协议，于是诞生了以资源共享为主要目的的计算机网络。由于网络中计算机之间具有数据交换的能力，提供了在更大范围内计算机之间协同工作、实现分布处理甚至并行处理的能力。联网用户之间直接通过计算机网络进行信息交换的通信能力也大大增强。

1969 年 12 月，Internet 的前身——美国的 ARPA 网投入运行。它标志着我们常称的计算机网络的兴起。这个计算机互联的网络系统是一种分组交换网。分组交换技术使计算机网络的概念、结构和网络设计方面都发生了根本性的变化，它为后来的计算机网络打下了基础。

20 世纪 80 年代初，随着个人计算机（PC）应用的推广，PC 联网的需求也随之增大，各种基于 PC 互联的微机局域网纷纷出台。这个时期微机局域网系统的典型结构是在共享介质通信网平台上的共享文件服务器结构，即为所有联网 PC 设置一台专用的可共享的网络文件服务器。PC 是一台"麻雀虽小，五脏俱全"的小计算机，每个 PC 用户的主要任务仍在自己的 PC 上运行，仅在需要访问共享磁盘文件时才通过网络访问文件服务器，体现了计算机网络中各计算机之间的协同工作。由于使用了较 PSTN 速率高得多的同轴电缆、光纤等高速传输介质，使 PC 网上访问共享资源的速率和效率大大提高。这种基于文件服务器的微机网络对网内计算机进行了分工：PC 面向用户，微机服务器专用于提供共享文件资源。所以它实际上就是一种客户机/服务器模式。

计算机网络系统是非常复杂的系统，计算机之间相互通信涉及许多复杂的技术问题。为实现计算机网络通信，计算机网络采用的是分层解决网络技术问题的方法。但是，由于存在不同的分层网络系统体系结构,它们的产品之间很难实现互联。为此,国际标准化组织 ISO 在 1984 年正式颁布了"开放系统互连基本参考模型"OSI 国际标准(OSI 七层模型),使计算机网络体系结构实现了标准化。

进入 20 世纪 90 年代,计算机技术、通信技术以及建立在计算机和网络技术基础上的计算机网络技术得到了迅猛的发展。特别是 1993 年美国宣布建立国家信息基础设施 NII 后,全世界许多国家纷纷制定和建立本国的 NII,从而极大地推动了计算机网络技术的发展,使计算机网络的发展进入了一个崭新的阶段。目前,全球以美国为核心的高速计算机互联网络即 Internet 已经形成,Internet 已经成为人类最重要的、最大的知识宝库。而美国政府又分别于 1996 年和 1997 年开始研究发展更加快速可靠的互联网 2(Internet 2)和下一代互联网(Next Generation Internet)。可以说,网络互联和高速计算机网络正成为最新一代的计算机网络的发展方向。

2. 网络化的背景

网络实际上也不是近几年来才有的新东西。像交通网、人际网、生物链,人体中的血管分布、神经分布等一系列都是自然界、社会中存在的客观事物,也是人类自然的一个很基本的客观规律。比如现在的 Internet 在其自身的发展上就与自然界中已存在的生物网络的生长规律是一样的。

人们所了解的万维网的网站结构并非万维网所独有。研究人员发现,在像生态学、分子生物学、计算机科学和量子物理学这样不同的领域都具有类似的网络结构,它们的成长方式彼此十分相似,而且它们具有相同的长处和弱点。

计算机发展到后来应该说更像信息处理机。信息的一个基本特征就是共享性,实现信息资源的共享是计算机用户梦寐以求的愿望。也正是这种欲望的驱使,开拓、发展、培养了网络市场。除此之外,实现分布计算协同解决一些科学上的难题也是对网络要求的巨大动力。在网络的支持下可以把不同地域上分布的不同性质的计算机协同成一个整体使得计算功能远远超过单台的巨型机。如 1996 年通过网络连接了 700 台主机协同计算、发现了第 35 个大素数;1997 年通过网络连接了 3700 台计算机联合破译了 48 位的 RSA 密码,而后又连接了 7800 台机联合破译了 56 位的 DES 密码。

5.2 计算机网络的构成与分类

计算机网络通俗地讲就是由多台计算机(或其他计算机网络设备)通过传输介质和软件物理(或逻辑)连接在一起组成的。总的来说计算机网络的组成基本上包括:计算机、网络操作系统、传输介质(可以是有形的,也可以是无形的,如无线网络的传输介质就是空气)以及相应的应用软件。

网络类型的划分标准各种各样,但是从地理范围划分是一种大家都认可的通用网络划分标准。按这种标准可以把各种网络类型划分为局域网、城域网、广域网。局域网一般来说只能是一个较小区域内,城域网是不同地区的网络互联,这里的网络划分并没有严格意义上地理范围的区分,只能是一个定性的概念。

5.2.1　计算机网络的构成

　　计算机网络是由计算机系统、通信链路和网络节点组成的计算机群。它是计算机技术和通信技术紧密结合的产物，承担着数据处理和数据通信两类工作。从逻辑功能上可以将计算机网络划分为两部分，一部分是对数据信息的收集和处理，另一部分则专门负责信息的传输。ARPANET 的研究者们把前者称为资源子网，后者称为通信子网。如图 5-1所示。

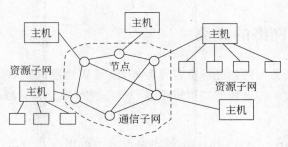

图 5-1　计算机网络的构成

1. 资源子网

　　资源子网主要是对信息进行加工和处理，面向用户，接受本地用户和网络用户提交的任务，最终完成信息的处理。它包括访问网络和处理数据的硬件、软件设施，主要有主计算机系统、终端控制器和终端、计算机外部设备、有关软件和可共享的数据（如公共数据库）等。

　　（1）主机（Host）。主计算机系统可以是大型机、小型机或局域网中的微型计算机，它们是网络中的主要资源，也是数据资源和软件资源的拥有者，一般都通过高速线路将它们和通信子网的节点相连。

　　（2）终端控制器和终端。终端控制器连接一组终端，负责这些终端和主计算机的信息通信，或直接作为网络节点，在局域网中它相当于集线器（HUB）。终端是直接面向用户的交互设备，可以是由键盘和显示器组成的简单终端，也可以是微型计算机系统。

　　（3）计算机外设。计算机外部设备主要是网络中的一些共享设备，如大型的硬盘机、数据流磁带机、高速打印机、大型绘图仪等。

2. 通信子网

　　通信子网主要负责计算机网络内部信息流的传递、交换和控制，以及信号的变换和通信中的有关处理工作，间接服务于用户。它主要包括网络节点、通信链路和信号转换设备等硬件设施。它提供网络通信功能。

　　（1）网络节点。网络节点的作用：一是作为通信子网与资源子网的接口，负责管理和收发本地主机和网络所交换的信息；二是作为发送信息、接收信息、交换信息和转发信息的通信设备，负责接收其他网络节点传送来的信息并选择一条合适的链路发送出去，完成信息的交换和转发功能。网络节点可以分为交换节点和访问节点两种。交换节点主要包括交换机(Switch)、集线器、网络互联时用的路由器(Router)以及负责网络中信息交换的设备等。访问节点主要包括连接用户主机和终端设备的接收器、发送器等通信设备。

（2）通信链路。通信链路是两个节点之间的一条通信信道。链路的传输媒体包括双绞线、同轴电缆、光导纤维、无线电微波通信、卫星通信等。一般在大型网络中和相距较远的两节点之间的通信链路，都利用现有的公共数据通信线路。

（3）信号转换设备。信号转换设备的功能是对信号进行变换以适应不同传输媒体的要求。这些设备一般有：将计算机输出的数字信号转换为电话线上传送的模拟信号的调制解调器(Modem)、无线通信接收和发送器、用于光纤通信的编码解码器等。

5.2.2　计算机网络的分类

虽然计算机网络类型的划分标准各种各样，但是从地理范围划分是一种大家都认可的通用网络分类方式。按这种方式可以把各种网络类型划分为局域网、城域网和广域网。

1. 局域网

局域网(Local Area Network,LAN)的地理分布范围在几公里以内。一般局域网建立在某个机构所属的一个建筑群内或大学的校园内，也可以是办公室或实验室几台、十几台计算机连成的小型局域网络。局域网连接这些用户的微型计算机及其网络上作为资源共享的设备（如打印机、绘图仪、数据流磁带机等）进行信息交换，另外通过路由器和广域网或城域网相连接以实现信息的远程访问和通信。LAN 是当前计算机网络发展中最活跃的分支。

局域网有别于其他类型网络的特点如下。

（1）局域网的覆盖范围有限。

（2）数据传输率高，一般在 10～100Mbps,现在的高速 LAN 的数据传输率可达到千兆位；信息传输的过程中延迟小、差错率低；局域网易于安装，便于维护。

（3）局域网的拓扑结构一般采用广播式信道的总线型、星型、树型和环型，如图 5-2 所示。

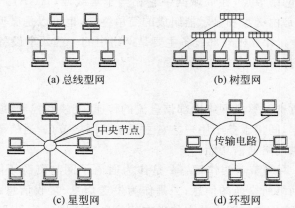

(a) 总线型网　　　　　　　　(b) 树型网

(c) 星型网　　　　　　　　(d) 环型网

图 5-2　局域网的拓扑结构

2. 城域网

城域网（Metropolitan Area Network，MAN）采用类似于 LAN 的技术，但规模比 LAN 大，地理分布范围在 10～100km。MAN 比 LAN 扩展的距离更长，连接的计算机数量更多，在地理范围上可以说是 LAN 网络的延伸。在一个大型城市或都市地区，一个 MAN 网络通常连接着多个 LAN 网。如连接政府机构的 LAN、医院的 LAN、电信的 LAN、公司企业的 LAN 等。由于光纤连接的引入，使 MAN 中高速的 LAN 互连成为可能。

现在城域网的划分日益淡化，从采用的技术上将其归于广域网内。

3. 广域网

广域网（Wide Area Network，WAN）也称为远程网，所覆盖的范围比城域网（MAN）更广。它一般是在不同城市之间的 LAN 或者 MAN 网络互联，地理范围可从几百公里到几千公里。因为距离较远，信息衰减比较严重，所以这种网络一般是要租用专线，通过 IMP（接口信息处理）协议和线路连接起来，构成网状结构，解决循径问题。它的传输媒体由专门负责公共数据通信的机构提供。Internet（国际互联网）就是典型的广域网。

5.2.3 无线网络

无线网络既包括允许用户建立远距离无线连接的全球语音和数据网络，也包括为近距离无线连接进行优化的红外线技术及射频技术，与有线网络的用途十分类似。其与有线网络最大的不同在于传输媒介的不同，利用无线电技术取代网线，可以和有线网络互为备份。

1. 无线网络的发展

随着笔记本电脑（Notebook Computer）和个人数字助理（Personal Digital Assistant，PDA）等便携式计算机的日益普及和发展，人们经常要在路途中收发传真和电子邮件、阅读网上信息以及登录到远程机器等。然而在交通工具上是不可能通过有线介质与单位的网络相连接的，这时就需要无线网络。虽然无线网络与移动通信经常是联系在一起的，但这两个概念并不完全相同。例如当便携式计算机通过 PCMCIA 卡接入电话插口时，它就变成有线网的一部分。另一方面，有些通过无线网连接起来的计算机的位置可能又是固定不变的，如在不便于通过有线电缆连接的大楼之间就可以通过无线网将两栋大楼内的计算机连接在一起。

无线网络有很多优点，主要包括以下几个方面。

（1）无缝漫游。用户在使用笔记本等无线产品上网时，在不同的无线覆盖区域移动使用时，不会因为接入点之间的切换而带来影响。

（2）无线桥接。视具体情况，可以和有线网络互通，省却了重新布线的投资和繁琐。

（3）POE（Power Over Ethernet）供电设备支持双绞线供电，这样在没有电源的地方或高空，可以通过网线进行供电，简化了无线网络实施。

（4）高带宽自适应。提供最高 54M 的接入带宽，可以满足网络会议，公文报表系统，多媒体等高数据流量的需求。带宽可根据信号和距离自动调节。

（5）易管理。通过设备自带的软件，方便地进行设置。如果有动态主机设置协议（DHCP）服务器，可以自动获取 IP 地址，无须任何配置就可以接入网络，简化网络属性的设置。

（6）易扩展。当用户接入数量较多，速度变慢时，只需增加接入点，即可实现负载均衡，提高网速。当无线信号覆盖范围增大时，也只须增加接入点实现信号覆盖就行。

（7）高安全性。可以通过禁止 SSID 广播、MAC 地址过滤、64 位/128 位 WEP 加密或 WPA 和 802.1X 无线协议实现数据传输和用户接入的安全性需求。

（8）移动性强。不再受有线线缆的束缚，用户可以随意增加工作站，随意漫游，并可以在较大范围的空间实现移动学习、办公、访问网络资源等。

（9）提高工作效率。领导和工作人员在开会或其他有网络需求的情况下，不必再为信息点已被占用，没有网线而要返回办公室进行网络通信而烦恼。当可以进行无线通信的前提下，无线网络可以提供所需要的网络通信，可以根据自己的需要查询资料，实时处理邮件等工作。

（10）低成本。无线接入点可以同时接入数十个乃至数百个用户同时使用网络，而有线信息点的一个点只能同一时刻提供一个用户上网，大大降低了投资以及维护成本。

2. 无线网络的类型

（1）无线个人网。无线个人网（WPAN）是在小范围内相互连接数个装置所形成的无线网络，典型的有蓝牙连接耳机及膝上电脑。蓝牙（Bluetooth）是一个开放性的、短距离无线通信技术标准。该技术并不想成为另一种无线局域网（WLAN）技术，它面向的是移动设备间的小范围连接，因而本质上说它是一种代替线缆的技术。它可以用来在较短距离内取代目前多种线缆连接方案，穿透墙壁等障碍，通过统一的短距离无线链路，在各种数字设备之间实现灵活、安全、低成本、小功耗的话音和数据通信。

（2）无线局域网（WLAN）。WLAN 技术可以使用户在本地创建无线连接（例如，在公司或校园的大楼里，或在某个公共场所）。WLAN 可用于临时办公室或其他无法大范围布线的场所，或者用于增强现有的 LAN，使用户可以在不同时间、办公场所的不同地方工作。WLAN 以两种不同方式运行。在基础结构 WLAN 中，无线站（具有无线电网卡或外置调制解调器的设备）连接到无线接入点。在点对点（临时）WLAN 中，有限区域（例如会议室）内的几个用户可以在不需要访问网络资源时建立临时网络，而无须使用接入点。

（3）无线广域网（WWAN）。WWAN 技术可使用户通过远程公用网络或专用网络建立无线网络连接。通过使用由无线服务提供商负责维护的若干天线基站或卫星系统，这些连接可以覆盖广大的地理区域，例如若干城市或者国家（地区）。目前的 WWAN 技术被称为第二代（2G）系统。2G 系统主要包括移动通信全球系统（GSM）、蜂窝式数字分组数据（CDPD）和码分多址（CDMA）。现在正从 2G 网络向第三代（3G）技术过渡。一些 2G 网络限制了漫游功能并且相互不兼容；而第三代（3G）技术将执行全球标准，并提供全球漫游功能。

5.3　计算机网络的体系结构

　　计算机网络体系结构采用分层配对结构,定义和描述了一组用于计算机及其通信设施之间互连的标准和规范的集合,遵循这组规范可以方便地实现计算机设备之间的通信。

　　为了减少计算机网络的复杂程度,按照结构化设计方法,将计算机网络的功能划分为若干个层次(Layer)。较高层次建立在较低层次的基础上,并为其更高层次提供必要的服务功能。网络中的每一层都起到了隔离作用,使得低层功能具体实现方法的变更不会影响到高一层所执行的功能。

5.3.1　计算机网络体系结构的概念

　　计算机网络体系结构采用分层配对结构,定义和描述了一组用于计算机及其通信设施之间互连的标准和规范的集合。遵循这组规范可以方便地实现计算机设备之间的通信。

1. 协议

　　协议(Protocol)是用来描述进程之间信息交换过程的一个术语。就是为实现网络中的数据交换而建立的规则标准或约定。

　　一般来说,协议由语义、语法以及交换规则 3 部分组成,即协议的 3 要素。

　　(1) 语义。确定协议元素的类型,即规定通信双方要发出何种控制信息、完成何种动作以及做出何种应答。

　　(2) 语法。确定协议元素的格式,即规定数据与控制信息的结构格式。

　　(3) 交换规则。规定事件实现顺序的详细说明,即确定通信过程中通信状态的变化,如通信双方的应答关系。

2. 实体

　　在网络分层体系结构中,每一层都由一些实体(Entity)组成。这些实体抽象地表示了通信时的软件元素(例如,进程或子程序)或硬件元素(例如,智能 I/O 芯片等)。也可以说,实体是通信时能发送和接收信息的任何硬件实施。

3. 接口

　　分层结构中相邻层之间有一接口(Interface),它定义了较低层次向较高层次提供的原始操作和服务。每一层都建立在前一层的基础上,较低层只是为较高一层提供服务。

5.3.2　开放系统互连参考模型

　　20 世纪 70 年代以来,国外一些主要计算机生产厂家先后推出了各自的网络体系结构,但它们都属于专用的。为了使不同计算机厂家的计算机能够互相通信,以便在更大的范围内建立计算机网络,有必要建立一个国际范围的网络体系结构标准。

国际标准化组织(ISO)于 1981 年正式推荐了一个网络系统结构——7 层参考模型,称为开放系统互连参考模型(Open System Interconnection,OSI)。由于这个标准模型的建立,使得各种计算机网络向它靠拢,大大推动了网络通信的发展。

1. 开放系统互连参考模型框架

开放系统互连参考模型(ISO/OSI)为开放式互连信息系统提供了一种功能结构的框架。它将整个网络的功能划分成 7 个层次,如图 5-3 所示。

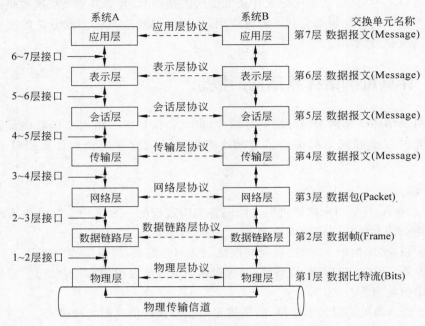

图 5-3 ISO/OSI 开放系统互连参考模型

ISO/OSI 最高层为应用层,面向用户提供应用服务;最低层为物理层,连接通信媒体实现真正的数据通信。层与层之间的联系是通过各层之间的接口来进行的,上层通过接口向下层提出服务请求,而下层通过接口向上层提供服务。两个用户计算机通过网络进行通信时,除物理层外,其余各对等层之间均不存在直接的通信关系,而是通过各对等层的协议来进行通信(用虚线连接),只有两物理层之间通过媒体进行真正的数据通信。

2. ISO/OSI 分层的原则

ISO/OSI 参考模型分层的原则有:

① 层不要太多,以免给描述各层和将它们结合为整体的工作带来不必要的困难;

② 每层的界面都应设在使穿过接口的信息流最少的地方;

③ 应建立独立的层次来处理功能上的明显差别;

④ 应把类似的功能集中在同一层;

⑤ 每一层的功能选定都应基于已有的成功经验;

⑥ 应对容易局部化的功能建立一层,使得该层可以整体地重新设计,并且当为了采

用先进的技术需要对协议做较大改变时,无须改变它和上下层之间的接口关系;

⑦ 在需要将相应接口标准化的那些地方建立边界;

⑧ 允许在一个层内改变功能和协议,而不影响其他层;

⑨ 对每一层仅建立与它相邻的上、下层的边界;

⑩ 在需要不同的通信服务时可在每一层再设置子层次,当不需要该服务时,也可绕过这些子层次。

3. ISO/OSI 分层的优点

ISO/OSI 参考模型分层的优点有:人们可以很容易地讨论和学习协议的规范细节;层间的标准接口方便了工程模块化;创建了一个更好的互连环境;降低了复杂度,使程序更容易修改,产品开发的速度更快;每层利用紧邻的下层服务,更容易记住各层的功能。

大多数的计算机网络都采用层次式结构,即将一个计算机网络分为若干层次。处在高层次的系统仅是利用较低层次的系统提供的接口和功能,不需了解低层实现该功能所采用的算法和协议;较低层次也仅是使用从高层系统传送来的参数,这就是层次间的无关性。因为有了这种无关性,层次间的每个模块可以用一个新的模块取代,只要新的模块与旧的模块具有相同的功能和接口,即使它们使用的算法和协议都不一样。

5.3.3　OSI 七层协议的主要功能

1. 物理层

物理层(Physical Layer)是 ISO/OSI 参考模型的第一层。其目的是提供网络内两个实体间的物理接口和实现它们之间的物理连接,按位传送比特流,将数据信息从一个实体经物理信道送往另一个实体,为数据链路层提供一个透明的比特流传送服务。

物理层的主要功能包括以下几个方面。

(1) 确定物理介质的机械、电气、功能以及规程的特性,并能在数据终端设备(Data Terminal Equipment, DTE),如计算机、终端等,数据电路端接设备(Data Circuit Terminating Equipment, DCE),如调制解调器,以及数据交换设备(Data Switch Equipment, DSE)之间完成物理连接,提供启动、维持和释放物理通路的操作。

(2) 在两个物理连接的数据链路实体之间提供透明的比特流传输。这种物理连接可以是永久的,也可以是动态的;可以是双工,也可以是半双工。

(3) 在传输过程中能对传输通路的工作状况进行监视。一旦出现故障可立即通知DTE 和 DCE。

通常把物理介质的机械、电气、功能和规程特性称为物理层的 4 特性。物理层的 4 特性也是物理层协议和接口的主要内容。它规定:在机械方面应考虑接插器的尺寸、引线的数目和排列;在电气方面要考虑信号的波形和参数,如多少伏电压代表 1 或 0,一比特占多少微秒;在功能方面要考虑每一条线路的作用和操作要求。比如,是数据电路、控制电路还是时钟电路;在规程方面要考虑利用接口传送比特流的整个过程和执行的先后顺序。如怎样建立和拆除物理线路的连接以及是全双工还是半双工操作等。

典型的物理层协议标准有:美国电子工业协会(EIA)的 RS232C、RS366-A、RS449

等;国际电报电话咨询委员会(CCITT)的 X.25、X.75、X.21 等。

2. 数据链路层

数据链路层(Data Link Layer)是 ISO/OSI 参考模型的第二层。其主要功能是对高层屏蔽传输介质的物理特性,保证两个邻接(共享一条物理信道)节点间的无差错数据传输,给上层提供无差错的信道服务。具体工作过程如下。

(1)接收来自上层的数据。

(2)给它加上某种差错校验位(因物理信道有噪声)以及数据链协议控制信息和头、尾分界标志。

(3)组成一帧(数据链路协议数据单位,在 X.25 建议中则称为帧)。

(4)从物理信道上发送出去,同时处理接收端的回答,重传出错和丢失的帧,保证按发送次序把帧正确地交给对方。

(5)负责传输过程中的流量控制、启动链路、同步链路的开始和结束等功能。

(6)完成对多站线、总线、广播通道上各站的寻址功能。

可以将数据链路层协议分为以下两类:即面向字符的传输控制协议(如二进制同步通信协议 BSC)和面向位的传输控制协议(如高级数据链路控制规程 HDLC)。

3. 网络层

网络层(Network Layer)是 ISO/OSI 参考模型的第 3 层。该层的基本工作是接收来自源计算机的报文,把它转换成报文分组(包),而后送到指定目标计算机。报文分组在源机和目标机之间建立起的网络连接上传送,当它到达目标机后再装配还原为报文。这种网络连接是穿过通信子网建立的,在 X.25 建议中这种逻辑信道为虚拟线路。

网络层协议规定了网络节点与逻辑信道间的接口标准,完成逻辑信道的建立、拆除和通信管理。典型的网络层协议是 X.25 建议中的"分组级协议"。它规定了报文分组的格式和各种业务分组用的报文分组,以及处理寻址、流量控制、差错恢复、多路复用管理等。

网络层是通信子网的边界层次。它决定主机和通信子网接口的主要特征,即传输层和链路层接口的特点。同时,也存在这两层的分工问题,以避免某些功能的遗漏和重复。网络层的典型协议标准是 X.25 协议,这个协议也是公共数据网的协议标准。协议规定第 1 层使用 X.21,第 2 层使用 HDLC,第 3 层使用 X.25。

4. 传输层

传输层(Transport Layer)又称端到端协议层。它是 ISO/OSI 参考模型的第 4 层,也是网络高层与网络低层(常将 1~3 层称为网络低层,4~7 层称为网络高层)之间的接口。该层的目的是提供一种独立于通信子网的数据传输服务(即对高层屏蔽通信子网的结构),使源主机与目标主机像是点到点简单地连接起来的一样(尽管实际的连接可能是一条租用线或各种类型的包交换网)。传输层的具体工作是负责两个会话实体之间的数据传输,接收会话层送来的报文,把它分成若干较短的片段(因为网络层限制传送包的最大长度),保证每一片段都能正确到达对方,并按它们发送的次序在目标主机中将其重新汇集起来(这一工作也可在网络层完成)。

传输层使用传输地址建立传输连接,完成上层用户的数据传输服务,同时向会话层,最终向应用层各进程提供服务。这种服务可采用点到点逻辑信道,也可采用广播信道提供。

5. 会话层

会话层(Session Layer)又称会晤层。它是 ISO/OSI 参考模型的第 5 层。该层的任务是为不同系统中的两个进程建立会话连接,并管理它们在该连接上的对话。

"会话"是通过"谈判"的形式建立的。当任意两个用户(或进程)要建立"会话"时,要求建立会话的用户必须提供对方的远程地址(会话地址)。会话层将会话地址转换成与其相对应的传送站地址,以实现正确的传输连接。会话可使用户进入远程分时系统或在两主机间进行文件交换。

会话层的另一个功能是对会话建立后的管理。例如,若传输连接是不可靠的,则会话层可根据需要重新恢复传输连接。会话层还可为其上层提供下述服务。

(1) 会话类型。连接双方的通信可以是全双工的,即在两个方向传输信息;半双工的,即在两个方向上交替传输信息(任一时刻只在一个方向传输信息);单工的,即只能在一个方向上传输信息。

(2) 隔离。当会话信息少于某一定值(隔离单位)时,会话层用户可以要求暂不向目的用户传输数据。这种服务对保证分布数据库的数据完整性是很有用的。

(3) 恢复。会话层可以提供校验点方法的校验传输信息和差错恢复。一旦两个校验点之间出现某类差错,会话层实体便可重新发送上一校验点开始的所有数据。

6. 表示层

表示层(Presentation Layer)又称表达层。它是 ISO/OSI 参考模型的第 6 层。该层完成许多与数据表示有关的功能。这些功能都是用户频繁使用的,常常由用户所拥有的程序完成。

为提高系统之间的通信效率,提供保密通信以及使存在差异的设备能实现相互通信,表示层主要完成字符集转换、数据压缩与恢复、数据加密与解密、实际终端与虚拟终端之间的转换等功能。

例如,用户程序通常使用人名、城市名、特定词汇和短语,进程之间交换信息时也使用它们。表示层可以把表示这些人名、城市名、特定词汇等的字符串,压缩为长度较短的比特串。比如,可根据各种词汇的使用频率,采取不同长度的比特串表示。越是常用的词汇使用越短的比特串表示,而不是采用等长度的比特串表示,从而使实际传输的比特数减少。又如,实际终端之间可能存在包括行长、屏幕尺寸、行结束方式、换页方式、字符集等方面的差异,可以通过表示层中的虚拟终端协议来消除这些差异所带来的影响。

7. 应用层

应用层(Application Layer)又称用户层。它是 ISO/OSI 参考模型的最高层,负责两个应用进程之间的通信,为网络用户之间的通信提供专用的应用程序包。应用层相当于一个独立的用户。该层协议提供直接为端点用户(EU)服务的功能。这些功能主要包括:网络的透明性、操作用户资源的物理配置、应用管理和系统管理、分布式信息服务等,以实现把不同任务自动地分配到不同的机器中去执行,避免用户为此而分心,使网络的优越性得到最充分地显示。由此可见，应用层包括分布环境下的各种应用(有时把这些应用称为网络实用程序)。这些实用程序通常由厂商提供，如电子邮件、事务处理、文件传输程序和作业操作程序等。

5.4 常用的计算机网络设备

计算机网络的硬件是由传输媒体(连接电缆、连接器等)，网络设备(网卡、中继器、收发器、集线器、交换机、路由器、网桥等)和资源设备(服务器、工作站、外部设备等)构成。了解这些设备的作用和用途，对认识计算机网络大有帮助。

5.4.1 传输媒体

连接计算机网络的传输媒体有细同轴电缆(简称细缆)、粗同轴电缆(简称粗缆)、非屏蔽双绞线(UTP)、屏蔽双绞线(STP)、光纤和无线通信。

1. 同轴电缆

同轴电缆的结构如图 5-4 所示。它中央是铜芯，铜芯外包着一层绝缘层。绝缘层外是一层屏蔽层，屏蔽层把电线很好地包起来，再往外就是外包皮了。由于同轴线的这种结构，它对外界具有很强的抗干扰能力。电视机与闭路电视系统相连接的就是一种同轴电缆。但它是阻抗为 75Ω 的 CATV 专用的同轴电缆。

图 5-4 同轴电缆的结构

同轴电缆在局域网中使用非常普遍。常用于局域网的同轴电缆有两种：一种是专门用在符合 IEEE 802.3 标准 Ethernet 网环境中阻抗为 50Ω 的电缆，又分为 RG58A/U 标准的细缆和 RG11 标准的粗缆；另一种是专门用在 ARCNET 网环境中阻抗为 93Ω 的电缆。同轴电缆传输数据速率可达 10Mbps(Ethernet 网中的细缆和粗缆)或 2.5Mbps(在 ARCNET 环境下)。在这两种情况下，网络段的最大长度为几百米或 1km。在以太网中使用的是 RG58A 标准的细缆和 RG11 标准的粗缆。后者比前者的电气性能好，网段距离比前者长。但粗缆线径较大，安装时不便操作，一般用作局域网的主干线。细缆和粗缆在一个网段的两端都必须接上 50Ω 的端配器，以防止信号反射。细缆是通过 T 型头与工作站、服务器的网卡(BNC 接口的网卡)相连的。一个网段的细缆实际上要截成若干小段，每小段两头用专用工具(细缆压线钳和细缆剥线钳)压上与 T 型头连接的 BNC 接头。整个网段是由 T 型头将若干小段细缆连接起来的。所以，只要一个接头有问题，整个网络将瘫痪，而且不易查找故障点。粗缆的可靠性比细缆高很多，常用作局域网的主干电缆，如楼层之间、楼与楼之间的主干连接电缆。

2. 双绞线

在局域网中双绞线用得非常广泛，因为它们具有低成本、高速度和高可靠性等优点。

双绞线有两种基本类型：屏蔽双绞线（Shielded Twisted Pair，STP）和非屏蔽双绞线（Unshielded Twisted Pair，UTP）。它们都由两根绞在一起的导线来形成传输电路（图 5-5），两根导线绞在一起主要是为了防止干扰（线对上的差分信号具有共模抑制干扰的作用）。在一条双绞线电缆中，有两对、四对或多对双绞线（目前两对的双绞线很少见，常用的是四对八芯的。还有多对的，如 25 对、50 对双绞线用于大楼结构化布线系统中的垂直布线子系统中）。STP 和 UTP 之间的区别是：STP 外层有一层由金属线编织的屏蔽层，这和同轴电缆一样，加屏蔽层的原因是为了防止干扰。显然，屏蔽双绞线的抗干扰性优于非屏蔽双绞线，但由于屏蔽层对双绞线的驱动电路增加了容性阻抗，因此会影响网络段的最大长度。双绞线在 Ethernet 网和 Token Ring 网中用得相当多，它用作总线型拓扑结构或星型拓扑结构的连线。双绞线数据传输速率可达 100Mbps。但由于双绞线在网络段最大长度上受到限制，因此双绞线作为传输媒体适合于小范围的 LAN 配置。

图 5-5　双绞线

3. 光纤

在计算机网络飞跃发展的今天，许多局域网对网络带宽的需求日益增加。"100Mbps 到桌面，100Mbps 交换到桌面"的呼声日益高涨，大大地刺激了光纤的发展。使以往昂贵的光纤和光纤设备的价格渐渐降到了一般网络都能接受的程度，不仅大型的骨干网，就连以往用粗缆作主干网的地方也换上了光纤。光纤具有带宽高、可靠性高、数据保密性好、抗干扰能力强等特点，适用于网络应用要求很高、高速长距离传输数据的应用场合。

光纤具有圆柱形状，由 3 部分组成：纤芯、包层和护套。纤芯是最内层部分，它由两根或多根非常细的玻璃或塑料制成的纤维组成。每一根光导纤维都由各自的包层包着，包层是玻璃或塑料涂层，它具有与纤芯不同的光学特性。最外层是护套，它包着一根或一束已加包层的光导纤维。护套由塑料或其他材料制成，用它来防止潮气、擦伤、压伤或其他外界带来的危害。在护套中使用填充物加固纤芯。

光纤利用全内反射来传输经信号编码的光束。在发送端需要用单色光作为光源，并且经调制后送入光纤。目前使用的光源有两种：发光二极管（LED）和激光注入二极管（ILD）。发光二极管是一种固体器件，当有电流流过时就发光；激光注入二极管是一种利用量子电子效应的固体激光器件，它产生频谱很窄、亮度很高的光束。两者比较，发光二极管价廉，适应较宽的温度工作范围，使用寿命较长。激光注入二极管效率较高，可以承受更高的传输率。在接收端用光电二极管把光信号转变成电信号。

光纤传送信号的方式不是依赖电信号，而是依靠光。因此其也就避免了金属导线遇到的信号衰减、电容效应、串扰等问题，可靠地实现高数据率的传输，并且有极好的保密性。由于光信号不容易被分支,使用光纤作为传输媒体主要用于两个节点间的点对点连接,传输距离可达几千米至几十千米。

光纤从制作材料上分为多模和单模光纤;从应用上分为室外和室内光纤。多模光纤比单模光纤在传输距离上要短,但价格较便宜。室外光纤较粗,外包层内有金属护套,以增加光纤的强度。室内光纤较细,比室外光纤软,便于安装,但容易折损。光纤电缆有多条光导纤维,一般有 6 芯、8 芯、12 芯等。两根为一对,一对一对地使用(即一对为一个连接)。连接光纤的接口有 ST 接头(俗称圆头)和 SC 接头(俗称方头)。ST 头和 SC 头都是通过昂贵的专用工具与光纤熔接或压接在一起,再通过 ST 头或 SC 头与光纤收发器、带光纤模块的交换机或带光纤接口的网卡相连接。

5.4.2　网络设备

常用的网络设备有网卡、中继器(Repeater)、集线器(HUB)、交换机(Switch)、网桥、路由器(Router)和网关(Gateway)等。

1.　网卡

网卡插在每台工作站和服务器主机板的扩展槽里。工作站通过网卡向服务器发出请求。当服务器向工作站传送文件时,工作站也通过网卡接收响应。这些请求及响应的传送对应在局域网上就是在计算机硬盘上进行读写文件的操作。

根据数据位宽度的不同网卡分为 8 位、16 位和 32 位。目前 8 位网卡已经淘汰。根据网卡采用的总线接口,又可分为 ISA、EISA、VL-BUS、PCI 等接口。随着 100Mbps 网络的流行和 PCI 总线的普及,PCI 接口的 32 位网卡将会得到广泛的采用。

根据不同的局域网协议,网卡又分为 Ethernet 网卡、Token Ring 网卡、ARCNET 网卡和 FDDI 网卡等。Ethernet 网卡上的接口分为 BNC 接口(用于细缆连接)、RJ45 接口(用于双绞线连接)、AUI 接口(D 型 15 针连接器,通过粗缆收发器连接线连接到粗缆上)。

2.　中继器

中继器用于局域网络的互连,常用来将几个网段连接起来,具有信号放大续传的功能。电信号在电缆中传送时随电缆长度增加而递减,这种现象叫衰减。中继器只是一种附加设备,一般并不改变数据信息。中继器工作在物理层,将从初始网络发来的报文转发到扩展的网络线路上,它们与高层的协议无关。

中继器只是一个具有以下特点的"哑"设备。

(1)中继器可以重发信号,这样可以传输得更远。

(2)中继器主要用在线性的电缆系统中,如 Ethernet 网。

(3)中继器工作在协议模型的最低层——物理层,没有用到高层的协议。

(4)由中继器连接起来的两端必须采用同样的媒体存取方法。

(5)由中继器连接的网段成为网络的一部分,并且有着相同的网络地址。

(6)网段上的每一个节点都有自己的地址。在扩充网段上的节点不能与原网段上的节点地址相同,因为它们都是同一网段上的一部分。

(7) 中继器以与它相连的网络同样的速度发送数据。扩充局域网、增加工作站数目会加重局域网的阻塞情况。中继器是用来连接远距离的工作站,而不要把它作为一种增加工作站数量的手段。如果网络阻塞严重,相应速度慢,效率低,可以考虑用网桥把局域网分成两个或多个网段。

3. 集线器

集线器又称为集中器,可分为独立式、叠加式、智能模块化、高档交换式集线平台(又称为交换机),有 8 端口、16 端口、24 端口。

(1) 独立式(Standalone)。这类集线器主要是为了克服总线结构的网络布线困难和易出故障的问题而引入。一般不带管理功能,没有容错能力,不能支持多个网段,不能同时支持多协议。这类集线器适用于小型网络,一般支持 8～24 个节点,可以利用串接方式连接多个集线器来扩充端口。

(2) 堆叠式(Stackable)。堆叠式集线器可以将 HUB 一个一个地叠加,用一条高速链路连接起来,一共可以堆叠 4～8 个(根据各公司产品不同而不同)。它只支持一种局域网标准,即要么支持以太网络,要么支持令牌环网。它适用于网络节点密集的工作组网络和大楼水平子系统的布线。

(3) 智能模块化(Modular)集线器。智能模块化集线器采用模块化结构,由机柜、电源、面板、插卡和管理模块等组成。支持多种局域网标准和多种类型的连接,根据需要可以插入 Ethernet、Token Ring、FDDI 或 ATM 模块,另外还有网管模块、路由模块等。适用于大型网络的主干集线器。

4. 交换机

交换机又称为交换式集线器,但容易与电话公司的程控交换机相混淆,所以将其称为交换式集线器或交换器。交换器有 10Mbps、100Mbps 等多种规格。

交换器与 HUB 不同之处在于每个端口都可以获得同样的带宽。如 10Mbps 交换器,每个端口都可以获得 10Mbps 的带宽,而 10Mbps 的 HUB 则是多个端口共享 10Mbps 带宽。10Mbps 的交换器一般都有两个 100Mbps 的高速端口,用于连接高速主干网或直接连到高性能服务器上,这样可以有效地克服网络瓶颈。

交换器有以下两种实现方法。

(1) 直通式(Cut-through)。交换速度快,不进行错误校验,转发包时只读取目的地址。

(2) 存储转发(Store and forward)。转发前接收整个包,降低了交换器的速度,但确保了所有转发的包中不含错误包。

5. 网桥

网桥是一种在数据链路层实现网络互联的存储转发设备。大多数网络(尤其是局域网)结构上的差异体现在介质访问协议(MAC)之中,因而网桥被广泛用于局域网的互连。网桥从一个网段接收完整的数据帧,进行必要的比较和验证,然后决定是丢弃还是发送给另外一个网段。转发前网桥可以在数据帧之前增加或删除某一些字段,但不进行路由选择过程。因此,网桥具有隔离网段的功能,在网络上适当地使用网桥可以起到调整网络的负载,提高整个网络传输性能的作用。当然在一个大型的网络中,两个最远的网络站点之间经过的网桥是有限制的,DEC 公司推荐最多不要超过 5 个网桥,过多地使用网桥会降低整个网络的性能。

网桥的产生主要是为了满足局域网之间互连的需求。网桥从使用上分为内桥和外桥。内桥就是用服务器充当网桥,在服务器中插上多块网卡,连接不同的 LAN,特点是投资小,便于管理,但增加了服务器的负担。外桥就是用一台微机作为专门的网桥,并安装相应的网桥软件。其特点是不占用服务器资源,但增加了投资成本。

6. 路由器

路由器是实现异种网络互联的设备。与网桥的最大差别在于网桥实现网络互联是发生在数据链路层,而路由器实现网络互联是发生在网络层。在网络层上实现网络互联需要相对复杂的功能,如路由选择、多路重发以及错误检测等均在这一层上用不同的方法来实现。与网桥相比,路由器的异构网互联能力、网络阻塞控制能力和网段的隔离能力等方面都要强于网桥;另外,由于路由器能够隔离广播信息,从而可以将广播风暴的破坏性隔离在局部的网段之内。路由器是局域网和广域网之间进行互连的关键设备。通常的路由器都具有负载平衡、阻止广播风暴、控制网络流量以及提高系统容错能力等功能。一般来说,路由器大都支持多种协议、提供多种不同的电子线路接口,从而使不同厂家、不同规格的网络产品之间,以及不同协议的网络之间可以进行非常有效的网络互联。

但是路由器比网桥复杂,且价格更贵。此外,它不支持非路由的协议。因此,用户要根据需求和连网环境,选择合适的桥或路由器。

7. 网关

网关也是实现网络互联的设备。它实现的网络互联发生在网络高层,是网络层以上的互联设备的总称。对于网络体系结构差异比较大的两个子网,从原理上讲,在网络层以上实现网络互联是比较方便的。对于局域网和广域网而言,在 ISO/OSI 参考模型的下 3 层的结构差异比较大,它们之间的耦合是十分复杂甚至是不可实现的,因而大多数情况都是采用网关进行网络互联。选择网络互联的层次越高,互联的代价就会越大,效率也会越低,但是能够互联差别更大的异构网。目前国内外一些著名的大学校园网的典型结构通常是由一主干网和若干段子网组成。主干网和子网之间通常选用路由器进行连接;子网内部常常有若干局域网,这些局域网之间采用中继器或网桥来进行连接;校园网和其他网络,比如公用交换网络、卫星网络和综合业务数字网络等,一般都采用网关进行互联。网关一般运行在 ISO/OSI 参考模型的最高层,能支持从传送层到应用层的网络互联,可执行协议的转换,使用不同协议的网络通信。例如,NETBIOS 利用协议仿真可使 IBM PC 和 IBM 主机进行通信。

5.5 思考与讨论

5.5.1 问题思考

1. 什么是计算机网络？它主要有什么功能？
2. 计算机网络由哪几部分构成？它们的主要作用是什么？
3. 计算机网络中广域网和局域网分类划分依据是什么？
4. 什么是协议？什么是实体？什么是接口？
5. 什么是开放系统互连参考模型？
6. 连接计算机网络的传输媒体有哪些？

5.5.2 课外讨论

1. 简述计算机网络在硬件资源共享、软件资源共享和用户间信息交换 3 个方面的功能。
2. OSI 参考模型分哪几个层次？各层次的基本功能是什么？
3. 试从网络拓扑结构出发，分析比较星型网、环型网和总线型网的性能。
4. 简述同轴电缆、双绞线、光纤等传输媒体的特点及应用领域。
5. 常用的网络设备有哪些？它们分别在 OSI 参考模型的哪一层工作？

第 6 章 Internet 及其应用

【本章导读】

本章简述了 Internet 的发展历史，对 Internet 的管理机构、IP 地址、域名系统和 Internet 的资源进行了阐述；介绍了 TCP/IP 协议簇、用户连接 Internet 的几种方式以及 Internet 提供的各种相关服务；介绍了网站创建与网页设计的相关知识。读者可以了解 Internet 的发展历史、接入方式、提供的服务；熟悉 IP 地址的表示及分类方法、DNS 域名系统和 TCP/IP 协议簇中的各层协议。

【本章主要知识点】

① Internet 的基本知识；

② TCP/IP 协议簇；

③ Internet 的用户连接方式；

④ Internet 服务；

⑤ 网站创建与网页制作。

6.1 Internet 简 介

Internet（国际互联网，或互联网、互连网，我国科技词语审定委员会推荐为"因特网"）是建立在各种计算机网络之上的、最为成功和覆盖面最大、信息资源最丰富的当今世界上最大的国际性计算机网络。Internet 被认为是未来全球信息高速公路的雏形。在短短的 20 多年的发展过程中，特别是最近几年的飞跃发展中，正逐渐改变着人们的生活，并将远远超过电话、电报、汽车、电视等对人类生活的影响。

6.1.1 Internet 概述

1. Internet 的概念

不同的用户对 Internet 有不同的认识，专家们也很难给 Internet 下一个总结性的定义。对于一些人来说，Internet 仅仅是给其他人发送电子邮件的一种途径，而对另一些人来说，Internet 则是他们会友、娱乐、阅读、辩论、工作甚至环游世界的地方。Internet 非常像地球上广阔的海洋，它实际上覆盖了全球，从美国到欧洲、亚洲、澳大利亚、南美洲，最后再返回美国。同样可以将 Internet 划分为大洋（子网）、海峡（网络间的连接）、大陆（超级计算机)、大岛(大型机、小型机或工作站)和一些数不胜数的小岛屿(个人计算机)。在它们之间来回穿梭的是数据流,或称为比特流,它们穿越数千里,从一个港口(计算机端口)到达另一个港口(计算机端口)。在 Internet 中航行和在大海中航行的最大区别在于航行的速度。网上的用户和航海员的区别在于用户不需要离开座位就可以每秒航行数千公里。可以从中国出发到美国选取一份文件,将它复制到德国、日本,所有这一切都可以在弹指一挥间完成。这是技术上的一项伟大成就。

由数以千计的小网络构造出了 Internet 这个世界上最大、最流行的计算机互联网。它连接了上百万台计算机和数千万用户(还在不断增加)。除去设备规模、统计数字、使用方式、发展方向上的明显优势外,Internet 正以一种令人难以置信的速度发展。Internet 所包含数据的丰富程度远远超过了人们最大胆的想象。

从网络通信技术的角度看,Internet 是一个以 TCP/IP 网络协议连接各个国家、各个地区以及各个机构的计算机网络的数据通信网。从信息资源的角度看,Internet 是一个集各部门、各领域的各种信息资源为一体,供网上用户共享的信息资源网。今天的 Internet 已远远超过了网络的含义,它是一个社会。虽然至今还没有一个准确的定义概括 Internet,但是这个定义应从通信协议、物理连接、资源共享、相互联系、相互通信的角度综合考虑。从一般角度认为 Internet 的定义应包含下面 3 个方面的内容:

① Internet 是一个基于 TCP/IP 协议簇的网络;

② Internet 是一个网络用户的集团,用户使用网络资源,同时也为该网络的发展壮大贡献力量;

③ Internet 是所有可被访问和利用的信息资源的集合。

2. Internet 产生与发展

Internet 的诞生在某种意义上说是美苏冷战的产物。美国为了战争的需要,为了将全国集中的军事指挥系统设计成一种分散的指挥系统,在核打击发生时不至于使整个系统瘫痪,在 20 世纪 60 年代末 70 年代初,由国防部高级技术研究局资助并主持研制,建立了用于支持军事研究的计算机实验网络 ARPANET(阿帕网)。该网络把位于洛杉矶的加利福尼亚大学、位于圣芭芭拉的加利福尼亚大学、斯坦福大学、位于盐湖城的犹他州的州立大学的计算机主机连接起来,采用分组交换技术,保证这 4 所大学之间的某条通信线路因某种原因被切断以后,信息仍能够通过其他线路在各大学主机之间传递。这个阿帕网就是今天的 Internet 最早的雏形。

20 世纪 80 年代中期,美国国家科学基金会(NSF)为鼓励大学与研究机构共享他们非常昂贵的 4 台计算机主机,希望通过计算机网络将各大学和研究机构的计算机连接起来,并出资建立了名为 NSFnet 的广域网。使得许多大学、研究机构将自己的局域网联上 NSFnet 中,1986—1991 年并入的计算机子网从 100 个增加到 3000 多个,第一次加速了 Internet 的发展。Internet 的第二次飞跃应归功于 Internet 的商业化。以前都是大学和科研机构使用,1991 年以后商业机构一踏入 Internet,很快就发现了它在通信、资料检索、客户服务等方面的巨大潜力,其势一发不可收。世界各地无数的企业及个人纷纷加入

Internet，从而使 Internet 的发展产生了一个新的飞跃。到 1996 年初，Internet 已通往全世界 180 多个国家和地区，连接着上千万台计算机主机，直接用户超过 2 亿，成为全世界最大的计算机网络。

我国进入 Internet 的时间很短。1994 年 3 月正式加入 Internet，同年 5 月在中国科学院高能物理研究所实现联网，中国的网络地理域名为 cn。但 Internet 真正在我国造成声势还是在 1996 年，因此有人称 1996 年是中国的 Internet 年。目前我国主要骨干网络有中国电信、中国联通、中国科技网、中国教育与科研计算机网、中国移动互联网、中国国际经济贸易互联网等，为我国 Internet 的发展创造了条件。

2010 年 7 月，中国互联网络信息中心（CNNIC）在北京发布第 26 次《中国互联网络发展状况统计报告》，公布的我国 Internet 最新的统计数字。截止到 2010 年 6 月 30 日，我国网民人数达到了 4.2 亿人，与去年同期相比增长了 19.4%，互联网普及率攀升至 31.8%，其中宽带网民规模为 36 381 万，使用电脑上网的群体中宽带普及率已经达到 98.1%。我国手机网民规模达 2.77 亿，半年新增手机网民 4334 万，增幅为 18.6%。我国 IPv4 地址达到 2.5 亿，半年增幅 7.7%。网民年龄结构继续向成熟化发展。30 岁以上各年龄段网民占比均有所上升，整体从 2009 年底的 38.6% 攀升至 2010 年中的 41%。与此同时，网民学历结构呈低端化变动趋势。初中和小学以下学历网民增速超过整体网民。我国网站总数达到了 279 万个，中国国际出口带宽继续发展。2010 年中达到 998 217Mbps，半年增长率为 15.2%。我国真正迎来了"宽带时代"，未来"宽带商务"等必将成为互联网应用中的新热点。cn 域名的各种应用价值被进一步被发掘，尤其是博客 cn 域名和个性化邮箱的应用，带动了拥有独立域名网站数量的上升。

这些都表明从 1996 年到现在，我国的 Internet 发展呈百分之几百的速率增长，并带动了信息产业的大力发展，为科研、教育、工农业、商业、军事等各行各业提供了极为丰富的信息宝藏，使我们离世界更近了。但在这些喜人成绩背后，我国与发达国家互联网渗透率的差距、地域和城乡之间的巨大鸿沟等，都表明我国互联网的发展依然任重而道远。

3. Internet 的管理机构

Internet 不属于任何组织、团体或个人，它属于互联网上的所有人。为了维持 Internet 的正常运行和满足互联网快速增长的需要，必须有人管理。由于 Internet 最早从美国兴起，美国专门成立了一个互联网的管理机构，管理经费主要由美国国家科学基金会等单位提供。管理分为技术管理和运行管理两大部分。Internet 的技术管理由 Internet 活动委员会（IAB）负责，下设两个委员会，即研究委员会（IETF）和工程委员会（IEIF）。委员会下设若干研究组，对 Internet 存在的技术问题及未来将会遇到的问题进行研究。

Internet 的运行管理又可分为两部分：网络信息中心（NIC）和网络操作中心（NOC）。网络信息中心负责 IP 地址的分配、域名注册、技术咨询、技术资料的维护与提供等。网络操作中心负责监控网络的运行情况，网络通信量的收集与统计等。

我国的互联网络信息中心（CNNIC）负责管理在顶级域名 cn 下国内互联网的 IP 地址分配、域名注册、技术咨询、监控网络的运行情况、网络通信量的收集与统计等。

6.1.2 Internet 的构成

1. Internet 的 IP 地址

全球连接于 Internet 上的主机有几千万乃至上亿台,怎样识别每个主机呢? 在 TCP/IP 网络上的每一台设备和计算机(称为主机或网络节点)都由一个唯一的 IP 地址来标识。IP 地址由一个 32 位二进制的值(4B)表示,这个值一般用 4 个十进制数组成,每个数之间用“.”号分隔,如 192.168.44.68。一个 IP 地址由两部分组成:网络 ID 和主机 ID。网络 ID 表示在同一物理子网上的所有计算机和其他网络设备。在互联网(由许多物理子网组成)中每个子网有一个唯一的网络 ID。主机 ID 在一个特定网络 ID 中代表一台计算机或网络设备(一台主机是连接到 TCP/IP 网络中的一个节点)。连接到 Internet 上的网络必须从互联网管理中心(NIC)或 Internet 接入服务商(ISP)分配一个网络 ID,以保证网络 ID 号的唯一性。在得到一个网络 ID 后,本地子网的网络管理员必须为本地网络中的每一台网络设备和主机分配一个唯一的 ID 号。Internet 组织已经将 IP 地址进行了分类以适应不同规模的网络,根据网络规模中主机总数的大小主要分为 A、B、C 3 类。每一类网络可以从 IP 地址的第一个数字看出。表 6-1 给出了 IP 地址的第一个十进制数与网络 ID 和主机 ID 之间的关系及总数。这里用 W. X. Y. Z 表示一个 IP 地址。

表 6-1　IP 地址的分类

网络类型	W 值	网络 ID	主机 ID	网络总数	每个网络中的主机总数
A	1~126	W	X. Y. Z	126	16 777 214
B	128~191	W. X	Y. Z	16 384	65 534
C	192~223	W. X. Y	Z	2 097 151	254

其中,每个网络 ID 号和主机 ID 号的二进制值的全“0”和全“1”不使用,“0”代表其本身,“1”代表广播。

在 IP 地址具体使用中,为了识别网络 ID 和主机 ID,采用了子网掩码。它也是一个 32 位二进制值(常用 4 位以“.”分隔的十进制数表示)。其用于“屏蔽”IP 地址的一部分,使得 IP 包的接收者从 IP 地址中分离出网络 ID 和主机 ID。它的形式类似于 IP 地址。子网掩码中二进制数为“1”的位可分离出网络 ID,而为“0”的位分离出主机 ID,如表 6-2 所示。

表 6-2　IP 地址的子网掩码

地址类型	子网掩码位(二进制)				子网掩码
A 类	11111111	00000000	00000000	00000000	255.0.0.0
B 类	11111111	11111111	00000000	00000000	255.255.0.0
C 类	11111111	11111111	11111111	00000000	255.255.255.0

实际上,还存在着 D 类地址和 E 类地址。但这两类地址用途比较特殊。D 类地址称为组播地址,供特殊协议向选定的节点发送信息时用。E 类地址保留给将来使用。

2. Internet 的域名系统

虽然 IP 地址可以区别 Internet 中的每一台主机,但这 4 段 12 位(十进制)数字实在不好记忆。这种纯数字的地址使人们难以一目了然地认识和区别 Internet 上的千千万万个主机。为了解决这个问题,人们设计了用"."分隔的一串英文单词来标识每台主机的方法。按照美国地址取名的习惯,小地址在前、大地址在后的方式为互联网的每一台主机取一个见名知意的地址,如美国 IBM 公司:ibm. com;微软公司:microsoft. com;中国清华大学:tsinghua. edu. cn;虞城热线:www. cs. js. cn 等。

以"."分开最前面的是主机名,其后的是子域名,最后的是顶级域名。但这一人为取的名字计算机网络是不认识的,还需要一整套将字串式的地址翻译成对应的 IP 地址。这一命名方法及名字,即 IP 地址翻译系统构成域名系统(Domain Name System,DNS)。域名系统是一个分布式数据库,为 Internet 网上的名字识别提供一个分层的名字系统。该数据库是一个树型结构,分布在 Internet 网的各个域及子域中,如清华大学域名 tsinghua. edu. cn,其顶级域属于 cn(中国),子域 edu 从属于教育,最后是主机名: tsinghua。在清华园内还有许多子网,则 tsinghua 又是这些子网的上一级域名等。域名中的区域(或称顶域,在域名中的最右部分)分为两大类:一类是由 3 个字母组成的,适用于美国,也称为国际顶级域名。它是按机构类型建立的,如表 6-3 所示。

表 6-3　国际顶级域名

域名	含　义	域名	含　义
com	商业机构	mil	军事机构
edu	教育机构	net	网络机构
gov	政府部门	org	非盈利组织
int	国际机构(主要指北约组织)		

另一类是由两个字母组成的,适用于除美国以外的其他国家,如表 6-4 所示。

表 6-4　常用国家地域域名

域名	国家和地区	域名	国家和地区	域名	国家和地区	域名	国家和地区
au	澳大利亚	nl	荷兰	ca	加拿大	no	挪威
be	比利时	ru	俄罗斯	dk	丹麦	se	瑞典
fl	芬兰	es	西班牙	fr	法国	cn	中国
de	德国	ch	瑞士	in	印度	us	美国
ie	爱尔兰	gb	英国	il	以色列		
it	意大利	at	奥地利	jp	日本		

3. Internet 上的资源

Internet 上的资源极其丰富。由于学科领域的差异,没有人能掌握 Internet 网上的全部资料。Internet 资源主要有超级计算机中心、图书文献中心、技术资料中心、公共软件库、科学数据库、地址目录库、信息库等。另外,各行各业、各个单位、甚至个人都提供了自己的 WWW 服务器,向公众提供几乎是无所不包的信息。目前上网浏览信息使用最多的是 WWW 工具。WWW 的网址有千千万，而且有些时常变化，难以记下来。只要记住著名的互联网搜寻网站和"门户"网站，就可以通过它们走遍全世界。

图 6-1 列出著名网站百度（http://www.baidu.com/）和谷歌（http://www.google.com/）。

图 6-1　百度和谷歌

6.1.3　TCP/IP 协议簇

TCP/IP 是一组协议的代名词，它还包括许多别的协议，共同组成了 TCP/IP 协议簇。一般来说，TCP 提供运输层服务，而 IP 提供网络层服务。TCP/IP 的体系结构与 ISO 的 OSI 7 层参考模型的对应关系如图 6-2 所示。

1. TCP/IP 的接入层

在 TCP/IP 层次模型中，接入层是 TCP/IP 的实现基础。它对应了 OSI 参考模型中的物理层和数据链路层，包括多种广域网如 ARPANFT、MILNET 和 X.25 公用数据网，以及各种局域网，如 Ethernet、IEEE 的 IEEE 802.3 的 CSMA/CD、IEEE 802.5 的 TokenRing 等各种标准局域网等。IP 层提供了专门的功能，解决与各种网络物理地址的转换。

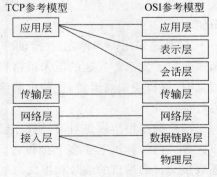

图 6-2　TCP/IP 体系结构与 OSI 参考模型的对应关系

一般情况下，各物理网络可以使用自己的数据链路层协议和物理层协议，不需要在数据链路层上设置专门的 TCP/IP 协议。但是，当使用串行线路连接主机与网络，或连接网络与网络时，例如用户使用电话线和 Modem 接入或两个相距较远的网络通过数据专线互连时，则需要在数据链路层运行专门的 SLIP（serial Line IP）协议的 PPP（Point to Point Protocal）协议。

2. TCP/IP 的网络层

网络层中含有 4 个重要的协议：互联网协议 IP（Internet Protocol）、互联网控制报文协议（Internet Control Message Protocol，ICMP）、地址转换协议（Address Resolution Protocol，ARP）和反向地址转换协议（Reverse ARP，RARP）。

网络层的功能主要由 IP 来提供。除了提供端到端的分组分发功能外，IP 还提供了很多扩充功能。例如，为了克服数据链路层对帧大小的限制，网络层提供了数据分块和重组功能。这使得很大的 IP 数据报能以较小的分组在网上传输。

网络层的另一个重要服务是在互相独立的局域网上建立互联网，即网际网。网间的报文来往根据它的目的 IP 地址通过路由器传到另一网络。

3. TCP/IP 的传输层

TCP/IP 在这一层提供了两个主要的协议：传输控制协议（Transmission Control Protocol，TCP）和用户数据协议（User Datagram Protocol，UDP）。

TCP 提供的是一种可靠的数据流服务。TCP 通信建立在面向连接的基础上，实现了一种"虚电路"的概念。双方通信之前，先建立一条连接，然后双方就可以在其上发送数据流。这种数据交换方式能提高效率，但事先建立连接和事后拆除连接需要开销。TCP 连接的建立采用三次握手的过程，整个过程由发送方请求连接、接收方确认，发送方再发送一则关于确认的确认三个过程组成。

TCP 采用"带重传的肯定确认"技术来实现传输的可靠性。简单的"带重传的肯定确认"是指与发送方通信的接收者，每接收一次数据，就送回一个确认报文，发送者对每个发出去的报文都留一份记录，等到收到确认之后再发出下一报文分组。发送者发出一个报文分组时，启动一个计时器，若计时器记数完毕，确认还未到达，则发送者重新送该报文分组。

TCP 还采用一种称之为"滑动窗口"的流量控制机制来提高网络的吞吐量。窗口的范围决定了发送方发送的但未被接收方确认的数据报的数量。每当接收方正确收到一则报文时，窗口便向前滑动，这种机制使网络中未被确认的数据报数量增加，提高了网络的吞吐量。

用户数据报协议是对 IP 协议组的扩充，它增加了一种机制，发送方使用这种机制可以区分一台计算机上的多个接收者。每个 UDP 报文除了包含某用户进程发送数据外，还有报文目的端口的编号和报文源端口的编号。使得在两个用户进程之间的递送数据报成为可能。

UDP 是依靠 IP 协议来传送报文的，因而它的服务和 IP 一样是不可靠的。这种服务不用确认、不对报文排序、也不进行流量控制，UDP 报文可能会出现丢失、重复、失序等现象。

4. TCP/IP 的应用层

该层向用户提供一组常用的应用程序,比如文件传输协议(File Transfer Protocol,FTP)、远程终端服务 Telnet、域名服务(Domain Name Service,DNS)、简单邮件传送协议(Simple Mail Transfer Protocol,SMTP)等,它们是几个在各种不同机型上广泛实现的应用层协议。当然,TCP/IP 中还定义了许多别的高层协议。

文件传输协议是网际提供的用于访问远程机器的一个协议。它使用户可以在本地机与远程机之间进行有关文件的操作。FTP 工作时建立两条 TCP 连接,一条用于传送文件,另一条用于传送控制。FTP 采用客户/服务器模式,它包含客户 FTP 和服务器 FTP。客户 FTP 启动传送过程,而服务器对其做出应答。客户 FTP 大多有一个交互式界面,客户可以灵活地向远地传文件或从远地取文件。

Telnet 这个协议提供了一种与终端进程连接的标准方法,支持连接(终端到终端)和分布式计算通信(进程到进程),允许一个用户的计算机通过远程登录仿真成某个远程主机的终端,来访问远程主机的程序和数据资源。

DNS 是一个域名服务的协议,提供域名到 IP 地址的转换,允许对域名资源进行分散管理。DNS 驻留在域名服务器上,维持着一个分布式数据库,提供了从域名到 IP 地址的相互转换,并给出命名规则。

在计算机网络中,电子邮件是提供传送信息快速而方便的方法。SMTP 这个协议是一个简单的面向文本的协议,用来有效和可靠地传递邮件。SMTP 作为应用层的服务,并不关心它下面采用的是何种传输服务。它可能通过网络在 TCP 连接上传送邮件,或者简单地在同一机器的进程之间通过进程通信的通道来传送邮件。邮件发送之前必须协商好发送者、接收者。SMTP 服务进程同意为其接收方发送邮件时,它将邮件直接交给接收方用户或将邮件逐个经过网络连接器,直到邮件交给接收方用户。在邮件传输过程中,所经过的路由被记录下来。这样,当邮件不能正常传输时可按原路由找到发送者。

6.2   Internet 的应用

今天的 Internet 已变成了一个开发和使用信息资源的覆盖全球的信息海洋。在 Internet 上,按从事的业务分类包括了广告公司、航空公司、农业生产公司、艺术、导航设备、书店、化工、通信、计算机、咨询、娱乐、财贸、各类商店、旅馆等 100 多类,覆盖了社会生活的方方面面,构成了一个信息社会的缩影。

6.2.1   Internet 的连接

1. 专线连接方式

这种方式一般适合于一些较大的公司和科研院校等单位。用户端可以是主机,也可以是局域网(LAN)。当以这种方式工作时,用户端和电信部门提供者都需安装可运行 IP 软件的路由器或网关。用户采用月租的方式向电信部门租用一条专线,由该用户单独使用。专线可支持不同的速率,月租费也将随着速率的不同而有所不同。根据数据在线路上的交换方式的不同,专线可分为 X.25、DDN 等。以专线方式连接 Internet 的局域网中的机器,只要有网卡并接入局域网中且有上互联网的权限,随时可访问 Internet,上网费用不需计时,只计信息流量。

2. 拨号连接方式

这种方式适用于个人及小单位使用。根据用户的不同情况又可分为终端仿真方式或动态 IP 主机的 PPP/SLIP 方式,用户根据自己的实际需求以决定入网方式。

(1)终端仿真方式。这是进入 Internet 最简单的方式,用户的微机运行终端仿真软件(如 DOS 下的 pcplus、Windows 的终端仿真程序等),经 Modem 及普通电话线路与服务节点异步 Modem 相连,从而进入 Internet。

(2)PPP 连接方式。采用这种方式的用户在微机上运行采用 PPP 通信协议(point to point protocol)的软件经 Modem 与服务节点的 Modem 相连。用户使用电话拨号进入 Internet 主机,连接成功后每个用户都有自己的 IP 地址。这种 IP 地址可以是用户自己的固定 IP 地址,也可以由 Internet 主机为用户分配一个动态 IP 地址。

(3)SLIP 连接方式。这种方式的入网条件和连接与 PPP 方式类似,不同之处在于 SLIP(Serial Line Internet protocol)连接方式选用 SLIP 通信协议,PPP 连接方式选用 PPP 通信协议。

就个人用户而言,主要采用 PPP 拨号入网方式。这种入网方式首先要求用户必须具备以下条件。

(1)有符合下列要求的硬件设备和软件配置:一台 486 以上的微机;大于 100MB 的空闲磁盘空间;8MB(使用 Windows 9x 操作系统)以上的内存容量;传输速率在 9600bps 以上的调制解调器(Modem);一条直拨电话线路;安装了支持 TCP/IP 协议和与 PPP/SLIP 协议兼容的浏览器程序或其他 Internet 应用程序。

(2)向 Internet 服务商(Internet Service Provider,ISP)申请一个用户名,即 Internet 的账号。ISP 的主要作用就是为通过拨号网络访问 Internet 的用户提供一条进入 Internet 的通路。ISP 本身是与 Internet 相连接的,用户只要通过电话线路拨通 ISP,就可以进入 Internet。但不是任何人都能通过 ISP 访问 Internet,只有拥有合法 Internet 账号的用户才能通过 ISP 访问 Internet。

(3)用户向 Internet 服务商 ISP 申请账号时,需要向 ISP 提供希望使用的账号名。一旦用户的申请被接纳,ISP 会告知用户的合法账号名和口令。同时,ISP 还会向用户提供如下信息供上网时使用:用户的电子邮件地址;接收电子邮件的服务器的主机名和类型;发送电子邮件的服务器的主机名;域名服务器的 IP 地址;电话中继线的电话号码;其他有关服务器的名称或 IP 地址。

在具备了上述条件后,用户就可以拨号与 ISP 建立连接。通过 ISP 连入 Internet,并动态地获取一个 IP 地址,使用户的计算机成为 Internet 中的一台主机,在 Internet 中访问或提供各种信息资源服务。

3. ISDN 入网方式

ISDN 也叫做综合业务数据网。它使用的传输介质和普通电话一样都是双绞线。

ISDN 与普通电话最大的区别就在于它是数字的。由于 ISDN 能够直接传递数字信号,所以它能够提供比普通电话更加丰富、容量更大的服务。基本速率(N-ISDN,窄带 ISDN)的 ISDN 提供 2B+D 通道(两个 B 通道和一个 D 通道,其都在一条电话线上传输),其中每个 B 通道都可以提供 64KB 的带宽来传输数字化语音或数据。D 通道主要用来传输控制信号(带宽 16Kbps)。所以 ISDN 的带宽可达 128Kbps/144Kbps。当安装了 ISDN 卡或 NT1 终端连接设备,申请了 ISDN 服务,即可以比 56Kbps Modem 更高的速率接入 Internet,且拨号建立连接时间快,只要几秒。目前我国各地都相继开通了 ISDN 服务,为个人和用户数不多的局域网接入提供了速率较高的接入方法。

4. 通过 ADSL Modem 入网

非对称用户线路(Asymmetrical Digital Subscriber Line,ADSL)是数字用户线路(Digital Subscriber Line,DSL)中的一种。它通过电话专线可以达到下行 8Mbps、上行 1.5Mbps 的传输率(所以称为非对称)。连接时两端使用 ADSL Modem,用电话专线接入 Internet。适用于小型局域网集体用户,平摊下来费用较低。

5. 有线电视网(CATV)

用户通过 Cable Modem(电缆调制解调器)连接的闭路电视线接入 Internet。优点:可靠性好,速度非常快,费用低廉,目前只是部分城市在试点。

6. 无线上网协议(WAP)

用户可以通过手机或其他一些无线设备上网。这种无线上网方式将 Internet 布满世界的每一个角落。目前这种上网方式的价格较高,不同的上网方式所需的软硬件也不一样。上网对计算机的要求不高,只需要一台一般的多媒体计算机就可以了。上网时需要网卡(或 Modem 或 ISDN 卡等)接入,通信线路可以是电话线、专用电缆、光纤或微波等。拨号上网方式的软件需要安装拨号网络,上网时还需要安装适配器软件。所有的上网方式都需要安装 TCP/IP 协议,它是 Internet 通信的标准。

7. 入网方式的选择

根据不同的入网方式和特点,选择互联网入网方式应考虑如下因素。

(1)考虑用户量。单用户选择电话拨号为好,分散多用户则可考虑选择分组网上网。

(2)考虑使用方式,信息需求是否很大。小信息量选用电话拨号、ISDN 足够;大信息量,则可选用 DDN 专线、帧中继、卫星等入网。

(3)掂量经济因素,是单位用户或是个人用户。大多数私人用户采用电话拨号,单位用户采用 ADSL 电话专线方式入网。

(4)看一看联机时间。如果是单一用户,只是用互联网来查询信息,收发邮件,采用拨号入网方式即可;如果是多用户,或想对外发布全球都能访问的大量信息,可根据经济情况选择 ADSL、DDN 专线,分组交换、卫星等方式入网。

6.2.2 Internet 服务

Internet 提供的主要服务包括网上浏览、电子邮件、网络新闻、电子公告板、远程登录、文件传输、信息查询等。

1. 网上浏览

网上浏览服务通常是指 WWW(World Wide Web)服务。它是 Internet 信息服务的核心,也是目前 Internet 网上使用最广泛的信息服务。WWW 是一种基于超文本文件的交互式多媒体信息检索工具。使用 WWW,只需单击就可在 Internet 上浏览世界各地的计算机上的各种信息资源。在 Windows 98 中,Internet Explorer 5.0 就可以实现 WWW 信息浏览功能。WWW 服务采用客户机/服务器工作模式,由 WWW 客户端软件(浏览器)、Web 服务器和 WWW 协议组成。WWW 的信息资源以页面(也称网页、Web 页)的形式存储在 Web 服务器中,用户通过客户端的浏览器,向 Web 服务器(通常也称为 WWW 站点或 Web 站点)发出请求,服务器将用户请求的网页返回给客户端,浏览器接收到网页后对其进行解释,最终将一个文字、图片、声音、动画、影视并茂的画面呈现给用户。

Internet 中的 Web 服务器数量众多,且每台服务器都包含有多个网页。用户要想在众多的网页中指明要获得的网页,就必须借助于统一资源定位符(Uniform Resource Locators,URL)进行资源定位。URL 由 3 个部分组成:协议、主机名、路径及文件名。例如,周立功单片机网站有一网页的 URL 为:http://www.zlgmcu.com/home.asp。

其中 http:是采用的协议,www.zlgmcu.com 是主机名,home.asp 是要访问的网页的路径及文件名。只要在浏览器中输入了要浏览的网页的 URL,便可以浏览到该网页。

Web 服务器中的网页是一种结构化的文档。它采用超文本描述语言(Hypertext Markup Language,HTML)。其最大的特点:一是可以包含指向其他文档的链接项,即其他网页的 URL,这样用户就可以通过一个网页中的链接项访问其他网页或在不同的页面间切换;二是可以将声音、图像、视频等多媒体信息集成在一起。

2. 电子邮件

电子邮件(Electronic Mail)亦称 E-mail。它是用户或用户组之间通过计算机网络收发信息的服务。目前电子邮件已成为网络用户之间快速、简便、可靠且成本低廉的现代通信手段,也是 Internet 上使用最广泛、最受欢迎的服务之一。

使用电子邮件服务的前提:拥有自己的电子信箱,一般又称为电子邮件地址(E-mail Address)。电子信箱是提供电子邮件服务的机构为用户建立的,实际上是该机构在与 Internet 联网的计算机上为您分配的一个专门用于存放往来邮件的磁盘存储区域,这个区域是由电子邮件系统管理的。

用户 E-mail 地址的格式为:用户名@主机域名。其中用户名是用户在邮件服务器上的信箱名,通常为用户的注册名、姓名或其他代号,主机域名则是邮件服务器的域名。用户名和主机域名之间用"@"分隔。例如,xfchang@sina.com 即表示域名为"sina.com"的邮件服务器上的用户"xfchang"的 E-mail 地址。

由于主机域名在 Internet 上具有唯一性,所以,只要 E-mail 地址中用户名在该邮件服务器中是唯一的,则这个 E-mail 地址在整个 Internet 上也是唯一的。

SMTP 和 POP3 是支撑电子邮件的两个支柱。简单邮件传输协议(Simple Mail

Transfer Protocol,SMTP)协议是 TCP/IP 系列协议的一部分。它解释邮件的格式和说明怎样处理投递的邮件。每一台 Internet 计算机在运行邮政程序时,可自动地确保邮件以标准格式选址和传送。这个程序称为传送代理程序(Transport Agent),它按照 SMTP 协议工作并将用户的邮政联系向外界发送。虽然 SMTP 可以把邮件从用户的计算机传递到收信人的信箱中,但并不支持收信人将这封邮件下载到他自己的计算机上。可以帮忙我们做这件事的是 POP 协议,现在普遍采用的是它的第 3 个版本邮局协议版本 3(Post Office Protocol 3,POP3)。只有收信人信箱所在的邮件服务器支持 POP3 协议(通常称为 POP3 服务器),收信人才能把发送者的邮件从信箱中取到自己的计算机里。

电子邮件使网络用户能够发送或接收文字、图像和语音等多种形式的信息。目前 Internet 网上 60％以上的活动都与电子邮件有关。使用 Internet 提供的电子邮件服务,实际上并不一定需要直接与 Internet 联网,只要通过已与 Internet 联网并提供 Internet 邮件服务的机构收发电子邮件即可。

3. 网络新闻

网络新闻(Network News)通常又称为 USEnet。它是具有共同爱好的 Internet 用户相互交换意见的一种无形的用户交流网络,相当于一个全球范围的电子公告牌系统。

网络新闻是按不同的专题组织的。志趣相同的用户借助网络上一些被称为新闻服务器的计算机开展各种类型的专题讨论。只要用户的计算机运行一种称为"新闻阅读器"的软件,就可以通过 Internet 随时阅读新闻服务器提供的分门别类的消息,并可以将您的见解提供给新闻服务器,以便作为一条消息发送出去。

网络新闻是按专题分类的,每一类为一个分组。目前有 8 个大的专题组:计算机科学、网络新闻、娱乐、科技、社会科学、专题辩论、杂类及候补组。而每一个专题组又分为若干子专题,子专题下还可以有更小的子专题。到目前为止已有 15 000 多个新闻组,每天发表的文章已超过几百 MB。故很多站点由于存储空间和信息流量的限制,对新闻组不得不限制接收。一个用户所能读到的新闻的专题种类取决于用户访问的新闻服务器。每个新闻服务器在收集和发布网络消息时都是"各自为政"的。

4. 电子公告板

电子公告板(BBS)是 Internet 上的一个信息资源服务系统。提供 BBS 服务的站点称为 BBS 站。登录 BBS 站成功后,根据它所提供的菜单,用户就可以浏览信息、发布信息、收发电子邮件、提出问题、发表意见、传送文件、网上交谈、游戏等服务。BBS 与 WWW 是信息服务中的两个分支,BBS 的应用比 WWW 早,由于它采用基于字符的界面,因此逐渐被 WWW、新闻组等其他信息服务形式所代替。

BBS 之所以受到广大网友的欢迎,与它独特的形式、强大的功能是分不开的,利用 BBS 可以实现许多独特的功能。BBS 原先为"电子布告栏"的意思,但由于用户的需求不断增加,BBS 已不仅仅是电子布告栏而已。它大致包括信件讨论区、文件交流区、信息布告区和交互讨论区这几部分。

(1)信件讨论区。这是 BBS 最主要的功能之一。其包括各类的学术专题讨论区,疑难问题解答区和闲聊区等。在这些信件区中,上站的用户留下自己想要与别人交流的信件,如在各种软件硬件的使用、天文、医学、体育、游戏等方面的心得和经验。

目前,国内业余 BBS 已联网开通有用户闲聊区、软件讨论区、硬件讨论区、HAM 无线电、Internet 技术探讨、Windows 探讨、音乐音响讨论、电脑游戏讨论、球迷世界和军事天地等 10 多个各具特色的信件讨论区。

（2）文件交流区。这是 BBS 一个令用户们心动的功能。一般的 BBS 站台中,大多设有交流用的文件区,里面依照不同的主题分区存放了为数不少的软件。有的 BBS 站还设有 CD-ROM 光碟区,使得电脑玩家们对这个眼前的宝库都趋之若鹜。众多的共享软件和免费软件都可以通过 BBS 获取得到,不仅使用户得到合适的软件,也使软件开发者的心血由于公众的使用而得到肯定。

BBS 对国内 Shareware(共享软件)的发展将起到不可替代的推动作用。国内 BBS 主要提供的文件服务区主要有 BBS 建站、通信程序、网络工具、Internet 程序、加解密工具、多媒体程序、电脑游戏、病毒防治、图像、创作发表和用户上传等。

（3）信息布告区。一些有心的站长会在自己的站台上摆出为数众多的信息。如怎样使用 BBS、国内 BBS 台站介绍、某些热门软件的介绍、BBS 用户统计资料等;用户在生日时甚至会收到站长的一封热情洋溢的“贺电”,令您感受到 BBS 大家庭的温暖;BBS 上还提供在线游戏功能,用户闲聊时可以玩玩游戏(如 MUD);BBS 还会自动统计出热门话题排行榜,看看谁的文章受到的回应最多。

（4）交互讨论区。多线的 BBS 可以与其他同时上站的用户做到即时的联机交谈。这种功能也有许多变化,如 ICQ、Chat、NetMeeting 等。有的只能进行文字交谈,有的还可以直接进行声音对话。

5. 远程登录

远程登录(Telnet)是指在网络通信协议 Telnet 的支持下,用户计算机(终端或主机)暂时成为远程某一台主机的仿真终端。只要知道远程计算机上的域名或 IP 地址、账号和口令,用户就可以通过 Telnet 工具实现远程登录。登录成功后,用户可以使用远程计算机对外开放功能和资源。

6. 文件传输

文件传输服务(FTP)使用 TCP/IP 协议中的文件传输协议 FTP 进行工作,所以也常叫 FTP 服务。它是目前普遍使用的一种文件传输方式。用户在使用 FTP 传输文件时,先要登录到对方主机上(有些主机允许匿名登录),然后就可以在两者之间传输文件。与 FTP 服务器联机后,用户还可以远程执行 FTP 命令,浏览对方主机的文件目录,设置文件的传输方式(文本格式或二进制格式)等。FTP 软件有字符界面和图形界面两种,在 Windows 2000 中可使用 DOS 方式下 FTP 命令来传输文件,还可以使用 Internet Explorer 实现文件传输。目前又开发出了具有断点续传功能的 FTP 软件,这种软件可以在线路中断再次恢复连接后接着上次中断的地方继续传输文件,这对于在网络上传输大型文件非常有用。

7. 信息查询

信息查询也称为信息搜索,它是指用户利用某些搜索工具在 Internet 上查找自己所需要的资料。在 WWW 出现以前，常见的信息查询工具有 Archie、WAIS、Gopher 等。Archie 是用来查找其标题满足特定条件的所有文档的自动搜索服务的工具，它依靠脚本程序自动搜索网上的文件，然后对有关信息进行索引，供使用者以一定的表达式进行检索；Gopher 是早期发展起来的 Internet 应用工具，Gopher 所提供的菜单式查询 Internet 资源的方式便得到广泛应用，曾盛极一时；WAIS 是 Internet 上的一种数据库查找工具，其特点是可以通过它获得 WAIS 数据库的文本文件。

随着 WWW 的发展，Archie、WAIS 和 Gopher 的功能在 WWW 中都已实现，而且性能更好。

8. 网上聊天

网上聊天是目前相当受欢迎的一项 Internet 服务。人们可以安装聊天工具软件，并通过网络以一定的协议连接到一台或多台专用服务器上进行聊天。在网上，人们利用网上聊天室发送文字等消息与别人进行实时的"对话"。目前，网上聊天除了能传送文本消息外，还能传送语音、视频等信息，即语音聊天室等。聊天室具有相当好的消息实时传送功能。用户甚至可以在几秒钟内就能看到对方发送过来的消息，同时还可以选择许多个性化的图像和语言动作。另外，在聊天时人人都可以网上匿名的方式进行聊天，谈话的自由度更大。

网上聊天给人们的生活带来许多便利，方便人们之间的交流。但也带来了许多负面影响，如有些人整天泡在聊天室忘却了学习和休息，还有的人利用聊天行骗犯罪，也有的人在聊天时发布一些不太健康的信息等。目前较为流行的聊天软件系统有 QQ、MSN 等。

除了上述的服务外，Internet 上还有一些新兴的服务以其丰富多彩的界面正在吸引着越来越多的用户使用它们。例如，网上寻呼、IP 电话、网络会议、网上购物、网上教学和娱乐等。

6.3　网站创建与网页制作

随着 Internet 的发展与普及，上网已经成为人们新的生活方式。人们不但要从 Internet 上获取信息，还要通过网络宣传自己、发布信息。在 Internet 上构建站点是实现这些目标最便捷、最有效的途径。

6.3.1　网站概述

1. 网站的概念

网站（Website）是指在互联网上，根据一定的规则，使用 HTML 等工具制作的用于展示特定内容的相关网页的集合。简单地说，网站是一种通信工具，就像布告栏一样，人们可以通过网站来发布自己想要公开的信息，或者利用网站来提供相关的网上服务。人们可以通过网页浏览器来访问网站，获取自己需要的信息或者享受网上服务。许多公司都拥有自己的网站,他们利用网站来进行宣传、产品资讯发布、招聘等。随着网页制作技术的流行,很多个人也开始制作个人主页,这些通常是制作者用来自我介绍、展现个性的地方。也有提供专业企业网站制作的公司,通常这些公司的网站上提供人们生活各个方面的资讯、服务、新闻、旅游、娱乐、经济等。

在因特网的早期,网站还只能保存单纯的文本。经过几年的发展,当万维网出现之后,图像、声音、动画、视频,甚至 3D 技术开始在因特网上流行起来,网站也慢慢地发展成我们现在看到的图文并茂的样子。通过动态网页技术,用户也可以与其他用户或者网站管理者进行交流。也有一些网站提供电子邮件服务。

一个网站通常由域名(俗称网址),网站源程序和网站空间 3 部分构成。域名形式如:wikipedia.org(一级域名),zh.wikipedia.org(二级/三级域名);网站空间由专门的独立服务器或租用的虚拟主机承担;网站源程序则放在网站空间里面,表现为网站前台和网站后台。

衡量一个网站的性能通常从网站空间大小、网站位置、网站连接速度、网站软件配置、网站提供服务等几方面考虑。最直接的衡量标准是这个网站的真实流量。

建设网站通常需考虑如下因素:网站的客户服务群体,网站的内容方向和性质,网站的功能描述和结构分析,网站的用户体验,网站的盈利方式,网站的未来发展方向。

2. 网站的盈利模式

网站的盈利基本模式有出卖广告位、收取会员费、提取经纪费、获得联盟收益等。

(1) 美国网站的盈利模式。全美绝对用户浏览量最高的 5 家网络公司分别为 AOL(美国在线)、微软网络、雅虎、Lycos(莱卡斯)和 Excite@Home(快乐在家)。同时,它们也是美国为数不多的可以盈利的网络公司。他们有一个明显的共同之处,即收入的一半以上来自广告和电子商务。

雅虎 1997 年开始盈利,收入主要来自广告。雅虎的商业模式可以划 3 个圈:一个圈是媒体信息,藉以吸引更多用户;一个圈是个性化服务,如聊天室、电子邮箱、音频交流等,以延长用户停留时间;另一个圈是电子商务,如购物、小型企业信息、拍卖、分类买卖需求信息等,用以促成网上交易。这样,网民到雅虎上来,既可以看信息,又可以交流,还可以买卖东西。

因为收购时代华纳而名噪全球的 AOL 公司,是当今世界最大的因特网服务商和最大的内容提供商。AOL 的内容服务非常丰富,购物、新闻、健康、旅游、娱乐等应有尽有。有全美第一的绝对访问量以及绝对长的用户在线时间。AOL 网上的广告和电子商务的收入相当可观。Lycos 发展模式是收购兼并,它在两年内收购了数个网络品牌,从而成为全美页面浏览量第 4 的网络公司。Excite@Home 是一家提供宽带上网服务的公司,它让家庭用户以最快的速度上网,并得到丰富的网络接入服务,如网上新闻、个性化主页、网上贺卡等。其 60% 的盈利来源于广告收入,40% 来源于接入服务。

(2) 国内网站的盈利模式。网站也要盈利的,它和普通商品一样都要有核心的产品或服务,并且这种产品或服务是实的,是能运作的高度专业化的分工体系。海尔向消费者提供家电商品,诺基亚向消费者提供手机,网站向消费者提供什么? 内容和所有的服务都是虚的,不能构成利润主体,网站不能盈利。从现在国内网站的情况来看,也证实了这一点。一方面,网站找不到自己核心的产品或服务;另一方面,大部分网民还不愿意为网站提供的信息支付费用。需求是存在的,需求需要人去开发。什么样的产品或服务能赚钱,能形成巨大的需求,网民愿意花钱购买。大众化的专业服务内容是有希望的。

在国内的大环境下,网站所提供的产品或服务能否盈利,取决于以下 3 点:第一,是不是有大众化的产品或服务。服务不仅要针对有一定文化层次、爱好技术的网民,如搜索引擎、个人主页、下载免费软件,最大的市场应该是大众化的普通网民市场,开发这样的市场才有出路。第二,是不是有实质性的产品或服务。例如网上购机票,这就是实质性的东西,上网把飞机票买到手,还打好折;又比如网上查询交纳通信费,人们通过上网查询自己的电话、传真、网络费用,并通过网上支付费用。第三,是不是可以为消费者所遇到的不便提供帮助。如果消费者遇到了很多消费不便,但在网上彻底解决了,那么网站所提供的产品或服务是大有市场的。比如股民到交易所排队开户,在网上开户就不需要那么麻烦;如果用户想查电话号码,在黄页上翻找会很不便利,需要一段时间,在网上只要输入几个字搜索,几秒钟就出来结果。

3. 网站建设

网站建设包括网站策划、网页设计、网站功能、网站内容整理、网站推广、网站评估、网站运营、网站整体优化等。网站建设首要任务是提出网站规划方案,规划的严谨性、实用性将直接影响到网站目标的实现。网站建设商以客户需求为导向,结合自身的专业策划经验,在满足企业不同阶段的战略目标和战术要求的基础上,为企业制定阶段性的网站规划方案。

在规划基础上,建立网站信息组织,开展网站视觉设计、网站功能定义并开发高效的网站系统。网站是否能够达到预期的目标,除了严谨的网站规划、完善的网站建设之外,还有赖于周密的网站推广计划的制定和实施。

网站建设前期准备工作十分重要。在设计网站前,必须先做好以下工作。

(1) 网站框架。网站框架是主体部分,比如:首页,公司简介,新闻动态,产品展示,在线留言,联系我们等,这是标准的企业网站的内容。

(2) 网站风格要求。必须知道网站的目的,是以广告形式还是仅给现有的老客户观察,是功能型还是展示型的,风格定位必须准确。功能型的网站在美工设计上不适合大块图片,在数据功能上比较强大,比如搜索,会员注册等。一般大型企业网、购物网、大型门户、交友网等都是属于功能型的。展示型的网站大部分追求视觉上的美丽,对功能要求不高,设计上要有强烈的视觉感。这类网站一般适合美容业、女性用品、服饰等。

(3) 网站的针对对象。在设计网站前,必须了解网站所针对的人群、区域行业等,这样在设计上就会针对特定人群的浏览习惯定制网页。

6.3.2　网页设计与制作

1. 网页与网页设计

网页设计是指使用标识语言(Markup Language),通过一系列设计、建模和执行的过程将电子格式的信息通过互联网传输,最终以图形用户界面(GUI)的形式被用户所浏览。网站由服务器内的一系列网页的组合,终端用户发出请求后,服务器通过传输特定的网页向用户传输所需的信息。简单的信息如文字,图片(GIFs, JPEGs, PNGs)和表格,都可以通过使用 HTML/XHTML/XML 放置到网站页面上。而更复杂的信息如 vector graphics、动画、视频、声频则需要插件程序例如 Flash, QuickTime, Java run-time environment 等,这些插件程序也是通过 HTML/XHTML/XML 植入网页的。

通常,网页可以分为静态网页和动态网页。静态网页上的内容和格式一般不会改变,只有网管可根据需要更新页面。动态网页的内容随着用户的输入和互动而有所不同,或者随着用户、时间、数据修正等而改变。网页上的内容也可以由用户通过使用客户端描述语言(JavaScript、JScript、Actionscript)来改变。当然更普遍的是由服务器端的描述语言(Perl、PHP、ASP、JSP、ColdFusion 等)进行编译,从而对动态网页的内容进行改变。无论是客户端还是服务器端的改变都需要使用较为复杂的应用软件。

2. 网页设计模式

从前一般网页都使用表格进行排版设计。这样做的优点在于设计制作速度快,尤其在可视化网页编辑器,如 Microsoft FrontPage 中,这样设计显得直观而方便,然而这让越来越复杂的版面需要许多不断嵌套的表格设计,致使网页代码变得冗长复杂,使文件体积增大,且不容易被搜索引擎查找。同时,这样做也不利于大型网站的改版工作。

于是随着主流网页浏览器对 CSS 的支持度提高,近年来兴起了一种新的网页设计模式。被业界称为"网页重构"的革命,其核心在于分隔网页的风格和内容,指标记语言(如HTML、XML)负责定义页面的内容,但不可以定义任何涉及网站外观(风格)的东西。而网站风格就由另外的 CSS 样式表负责。在排版方面,新的模式提倡使用由 CSS 定义的DIV 进行页面排版,而将表格还原为排列数据的最初功能。这种模式有很多好处,例如可以协助搜寻引擎查找网页的情况,减小文件以及提高浏览速度,且由于一个 CSS 样式表可以控制多个页面,这也给改版带来了很大方便。这种模式也有缺点,其中一个弱点就是,在不同浏览器出来的效果会有分别,但这种情况主要是由于微软的 Internet Explorer对 CSS 样式表的支持有众多缺陷造成的。另一方面,开始设计 CSS 时,并不能清楚看到目标,因此显得不直观。

3. 网页发布

将网页制作完成之后,就需要将所有的网页文件和文件夹以及其中的所有内容上传到服务器上。这个过程就是网站的上传,既网页的发布。一般来说有以下两种方式。

(1) 通过 HTTP 方式将网页发布,这是很多免费空间经常采用的服务方式。用户只要登录到网站指定的管理页面,填写用户名和密码,就可以将网页一页一页的上传到服务器。这种方法虽然简单,但不能批量上传,必须首先在服务器建立相应的文件夹之后,才能上传。对于有较大文件的和结构复杂的网站来说费时费力。

(2) 使用 FTP 方式发布网页,优点是用户可以使用专用的 FTP 软件成批的管理、上传、移动网页和文件夹,利用 FTP 的辅助功能还可以远程修改,替换或查找文件等。

4. 网页制作的步骤

一个成功网页的制作涉及多方面因素的影响。其包括站点整体风格、配色方案、网页布局的确定和设计工具的选择等。在制作网页的过程中,需要采用一个合理的步骤兼顾制作过程中的诸多因素,才能最终完成一个优秀的作品。

网页制作的基本步骤如下。

(1) 选定主题。选定站点的主题以及主要涉及的内容。

(2) 搜集资料。依据主题搜集相关的文字、图片、声音、动画为网页制作奠定基础。

(3) 构思阶段。按制订好的主题及方向设计网页的主要部分和内容,在纸上画出草图。一般来说,组织好网页的关键是要对网页建立层次分明、条理清楚的结构图。

(4) 总体设计。选择合适的网页制作工具,设计 HTML 布局和导航以及图形制作,并将它们与网页图形整合在一起。

(5) 修改。检查是否出现内容上的错误,并征求多方面的意见,对网页进行修改,不足之处加以改进。

(6) 测试。在浏览器中浏览已完成的网页,观赏最终效果,测试网页是否能按预期的效果运行。

(7) 上传。将网页上传至发布站点,以供其他人浏览。

(8) 维护。定期上网浏览自己的网页,查看反馈意见及建议,并定期更新网页。

6.3.3 网页设计技术

网络技术日新月异,细心的网民会发现许多网页文件扩展名不再只是.htm,还有.php、.asp 等,这些都是采用动态网页技术制做出来的。

早期的动态网页主要采用公用网关接口(Common Gateway Interface,CGI)技术。可以使用不同的程序编写适合的 CGI 程序,如 Visual Basic、Delphi 或 C/C++ 等。虽然 CGI 技术已经发展成熟而且功能强大,但由于编程困难、效率低下、修改复杂,所以有逐渐被新技术取代的趋势。目前颇受关注的技术有以下 3 种。

1. PHP

超文本预处理器(Hypertext Preprocessor,PHP)。原本为 Personal Home Page,是 Rasmus Lerdorf 为了要维护个人网页,用 C 语言开发的一些 CGI 工具程序集,来取代原先使用的 Perl 程序。PHP 已成为 Internet 上火热的脚本语言,其语法借鉴了 C、Java、Perl 等语言。但只需要很少的编程知识就能使用 PHP 建立一个真正交互的 Web 站点。PHP 与 HTML 语言具有非常好的兼容性。使用者可以直接在脚本代码中加入 HTML 标签,或者在 HTML 标签中加入脚本代码从而更好地实现页面控制。PHP 提供了标准的数据库接口,数据库连接方便,兼容性强;扩展性强;可以进行面向对象编程。

2. ASP

ASP(Active Server Pages)是微软开发的一种类似 HTML(超文本标识语言)、Script(脚本)与 CGI 的结合体。它没有提供自己专门的编程语言,而是允许用户使用许多已有的脚本语言编写 ASP 的应用程序。ASP 的程序编制比 HTML 更方便且更有灵活性。它是在 Web 服务器端运行,运行后再将运行结果以 HTML 格式传送至客户端的浏览器。因此 ASP 与一般的脚本语言相比,要安全得多。

ASP 的最大好处是可以包含 HTML 标签,也可以直接存取数据库及使用无限扩充的 ActiveX 控件,因此在程序编制上要比 HTML 方便而且更富有灵活性。通过使用 ASP 的组件和对象技术,用户可以直接使用 ActiveX 控件,调用对象方法和属性,以简单的方式实现强大的交互功能。

但 ASP 技术也非完美无缺。由于它基本上是局限于微软的操作系统平台之上,主要工作环境是微软的 IIS 应用程序结构,又因 ActiveX 对象具有平台特性,所以 ASP 技术不能很容易地实现在跨平台 Web 服务器上工作。

3. JSP

JSP(Java Server Pages)是由 Sun Microsystem 公司于 1999 年 6 月推出的新技术,是基于 Java Servlet 以及整个 Java 体系的 Web 开发技术。

JSP 和 ASP 在技术方面有许多相似之处,不过两者来源于不同的技术规范组织,以至 ASP 一般只应用于 Windows NT/2000 平台,而 JSP 则可以在 85% 以上的服务器上运行。而且基于 JSP 技术的应用程序比基于 ASP 的应用程序易于维护和管理,所以被许多人认为是未来最有发展前途的动态网站技术。

6.4　思考与讨论

6.4.1　问题思考

1. 简述 Internet 的发展过程。

2. IP 地址作用是什么?

3. Internet 的域名是如何构成的?你所知道的顶级域名有哪些?

4. 人们采用统一资源定位器(URL)来在全世界唯一标识某个网络资源,其描述格式是什么?

5. Internet 的用户连接方式有哪些?如何选择接入方式?

6. Internet 提供了哪些服务?

7. 网页制作需要哪些步骤?

8. 网页设计语言有哪些?

6.4.2　课外讨论

1. Internet 有哪些资源？对你的生活和学习有过什么帮助？
2. IP 地址是如何进行分类的？各类有什么特点？
3. TCP/IP 与 OSI 参考模型的联系与区别有哪些？
4. 试述在 WWW 服务中，客户机浏览器访问 Web 服务器的交互过程。
5. 什么是网站？建设一个网站通常需要考虑哪些因素？
6. 结合国际与国内成功网站的运营模式，分析讨论如何运营好一个网站。
7. 设计一个单一主题的简单网页。

第 7 章 程序设计语言

【本章导读】

本章简要介绍了程序设计语言的演变和发展过程；介绍了程序设计语言的分类和它们各自的特点。读者可以了解程序设计语言的发展历史，理解程序设计语言的规范和程序设计的基本过程。

【本章主要知识点】

① 程序设计语言的概念；

② 程序设计语言的演变与发展；

③ 程序设计语言分类；

④ 程序设计过程。

7.1 程序设计语言介绍

程序设计语言，通常简称为编程语言，是一组用来定义计算机程序的语法规则。它是一种被标准化的交流技巧，用来向计算机发出指令。程序设计语言让程序员能够准确地定义计算机所需要的数据，并精确地定义在不同情况下所应当采取的行动。程序设计语言根据预先定义好的规则，写出语句的集合，这些语句的集合就构成了程序。

7.1.1 程序设计概述

1. 程序设计的起源

程序设计并不是计算机诞生后才有。早在 1801 年，当时欧洲纺织业需要一批聪明而又灵活的纺织工人来生产有复杂图案的织品。但不管这些工人如何灵巧，生产具有图案的织物既浪费时间又费金钱。有一名叫 Joseph-Marie Charles Jacquard 的法国纺织工人仔细研究了织布机和纺织过程中的每一个环节，并对机器应执行的每一个步骤用打孔卡片实现。这种复杂图案编织的织布机甚至在 20 世纪 70 年代也还可以在一些提花织布厂看到。Joseph-Marie 虽然是一名织布工人，但他却显示了一名优秀的程序设计人员所具备的素质，也可以称得上是机器编程的第一人。计算机诞生以后，IBM 公司将打孔卡片应用到了电子计算机上。

人将复杂的步骤转化成机器能接受的特定指令，而机器可以按照指令去执行任务。

这就是程序设计的思想。

2. 程序设计的概念

程序设计(Programming)是指设计、编制、调试程序的方法和过程。它是目标明确的智力活动。由于程序是软件的本体,软件的质量主要通过程序的质量来体现。在软件研究中,程序设计的工作非常重要,内容涉及有关的基本概念、工具、方法以及方法学等。程序设计通常分为问题建模、算法设计、编写代码、编译调试和整理并写出文档资料 5 个阶段。

按照结构性质,有结构化程序设计与非结构化程序设计之分。前者是指具有结构性的程序设计方法与过程。它具有由基本结构构成复杂结构的层次性,后者反之。按照用户的要求,有过程式程序设计与非过程式程序设计之分。前者是指使用过程式程序设计语言的程序设计,后者指非过程式程序设计语言的程序设计。按照程序设计的成分性质,有顺序程序设计、并发程序设计、并行程序设计、分布式程序设计之分。按照程序设计风格,有逻辑式程序设计、函数式程序设计、对象式程序设计之分。

程序设计的基本概念有程序、数据、子程序、子例程、协同例程、模块以及顺序性、并发性、并行性和分布性等。程序是程序设计中最为基本的概念。子程序和协同例程都是为了便于进行程序设计而建立的程序设计基本单位,顺序性、并发性、并行性和分布性反映程序的内在特性。

程序设计规范是进行程序设计的具体规定。程序设计是软件开发工作的重要部分,而软件开发是工程性的工作,所以要有规范。语言影响程序设计的功效以及软件的可靠性、易读性和易维护性。专用程序为软件人员提供合适的环境,便于进行程序设计工作。

7.1.2 程序设计语言的发展

从 20 世纪 40 年代至今,程序设计语言有了很大的发展,大致经历了 3 个阶段。表 7-1 列出了一些重要的程序设计语言随时间演化的一个大致过程。从最初的面向机器的二进制机器语言到以助记符标识的符号语言(汇编语言)再到今天的类自然英语表示的高级语言。使得人们在设计程序时,已由原来的以机器为主到现在以解决问题为主。这极大地推动了计算机在各行各业的应用。

表 7-1 程序设计语言随时间的演化

年　　代	程序设计语言	范　　例	功　　能
20 世纪 40—50 年代	机器语言	二进制编码	命令式
20 世纪 50—60 年代	汇编语言	Asm,Masm	命令式
	高级语言	Lisp	表处理式
		Fortran,Cobol 等	命令式
20 世纪 60—70 年代	高级语言	Basic,C 等	命令式

年　　代	程序设计语言	范　　例	功　　能
20 世纪 70—80 年代	高级语言	Pascal	命令式
		Prolog	函数式
		Smalltalk	面向对象
20 世纪 80—90 年代	高级语言	Ada	命令式
		C++	面向对象
		Perl	命令式(服务器脚本语言)
20 世纪 90—21 世纪	高级语言	Java	面向对象
		PHP	命令式(服务器脚本语言)
21 世纪	高级语言	C#	面向对象

1. 机器语言

1952 年以前,唯一可以使用的程序设计语言就是机器语言(又称低级语言)。机器语言由计算机的指令系统组成。每条语句仅由"0"和"1"组成的二进制码构成。由于指令系统是依赖于计算机的,因此机器语言是与计算机相关,不同的计算机有不同的机器语言。

2. 汇编语言

对于大多数程序员来说,使用机器语言来编写程序,并不是一件容易的事,而且许多程序有可能写不出来,这就意味着有些问题无法用计算机来解决。在 20 世纪 50 年代,数学家 Grace Hopper 发明了一种语言,用符号和助记符来代表机器语言,也就是不再使用机器语言中所使用的数字编码来代表操作码和操作数,而是为各操作码分配助记符,称为符号语言。例如,助记符 LD 表示从寄存器中读取数据,ST 表示将数据保存在寄存器。

与机器语言不同的是,必须将符号语言翻译成机器语言才能在机器上执行,这种将符号语言翻译成机器语言的程序称为汇编程序,他们的任务就是通过翻译助记符和标识符而汇编出由操作码和操作数组成的机器指令;而助记符所描述的符号语言程序,又称为汇编语言(Assembler Language)。

汇编语言比机器语言容易理解和记忆操作,且能够直接描述计算机硬件的操作,具有很强的灵活性,因此在实时控制、实时检测等领域仍然使用汇编语言来写程序。

3. 高级程序设计语言

尽管符号语言增强了程序的可读性,提高了编程效率,但程序员仍然需要了解程序所使用的硬件,并且对每条指令都必须单独编码。为了使程序员的注意转移到以寻找最佳算法来解决问题,而不必关心机器的具体实现,导致了第三代程序设计语言(高级语言)的产生。

高级程序设计语言是一种与机器的指令系统无关、表达式更接近于被描述的问题的程序设计语言。高级程序设计语言的方法就是标识了一个比符号语言更高级的原语的集合,适合于不同的机器。使用这些原语来编写程序,可以使程序员将精力集中在寻找解决问题的方法上,而不是计算机的复杂性上,同时又摆脱了符号语言繁琐的细节。与符号语言相同的是:高级语言也必须被转化成机器语言,这个转化过程称为编译。

最早的高级语言于 20 世纪 50 年代问世,如 FORTRAN(FORmula TRANslator)主要应用于科学计算,COBOL(Common Business-Oriented Language)主要应用于商业。接着陆续出现了许多高级语言,以适应更多的领域。下列程序分别为 Pascal 语言程序和 C 语言程序的例子,该程序要求从键盘输入两个数,并将其相乘,结果在屏幕上输出。

Pascal 语言程序:

```
PROGRAM TEMP(INPUT,OUTPUT)
{Reads two integers from keyboard and prints their result of multiple on screen.}
VAR
number1,number2,result: integer;
Begin
READLN(number1,number2);
result:=number1 * number2;
WRITELN('result=',result);
End.
```

C 语言程序:

```
/ * Reads two integers from keyboard and prints their result of multiple on screen. * /
#include<stdio.h>
int main()
{
    int number1,number2,result;
    scanf("%d%d",&number1,&number2);
    result=number1 * number2;
    printf("result=%d\n", result);
    return 0;
}
```

通过上述程序不难看出,对相同的问题,不同的程序语言有不同的描述。任何一种高级程序设计语言都有严格的词法规则、语法规则和语义规则。词法规则规定了如何从语言的基本符号集构成单词;语法规则规定了如何由单词构成各个语法单位(如表达式、语句、程序等);语义规则规定了各个语法单位的含义。

随着计算机的不断发展变化,高级语言也得到了迅速的发展。各种各样的高级语言层出不穷,通过优胜劣汰和演化,其中的一些优胜者得到广泛的应用和发展,比较著名的有 Fortran、COBOL、Basic、Pascal、C、C++ 和 Java 等,随着网络的发展,一种更适合于网络应用的程序语言应运而生,如 PHP、Perl 等。同时,针对每一种不同的高级语言,都有一个与之对应的翻译器。

使用高级程序设计语言编写的程序称为源程序。它必须经过程序设计语言翻译系统的处理后才能执行。程序设计语言翻译系统有两种类型:编译程序和解释程序。编译程序把整个源程序翻译为目标程序，然后可以反复执行；而解释程序则是按照源程序的动态顺序解释一句执行一句。

4. 程序设计语言的发展趋势

计算机语言的发展是一个不断演化的过程。其根本的推动力就是抽象机制具有更高的要求，以及对程序设计思想的更好的支持。具体地说，就是把机器能够理解的语言提升到也能够很好地模仿人类思考问题的形式。计算机语言的演化从最开始的机器语言到汇编语言到各种结构化高级语言，最后到支持面向对象技术的面向对象语言。

面向对象程序设计以及数据抽象在现代程序设计思想中占有很重要的地位。未来语言的发展将不再是一种单纯的语言标准。将会以一种完全面向对象，其更易表达现实世界，更易为人编写。其使用将不再只是专业的编程人员，人们完全可以用定制真实生活中一项工作流程的简单方式来完成编程。

程序设计语言的发展趋势是越来越向着人们所使用的自然语言靠拢。其中汉语程序设计语言就是自然语言中的一种。目前我国在汉语程序设计语言方面已进行了一些有益的研究。

最新的知识管理程序可以利用自然语言处理、推理引擎和案例自动生成工具来解决程序设计中的难题。这些工具虽然还在发展期，但重要的是，程序语言对自然语言的理解能力的提高，可以使许多不易体现为"硬性指标"的商业规则也能够由程序所识别和修改。自然语言处理允许用类似于口语或书面语的形式编写程序命令，同时反馈出有意义的可以直接被应用的答案。在最广泛被采用的"模糊查询"功能中就融合了自然语言处理的成果。

7.1.3 程序设计语言的类型

随着高级语言的出现和发展，计算机开辟了广泛的应用空间。现在程序员只要选择合适的程序设计语言，就可以解决所想要解决的问题。在众多的高级语言中，每一种高级语言都有一个它所擅长的方面，适合于解决什么方面的问题以及解决问题的方法。一般地，根据计算机语言解决问题的方法及解决问题的种类，将计算机高级语言分为如图 7-1 所示的 5 大类。

图 7-1 高级语言分类

1. 过程化语言

过程化语言又称为命令式语言或强制性语言。它采用与计算机硬件执行程序相同的方法来执行程序。过程化语言的程序实际上是一套指令。这些指令从头到尾按一定的顺序执行，除非有其他指令强行控制。如 Fortran、COBOL、Pascal、Basic、Ada、C 等。

过程化语言要求程序员通过寻找解决问题的算法来进行程序设计,即将算法表示成命令的序列。每一条指令都是一个为完成特定任务而对计算机系统发出的命令。

C语言是一种面向过程的计算机程序设计语言。它是目前众多计算机语言中举世公认的优秀的结构程序设计语言之一。它由美国贝尔研究所的 D. M. Ritchie 于 1972 年推出。1978 后,C 语言已先后被移植到大、中、小及微型机上。

C语言功能强大,是一种成功的系统描述语言,用 C 语言开发的 UNIX 操作系统就是一个成功的范例;同时 C 语言又是一种通用的程序设计语言,在国际上广泛流行。世界上很多著名的计算公司都成功的开发了不同版本的 C 语言。很多优秀的应用程序也都使用 C 语言开发的。它的应用范围广泛,不仅仅是在软件开发上,而且各类科研都需要用到 C 语言,具体应用比如单片机以及嵌入式系统开发。

2. 函数式语言

函数式语言的语义基础是基于数学函数概念的值映射的 λ 算子可计算模型。这种语言非常适合于进行人工智能等工作的计算。

用函数式语言设计程序实际上就是将预先定义好的"黑盒"联结在一起,如图 7-2 所示。每一个"黑盒"都接收一定的输入并产生一定的输出,通过一系列输入到输出的映射,实现所要求的输入和输出的关系,"黑盒"又称为函数。这也是被称为函数式程序设计的原因。

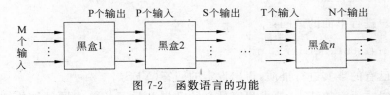

图 7-2 函数语言的功能

函数式语言实现的功能主要有:

① 定义一系列基本函数,可供其他任何需要者调用;

② 允许通过组合若干个基本函数来创建新的函数。

LISP 和 Scheme 是函数式语言的代表。LISP 语言是 20 世纪 60 年代早期由麻省理工大学设计开发的。它把列表作为处理对象,把所有的一切都看成是列表。该语言没有统一标准,有多种不同的版本。到 20 世纪 70 年代,麻省理工大学开发了 Scheme 作为函数式语言的标准。Scheme 语言定义了一系列的基本函数。将函数和函数的输入列表写在括号内,其结果仍然是一个列表,该列表可作为另一个函数的输入列表。

例如,在 Scheme 语言中,函数 car 的作用是用来从列表中取出第一个元素,函数 cdr 的作用是用来从列表中取出除第一个元素以外的所有元素。如有列表 List:

```
List=4  9  12  42  35  47  26
```

则:

```
(car List)的结果为 4
(cdr List)的结果为 9  12  42  35  47  26
```

如果要从 List 表中取出第 4 个元素,则可以通过下面的函数组合获得想要的结果:

```
(car(cdr(cdr(cdr List)))) 
```

3. 逻辑式语言

逻辑式语言的语义基础是基于一组已知规则的形式逻辑系统。这种语言主要用在专家系统的实现中。逻辑式语言又称为声明式语言或说明性语言,它依据逻辑推理的原则回答查询,解决问题的基本算法就是反复地进行归结和推理。构成语句的元素称为谓词,逻辑式语言的理论基础是数字领域中的形式逻辑理论,因为该语言主要是基于事实的推理,系统要收集大量的事实描述。程序一般是针对特定的领域,所以比较适合用于人工智能这样特定的知识领域。最著名的逻辑式语言是 Prolog。

Prolog 语言 20 世纪 70 年代在法国开发出来的。Prolog 系统中的程序全部是由事实和规则组成。程序员的工作就是开发事实和规则的集合,这个集合可以描述所知道的信息。

例如,描述海龟比蜗牛快的 Prolog 语句为:

```
Faster(turtle,snail)
```

而描述兔子比海龟快的 Prolog 语句为:

```
faster(rabbit,snail)
```

如果用户进行下面的询问:

```
?-faster(rabbit,snail)
```

则程序已有的事实进行推演,得出肯定的回答(YES)。

基于逻辑式语言的特点,要求程序员必须掌握和学习相关主题领域的知识。同时还应该掌握如何在逻辑上严谨地定义准则,才能使得程序可以进行推导并产生新的事实。

4. 面向对象语言

用面向对象语言设计程序的方式与过程化语言设计程序的方法完全不同。在面向对象的语言中,每一个对象都包含了描述对象怎样反应不同刺激的过程,这个过程又称为操作。

用过程化语言编写程序时,对象与操作是完全分开的。程序中并不为对象定义任何操作,而是定义操作,并将操作应用于对象。

面向对象语言设计程序是对象和操作是捆绑在一起使用的。程序员要先定义对象和对象允许的操作及对象的属性,然后通过对象调用这些操作去解决问题。这些问题主要表现在以下 3 个方面:

① 改变对象自身的状态;
② 改变其他对象的状态;
③ 改变系统的状态。

例如,考虑一个开发图形用户界面的系统,屏幕上的图标被实现为对象。这个对象包含了描述它怎样反应发生的各种事件的过程的集合。这些事件包括图标(对象)被单击选中,或者被鼠标在屏幕上拖动等。因此,整个系统就是对象的集合,每个对象都能反映一些特殊的事件。

从 20 世纪 70 年代以来,面向对象的程序设计语言有了很大的发展。比较典型的面向对象语言有 Smalltalk、C++、Java、C# 等,它们之间相互各有一些特性。

(1) Smalltalk。Smalltalk 是 20 世纪 70 年代开发出来的,是一个纯面向对象的语言。并且是完全基于对象和消息概念的第一个计算机语言。它清晰的支持类、方法、消息和继承的概念。所有 Smalltalk 代码是由发送到对象的消息链组成。大量的预先定义的类使得这个系统有着强大的功能。

(2) C++。C++ 语言是 20 世纪 80 年代由贝尔实验室在 C 语言的基础上开发出来的。它使用类作为一种新的自定义数据类型。由于 C++ 语言既有数据抽象和面向对象能力,运行性能高,又能与 C 语言相兼容。目前,C++ 语言已成为面向对象程序设计的主流语言。

(3) Java。Java 语言是 20 世纪 90 年代由 Sun 公司在 C 和 C++ 的基础上开发的。Java 是一种简单的,面向对象的,分布式的,解释型的,健壮安全的,结构中立的,可移植的,性能优异、多线程的静态语言。

Java 语言的优良特性使得 Java 应用具有无比的健壮性和可靠性,这也减少了应用系统的维护费用。Java 对面向对象技术的全面支持和 Java 平台内嵌的 API 能缩短应用系统的开发时间并降低成本。Java 的编译一次,到处可运行的特性使得它能够提供一个随处可用的开放结构和在多平台之间传递信息的低成本方式。特别是 Java 企业应用编程接口(Java Enterprise APIs)为企业计算及电子商务应用系统提供了有关技术和丰富的类库。因此 Java 语言迅速受到各种应用领域的重视,特别是在 Web 上的应用。

(4) C#。C# 语言是 2000 年由微软公司开发的。从语言的角度出发,C# 与 C++ 就像是亲兄弟,但是用 C# 语言设计程序时,必须在微软开发的.NET 框架上。在 C# 中,只允许单继承,没有全局变量,没有全局变量也没有全局函数。C# 中所有过程和操作都必须封装在一个类中,C# 更适合开发基于 Web 的应用程序。

5. 专用语言

近十几年来,随着 Internet 的发展,出现了一些更适合网络环境下的程序设计语言。这些语言或者属于上述的某一种类型的语言,或者属于上述多种类型混合的语言,适合于特殊的任务,称为专用语言。如 HTML、Perl、PHP 和 SQL 等。

(1) HTML 语言。HTML(Hyper Markup Language)是一种超文本链接标记语言。其是由格式标记和超链接组成的伪语言。HTML 文件由文件头文本和标记组成。一个 HTML 文件就代表着一个网页,这个文件被存储在服务器端,可以通过浏览器访问或下载。浏览器会删去 HTML 文件中的标记,并将它们解释成格式指令或是链接到其他文件。

(2) Perl 语言。Perl(Practical Extraction and Report Language)是一种解释性的语言。其是 UNIX 系统中一个非常有用的工具。它有很强的字符串处理能力,能使程序方便地从字符串中提取所需的信息,轻松地处理复杂的字符串。

(3) PHP 语言。PHP(Hypertext Preprocessor)是一种类似于 C 的语言,来源于 C、

Perl 和 Java,但不具备 Java 中的面向对象特征的语言。PHP 程序是在服务器上运行,它的运行结果是向客户端输出一个 HTML 文件。PHP 语言的价值在于它是一个应用程序服务器。

(4) SQL 语言。SQL(Structured Query Language)结构化查询语言。其是美国国家标准协会(ANSI)和国际标准组织(ISO)用于关系数据库的结构化语言。SQL 是一种描述性语言而不是过程化语言。程序员在程序中可直接用 SQL 语言描述对数据的操作,不需要编写对数据库操作的算法。

7.2 程序设计过程

程序设计是软件开发过程中的一个重要环节。程序的质量主要取决于软件总体设计的质量。但所选择的程序设计语言的特性和程序设计的途径也会对程序的可靠性、可读性、可测性和可维护性产生深刻影响。

7.2.1 程序设计过程介绍

1. 程序设计基本步骤

程序设计不仅仅是简单的编写代码,而是一个过程。其主要包括以下几个步骤。

(1) 需求分析。严格、准确地定义所需要解决的实际问题,确定问题的输入和输出,确定问题在技术上、经济上的可行性。

(2) 总体设计。设计解决问题的总体方案,将所要完成的系统划分成功能相对独立的模块,并确定各个模块的层次结构。

(3) 详细设计。对各个功能模块进行详细的描述,设计实现各功能模块的算法。

(4) 编码。根据详细设计的要求,进行代码编写。

(5) 测试。对已编写好的代码进行执行,并找出错误。

(6) 运行与维护。将程序投入实际允许,并进行完善性、扩充性等维护工作。

2. 程序设计的规范化要求

编写程序必须按照规范化的方法来进行,并且养成良好的程序设计风格。

(1) 标识符。在程序中会使用大量的标识符。标识符的命名对程序的可读性有很大的影响。标识符一般以英文字符、数字和下划线开头,名称应有实际的意义或者采用有含义的英文的缩写。系统保留字和关键字一般不做标识符。标识符应使用统一的缩写规则和大小写规则。

例如,在 Java 语言中,常量名均采用大写方式,如 NAME;类名和接口名,首字母大写,其余字母小写,如 SimpleButton。

(2) 表达式。表达式是程序设计语言的重要组成部分。表达式的书写应清晰,使用必要的括号以避免误解。表达式的使用应尽量使用库函数,对于复杂的计算,可先化简,以利于理解。

（3）函数和过程。函数和过程是模块化设计的重要组成部分。每个模块是由函数或者过程组成的。应尽量提高模块的独立性，减少模块之间的耦合。模块的规模设计不要过大。

（4）程序的排列格式。程序中有很多语句是嵌套的，书写时，应使用统一的缩进格式，以便清楚地反映程序的层次结构。

7.2.2　结构化程序设计

结构化程序设计的概念是 E. W. Dijkstra 在 20 世纪 60 年代末提出的。其实质是控制编程中的复杂性。结构化程序设计曾被称为软件发展中的继子程序和高级语言后的第 3 个里程碑。

1. 结构化程序设计的思想

一个结构化程序就是用高级语言表示的结构化算法。结构化程序设计强调程序设计风格和程序结构的规范化，提倡清晰的结构。结构化程序设计方法的基本思路是，把一个复杂问题的求解过程分阶段进行，每个阶段处理的问题都控制在人们容易理解和处理的范围内。

结构化程序设计采取以下方法以保证得到结构化的程序：自顶向下；逐步细化；模块化设计；结构化编码。其设计过程是将问题求解由抽象逐步具体化的过程。用这种方法便于验证算法的正确性。在向下一层展开之前应仔细检查本层设计是否正确，只有上一层是正确的才能向下细化由于每一层向下细化时都不太复杂，因此容易保证整个算法的正确性。检查时也是由上而下逐层检查，这样做，思路清楚，有条不紊地一步一步进行，既严谨又方便。

例 7-1　读入一组整数，要求统计其中正整数和负整数的个数。

该任务的顶层模块可设计为以下 3 个模块。

模块 1：读入数据；

模块 2：统计正、负数个数；

模块 3：输出结果。

其中，模块 2 可继续细化为以下几个模块。

模块 2.1：正整数个数为 0；负整数个数为 0；

模块 2.2：取第一个数；

模块 2.3：重复执行以下步骤直到数据统计完。

　　2.3.1：若该数大于 0，正整数个数加 1；

　　2.3.2：若该数小于 0，负整数个数加 1；

　　2.3.3：取下一个数。

结构化程序设计方法曾一度成为程序设计的主流方法，但到 20 世纪 80 年代末，这种方法开始逐渐暴露出缺陷。主要表现在以下 2 个方面。

（1）难以适应大型软件的设计。在大型多文件软件系统中，随着数据量的增大，由于数据与数据处理相对独立，程序变得越来越难以理解，文件之间的数据沟通也变得困难，还容易产生意想不到"副作用"。

（2）程序可重用性差。结构化程序设计方法不具备建立"软件部件"的工具。即使是面对老问题，数据类型的变化或处理方法的改变都必将导致重新设计。这种额外开销与可重用性相左，称为"重复投入"。

这些由结构化程序设计的特点所导致的缺陷，其本身无法克服。而越来越多的大型程序设计又要求必须克服它们，这最终导致了"面向对象"设计方法的产生。

2．基本控制结构

结构化程序设计使用 3 种基本控制结构构造程序。任何程序都可由顺序、选择、循环3 种基本控制结构构造。

（1）顺序结构。顺序结构的程序设计是最简单的，只要按照解决问题的顺序写出相应的语句就行。它的执行顺序是自上而下，依次执行，如图 7-3 所示。

（2）选择结构。选择结构用于判断给定的条件，根据判断的结果来控制程序的流程。使用选择结构语句时，通常要用条件表达式来描述条件。选择结构既可以实现单一条件的选择，例如，若条件满足，则打印输出，不满足则不打印输出；也可以实现多种条件的选择，如根据百分制分数实现按等级输出 ABCDE，如图 7-4 所示。

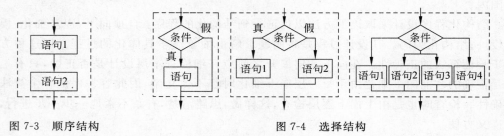

图 7-3　顺序结构　　　　　　　　　　　　　图 7-4　选择结构

（3）循环结构。循环结构为程序描述重复计算过程提供了控制手段。循环结构可以看成是一个条件判断语句和一个转向语句的组合。循环结构的 3 个要素：循环变量、循环体和循环终止条件，如图 7-5 所示。

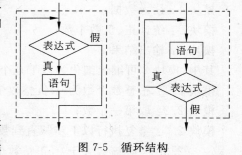

图 7-5　循环结构

7.2.3　面向对象程序设计

面向对象出现以前，结构化程序设计是程序设计的主流。结构化程序设计又称为面向过程的程序设计。在面向过程程序设计中，问题被看做一系列需要完成的任务，函数（在此泛指例程、函数、过程）用于完成这些任务，解决问题的焦点集中于函数。其中函数是面向过程的，即它关注如何根据规定的条件来完成指定的任务。

1．面向对象的发展历史

1967 年挪威计算中心的 Kisten Nygaard 和 Ole Johan Dahl 开发了 Simula67 语言。

它提供了比子程序更高一级的抽象和封装,引入了数据抽象和类的概念。它被认为是第一个面向对象语言。20 世纪 70 年代初,Palo Alto 研究中心的 Alan Kay 所在的研究小组开发出 Smalltalk 语言。之后又开发出 Smalltalk-80,Smalltalk-80 被认为是最纯正的面向对象语言,它对后来出现的面向对象语言,如 Object-C,C++,Self,Eiffl 都产生了深远的影响。随着面向对象语言的出现,面向对象程序设计也就应运而生且得到迅速发展,面向对象随之不断向其他阶段渗透。1980 年 Grady Booch 提出了面向对象设计的概念。1985 年,第一个商用面向对象数据库问世。1990 年以来,面向对象分析、测试、度量和管理等研究都得到长足发展。

实际上,"对象"和"对象的属性"等概念可以追溯到 20 世纪 50 年代初,它们首先出现于关于人工智能的早期著作中。但在出现了面向对象语言之后,面向对象思想才得到了迅速的发展。

2. 面向对象设计的基本概念

面向对象程序设计(Object-Ooriented Programming,OOP),指一种程序设计范型,同时也是一种程序开发的方法论。它将对象作为程序的基本单元,将程序和数据封装其中,以提高软件的重用性、灵活性和扩展性。

面向对象程序设计中的概念主要包括对象、类、数据抽象、继承、动态绑定、数据封装、多态性、消息传递。

(1)类。类是具有相同类型的对象的抽象。一个对象所包含的所有数据和代码可以通过类来构造。

(2)对象。对象是运行期的基本实体,它是一个封装了数据和操作这些数据的代码的逻辑实体。对象是类的实例。

(3)方法。对象的动作或对它接受到的外界信号的反应。

(4)封装。封装是将数据和代码捆绑到一起,避免了外界的干扰和不确定性。对象的某些数据和代码可以是私有的,不能被外界访问,以此实现对数据和代码不同级别的访问权限。

(5)继承。继承是让某个类型的对象获得另一个类型的对象的特征。通过继承可以实现代码的重用:从已存在的类派生出的一个新类将自动具有原来那个类的特性,同时,它还可以拥有自己的新特性。

3. 面向对象主要特征

面向对象设计是一种把面向对象的思想应用于软件开发过程中,指导开发活动的系统方法,是建立在"对象"概念基础上的方法学。对象是由数据和容许的操作组成的封装体,与客观实体有直接对应关系,一个对象类定义了具有相似性质的一组对象。而每继承性是对具有层次关系的类的属性和操作进行共享的一种方式。所谓面向对象就是基于对象概念,以对象为中心,以类和继承为构造机制,来认识、理解、刻画客观世界和设计、构建相应的软件系统。

面向对象主要特征体现在以下 3 个方面。

(1)封装性。封装是一种信息隐蔽技术,它体现于类的说明,是对象的重要特性。封装使数据和加工该数据的方法(函数)封装为一个整体,以实现独立性很强的模块,使得用户只能见到对象的外特性(对象能接收哪些消息,具有哪些处理能力)。而对象的内特性(保存内部状态的私有数据和实现加工能力的算法)对用户是隐蔽的。封装的目的在于把对象的设计者和对象者的使用分开。使用者不必知晓行为实现的细节,只须用设计者提供的消息来访问该对象。

(2) 继承性。继承性是子类自动共享父类的数据和方法的机制。它由类的派生功能体现。一个类直接继承其他类的全部描述,同时可修改和扩充。继承具有传递性。继承分为单继承(一个子类只有一个父类)和多重继承(一个类有多个父类)。类的对象是各自封闭的,如果没继承性机制,则类对象中数据、方法就会出现大量重复。继承不仅支持系统的可重用性,而且还促进系统的可扩充性。

(3) 多态性。对象根据所接收的消息而做出动作。同一消息为不同的对象接收时可产生完全不同的行动,这种现象称为多态性。利用多态性用户可发送一个通用的信息,而将所有的实现细节都留给接收消息的对象自行决定,如是,同一消息即可调用不同的方法。例如,Print 消息被发送给一图或表时调用的打印方法与将同样的 Print 消息发送给一正文文件而调用的打印方法会完全不同。多态性的实现受到继承性的支持。利用类继承的层次关系,把具有通用功能的协议存放在类层次中尽可能高的地方,而将实现这一功能的不同方法置于较低层次,这样,在这些低层次上生成的对象就能给通用消息以不同的响应。在 OOPL 中可通过在派生类中重定义基类函数(定义为重载函数或虚函数)来实现多态性。

在面对对象方法中,对象和传递消息分别表现事物及事物间相互联系的概念。类和继承是适应人们一般思维方式的描述范式。方法是允许作用于该类对象上的各种操作。这种对象、类、消息和方法的程序设计范式的基本点在于对象的封装性和类的继承性。通过封装能将对象的定义和对象的实现分开,通过继承能体现类与类之间的关系,以及由此带来的动态联编和实体的多态性,从而构成了面向对象的基本特征。

7.3 思考与讨论

7.3.1 问题思考

1. 程序设计的思想是什么?
2. 程序设计通常分为哪几个阶段?
3. 计算机高级程序设计语言可分为哪几种类型?
4. 过程化语言与面向对象语言有什么区别?
5. 结构化程序设计的控制结构有哪几种?
6. 什么是面向对象程序设计?
7. 面向对象的主要特征有哪些?

7.3.2 课外讨论

1. 说明机器语言、汇编语言和高级语言的不同特点和使用场合。
2. 简要谈谈你所了解的一门程序设计语言和使用体会。
3. 举例说明结构化程序设计与面向对象程序设计有什么不同。
4. 简述程序设计语言的发展趋势。

第  章 算法基础

【本章导读】
本章介绍了算法的基本概念、算法的特性、算法的表示方式以及算法分析的重要性，并简要介绍了与算法密切相关的几种常用算法。读者可以了解算法在计算机程序设计中的重要作用，掌握算法的表示方法，熟悉衡量算法优劣的两个重要指标，了解几种常用的算法。

【本章主要知识点】
① 算法及其表示方法；
② 算法分析以及意义；
③ 常用算法；
④ 计算机学科中的经典算法。

8.1 算法的概念

算法是计算机学科中最具有方法论性质的核心概念，它的基础性地位遍布计算机科学的各个分支领域，被誉为计算机学科的灵魂。

8.1.1 算法及其特性

算法是为解决某一个特定任务而规定的运算序列，是按部就班解决某个问题的方法。在计算机科学中，算法是研究适合计算机程序实现问题解决的方法，因此它是许多计算机问题的核心研究对象。

1. 算法的基本概念

一般地认为，算法（Algorithm）是一系列有限的解决问题的指令。也就是说，算法是指能够对一定的规范的输入，在有限时间内获得所要求的输出。算法也可以理解为是由规定的运算顺序所构成的完整的解题步骤。还有些专家认为，算法是一个有穷规则的集合，这些规则规定了解决特定问题的运算序列。

被称为 Pascal 语言之父的瑞士计算机专家 Niklaus Wirth 教授在 1975 出版的图书中，提出了"算法＋数据结构＝程序"的著名论断，并且将该论断作为其图书的名称。由此

可见,算法与计算机程序关系的密切程度。

1968 年,美国斯坦福大学计算机系 Donald Knuth 教授出版了他的《计算机程序设计的艺术》一书。该书在计算机程序设计领域产生了深远的影响。在该书中,Donald Knuth 教授总结了算法的 5 个基本特征:有穷性(finiteness)、确定性(definiteness)、输入(input)、输出(output)和可行性(effectiveness)。目前,Donald Knuth 教授提出的这 5 个特征被广泛地接受。

(1) 有穷性是指任何算法在经过有限的步骤之后总会结束。步骤的数量是一个合理的数字。实际上,算法的有穷性包含了时间的含义。如果某种算法从理论上可以实现,但是运行时间过长(例如要运行 200 年),则可能失去了实际的应用价值。

(2) 确定性是指算法的每一个步骤都是精确定义的,在任何情况下这些步骤都是严密的、清晰的。该特征是指算法不允许出现模棱两可的解释、不允许有多种不同的理解。不同的人、不同的环境下对同一种算法的理解应该是明确的、唯一的。例如,"把变量 x 加上一个不太大的整数"。这里"不太大的整数"就是不确定的。

(3) 输入是指算法开始运算时给定的初始数据,这些输入是与特定的运算对象关联的。

(4) 输出是指与输入相关的运算结果,反映了对输入数据加工后的情况。

(5) 可行性是指算法的每一个步骤都是可以实现的。即使人们用笔和纸进行手工运算,那么在有限的时间内也是可以完成的。例如,"列出所有的正整数"就是不可行的(有无穷多的)。

2. 算法与程序

算法解决的是一类问题而不是一个特定的问题。而程序是为解决一个具体问题而设计的。将算法采用某种具体的程序设计语言进行描述来解决一个具体问题,这就是程序。如何描述问题的对象和如何设计算法,是编写程序的两个重要方面。

例 8-1　在一个从小到大顺序排好的整数序列中查找某一指定的整数所在的位置。

这是一个查找问题,下面比较两种不同的查找方法。

方法一:一种简单而直接的方法是按顺序查找,相应的查找步骤如下。

(1) 查看第一个数。

(2) 若当前查看的数存在,则

① 若该数正是要找的数,则找到,查找过程结束;

② 若不是要找的数,继续查下一个数,重复(2)步。

(3) 若当前查看的数不存在,则要找的数不在序列里,查找过程结束。

方法二:二分查找法(或称折半查找法,binary search)。由于序列中的整数是从小到大排列的,所以可以应用此方法。该方法的要点是,先比较序列中间位置的整数,如果与要找的数一样,则找到;若比中间那个整数小,则只要用同样方法在前半个序列中找就可以了;否则,在后半个序列中找。相应查找步骤如下。

(1) 把含 n 个整数的有序序列设为待查序列 S。

(2) 若 S 不空,则取序列 S 中的中间位置的整数,并设为 middle。

① 若要找的数与 middle 一样,则找到,查找过程结束;

② 若要找的数小于 middle,则将 S 设为 middle 之前的半段序列,重复(2)。

③ 若要找的数大于 middle,则将 S 设为 middle 之后的半段序列,重复(2)。

(3) 若 S 为空,则要找的数不在序列中,过程结束。

在上述两种方法中,顺序查找方法简单,但效率不高。一般来说,若整数序列中整数的个数为 n,即平均要找 $n/2$ 次才找到(若该数在序列中)。而二分查找法虽然思路相对复杂,但效率高。通过分析可以知道,若要查找的数在个数为 n 的序列中,二分查找法平均花 $\log_2(n)$ 次左右的比较就可以找到。当问题的规模(n)很大时,不同算法的效率就可以很明显地看出来了。例如,当 n 为 100 万时,顺序查找平均要比较 50 万次左右,而二分查找平均用 20 次就够了($\log_2(1\,000\,000) \approx 20$)。

就算法而言,它主要考虑的是问题求解的步骤或过程。但若要把算法变成程序,还有许多事情要做。首先要考虑问题中数据的表达。例如对于前面用二分法求解查找问题的算法来说,要考虑:如何表达整数序列(一般用数组);如何表达下一步要查找的范围,即子序列 S 的范围(一般可用 S 的首、尾两个整数在数组中的下标来表示);要查找的数和 S 的中间整数(可各用一个变量)。其次,要将算法过程用程序设计语言中的控制语句来实现(最主要的是循环控制与条件控制语句)。最后,要仔细设计与用户的交互(主要是数据的输入与输出)。

在程序实现中,数据的组织(数据结构)与算法是密切相关的、互为依赖的。好的数据结构有可能会导致一个高效率的算法。

3. 数据结构

计算机经常对大量的数据进行处理。如果待处理的数据是杂乱无章的,那么可能严重影响计算机的处理效率,或处理时间过长,或占据更多的存储空间。因此,合理有效地组织数据以便提高计算机处理数据的效率往往关系到计算机应用的成败。一般认为,数据结构是由数据元素根据某种逻辑关系组织起来以便有效使用的数据元素的集合。

在程序设计过程中,数据结构的选择是一个重要的设计因素。许多大型计算机系统的构造经验表明,数据结构的好坏直接影响到系统实现的困难程度和质量,也关系到算法的设计效率。不同的数据结构,往往需要有与之相适应的特定算法。数据结构和算法是程序设计的本质内容。

作为计算机软件技术的一个重要领域,数据结构的研究内容主要包括 3 个方面:数据的逻辑结构、数据的存储结构和数据的运算方式。数据逻辑结构是指对数据元素之间的逻辑关系的描述;数据必须在计算机内存储,数据的存储结构是数据结构的物理实现形式,是其在计算机内的关系表示,数据的存储结构也称为数据的物理结构;数据运算方式是指在分析研究数据结构时,需要同时讨论在该类数据上执行的运算才有意义。

数据的逻辑结构和存储结构往往是相对的,存储结构主要与数据在计算机上的实现方式相关。如果某种结构可以在计算机上自动实现,那么就认为该结构是物理结构或存储结构。例如,在讨论矩阵时,一维数组是物理结构,矩阵则是逻辑结构。但是在讨论图的结构时,一般认为矩阵是可以在计算机上自动实现的物理结构,图形则是逻辑结构。

数据结构的形式化表示方法是 DS=(D,R)。其中,DS 表示数据结构,D 表示数据结构中的数据元素,R 表示数据元素之间的关系。

根据数据元素之间的关系,可以把数据结构分为以下 4 种基本类型:集合、线性结构、树型结构、图状结构。线性结构中的元素之间存在一对一关系,树型结构中的元素之间存在一对多关系,图形结构中的元素之间存在多对多关系。树型结构和图状结构称为非线性结构。集合结构中的数据元素除了同属于一种类型外,无其他关系。

8.1.2　算法的表示

算法是对解题过程的精确描述。表示算法的语言主要有自然语言、流程图、盒图、PAD 图、伪代码和计算机程序设计语言等。

1. 自然语言

自然语言就是人们日常使用的语言,可以是汉语、英语或其他语言。用自然语言表示通俗易懂,但文字冗长,容易出现歧义。自然语言表示的含义往往不太严格,要根据上下文才能准确判断其含义。因此,除了简单问题,一般不采用自然语言描述算法。

例 8-2　对于一个大于或者等于 3 的正整数,判断它是不是一个素数(素数是指除了 1 和该数本身之外,不能被其他任何整数整除的数)。

假设给定的正整数 n,根据题意,判断一个正整数是否素数,可以用 n 作为被除数,分别将 $2,3,4,\cdots,n-1$ 各个正整数作为除数,如果有任何一个可以整除,那么 n 不是素数,如果全部都不能整除,那么 n 是素数。

其具体算法如下。

(1) S1:输入 n 的值。

(2) S2:i=2。

(3) S3:n 被 i 除,得余数 r。

(4) S4:如果 r=0,表示 n 能被 i 整除,则打印 n"不是素数",算法结束;否则执行 S5。

(5) S5:i+1→i。

(6) S6:如果 i≤$n-1$,返回 S3;否则打印 n"是素数";算法结束。

改进第 6 个步骤,具体如下。

S6:如果 i≤sqrt(n),返回 S3;否则打印 n"是素数";算法结束。

2. 流程图

流程图表示算法,使用国际标准的流程图图形符号来表示算法的求解步骤。

图 8-1 是判断素数的算法流程图表示。

流程图是表示算法的较好的工具。流程图包括以下几个部分:表示相应操作的框;带箭头的流程线;框内、框外必要的文字说明。

3. N-S 图

美国学者 I. Nassi、B. Shneiderman 提出了一种新的流程图 N-S 图。图 8-2 是判断 a 和 b 大小的算法的 N-S 图表示法。

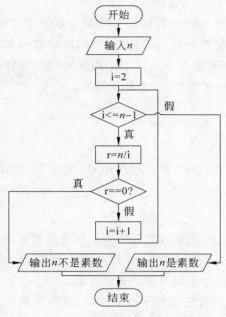

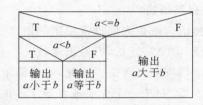

图 8-1　判断素数的算法流程图　　　　图 8-2　判断两数大小算法的 N-S 流程图表示

N-S 图表示算法比文字描述更加直观、形象，易于理解；比传统的流程图紧凑易画；废除流程线，整个算法结构是由各个基本结构按顺序组成。N-S 流程图的上下顺序就是执行时的顺序。N-S 图表示的算法都是结构化的算法。但 N-S 图不易扩充和修改，不易描述大型复杂算法。

4. 伪代码

伪代码是用介于自然语言和计算机语言之间的文字和符号来描述算法的工具。它不用图形符号，因此书写方便格式紧凑，易于理解，便于用程序设计语言实现。判断一个数 n 是否为素数的伪代码表示如下。

```
BEGIN
    INPUT n
    i=2
    DO WHILE i<=n-1
        r=n%i
        IF(r==0)
            PRINT "n 不是素数"
            END
        END IF
        i=i+1
    END DO
    PRINT "n 是素数"
END
```

　　　　　　　　计算机系统导论

5. 程序设计语言

用计算机程序设计语言表示算法就是实际的程序,必须严格遵守所使用的语言的语法规则。

特定程序设计语言编写的算法限制了与他人的交流,不利于问题的解决;要花费大量的时间去熟悉和掌握某种特定的程序设计语言;程序设计语言要求描述计算步骤的细节而忽视算法的本质;需要考虑语法细节,而扰乱算法设计的思路。因此算法的描述一般不用程序设计语言描述。

8.1.3 算法的分类

算法有多种分类方式,可以根据实现方式分类,也可以根据设计方法分类,还可以根据应用领域进行分类。不同的分类方式有不同的特点。

1. 根据实现方式分类

根据实现方式分类,可以将算法分为递归算法、迭代算法、逻辑算法、串行算法和并行算法和分布式算法、确定性算法和非确定性算法、精确算法和近似算法等。

递归算法(Recursion Algorithms)是一种不断调用自身直到指定条件满足为止的算法,是一种重要的算法思想。迭代算法(Iteration Algorithms)主要是利用计算机运算速度快、适合做重复性操作的特点,让计算机重复执行某种结构或一组指令或一些步骤,在每次执行这种结构(或指令或步骤)时,都从变量的原值推出它的一个新值。也就是说,迭代算法通过从一个初始值出发寻找一系列近似值来解决问题。迭代算法的基本步骤包括确定迭代变量、建立迭代关系式、对迭代过程和结束方式进行控制。逻辑算法(Logical Algorithms)又称为逻辑演绎、演绎逻辑,是一种以一般概念、原则为前提,推导出个别结论的思维方法,即根据某类事物都具有的一般属性、关系来推断该类事物中个别事物所具有的属性、关系的推理方法。例如,水果都含维生素,猕猴桃是水果,所以猕猴桃含维生素。

如果算法指令在计算机中执行的过程是一个指令接着一个指令,在指定的时刻只能有一个指令在执行,那么该算法是就串行算法(Serial Algorithms)。与串行算法对应的是并行算法、分布式算法。并行算法(Parallel Algorithms)是并行计算中的重要问题,指在并行机上同时用很多个处理器联合求解问题的方法。分布式算法(Distributed Algorithms)是一种可以借助计算机网络进行运算的方法。分布式算法广泛应用于通信、科学计算、分布式信息处理等领域。在并行算法和分布式算法中,成本消耗不仅涉及每一个处理器本身处理数据的消耗,而且包括处理器之间通信所耗费的成本。因此,在选择是采用串行算法,还是并行算法或分布式算法时,要综合考虑成本因素。

确定性算法(Deterministic Algorithms)是最常见到的算法,其计算行为是可预测的。在确定性算法中,给定一个特定的输入,总是会产生相同的输出结果,且其计算过程总是一样的。例如,求解一元二次方程根的算法就是一个典型的确定性算法。与确定性算法相比,不确定性算法(Non-Deterministic Algorithm)是指计算行为是不可预测的。在很多运算过程中,往往有许多因素造成运算过程或结果是不确定的。在不确定算法中,运算过程往往有一个或多个选择点,且各种选择都有可能发生。

一般地认为,精确算法(Exact Algorithms)是指总是可以找到最优解的算法。近似算法(Approximate Algorithms)则是指寻找接近最优解的满意解的算法。在很多实际问题中,往往只能找到近似解,因此近似算法更加有效。

2. 根据设计方法分类

根据设计方法分类,可以将算法分为穷举法、分治法、线性规划法、动态规划法、贪心算法、回溯法等。

穷举法(Exhaustive search),又称为强力搜索法(Brute-force Search)、枚举法(Enumeration Method),是一种解决问题的基本方法。该方法枚举出所有可能的解决方案,然后对每一个可能的解决方案进行测评以便找到满足条件的方案。例如,寻找自然数 n 的所有除数、中国传统的 100 元买百鸡问题(公鸡每只 5 元、母鸡每只 3 元、小鸡 3 只 1 元,100 元买百鸡,问共有多少种买法?)、国际象棋中的 8 皇后问题等。穷举法是解决这些问题的有效方法。在这种方法中,算法的主要成本是需要枚举出所有可能的解决方案,解决方案数量会随着问题中数据规模的增加而急剧地增大。因此,这种方法适合问题中数据规模有限的情况,或者问题限于特定领域中。

分治法(Divide and Conquer Algorithm)的基本思想是把一个大问题分解成多个子问题。这些子问题可以继续再分解(递归方式),直到分解后的子问题容易解决为止,然后把这些子问题的解决方案组合起来得到最终的结果。其主要步骤如下:按照指定的约束条件把问题进行分解直至得到容易解决的子问题,分别解决每个子问题,把子问题的方案组合起来。需要注意的是,分治法与递归法不同,虽然两者都强调层层分解得到子问题,但是递归强调子问题的形式与初始问题的形式完全一样,而分治法则不强调子问题的形式与初始问题完全一样,只是强调子问题是否容易得到解决。不同的子问题可以有不同的解决方式。二分搜索算法就是一个典型的分治法。其基本思想是,对于有序序列,确定待查记录的范围,然后逐步缩小范围直到找到记录为止。

线性规划法(Linear Programming Method,LPM)又称为线性规划技术,是一种解决多变量最优决策的典型方法。线性规划法是指在各种相互关联的多变量约束条件下,解决一个对象的线性目标函数最优化的问题。其中,目标函数是决策者要求达到目标的数学表达式,用一个极大或极小值来表示;约束条件是指实现目标的能力资源和内部条件的限制因素,用一组等式或不等式来表示。线性规划法是经营管理决策中最常用的数学方法。其主要用来解决管理决策、生产安排、交通设计、军事指挥等问题。

动态规划法(Dynamic Programming Method,DPM)是 1953 年美国应用数学家 Richard Bellman 提出用来解决多阶段决策过程问题的一种最优化方法。多阶段决策过程是把研究问题分成若干个相互联系的阶段,每一个阶段都做出决策,从而使整个过程达到最优化。动态规划法是一种多阶段决策方法,其基本思想是按时空特点将复杂问题划分为相互联系的若干个阶段,在选定系统行进方向之后,从终点向始点逆向计算,逐次对每个阶段寻找决策,使整个决策过程达到最优。该方法又称为逆序决策过程。许多实际问题利用动态规划法处理往往比线性规划法更有效。动态规划法与分治法类似,都是将问题归纳为较小的、相似的子问题，通过求解子问题产生一个全局解。但是，分治法中的各个子问题是独立的，一旦求出各个子问题的解后，可以自下而上地将子问题的解合并成问题的最终解。动态规划法则允许这些子问题不独立。该方法对每个子问题只解一次，并将结果保存起来，避免每次碰到时都重复计算。动态规划法适合于解决资源分配、优化调度等优化问题。

贪心算法(Greedy Algorithms)类似于动态规划法。在对问题求解时，先把问题分成若干个子问题，然后总是贪心地做出在当前看来是最好的选择。也就是说，贪心算法不是从整体最优上加以考虑，所做出的决策仅是在某种意义上的局部最优解。虽然对于许多问题，贪心算法不能给出整体最优结果，但是贪心算法是运算速度最快的方法，并且对许多问题能产生整体最优解或整体最优解的近似解。Kruskal 提出的最小生成树算法就是一个典型的贪心算法。贪心算法与动态规划法类似，但也有不同之处。贪心算法的当前选择可能要依赖已经做出的所有选择，但不依赖于有待于做出的选择和子问题。动态规划法的当前选择不仅依赖已经做出的所有选择，而且还依赖于有待于做出的选择和子问题。

回溯法(Backtracking Algorithms)是一种选优搜索法，按选优条件向前搜索，以达到目标。当搜索到某一步时，发现原先选择并不优或达不到目标，就退回上一步重新选择。这种走不通就退回再走以便达到优化目的的方法称为回溯法。如果搜索方式合理的话，回溯法往往比穷举法要快。因为回溯法可以根据一次尝试而删除大量可选的解决方案。

3．根据应用领域分类

根据应用领域分类的算法种类很多，每种应用领域都会有大量的算法。一些典型的算法包括排序算法、搜索算法、图论算法、机器学习、加密算法、数据压缩算法、语法分析算法、数论与代数算法等。

8.2　算法分析与设计

在编写计算机程序时，研究和选择合理的算法是一项非常重要的工作。无论是数学领域的科学计算，还是管理领域、工程领域的数据处理，都离不开对算法的研究和应用。对于大多数的应用程序而言，算法的好坏直接影响到这些应用程序能否被用户接收和能否被广泛地应用。

8.2.1　算法分析

解决同样的问题可以有不同的方法，因此可以得到不同的算法。虽然这些算法都能正确、有效地解决问题，但它们之间是有区别的，如有的算法执行速度快、执行时间少，占用存储空间少，这样的算法我们称之为"好"的算法；反之，称之为"坏"的算法。算法分析是指通过分析得到算法所需资源的估算。

1．算法的衡量标准

（1）正确性。算法的正确性是指对于一切合法的输入数据，算法经过有限时间的运行都能够得到正确的结果。

（2）可读性。算法的可读性是指有助于设计者和他人阅读、理解、修改和引用。

（3）健壮性。算法的健壮性是指当输入非法数据时，算法能做出正确的反应或进行相应的处理。

（4）时间效率和存储需求。算法的时间效率是指算法的执行时间；算法的存储需求是指算法执行过程中所需要的最大存储空间。算法的时间效率和存储需求都与算法的规模相关。

2．算法的规模

算法的规模一般用字母 n 表示，表明算法的数据范围的大小。如我们需要在人事档案中将某个人的档案找出来，那么所有人的档案总数就是该算法的规模；当然从 10 个人的档案中查找与从 1000 个人中的档案中查找所需的时间是不同的，进而也可能影响查找的方法也不相同，甚至可能影响到某些方法不能够找出来。算法分析首先需要确定算法的规模。举例如下。

（1）列出所有比 n 小的素数，这里 n 就是算法规模。

（2）求正整数 m、n 的最大公约数，这里 m、n 中较小的就是算法规模。

（3）城市中求任意两个公交车站点之间的路径，这里所有的公交车点数目就是算法规模。

3．时间复杂度

时间复杂度并不是针对某个算法的具体执行时间，因为精确的时间估计是很困难的，与使用的计算机、操作系统、数据存储介质等都有关系。一般情况下，算法的时间复杂度指的是基本操作重复执行的次数与问题规模 n 的某个函数 $f(n)$，表示为：

$$T(n) = O(f(n))$$

例如，求 $1+2+\cdots+100$，这里最耗费时间的指令是加法，加法的次数是 99 次，而算法的规模 $n=100$，所以时间复杂度 $T(n)=n$。

4．空间复杂度

空间复杂度是指算法执行过程对计算机存储空间的要求。执行一个算法除了需要存储空间存放本身所用的指令、常数、变量和输出数据外，还需要一些辅助空间用于存储数据及过程中的中间信息。

算法的空间复杂度 $S(n)=O(f(n))$ 也是一个与算法规模有关的函数。

实践中，算法的时间复杂度和空间复杂度是彼此相关的两个方面。有些情况下，为了追求时间效率，需要采用附加的空间，而有些时候，却需要牺牲时间来减少空间的使用。

8.2.2　常用算法设计

算法就是能够证明正确的解题步骤。算法有许多种，最简单的有下面 6 种：递推法、贪心法、列举法、递归法、分治法和模拟法。

1. 递归算法

递归算法是一种思考和解决问题的方式,是计算机科学的核心思想之一。递归算法的主要思想是将一个初始问题分解成为比较小的、有着相同形式的子问题,直到子问题足够简单、能够被理解并解决为止,然后再将所有子问题的解组合起来得到初始问题的结果。许多高级程序设计语言都提供了支持递归运算的函数。

看一个示例。为了计算阶乘,可以使用下面的定义:

$$n! = \begin{cases} 1, & n = 0 \\ n \times (n-1)!, & n > 0 \end{cases}$$

上面的定义准确地给出了计算阶乘的方法。现在考虑计算 $5!$。由于 $5 > 0$,根据定义可得 $5! = 5 \times 4!$。这个公式虽然简单了一些,但是依然不知道 $4!$ 的值。继续计算 $4!$,因为 $4 > 0$,可得 $4! = 4 \times 3!$。同样,继续,可得 $3! = 3 \times 2!$,$2! = 2 \times 1!$。因为 $1 > 0$,可得 $1! = 1 \times 0!$。可以根据定义单独处理 n=0 的情况,$0! = 1$。整个阶乘 $5!$ 的计算可以按照下面的式子进行:

$$5! = 5 \times 4! = 5 \times (4 \times 3!) = 5 \times (4 \times (3 \times 2!)) = 5 \times (4 \times (3 \times (2 \times 1!)))$$
$$= 5 \times (4 \times (3 \times (2 \times (1 \times 0!)))) = 5 \times (4 \times (3 \times (2 \times (1 \times 1))))$$
$$= 5 \times (4 \times (3 \times (2 \times 1))) = 5 \times (4 \times (3 \times 2))$$
$$= 5 \times (4 \times 6) = 5 \times 24 = 120$$

上面的示例演示了递归计算的特征。为了获得大型问题的解决方案,常用的方法就是把该大型问题化解为一个或几个相似的、规模更低的子问题。对子问题可以采用同样的方法。这样,一直递归下去,直到子问题足够小,成为一个基本情况,这时可以直接给出子问题的解答。也就是说,每个递归过程都包含如下两个步骤。

(1) 一个能够不使用递归方法可以直接处理的基本情况。

(2) 一个常用的方法,能够将一种特殊的情况化解为一种或多种规模较小的情况,持续下去,最终将问题转换为对基本情况的求解。

2. 贪心算法

贪心算法背后隐藏的基本思想是从小的方案推广到大方案的解决方法。它分阶段工作,在每一个阶段总是选择认为当前最好的方案,而不考虑将来的后果。所以,贪心算法只需随着过程的进行保持当前的最好方案。这种"眼下能多占便宜的就先占着"的贪心者的策略就是这类算法名称的来源。用这种策略设计的算法往往比较简单,但不能保证求得的最后解是最佳的。在许多情况下,最后解即使不是最优的,只要它能够满足设计目的,这个算法还是具有价值的。下面举一个经典的例子进一步说明贪心法的设计思路。

典型的贪心法的例子是找零钱问题。如果有一些硬币,其面值有 1 角、5 分、2 分和 1 分,要求用最少数量的硬币给顾客找某数额的零钱(如 2 角 4 分)。贪心法的思路是:每次选取最大面额的硬币,直到凑到所需要的找零数额。如 2 角 4 分的找零问题,首先考虑的是用"角",共需要 2 个 1 角,还余 4 分;考虑 5 分,再考虑 2 分,最后的结果是用 2 个 1 角 2 个 2 分。当然,这种找零的方法不能保证最优。例如,若硬币中有面值 7 分的硬币,现在要找1角4分。贪心法的结果是1个1角,2个2分;而实际上用2个7分就可以了。

另外,从一系列整数中挑选最大值的整数也可以用贪心法来做。其设计思路是:逐个查看这一系列整数,先认为第一个是最大的,然后查看下一个;若新观察到的整数比已知最大的整数还要大,则更新当前最大值,直到看完所有的整数。这就相当于拿一箩筐苹果让你挑一个最大的,你看到第一个就抓在手里,然后盯着筐里的下一个苹果;如果不比你手里的苹果大就把它扔在一边,若比手里的大就换下手里的苹果,直到所有苹果都被你比较了一遍。

此外,背包问题、马踏棋盘问题都是典型的贪心算法求解应用问题。

3. 分治算法

任何一个可以用计算机求解的问题所需的计算时间都与其规模有关。问题规模越小,解题所需的计算时间往往也越少,从而也越容易计算。想解决一个较大的问题,有时是相当困难的。分治法的思想就是,将一个难以直接解决的大问题,分割成一些规模较小的相同问题,以便各个击破,分而治之。

分治的基本思想是将一个规模为 n 的问题分解为 k 个规模较小的子问题,这些子问题互相独立且与原问题相同。找出各部分的解,然后把各部分的解组合成整个问题的解。

解决算法实现的同时,需要估算算法实现所需时间。分治算法时间是这样确定的:解决子问题所需的工作总量(由子问题的个数、解决每个子问题的工作量决定),合并所有子问题所需的工作量。分治法是把任意大小问题尽可能地等分成两个子问题的递归算法。

例如,二分法检索、棋盘覆盖问题、快速排序和日程问题等都是分治算法的应用。

4. 回溯法

回溯法是一种满足某些约束条件的穷举搜索法。它要求设计者找出所有可能的方法,然后选择其中的一种方法,若该方法不可行则试探下一种可能的方法。显然穷举法(也叫蛮力法)不是一个最好的算法选择,但当我们想不出别的更好的办法时,它也是一种有效的解决问题的方法。

作为算法设计技术,回溯法在许多情况下还是比较理想的。在一些算法中,其时间复杂度并不总是问题规模的多项式函数。例如,在数学中利用克莱姆法则求解 n 阶线性方程组,总共需要做 $(n^2-1) \times n!$ 次乘法运算。对规模为 n 的问题,若不存在一个时间复杂性为多项式函数 $P(n)$ 的算法来求解该问题,就称该问题是 NP 类问题,也就是难题。

回溯法最典型的例子是 n 皇后问题。这个问题是:将 n 个皇后放到 $n \times n$ 的棋盘上,使得任何两个皇后之间不能互相攻击,也即使说,任何两个皇后不能在一行、在一列或者在一条对角线上。

假设 $n=4$,如图 8-3 所示。

假设每个皇后 $Q_1 \sim Q_4$ 占据一行,要考虑的是给皇后在棋盘上分配一个列。应用回溯法的思路,求解过程从空棋盘开始,按照顺序进行尝试。

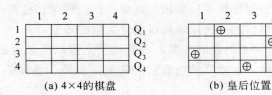

(a) 4×4的棋盘   (b) 皇后位置

图 8-3   4 皇后问题

(1) 将 Q_1 放到第一行的第一个可能位置,就是第 1 列。

(2) 考虑 Q_2。显然第一列和第二列尝试失败,因此 Q_2 放到棋盘的$(2,3)$位置上,也就是第 2 行第 3 列。

(3) 接下来考虑 Q_3,发现 Q_3 已经无处可放了。这时算法开始倒退(回溯),将 Q_2 放到第 2 个可能的位置,就是棋盘上的$(2,4)$位置上。

(4) 再考虑 Q_3,可以放到$(3,2)$。

(5) 考虑 Q_4,无地方可放,尝试结束,再次回溯考虑 Q_3 的位置。

如此下去,直到回溯到 Q_1。排除 Q_1 原来的选择,Q_1 的第 2 个位置为$(1,2)$,继续考虑 Q_2 的位置,…。最后的解是:

① 将 Q_1 放到$(1,2)$位置上;

② Q_2 放到$(2,4)$位置上;

③ Q_3 放到$(3,1)$位置上;

④ Q_4 放到$(4,3)$位置上。

这只是对 $n=4$ 的分析。当 $n=1$ 时,答案是明显的。当 $n=2$ 和 $n=3$ 时无解,对 $n>4$ 的情况,可应用同样的方法尝试各种可能,最后得到解。

综合以上过程,对回溯法最简单的解释就是“向前走,碰壁就回头”。

此外,迷宫问题、旅行售货员问题、装载问题等都可以应用回溯法求解。

5. 分支限界

分支限界法类似于回溯法,也是一种在问题的解空间树 T 上搜索问题解的算法。但在一般情况下,分支限界法与回溯法的求解目标不同。回溯法的求解目标是找出 T 中满足约束条件的所有解,而分支限界法的求解目标则是找出满足约束条件的一个解,或是在满足约束条件的解中找出使用某一目标函数值达到极大或极小的解,即在某种意义下的最优解。

例如,单源最短路径问题、布线问题等都可以应用分支限界法求解。这种算法在人工智能上有非常好的应用。

6. 动态规划

动态规划算法通常用于求解具有某种最优性质的问题。在这类问题中,可能会有许多可行解。每一个解都对应于一个值,我们希望找到具有最优值的解。动态规划算法与分治法类似,其基本思想也是将待求解问题分解成若干个子问题,先求解子问题,然后从这些子问题的解得到原问题的解。与分治法不同的是,适合于用动态规划求解的问题,经分解得到子问题往往不是互相独立的。若用分治法来解这类问题,则分解得到的子问题数目太多,有些子问题被重复计算了很多次。如果我们能够保存已解决的子问题的答案,而在需要时再找出已求得的答案,这样就可以避免大量的重复计算,节省时间。我们可以用一个表来记录所有已解的子问题的答案。不管该子问题以后是否被用到,只要它被计算过,就将其结果填入表中。这就是动态规划法的基本思路。具体的动态规划算法多种多样,但它们具有相同的填表格式。

设计动态规划法的步骤如下。

(1) 找出最优解的性质,并刻画其结构特征。

(2) 递归地定义最优值(写出动态规划方程)。

(3) 以自底向上的方式计算出最优值。

(4) 根据计算最优值时得到的信息,构造一个最优解。

步骤(1)～(3)是动态规划算法的基本步骤。在只需要求出最优值的情形,步骤(4)可以省略,步骤(3)中记录的信息也较少;若需要求出问题的一个最优解,则必须执行步骤(4),步骤(3)中记录的信息必须足够多以便构造最优解。

动态规划算法的有效性依赖于问题本身所具有的两个重要性质:最优子结构性质和子问题重叠性质。当问题的最优解包含了其子问题的最优解时,称该问题具有最优子结构性质。在用递归算法自顶向下解问题时,每次产生的子问题并不总是新问题,有些子问题被反复计算多次。动态规划算法正是利用了这种子问题的重叠性质,对每一个子问题只解一次,而后将其解保存在一个表格中,在以后尽可能多地利用这些子问题的解。

对于任意给定的问题,设计出复杂性尽可能低的算法是我们在设计算法时追求的一个重要目标。当给定的问题有多种算法可供选择时,选择其中复杂性最低的,是我们在选用算法时遵循的一个重要准则。算法的复杂性分析对于算法的设计和选用都有着重要的意义。

例如,工程耗费问题、求最短路径算法等都是动态规划算法的典型应用。

8.3　计算机学科典型实例

典型实例是在计算机学科长期发展中积累起来的例子。其能深刻地反映学科中基本概念本质内容,往往达到简化形式、深入浅出地表达学科深奥的科学规律和典型问题的理想模型,同时它也是在实践中不断地发展丰富的。

8.3.1　哥尼斯堡七桥问题

哥尼斯堡七桥问题引出数学上有关图论研究的问题。在解决问题的方法上,则是一个对问题进行抽象的典型实例。

1. 哥尼斯堡七桥问题

17世纪的东普鲁士有一座哥尼斯堡城,城中有一座奈佛夫岛,普雷格尔河的两条支流环绕其旁,并将整个城市分成北区、东区、南区和岛区4个区域,全城共有7座桥将4个城区相连起来(图8-4)。

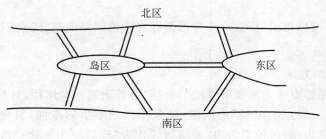

图8-4　哥尼斯堡七桥

　　通过这7座桥到各城区游玩,提出的问题是:寻找走遍这7座桥的路径,要求过每座桥只许走一次,最后又回到原出发点。

　　问题提出后,很多人对此很感兴趣,纷纷进行试验,但在相当长的时间里,始终未能解决。而利用普通数学知识,每座桥均走一次,那么这7座桥所有的走法一共有7!＝5040种,如果要一一试验,这将会是很大的工作量。但怎么才能找到成功走过每座桥而不重复的路线呢?因而形成了著名的"哥尼斯堡七桥问题"。

　　七桥问题引起了著名数学家列昂纳德·欧拉(L. Euler)的关注。1736年,在经过一年的研究之后,29岁的欧拉提交了《哥尼斯堡七桥》的论文,圆满解决了这一问题,同时开创了数学新分支——图论。

　　在论文中,欧拉将七桥问题抽象出来,把每一块陆地考虑成一个点,连接两块陆地的桥以线表示。并由此得到了如图8-5一样的几何图形。若我们分别用 A、B、C、D 这4个点表示为哥尼斯堡的4个区域。这样著名的"七桥问题"便转化为是否能够一笔不重复地画出此7条线的问题了。若可以画出来,则图形中必有终点和起点,并且起点和终点应该是同一点。由于对称性可知由 A 或 C 为起点得到的效果是一样的,若假设以 A 为起点和终点,则必有一离开线和对应的进入线,若我们定义进入 A 的线的条数为入度,离开线的条数为出度,与 A 有关的线的条数为 A 的度,则 A 的出度和入度是相等的,即 A 的度应该为

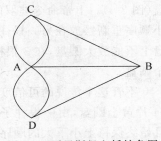

图8-5　哥尼斯堡七桥抽象图

偶数。即要使得从 A 出发有解则 A 的度数应该为偶数,而实际上 A 的度数是3为奇数,于是可知从 A 出发是无解的。同时若从 B 或 D 出发,由于 B、D 的度数分别是5和3,都是奇数,即以之为起点都是无解的。

　　综上可知,对于所抽象出的数学问题是无解的,即"七桥问题"也是无解的。

　　欧拉给出了哥尼斯堡七桥问题的证明,还用数学方法给出了3条判定规则(判定每座桥恰好走过一次,不一定回到原点,即对欧拉路径的判定)。

　　(1)如果通奇数座桥的地方不止两个,满足要求的路线是找不到的。

　　(2)如果只有两个地方通奇数座桥,可以从这两个地方之一出发,找到所要求的路线。

（3）如果没有一个地方是通奇数座桥的，则无论从哪里出发，所要求的路线都能实现。

根据第（3）点可以得出，任意一个连通图存在欧拉回路的充分必要条件是所有顶点均有偶数度。

2. 解决问题的方法

欧拉解决问题的方法为抽象的方法。根据"寻找走遍这 7 座桥，且只许走过每座桥一次，最后又回到原出发点的路径"的问题，抽象出问题本质的东西，忽视问题非本质的东西。即将区域抽象为点、桥抽象为边，使问题转化为"经过图中每边一次且仅一次的回路问题"。

8.3.2 汉诺塔问题

计算机学科的问题，无非就是计算问题。从大的方面来说，分可计算问题与不可计算问题。可计算问题是存在算法可解的问题，不可计算问题是不存在算法可解的问题。为便于理解，下面分别以汉诺塔（Hanoi）问题和停机问题来介绍可计算问题与不可计算问题。

1. 汉诺塔问题

汉诺塔问题是源于印度一个古老传说。上帝创造世界的时候做了 3 根金刚石柱子，在一根柱子上从下往上按大小顺序摞着 64 片黄金圆盘（图 8-6）。上帝命令婆罗门把圆盘从下面开始按大小顺序重新摆放在另一根柱子上。并且规定，在小圆盘上不能放大圆盘，在 3 根柱子之间一次只能移动一个圆盘。

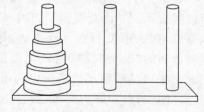

图 8-6　汉诺塔

不管这个传说的可信度有多大，如果考虑一下把 64 片黄金圆盘，由一根柱子上移到另一根柱子上，并且始终保持上小下大的顺序，需要多少次移动呢？

假设有 n 片黄金圆盘，移动次数是 $f(n)$。显然 $f(1)=1$，$f(2)=3$，$f(3)=7$，且 $f(k+1)=2\times f(k)+1$。不难证明 $f(n)=2^{n-1}$。当 $n=64$ 时，$f(64)=2^{64-1}=18\,446\,744\,073\,709\,551\,615$。假如每秒钟移动一次，平均每年 $31\,556\,952$ 秒，计算可知，移完这些黄金圆盘需要 5845 亿年以上，而地球存在至今不过 45 亿年，太阳系的预期寿命据说也就是数百亿年。

2. 汉诺塔算法分析

汉诺塔问题的算法非常简单，当盘子的个数为 n 时，移动的次数应等于 2^{n-1}。后来一位美国学者发现一种出人意料的简单方法，只要轮流进行两步操作就可以了。首先把三根柱子按顺序排成品字形，把所有的圆盘按从大到小的顺序放在柱子 A 上，根据圆盘的数量确定柱子的排放顺序：若 n 为偶数，按顺时针方向依次摆放 A、B、C；若 n 为奇数，按顺时针方向依次摆放 A、C、B。

（1）按顺时针方向把圆盘 1 从现在的柱子移动到下一根柱子，即当 n 为偶数时，若圆盘 1 在柱子 A，则把它移动到 B；若圆盘 1 在柱子 B，则把它移动到 C；若圆盘 1 在柱子 C，则把它移动到 A。

（2）接着，把另外两根柱子上可以移动的圆盘移动到新的柱子上。即把非空柱子上的圆盘移动到空柱子上，当两根柱子都非空时，移动较小的圆盘。这一步没有明确规定移动哪个圆盘，你可能以为会有多种可能性，其实不然，可实施的行动是唯一的。

（3）反复进行（1）、（2）操作，最后就能按规定完成汉诺塔的移动。

所以结果非常简单，就是按照移动规则向一个方向移动金片。如 3 阶汉诺塔的移动：A→C，A→B，C→B，A→C，B→A，B→C，A→C。

汉诺塔是一个只能采用递归方法进行计算的问题，时间复杂度为指数级。递归在可计算性理论与算法设计中都有很重要的地位。

8.3.3　哲学家进餐问题

哲学家进餐问题是荷兰学者 Dijkstra 提出的经典 IPC 同步问题（Inter Process Communication）。它是一个信号量机制问题的应用，在操作系统文化史上具有非常重要的地位。对该问题的剖析有助于深刻地理解计算机系统中的资源共享、进程同步、死锁等问题，并能熟练地应用信号量来解决生活中的控制流程，即将生活中的控制流程用形式化的方式表达出来。

1. 哲学家进餐问题

哲学家进餐问题涉及 5 个哲学家，共用一张放有 5 把椅子的餐桌，每人坐在一把椅子上，桌子上有 5 个碗面和 5 根筷子，每人两边各放一根筷子。哲学家们是交替思考和进餐，饥饿时便试图取其左右最靠近他的筷子（图 8-7）。

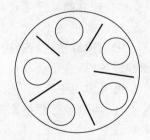

当哲学家思考时，他不和其他人交谈。当哲学家饥饿时，他将拿起和他相邻的两根筷子进行进餐，但他很可能仅拿到一根，此时旁边的另一根正在他邻居的手中。只有他同时拿到两根筷子时他才能开始进餐。完成进餐后，他将两根筷子分别放回原位，然后再次开始思考。由此，一个哲学家的生活进程可表示为：

图 8-7　哲学家就餐图

① 思考问题；

② 饿了停止思考，左手拿一只筷子（拿不到就等）；

③ 右手拿一只筷子（拿不到就等）；

④ 进餐；

⑤ 放右手筷子；

⑥ 放左手筷子；

⑦ 重新回到思考问题状态①。

如何协调 5 个哲学家的生活进程，使每一个哲学家最终都可以进餐。考虑下面两种情况。

（1）按哲学家的活动，当所有的哲学家都同时拿起左手筷子时，则所有的哲学家都将拿不到右手的筷子，并处于等待状态，那么哲学家都将无法进餐，最终饿死。

（2）将哲学家的活动修改一下，变成当右手的筷子拿不到时，就放下左手的筷子，这种情况是不是就没有问题？不一定，因为可能在一瞬间，所有的哲学家都同时拿起左手的筷子，自然就拿不到右手的筷子，于是都同时放下左手的筷子，等一会，又同时拿起左手的筷子，如此这样永远的重复下去，则所有的哲学家一样都吃不到面条，最终饿死。

以上两个方面的问题，其实反映的是程序并发执行时进程同步的两个问题，一个是死锁（Deadlock），另一个是饥饿（Starvation）。

哲学家进餐问题实际上反映了计算机程序设计中多进程共享单个处理机资源时的并发控制问题。要防止这种情况发生，就必须建立一种机制，既要让每一个哲学家都能吃到面条，又不能让任何一个哲学家始终拿着一根筷子不放。采用并发程序语言、Petri 网、CSP 等工具，都能很容易地解决这个问题。

程序并发执行时进程同步有关的经典问题还有：读者—写者问题（Reader-Writer Problem）、理发师睡眠问题（Sleeping Barber Problem）等。

2. 算法分析

解决"哲学家进餐"问题首先要找出对应的控制关系，设定相应的控制信号量。避免死锁也是解决该类问题的关键。

考虑如下算法：哲学家正在思考→取左侧的叉子→取右侧叉子→吃饭→把左侧叉子放回桌子→把右侧叉子放回桌子。

当出现以下情形，在某一个瞬间，所有的哲学家都同时启动这个算法，拿起左侧的叉子，而看到右侧叉子不可用，又都放下左侧叉子，等一会儿，又同时拿起左侧叉子……，如此这样永远重复下去。对于这种情况，所有的哲学家都吃不上饭。

对上述算法进行改进：至多只允许四个哲学家同时进餐，以保证至少有一个哲学家能够进餐，最终总会释放出他所使用过的两支叉子，从而可使更多的哲学家进餐。

再考虑以下算法：规定奇数号的哲学家先拿起他左边的叉子，然后再去拿他右边的叉子；而偶数号的哲学家则相反。按此规定，将是 1、2 号哲学家竞争 1 号叉子，3、4 号哲学家竞争 3 号叉子。即 5 个哲学家都竞争奇数号叉子，获得后，再去竞争偶数号叉子，最后总会有一个哲学家能获得两支叉子而进餐。而申请不到的哲学家进入等待队列，根据先入先出（First Input First Output，FIFO）原则，则先申请的哲学家会较先可以吃饭，因此不会出现饿死的哲学家。

哲学家进餐问题是计算机系统中一个常见且复杂的同步问题，它可为多个竞争进程或者线程互斥地访问有限资源问题的解决提供思路，并有人不断提出解决问题的新算法。

8.3.4 旅行商问题

旅行商问题（Traveling Saleman Problem，TSP）又译为旅行推销员问题、货郎担问题，简称为 TSP 问题，是最基本的路线问题，该问题是在寻求单一旅行者由起点出发，通过所有给定的需求点之后，最后再回到原点的最小路径成本。

1. 旅行商问题

"旅行商问题"可描述为：有若干城市,任何两个城市之间的距离都是确定的,现要求一个旅行商从某城市出发,必须经过每一个城市且只能在每个城市逗留一次,最后回到原出发城市。问如何事先确定好一条最短的路线,使其旅行的费用最少。

如果有 3 个城市 A、B 和 C,互相之间都有往返的飞机,而且起始城市是任意的,则有 6 种访问每个城市的次序：ABC、ACB、BAC、BCA、CAB、CBA;若有 4 个城市,则有 24 种次序,可以用阶乘 $4! = 4 \times 3! = 4 \times 3 \times 2 \times 1 = 24$ 来表示;若有 5 个城市,则有 $5! = 5 \times 4! = 120$ 种次序,类似的有 $6! = 720$ 等。很显然,路径数呈指数级数规律急剧增长,以至达到无法计算的地步,这就是"组合爆炸问题",因此寻找切实可行的简化求解方法成为问题的关键。

1998 年,科学家们成功地解决了美国 13 509 个城市之间的 TSP 问题。2001 年又解决了德国 15 112 个城市之间的 TSP 问题。但这一工程代价也是巨大的,解决 15 112 个城市之间的 TSP 问题,共使用了美国 Rice 大学和普林斯顿大学之间网络互联的、由速度为 500MHz 的 Compaq EV6 Alpha 处理器所组成的 110 台计算机,所有计算机花费的时间之和为 22.6 年。

2. 研究进展

2010 年 10 月 25 日,英国一项最新研究说,在花丛中飞来飞去的小蜜蜂显示出了轻易破解"旅行商问题"的能力。而这是一个吸引全世界数学家研究多年的大问题。如能理解蜜蜂的解决方式,将有助于人们改善交通规划和物流等领域的工作。

英国伦敦大学皇家霍洛韦学院等机构研究人员报告说,小蜜蜂显示出了轻而易举破解这个问题的能力。他们利用人工控制的假花进行了实验,结果显示,不管怎样改变花的位置,蜜蜂在稍加探索后,很快就可以找到在不同花朵间飞行的最短路径。进行研究的奈杰尔·雷恩博士说,蜜蜂每天都要在蜂巢和花朵间飞来飞去,为了采蜜而在不同花朵间飞行是一件很耗精力的事情,因此实际上蜜蜂每天都在解决"旅行商问题"。尽管蜜蜂的大脑只有草籽那么大,也没有电脑的帮助,但它已经进化出了一套很好的解决方案,如果能理解蜜蜂怎样做到这一点,对人类的生产、生活将有很大帮助。

据资料介绍,"旅行商问题"的应用领域包括：如何规划最合理高效的道路交通,以减少拥堵;如何更好地规划物流,以减少运营成本;在互联网环境中如何更好地设置节点,以更好地让信息流动等。

8.4　思考与讨论

8.4.1　问题思考

1. 什么是算法,它与程序有什么区别?
2. 按设计方法可将算法分成哪几类?

3. 什么是算法表示？

4. 算法的衡量标准有哪些？

5. 常用算法有哪些？

6. 递归算法的特点是什么？

8.4.2　课外讨论

1. 简述算法在计算机应用上的重要性。

2. 如何判定计算过程是否为一个算法？判定下列过程是否为算法：

① 开始；

② $n<=0$；

③ $n=n+1$；

④ 重复③；

⑤ 结束。

3. 试用一种算法表示方法写出求 $1+2+3+\cdots+n$ 的算法描述。

4. 举例说明什么是算法的时间复杂度和空间复杂度。

5. 用分治法解决问题的基本思想是什么？

6. 什么是动态规划？请从网络搜索一个采用动态规划算法的具体例子。

第 9 章　数据库技术

【本章导读】

本章从信息资源已成为当今社会各行各业的重要资源出发,介绍数据库技术的发展与应用。读者可以了解数据库技术的发展历史;熟悉数据库系统的组成及数据库的体系结构;了解数据模型、数据库管理系统;了解主流数据库技术的发展和应用前景。

【本章主要知识点】

① 数据库技术的发展;

② 数据库系统的组成;

③ 数据库管理系统的功能;

④ 数据库技术应用。

9.1　数据库技术概述

数据库技术是 20 世纪 60 年代初开始发展起来的一门数据管理自动化的综合性新技术。它是应数据管理任务的需要而产生的,是数据管理最有效的手段。数据库技术主要研究如何科学地组织和存储数据、高效地获取和处理数据,是数据管理的最新技术,是计算机科学与技术的重要分支。数据库技术可以为各种用户提供及时的、准确的、相关的信息,满足用户各种不同的需要。

9.1.1　数据库技术介绍

1. 数据库技术的概念

数据库技术是现代信息科学与技术的重要组成部分,是一种计算机辅助管理数据的方法。它研究如何组织和存储数据,如何高效地获取和处理数据。数据库通过研究数据库的结构、存储、设计、管理以及应用的基本理论和实现方法,并利用这些理论来实现对数据库中的数据进行处理、分析和理解的技术。

数据库技术研究和管理的对象是数据。其所涉及的具体内容主要包括:通过对数据的统一组织和管理,按照指定的结构建立相应的数据库;利用数据库管理系统设计出能够实现对数据库中的数据进行添加、修改、删除、处理、分析、理解、报表和打印等多种功能的数据管理应用系统;并利用应用管理系统最终实现对数据的处理、分析和理解。

2. 数据库技术的产生

数据库最早是美国系统发展公司为美国海军基地在 20 世纪 60 年代研制数据中所引用的一门技术。20 世纪 60 年代末到 20 世纪 70 年代初数据库技术日益成熟,具有了坚实的理论基础,其主要标志为以下 3 个事件。

(1) 1969 年,IBM 公司研制开发了基于层次结构的数据库管理系统 IMS(Information Management System),它可以为多个 COBOL 程序共享数据。

(2) 美国数据系统语言协商会(Conference On Data System Language,CODASYL)的数据库任务组(Data Base Task Group,DBTG)于 20 世纪 60 年代末到 20 世纪 70 年代初提出了 DBTG 报告。DBTG 报告使数据库系统开始走向规范化和标准化。DBTG 基于网状结构,是数据库网状模型的基础和代表。

(3) 1970 年,IBM 公司 San Jose 研究实验室研究员 E. F. Codd 发表了题为"大型共享数据库数据的关系模型"论文,提出了数据库的关系模型,开创了关系方法和关系数据研究,为关系数据库的发展奠定了理论基础。

20 世纪 70 年代,数据库技术有了很大发展,出现了许多基于层次或网状模型的商品化数据库系统,并广泛运行在企业管理、交通运输、情报检索、军事指挥、政府管理和辅助决策等各个方面。

这一时期,关系模型的理论研究和软件系统研制也取得了很大进展。1981 年 IBM 公司 San Jose 实验室宣布具有 System R 全部特性的数据库产品 SQL/DS 问世。与此同时,加州大学伯克利分校研制成功关系数据库实验系统 INGRES,接着又实现了 INGRES 商务系统,使关系方法从实验室走向社会。

20 世纪 80 年代以来,绝大多数新开发的数据库系统都是关系型的。微型计算机平台的关系数据库管理系统也越来越多,功能越来越强,其应用已经遍及各个领域。

3. 数据库技术的发展

数据管理随着计算机硬件和软件技术的发展而不断发展。而数据库技术是数据管理发展到一定阶段的产物。到目前为止,数据管理技术的发展经历了以下 3 个阶段:人工管理阶段、文件系统阶段、数据库系统阶段(图 9-1)。

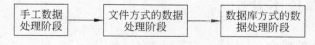

图 9-1　数据管理技术的发展阶段

在人工管理阶段,数据的组织和管理完全靠程序员手工完成,数据无法共享,无法相互利用和相互参照,因此数据的管理效率很低。到文件系统阶段,由于文件系统具有数据的增、删、改等操作,使数据管理变得轻松。文件管理方式本质是把数据组织成文件形式存储在磁盘上,使数据可以反复使用。但文件系统阶段仍存在一些问题,如数据冗余度大,数据和程序缺乏独立性等。

到 20 世纪 60 年代后期,计算机被越来越多地应用于管理领域,而且规模也越来越大,因此数据量也急剧增长。同时,人们对数据共享的要求也越来越强烈。在这种情况下,数据库技术应运而生。数据库管理与传统的数据管理相比有许多明显的差别,主要体现在以下几个方面。

(1) 数据结构化。数据库实现整体数据的结构化。在数据库系统中,不仅数据是整体结构化的,而且存取数据的方式也很灵活,可以存取数据库中的某一个数据项、一组数据项、一个记录或一组记录。

(2) 数据共享性高,冗余度低,易扩充。数据可以被多个用户、多个应用共享使用。数据的共享大大减少了数据冗余,并且避免数据之间的不相容性和不一致性。

(3) 数据独立性高。数据库管理实现了数据与程序的独立,把数据的定义从程序中分离出来,数据处理由数据库管理系统(DBMS)负责,简化了应用程序的编制,减少了应用程序的维护和修改。

(4) 统一的数据管理和控制功能。数据库中的数据由数据库管理系统(DBMS)统一管理和控制。

数据库的出现使信息系统从以加工数据的程序为中心转向围绕共享的数据库为中心的新阶段。这样既便于数据的集中管理,又有利于应用程序的开发与维护。

9.1.2 数据库系统

1. 数据库系统的构成

数据库系统(Data Base System,DBS)是实现有组织、动态存储大量相关结构化数据、方便各类用户访问数据库的计算机软硬件资源的集合。数据库系统的主要组成部分包括以下 4 个方面。

(1) 计算机系统。计算机系统指用于数据库管理的计算机软硬件系统。软件系统主要包括支持 DBMS 运行的操作系统、具有与数据库连接接口的高级语言及其编译系统以及其他的一些应用开发工具软件。

(2) 数据库(Data Base,DB)。数据库是长期存储在计算机内、有组织的、可共享的、统一管理的数据集合。

(3) 数据库管理系统(Data Base Management System,DBMS)。数据库管理系统是对数据进行管理的软件。其通常包括数据定义语言及其编译程序、数据操纵语言及其编译程序和数据管理例行程序。数据库管理系统是数据库系统的核心。

(4) 人员。数据库系统的人员由数据库管理人员、软件开发人员及软件使用人员组成。

2. 数据库系统体系结构

数据库系统的体系结构可分为 3 个层次:外模式、模式和内模式(图 9-2)。外模式和模式之间的映射以及模式与内模式之间的映射由数据库管理系统来实现;内模式与数据库物理存储之间的转

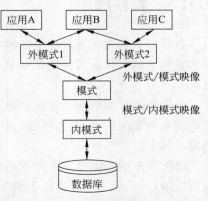

图 9-2 数据库系统的 3 级模式体系结构

换则由操作系统来完成。

（1）外模式（External Schema）。外模式也称子模式或用户模式。它是数据库用户能够看见和使用的局部数据的逻辑结构和特征的描述；是数据库用户的数据视图；是与某一应用有关的数据的逻辑表示。外模式是保证数据库安全性的一个有力措施，每个用户只能看见和访问所对应的外模式中的数据，数据库中的其余数据是不可见的。

（2）模式（Schema）。模式也称逻辑模式或概念模式。它是数据库中全体数据的逻辑结构和特征的描述；是所有用户的公共数据视图。模式是以某一种数据模型为基础，综合考虑所有用户的需求，并将这些需求有机地集成为一个逻辑整体。一个数据库只有一个模式，它是数据库系统 3 级模式结构的中间层，既不涉及数据的物理存储细节和硬件环境，也与具体的应用程序及程序设计语言无关。

（3）内模式（Internal Schema）。内模式也称存储模式。它是数据库中数据物理结构和存储方式的描述。内模式中描述了数据的存取路径、物理组织及性能优化、响应时间、存储空间需求、数据是否加密，以及否压缩存储等。

数据库系统采用 3 级模式对数据进行 3 个级别的抽象，使用户可以不必关心数据在机器中的具体表示方式和存储方式。为了实现 3 级模式的联系和转换，数据库系统在 3 级模式之间提供两层映像：外模式/模式映像和模式/内模式映像。正是这两层映像保证了数据库系统中的数据能够具有较高的逻辑独立性和物理独立性。

（1）外模式/模式映像。对应于模式，可以根据用户需求定义多个外模式。当模式改变时，通过调整外模式/模式的映像，可以保证外模式不发生改变，而应用程序是依据数据的外模式而编写的，从而应用程序不必做修改。保证了数据与程序的逻辑独立性。

（2）模式/内模式映像。数据库中只有一个模式和一个内模式。当数据库的内模式发生改变，既存储结构发生改变时，只要对模式/内模式映像做相应改变，可以保持模式不发生改变，从而应用程序也不必改变。保证了数据与程序的物理独立性。

数据与程序之间的独立性，使数据的定义和描述可以从应用程序中分离出去。数据库中数据的存取由 DBMS 负责，因此简化了应用程序的编写，减少了应用程序的维护和修改。

9.1.3　数据模型

数据模型是对现实世界中各种事物或实体特征的数字化的模拟和抽象。其用以表示现实世界中的实体及实体之间的联系，使之能存放到计算机中，并通过计算机软件进行处理。

对事物的数据描述通常包括静态的属性描述和动态的行为描述。静态属性包括数据结构和对数据的约束；动态特性包括对静态属性数据的操作方法。通常在对象模型中明确定义每个类的操作方法。

数据模型应能满足 3 个方面的要求：一是能比较真实地模拟现实世界；二是容易为人所理解；三是便于在计算机上实现。

不同的数据模型实际是提供给我们模型化数据和信息的不同工具。根据模型应用的不同目的,可以将这些模型划分为两类,它们分属于两个不同的层次。第一类模型是概念模型,也称信息模型,它是按用户的观点对数据和信息建模。另一类模型是数据模型,主要包括网状模型、层次模型、关系模型等,它是按计算机系统的观点对数据建模。

1. 数据模型的要素

一般地讲,任何一种数据模型是严格定义的概念的集合。这些概念必须能够精确地描述系统的静态特性、动态特性和完整性约束条件。因此数据模型通常都是由数据结构、数据操作和完整性约束 3 个要素组成。

(1) 数据结构。数据结构用于描述系统的静态特性。数据结构是所研究的对象类型(Object Type)的集合。这些对象是数据库的组成部分,它们包括两类,一类是与数据类型、内容、性质有关的对象,例如网状模型中的数据项、记录,关系模型中的域、属性、关系等;另一类是与数据之间联系有关的对象,例如网状模型中的系型(set type)。

(2) 数据操作。数据操作用于描述系统的动态特性。数据操作是指对数据库中各种对象的实例允许执行的操作集合。其包括操作及有关的操作规则。数据库主要有检索和更新(包括插入、删除、修改)两大类操作。数据模型必须定义这些操作的确切含义、操作符号、操作规则(如优先级)以及实现操作的语言。

(3) 数据的约束条件。数据的约束条件是一组完整性规则的集合。完整性规则是给定的数据模型中数据及其联系所具有的制约和依存规则,用以限定符合数据模型的数据库状态以及状态的变化,以保证数据的正确性、有效性和相容性。

数据模型应该反映和规定本数据模型必须遵守的基本的、通用的完整性约束条件。例如,在关系模型中,任何关系必须满足实体完整性和参照完整性两个条件。

例如,在学校的数据库中规定大学生年龄不得超过 29 岁,硕士研究生不得超过 38 岁,学生累计成绩不得有 3 门以上不及格等。

2. 概念模型

为了把现实世界中的具体事物抽象、组织为某一数据库管理系统支持的数据模型。人们常常首先将现实世界抽象为信息世界,然后将信息世界转换为机器世界。也就是说,首先把现实世界中的客观对象抽象为某一种信息结构,这种信息结构并不依赖于具体的计算机系统,不是某一个数据库管理系统(DBMS)支持的数据模型,而是概念级的模型,称为概念模型。

概念数据模型是面向用户、面向现实世界的数据模型,是与 DBMS 无关的。它主要用来描述一个单位的概念化结构。采用概念数据模型,数据库设计人员可以在设计的开始阶段,把主要精力用于了解和描述现实世界上,而把涉及 DBMS 的一些技术性的问题推迟到设计阶段去考虑。

由于概念模型用于信息世界的建模型,是现实世界到信息世界的第一层抽象,是用户与数据库设计人员之间进行交流的语言,因此概念模型一方面应该具有较强的语义表达能力,能够方便、直接地表达应用中的各种语义知识,另一方面它还应该简单、清晰、易于用户理解。

概念模型的表示方法很多，其中最为常用的是 P. P. S. Chen 于 1976 年提出的实体—联系方法。该方法用 E-R 图来描述现实世界的概念模型。E-R 图提供了表示实体（客观存在并可相互区别的事物）、属性（描述实体或联系的特性）和联系的方法。

3. 数据模型

数据模型是数据库系统的核心和基础。各种机器上实现的 DBMS 都是基于某种数据模型的。非关系模型的数据库系统在 20 世纪 70 年代至 20 世纪 80 年代初非常流行，而今已逐渐被关系模型的数据库系统所取代。数据库领域中最常用的数据模型有层次模型、网状模型、关系模型和面向对象模型。

（1）层次模型。层次模型是数据库系统中最早出现的数据模型。层次数据库系统采用层次模型作为数据的组织方式。层次数据库系统的典型代表是 IBM 公司的 IMS（Information Management System）数据库管理系统。这是 1968 年 IBM 公司推出的第一个大型的商用数据库管理系统，曾得到了广泛的应用。

层次模型用树型结构来表示各类实体以及实体之间的联系。现实世界中，很多客观存在的实体之间本来就呈现出一种层次关系，例如行政机构、家族关系等。

在层次数据库中，每个节点表示一个记录类型。层次结构的最顶级节点被称做根节点。父节点和子节点之间的联系必须是一对多的联系。每个记录类型可以包含若干个字段，字段描述实体的属性。图 9-3 是一个教学层次模型。其包括 5 个层次模型，分别是系、教研室、班级、教员和学生。记录类型系包括 3 个字段，分别表示系编号、系名和办公地点。

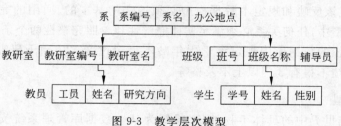

图 9-3　教学层次模型

在层次数据库中，记录之间的关系是通过创建被存储记录之间的物理链接来实现的。物理链接意味每个记录被存储在磁盘介质上，并且具有到其他记录的预先定义的路径集合。若数据之间关系简单并且数据访问可以预测时，层次数据库是很高效的。对于有复杂关系，或者记录之间的联系是多对多的，只能通过冗余节点来解决，且插入和删除操作限制较多。

（2）网状模型。网状模型可以表示现实世界中实体之间多对多的联系。网状数据库系统采用网状模型作为数据的组织方式。网状数据库系统的典型代表是 DBTG 系统（也称 CODASYL 系统）。

网状模型节点之间的联系不受层次的限制，允许两个节点之间有多种联系，可以更直接地描述复杂的现实世界。与层次模型一样，网状模型中每个节点表示一个记录类型，每个记录类型可包含若干个字段。网状模型在具体实现上，只支持一对多的联系，对于记录间的多对多联系,可以将其转换为一对多联系。

(3) 关系模型。关系模型是建立在严格的数学基础上的。一个关系模型的逻辑结构就是一个二维表。表 9-1 的学生基本信息就是一个关系模型。

表 9-1 学生基本信息

学号	姓名	性别	系别	年级
0909101	张明	男	计算机系	2009
0909102	王梦月	女	计算机系	2009
0808204	李丽	女	外语系	2008
0809219	关珊	女	外语系	2008

表中的一行称为一个元组。表中的一列称为一个属性。元组中的一个属性值称为分量。学生基本信息的关系模型中包括 5 个属性,分别是学号,姓名,姓名,系别和年级。"张明"是第一个元组在姓名列上的分量。通常,对关系的描述可表示为:关系名(属性 1,属性 2,…,属性 n)。表 9-1 的关系模型可表示为学生基本信息(学号,姓名,性别,系别,年级)。

关系模型要求关系必须是规范化的,即要求关系的每一个分量必须都是一个不可再分的数据项。

(4) 面向对象模型。面向对象数据模型是面向对象程序设计方法与数据库技术相结合的产物。在面向对象数据模型中,基本结构是对象而不是记录,一切事物、概念都可以看做对象。一个对象不仅包括描述它的数据,而且还包括对其进行操作的方法的定义。从 20 世纪 80 年代开始,面向对象数据库开始受到广泛关注。

9.2 数据库管理系统

数据库管理系统是数据库系统的核心,是为数据库的建立、使用和维护而配置的软件。它建立在操作系统的基础上,是位于操作系统与用户之间的一层数据管理软件。其负责对数据库进行统一的管理和控制。用户发出的或应用程序中的各种操作数据库中数据的命令,都要通过数据库管理系统来执行。数据库管理系统还承担着数据库的维护工作,能够按照数据库管理员所规定的要求,保证数据库的安全性和完整性。

9.2.1 数据库管理系统基础

数据库管理系统(Database Management System,DBMS)是指在数据库系统中实现对数据进行管理的软件系统,它是数据库系统的重要组成部分和核心。

1. 数据库管理系统的功能

数据库管理系统接收应用程序的数据请求和处理请求,对数据库中的数据进行操作,将操作结果返回给应用程序(图 9-4)。

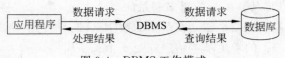

图 9-4　DBMS 工作模式

其功能一般包括以下几个方面。

（1）数据定义功能。其接受数据库定义的源形式，并把它们转换成相应的目标形式。其包括支持各种数据定义语言（DDL）的 DDL 处理器或编译器。

（2）数据操纵功能。其提供检索、插入、更新或删除数据的功能。其包括数据操纵语言（DML）的 DML 处理器或编译器。

（3）数据库运行管理功能。其提供数据控制功能，即通过数据的安全性、完整性和并发控制等对数据库运行进行有效的控制和管理，以确保数据正确有效。

（4）数据库的建立和维护功能。其包括数据库初始数据的装入，数据库的转储、恢复、重组织，系统性能监视、分析等功能。

（5）数据通信的功能。其提供处理数据的传输，实现用户程序与 DBMS 之间的通信，通常与操作系统协调完成。

2．数据库管理系统的组成

数据库管理系统通常由以下 4 部分组成。

（1）数据定义语言及其翻译处理程序。DBMS 一般都提供数据定义语言（Data Description Language，DDL）供用户定义数据库的模式、存储模式、外模式、各级模式间的映射、有关的约束条件等。用 DDL 定义的外模式、模式和存储模式分别称为源外模式、源模式和源存储模式。各种模式翻译程序负责将它们翻译成相应的内部表示，即生成目标外模式、目标模式和目标存储模式。这些目标模式描述的是数据库的框架，而不是数据本身。这些描述存放在数据字典（也称系统目录）中，作为 DBMS 存取和管理数据的基本依据。

例如，根据这些定义，DBMS 可以从物理记录导出全局逻辑记录，又从全局逻辑记录导出用户所要检索的记录。

（2）数据操纵语言及其编译（或解释）程序。DBMS 提供了数据操纵语言（Data Manipulation Language，DML）以实现对数据库的检索、插入、修改、删除等基本操作。DML 分为宿主型 DML 和自主型 DML 两类。宿主型 DML 本身不能独立使用，必须嵌入主语言中，例如，嵌入 C、COBOL、Fortran 等高级语言中。自主型 DML 又称为自含型 DML，它们是交互式命令语言，语法简单，可以独立使用。

（3）数据库运行控制程序。DBMS 提供了一些系统运行控制程序负责数据库运行过程中的控制与管理。其包括系统初启程序、文件读写与维护程序、存取路径管理程序、缓冲区管理程序、安全性控制程序、完整性检查程序、并发控制程序、事务管理程序、运行日志管理程序等。它们在数据库运行过程中监视着对数据库的所有操作，控制数据库资源管理，处理多用户的并发操作等。

（4）实用程序。DBMS 通常还提供一些实用程序，其包括数据的初始装入程序、数据转储程序、数据库恢复程序、性能监测程序、数据库再组织程序、数据转换程序、通信程序等。数据库用户可以利用这些实用程序完成数据库的建立与维护，以及数据格式的转换与通信。

一个设计优良的 DBMS，应该具有友好的用户界面、比较完备的功能、较高的运行效率、清晰的系统结构和开放性。

9.2.2　常见的数据库管理系统

目前有许多数据库产品，如 Oracle、DB2、Sybase、Informix、Microsoft SQL Server、Microsoft Access、Visual FoxPro 等产品以各自特有的功能，在数据库市场上占有一席之地。下面简要介绍几种常用的数据库管理系统。

1．Oracle

Oracle 是一个最早商品化的关系型数据库管理系统，也是应用广泛、功能强大的数据库管理系统。Oracle 作为一个通用的数据库管理系统，不仅具有完整的数据管理功能，还是一个分布式数据库系统，支持各种分布式功能，特别是支持 Internet 应用。作为一个应用开发环境，Oracle 提供了一套界面友好、功能齐全的数据库开发工具。Oracle 使用 PL/SQL 语言执行各种操作，具有可开放性、可移植性、可伸缩性等功能。特别是在 Oracle 8i 中，支持面向对象的功能，如支持类、方法、属性等，使得 Oracle 产品成为一种对象/关系型数据库管理系统。

2．Microsoft SQL Server

Microsoft SQL Server 是一种典型的关系型数据库管理系统，可以在许多操作系统上运行，它使用 Transact-SQL 语言完成数据操作。由于 Microsoft SQL Server 是开放式的系统，其他系统可以与它进行完好的交互操作。目前最新版本的产品为 Microsoft SQL Server 2008，它具有可靠性、可伸缩性、可用性、可管理性等特点，为用户提供完整的数据库解决方案。

3．Microsoft Access

作为 Microsoft Office 组件之一的 Microsoft Access 是在 Windows 环境下非常流行的桌面型数据库管理系统。使用 Microsoft Access 无须编写任何代码，只需通过直观的可视化操作就可以完成大部分数据管理任务。在 Microsoft Access 数据库中，包括许多组成数据库的基本要素。这些要素是存储信息的表、显示人机交互界面的窗体、有效检索数据的查询、信息输出载体的报表、提高应用效率的宏、功能强大的模块工具等。它不仅可以通过 ODBC 与其他数据库相连，实现数据交换和共享，还可以与 Word、Excel 等办公软件进行数据交换和共享，并且通过对象链接与嵌入技术在数据库中嵌入和链接声音、图像等多媒体数据。

4．DB2

DB2 是 IBM 公司的数据库管理系统产品。它起源于 System R 和 System R＊。它支持从 PC 到 UNIX，从中小型机到大型主机，从 IBM 到非 IBM(HP 及 SUN UNIX 系统等)各种不同平台。它既可以在主机上以主/从方式独立运行,也可以在客户/服务器环境中运行。其中服务器平台可以是 OS/400,AIX,OS/2,HP-UX,SUN Solaris 等操作系统,客户机平台可以是 OS/2 或 Windows,DOS,AIX,HP-UX,SUN Solaris 等操作系统。

DB2 数据库核心又称做 DB2 公共服务器,它采用多进程多线索体系结构,可以运行于多种操作系统之上,并分别根据相应的平台环境作了调整和优化,以便能够达到较好的性能。

DB2 数据库核心目前主要有两大版本,即 DB2 第一版(DB2 Version 1)和 DB2 第二版(DB2 Version 2)。其中 DB2 第二版还提供了 DB2 并行版选件。

9.3　数据库技术应用与发展

数据库应用的需求是数据库技术发展的源泉和动力。结合各个应用领域的特点,数据库技术被应用到特定的领域中,使得数据库领域的应用范围不断扩大。

9.3.1　主流数据库

随着计算机应用领域的不断扩展,各种新技术的发展,数据库技术与网络通信技术、人工智能技术、并行计算技术等互相渗透,互相结合,成为当前数据库技术发展的主要特征,涌现出多种新型数据库系统。如数据库技术与分布式处理技术相结合,形成了分布式数据库系统;与并行计算技术相结合,形成了并行数据库系统;与多媒体技术相结合,形成了多媒体数据库系统;与空间技术相结合,形成了空间数据库系统等。随着这些新型数据库的出现,数据库技术被愈来愈广泛地用到除传统的事务处理之外的其他众多领域中,如计算机辅助设计/制造系统、办公信息系统、地理信息系统、决策支持系统等领域。

1. 分布式数据库

随着网络的应用,集中式数据库系统技术已不能满足那些地理上分散的公司和企业。分布式数据库是数据库技术与分布式技术相结合的产物,已成为数据库领域重要的应用之一。

分布式数据库是一组数据集,逻辑上它们属于同一个系统,而物理上它们分散在用计算机网络连接的多个场地上,并统一由一个分布式数据库管理系统进行管理。分布式定义强调以下两点。

(1) 分布性。数据不是存放在单一场地的单个计算机配置的存储设备上,而是按全局需要将数据划分成一定结构的数据子集,分散地存储在各个场地上。

(2) 逻辑协调性。分散的数据子集逻辑上是相互联系的,如同集中存储的数据库一样。

分布式数据库系统是地理上分散而逻辑上集中的数据库系统。数据分布在不同的节点上,并由计算机网络连接起来。在网络的各个节点可以执行局部应用,也可执行全局应用。

例如,某公司在华东地区设立了一个销售中心,负责向上海、杭州和南京的分公司配送产品。销售中心和每个分公司都有专门的数据库服务器和业务服务器,每台业务服务器都带有若干客户机,用于处理日常业务。销售中心和各分公司的数据库服务器都是分布式数据库的一个数据子集,所有服务器通过网络相连,如图9-5所示。

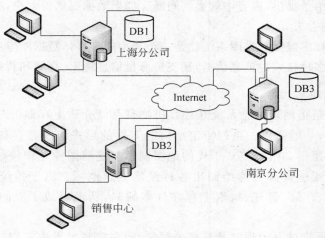

图 9-5   分布式数据库系统

2. 并行数据库

随着计算机的大量使用,企业的事务需求不断增长,数据量也随之迅速增长。许多公司都产生了巨大的数据库。单处理器系统无法胜任按需要速度处理如此大量的数据。并行系统通过并行地使用多个 CPU 和磁盘来提高处理速度和 I/O 速度。并行计算机正变得越来越普及,相应地并行数据库系统的研究也变得更加重要。

有些应用需要查询非常大的数据库,有些应用需要在每秒钟里处理很大数量的事务,这些应用的需求推动了并行数据库系统的发展。并行数据库以高性能、高可用性、高扩充性为指标,充分利用多处理器平台的能力。通过多种并行性,在联机事务处理与决策支持应用等环境中提供优化的响应时间和事务吞吐量。

3. 多媒体数据库

数据库从传统的企业管理扩展到 CAD、CAM 等多种非传统的应用领域。在这些领域中,除了要处理字符、数字等格式化数据,还要处理大量的声音、图形、图像、视频等非格式化数据。

多媒体数据库是指能够存储和管理相互关联的多媒体数据的集合。这些数据集合语义丰富、信息量大、管理复杂。多媒体数据库能够支持多种数据类型、存储多种类型的多媒体数据,而且针对多媒体数据的特点采用数据压缩和解压缩等存储技术。

多媒体数据存储在数据库中,必须解决以下几个问题。

(1)支持大的对象。因为像视频这样的多媒体数据可能会占据几个 GB 空间。许多关系系统不支持这种大的对象。

(2)基于相似性的检索。例如,在存储指纹图像的数据库中要查询一个指纹图像,这时数据库中与该指纹相似的指纹都必须被检索出来。B+树和R树这样的索引结构不能用于这个目的。这里需要创建特殊索引结构。

（3）等时数据传输。某些数据类型的检索，如声频和视频，要求数据的传输必须在一个可以保证的平稳速率上。这种数据有时称为等时数据，或连续介质数据。例如，如果声频数据没有及时给予提供，声音中就会有间断。如果数据提供得太快，系统缓冲区就可能溢出，造成数据的丢失。

我国的新华社多媒体数据库系统就是一个典型的多媒体数据库应用。它能够提供文字、图片、视频等多种格式的信息数据，还支持海量信息检索、存储和智能管理。

4. 空间数据库

空间数据库是指地理信息系统在计算机物理存储介质上存储的与应用相关的地理空间数据的总和，一般是以一系列特定结构的文件的形式组织在存储介质之上的。空间数据库的研究始于20世纪70年代的地图制图与遥感图像处理领域。其目的是为了有效地利用卫星遥感资源迅速绘制出各种经济专题地图。由于传统的关系数据库在空间数据的表示、存储、管理、检索上存在许多缺陷，从而形成了空间数据库这一数据库研究领域。

空间数据库面向的是地理学及其相关对象，而在客观世界中它们所涉及的往往都是地球表面信息、地质信息、大气信息等极其复杂的现象和信息，所以描述这些信息的数据容量很大，容量通常达到GB级。空间信息系统要求具有强大的信息检索和分析能力，这是建立在空间数据库基础上的，需要高效访问大量数据。

地理数据库是用于存储地理信息（如地图）的空间数据库。地理数据库常称为地理信息系统（GIS）。大多数GIS都将数据按逻辑类型分成不同的数据层进行组织。数据层是GIS中的一个重要概念。GIS的数据可以按照空间数据的逻辑关系或专业属性分为各种逻辑数据层或专业数据层，原理上类似于图片的叠置。例如，地形图数据可分为地貌、水系、道路、植被、控制点、居民地等诸层以分别存储。将各层叠加起来就合成了地形图的数据。在进行空间分析、数据处理、图形显示时，往往只需要若干相应图层的数据。

9.3.2 数据库技术的研究热点

信息社会是依赖于数据的社会，而数据的有效存储、管理依赖于数据库技术的发展，如若处理好当前数据库技术所面临的挑战，必将使数据更好地服务于社会，从而推动社会的前进。数据库技术主要有以下几个热门研究方向。

1. 数据挖掘

数据挖掘（Data Mining）就是从大量的、不全的、有噪声的、模糊的、随机的数据中提取隐含在其中的人们事先不知道的、但又是潜在有用的信息和知识的过程。其提取的知识表现为概念（Concepts）、规则（Rules）、规律模式约束等形式。在人工智能领域又习惯称其为数据库中知识发现（Knowledge Discovery in Database，KDD），其本质类似于人脑对客观世界的反映，从客观的事实中抽象成主观的知识，然后指导客观实践。数据挖掘就是从客体的数据库中概括抽象提取规律性的东西以供决策支持系统的建立和使用。

数据挖掘以数据库中的数据为数据源,整个过程可分为数据集成、数据选择、预处理、数据开采、结果表达和解析5个过程。挖掘的范围可针对多媒体数据库、数据仓库、Web数据库、主动型数据库、时间型及概率型数据库等。采用的技术有人工神经网络、决策树、遗传算法、规则归纳、分类、聚类、减维、模式识别、不确定性处理等。发现的知识有广义型知识、特征型知识、差异型知识、关联型知识、预测型知识、偏离型知识等。

目前数据挖掘的研究和应用所面临的主要问题是:对大型数据库的数据挖掘方法;对非结构和无结构数据库中的数据挖掘操作;用户参与的交互挖掘;对挖掘得到的知识的证实技术;知识的解释和表达机制;由于数据库的更新,原有知识的修正;挖掘所得知识库的建立、使用和维护。

2. 数据仓库

数据仓库就是从不同的源数据中抽取数据,将其整理转换成新的存储格式。为决策目的将数据聚合在一种特殊的格式中,这种支持管理决策过程的、面向主题的、集成的、稳定的、不同时的数据聚合称为数据仓库(Data Warehouse)。

数据仓库中数据的组织方式有虚拟存储、基于关系表的存储、多维数据库存储3种存储方式。整个仓库系统可分为数据源、数据存储与管理、分析处理3个功能部分。由于数据仓库是集成信息的存储中心,由数据存储管理器收集整理源信息的数据成为仓库系统使用的数据格式和数据模型,并自动监测数据源中数据的变化,反映到存储中心,对数据仓库进行更新维护。由于数据仓库是按特定格式对源数据进行改造而集成的,所以可直接对仓库中的数据进行开采,形成决策支持。

数据仓库与数据库有着本质的区别:仓库的规模大,信息源来自分布异质的信息源,一般的规模超过50GB,存储的数据历史长,数据具有综合性、集成性,并且支持查询。

3. Web 数据库

随着WWW迅速发展,WWW上的可用数据源迅速增长。因而人们将WWW的数据源集成为一个数据库,称为Web数据库,使这些资源得以充分利用。目前的Web数据主要依赖于浏览和信息检索技术。

由于Web数据结构性差,要想集成为Web数据库,需要一个信息集成系统。该系统可分为Mediator和Wrapper两部分。Mediator提供数据模式存取数据库,Wrapper确定哪些数据源与查询有关,Web数据库技术已经得到了广泛的应用。

4. 数据模型的扩充更新

由于传统的数据模型适应不了数据库发展的需要,不能模拟动态变化的世界,不能处理非结构化的数据,或者说不是智能化的数据模型,对传统数据模型的扩充修改也是数据库技术发展的趋势。如时态数据模型、主动数据模型、概率数据模型、多媒体数据模型、对象关系数据模型等应运而生。所有这些都还有许多局限性,需要无数数据库技术的科研工作者继续努力。

9.3.3 数据库技术发展趋势

1. 数据库技术发展面临的挑战

20世纪90年代以来，信息技术迅猛发展，人类已经进入到信息社会，对数据信息的实时需求越来越强烈。在许多新的数据库技术应用领域，提出了新的要求，主要表现在以下几个方面。

(1) 应用环境的变化。数据库系统的应用环境由单一的环境变为多变的异构的集成环境和Internet环境。

(2) 数据类型的变化。数据库中的数据由结构化扩大至半结构化、非结构化，甚至是多媒体数据。

(3) 数据来源的变化。大量数据来源于实时和动态的传感器或监测设备。数据量变大。

(4) 数据处理要求的变化。新的应用需要支持协同设计、工作流管理和决策支持。

2. 数据库技术发展趋势

数据库技术与其他相关技术相结合，是数据库技术发展的趋势。与其他相关技术的结合给数据库带来了新的生机。它们不是简单的集成和组合，而是有机结合、相互渗透，使得一系列适合各个应用领域的数据库新技术层出不穷。例如，数据仓库与数据挖掘技术、决策支持数据库、统计数据库等。

(1) 信息集成。随着Internet的发展，网络成为一种重要的信息传播和交换的手段。在Web上有着及其丰富的数据资源，如何获取和使用这些数据库，成为一个广泛关注的研究领域。

Web数据是异构的、分散的、动态的。如何抽取数据，对数据进行转换并存储再提供给用户使用，成为数据库技术研究的一个重要课题。同时，如何在大量数据中，寻找用户感兴趣的信息，为用户提供个性化服务也是未来研究的重点。

(2) 移动数据管理。研究移动计算机环境中的数据管理技术，已成为目前一个新的方向。移动计算机环境指的是具有无线通信能力的移动设备及其运行的相关软件所共同构成的计算机环境。移动数据管理的研究主要集中在数据同步与发布的管理和移动对象管理技术两个方面。

(3) 网格数据管理。网格是把整个网络整合成一个虚拟的、巨大的超级计算机环境，以实现计算资源、存储资源、数据资源、信息资源、知识资源、专家资源的全面共享。其目的是为了解决多机构虚拟组织中的资源共享和协同工作问题。数据库技术与网格技术相结合，使用户在网格环境下存取数据，无须知道数据的存储类型和位置，可以随时随地使用数据服务。

(4) 传感器网络数据管理。传感器网络越来越多地应用于监测和监控。在这些应用中，就需要实时收集、存储和查询传感器数据。传感器网络中的数据不同于一般的数据，它是移动的、分散的、动态的，因此对传感器网络数据的收集和查询需要有别于传统的数据库操作。

9.4 思考与讨论

9.4.1 问题思考

1. 数据库管理与传统的数据管理相比有哪些特点？
2. 什么是数据库？
3. 什么是数据的独立性？数据库系统具有哪些数据独立性？
4. 试述数据库管理系统的功能。
5. 试述数据库系统的常用模型。
6. 主流数据库有哪几种？
7. 数据库的发展趋势是什么？

9.4.2 课外讨论

1. 谈谈你对数据库技术发展的了解。
2. 试述数据库系统的体系结构。
3. 简述数据库技术的应用方式。
4. 上网查阅资料，通过实例讨论目前分布式数据库应用技术。
5. 简述数据挖掘的典型应用。

第 **10** 章　信息与信息管理

【本章导读】

本章介绍了信息、信息资源、信息管理及信息系统的基本概念,以及信息系统的应用与开发。读者可以掌握信息的概念、信息资源的重要性;了解信息系统的概念与应用,了解信息系统在企业中的应用,掌握信息系统开发的基本方法。

【本章主要知识点】

① 信息与信息资源的基本概念;

② 信息管理的定义与基本结构;

③ 信息系统及其应用;

④ 信息系统的开发。

10.1　信息与信息资源

在人类社会的早期,人们对信息的认识比较广义而且模糊,对信息的含义没有明确的定义。到了 20 世纪特别是中期以后,科学技术的发展,特别是信息科学技术的发展,对人类社会产生了深刻的影响,迫使人们开始探讨信息的准确含义。

10.1.1　信息的基本概念

随着人类社会向信息时代迈进,人们越来越清楚地认识到,信息资源是一种财富。其在社会生产和人类生活中将发挥日益重要的作用。

1. 信息的概念

人类生活离不开信息。早在远古时代,我们的祖先就懂得了用"结绳记事"、"烽火告急"、"信鸽传书"等方法来存储、传递、利用和表达信息。

随着社会的进步和经济的发展,人们社会活动的深度与广度不断增加,信息的概念也在各个领域得到了广泛的应用。通俗地讲,信息是人们关心的事物的情况。例如某产品的市场需求和销售利润的变化,对生产或经销此产品的企业来说,是很重要的信息。气象的变化、股市的涨落、竞争对手的行踪,对于与这些情况有关的个人或群体,都是信息。

不难理解,同一事物的情况对于不同的个人或群体具有不同的意义。某个事物的情况只有对了解情况者的行为或思维活动产生影响时,才能称其为信息。

宇宙间一切事物都处于相互联系、相互作用之中。在这种联系和相互作用中,存在着物质的运动和能量的转换。但是,许多事物之间的关系,却难以简单地从物质运动与能量的转换去解释。决定事物之间的相互联系、相互作用效果的往往不是事物之间物质和能量直接的量的交换和积累,而是借以传递相互联系与作用的媒介的各种运动与变化形式所表示的意义。由此可以给出信息的一般定义:

事物之间相互联系、相互作用的状态的描述,称为信息(Information)。

由此定义可知,只有当事物之间相互联系、相互作用时,才有信息。换言之,只在考察两个或两个以上事物之间的相互联系、相互作用时,才使用信息这一概念。一个事物由于另一事物的影响而使前者的某种属性起了变化,从信息的观点来看,是因为前者得到了后者的某种信息。由此可见,人类的活动离不开信息,自然界也充满着信息的运动。

从本质上讲,信息存在于物质运动和事物运动的过程中,是一种非物质的资源。信息的作用就在于把物质、能源构成的混沌、杂乱的世界,变成有序的世界,减少人的不确定性。信息量的大小取决于信息内容消除人们认识的不确定程度。消除的不确定程度大,则信息量就大;消除的不确定程度小,则信息量就小。如果事先就确切地知道信息内容,那么信息量就等于零。

与信息相关的概念有数据、情报与知识。

(1)数据(Data)是信息的表达形式,信息是数据表达的内容。数据是对客观事物状态和运动方式记录下来的符号(数字、字符、图形等),不同的符号可以有相同的含义。数据处理后仍是数据,处理数据是为了便于更好地解释数据,只有经过解释,数据才有意义,才能成为信息。

(2)情报(Intelligence)是信息的一个特殊的子集,是具有机密性质的一类特殊信息。情报要从很多信息中挖掘出来。

(3)知识(Knowledge)是具有抽象和普遍品格的一类特殊信息。信息是知识的原材料,知识是信息加工的产物。知识是反映各种事物的信息进入人们大脑,对神经细胞产生作用后留下的痕迹。

例如,气温计上的温度指示是数据;今天最低气温0℃,表达信息;水在0℃结冰,是知识;今年冬天平均气温非常低,燃料将短缺,是情报。

综上所述,对数据进行整理和预测后得到信息,信息中一部分为情报;对信息进行提炼和挖掘后得到知识。

2. 信息的基本属性

信息具有以下8个基本属性。

(1)信息的普遍性。信息是事物存在方式和运动状态的表现。宇宙间的万事万物都有其独特的存在方式和运动状态,就必然存在着反映其存在方式和运动状态的信息。这种普遍存在着的信息具有绝对性和客观性。绝对性表现为客观的物质世界先于人类主体而存在,因此信息的存在不依赖于主体而转移;客观性表现为信息不是虚无缥缈的东西,它的存在可以被人感知、获取、存储、处理、传递和利用。

(2)信息在时间与空间上的传递性。信息在时间上的传递是对信息的存储,信息在空间中的传递就是通信。当然,信息在空间上的传递也需要时间,但它在空间中传递的速度是一个有限值。在现代通信技术支持下,信息在空间上转移的时间越来越快,甚至可以忽略不计。信息在时间和空间中传递的性质十分重要,它不仅使人类社会能够进行有效的信息交流和沟通,而且能够进行知识和信息的积累与传播。

(3) 信息对物质载体的独立性。信息表征事物的存在和运动,通过人类创造的各种符号、代码和语言来表达;通过竹、帛、纸、磁盘、光盘等物质来记录和存储;通过光、声、电等能量来载荷和传递。离开这些物质载体,信息便无法存在。但是,信息具体由哪种物质载体来表达和记录都不会改变信息的性质和含义,这说明信息对物质载体具有独立性。信息的物质载体的转换并不改变事物存在的方式和运动状态的表现形式。信息的这一性质使得人们有可能对信息进行各种加工处理和变换。

(4) 信息对认识主体的相对性。由于人们的观察能力、认识能力、理解能力和目的不同,他们从同一事物中所获得的信息量也各不相同。即使他们的这些能力和目的完全相同,但他们在观察事物时,选择的角度不同,侧面不一样,他们所获得的有关同一事物的信息肯定也不同。信息的这一性质说明,实际得到的信息量是因人而异的。

(5) 信息对利用者的共享性。由于信息可以脱离其发生源或独立于其物质载体,并且在利用中不被消耗,因而可以在同一时间或不同时间提供给众多的用户利用,这就是信息的共享性。信息能够共享是信息的一种天然属性,也是信息不同于物质和能量的重要特征。信息在时间和空间上实现最大限度的共享,可以提高信息利用效率,节约生产成本,但共享给现代信息管理中信息产权的安排和控制带来了很大难度。

(6) 信息的不可变换性和不可组合性。信息一旦产生,就表达某种特定的含义。它不是包含在信息中的各种要素(如符号、数据、单词等)的简单算术和,因而不可能将这些要素以任意的顺序排列和以不同的组合加以归并而不损害信息的含义。同样,构成信息的要素也是不能任意分割的。

(7) 信息产生和利用的时效性。从信息产生的角度来看,信息所表征的是特定时刻事物存在的方式和运动状态。由于所有的事物都在不断变化,过了这一时刻,事物的存在方式和运动状态必然会改变,表征这一"方式"和"状态"的信息也会随之改变,即所谓时过境迁。从信息利用的角度来看,信息仅在特定的时刻才能发挥其效用。一条及时的信息可能价值连城,使濒临破产的企业扭亏为盈,成为行业巨头;一条过时的信息则可能分文不值,或使企业丧失难得的发展机遇,酿成灾难性后果。

(8) 信息的无限性。宇宙时空中的一切事物都有其存在的方式和运动状态,都在不断地产生信息;而宇宙时空中的事物是无限丰富的,在空间上广阔无边,在时间上无限变化。因而信息的产生是无限的,分布也是无限的。即使在有限的空间和时间段中,事物也是无限多样的,信息自然也是无限的。

3. 信息运动与信息循环

信息运动存在于事物的相互联系与相互作用之中。一般把信息的发生者称为信源,信息的接收者称为信宿,传播信息的媒介称为载体,信源和信宿之间信息交换的途径与设备称为通道。信源、信宿与载体构成了信息运动的 3 要素。信息从信源到信宿的传播,固然要通过物质的运动和能量的转换,如电台广播新闻就有一系列的物质和能量交换过程。

但是决定信源和信宿之间相互作用的不是用来传播信息的媒介的物质属性和能量大小，而是媒介的各种不同运动与变化形态所表示的信源与信宿相互联系、相互作用的内容。当然，从物理上来看，任何事物的发展变化都是由于物质的运动和能量的转换。如人们之间交换意见，传递信息，借助于手、眼、耳、脑以及各种传播媒介的运动和它们之间的能量转换，但是按物质运动和能量转换的物理过程来描述事物之间复杂的关系，特别是描述社会现象和生物现象，简单的问题都会变得十分繁琐、冗长而不得要领，不能把握问题的本质。使用信息这一概念来描述事物之间的相互关系，使得复杂的问题得到科学、简明的表述。

从信息的观点出发，我们把相互联系、相互作用的事物有目的的发展变化看做为信息采集、传输、存储、加工、变换的过程。任何事物的发展变化，既受其他事物的影响，又影响其他事物，也就是说，既接收来自其他事物的信息，又向其他事物发送信息。因此，信源和信宿是相对的。如果把信宿作为主体，信源作为客体，主体接收来自客体的信息，进行处理(分析、评价、决策)，根据处理后的信息付诸行动(实施)。主体的行动反过来又影响客体，这种影响称为信息反馈。信息从客体传输到主体经过接收、处理、行动各环节反馈到客体，形成一个信息运动的循环，称为信息循环，如图 10-1 所示。

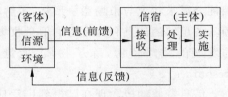

图 10-1　信息循环

信息循环是信息运动的基本形式。这种形式，特别是信息反馈的存在，揭示了客观事物在相互作用中实现有目的运动的基本规律。正确地设置和利用信息反馈，可以使主体不断地调整自己的行动，更有效地接近和达到预定目标。

人类利用信息的基本过程，主要是获取客体的语法、语义和语用信息，经过与目标信息的比较分析和决策形成指令信息，最后经过控制和调整重新作用于客体的一个过程。这个过程是一个反馈控制过程，如图 10-2 所示。

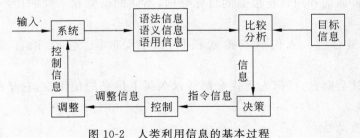

图 10-2　人类利用信息的基本过程

10.1.2　信息资源及管理

信息是一种重要的社会资源，虽然人类社会在漫长的进化过程中一直没有离开信息，但是只有到了信息时代的今天，人类对信息资源的认识、开发和利用才可以达到高度发展的水平。现代社会将信息、材料和能源看成支持社会发展的 3 大支柱,充分说明了信息在现代社会中的重要性。

1. 信息资源

在人类社会中,一切活动都离不开信息。人们为了实现某种目标,需要确定行动方案,也就是要进行决策。信息的作用在于其对决策的影响。过去,由于生产规模小,科学技术水平低,人们社会活动的范围比较小,人工处理信息,凭经验做出决策,就能够适应人们社会生活的需要,信息问题的重要性与紧迫性没有充分显露出来。随着科学技术的突飞猛进和社会生产力的迅速发展,人们进行信息交流的深度与广度不断增加,信息量急剧增长,传统的信息处理与决策方法和手段已不能适应社会的需要,信息的重要性和信息处理问题的紧迫性空前提高。面对日益复杂和不断发展、变化的社会环境,特别是企业间日趋激烈的竞争形势和用户对产品及服务在品种、质量、数量、交货期等方面越来越苛刻的要求,企业要在现代社会中求生存、求发展,就必须及时、准确了解当前的问题与机会,掌握社会需求状况与市场竞争形势,了解相关科学技术最新成就与发展趋势。也就是说,必须具备足够的信息和强有力的信息收集与处理手段。因此,在现代社会中,人类赖以生存与发展的战略资源,除了物质、能量之外,还有信息,称之为信息资源(Information Resources)。

信息资源的概念现在已得到广泛应用。信息资源通常包括:信息及其载体;信息采集、传输、加工、存储的各类设施和软件;制造上述硬、软件的相关设施;有关信息采集、加工、传输、存储和利用的各种标准、规范、规章、制度、方法、技术等。信息资源的占有与利用水平,是一个国家、企业或组织的综合实力与竞争能力的重要标志。

2. 信息资源的特点

信息资源与自然资源、物质资源相比,具有以下特点。

(1) 能够重复使用,其价值在使用中得到体现。

(2) 信息资源的利用具有很强的目标导向,不同的信息在不同的用户中体现不同的价值。

(3) 具有整合性。人们对其检索和利用,不受时间、空间、语言、地域和行业的制约。

(4) 它是社会财富,任何人无权全部或永久买下信息的使用权;它是商品,可以被销售、贸易和交换。

(5) 具有流动性。

3. 信息资源管理

信息资源管理(Information Resource Management,IRM)是 20 世纪 70 年代末 80 年代初在美国首先发展起来然后渐次在全球传播开来的一种应用理论。它是现代信息技术,特别是以计算机和现代通信技术为核心的信息技术的应用所催生的一种新型信息管理理论。信息资源管理有狭义和广义之分。狭义的信息资源管理是指对信息本身即信息内容实施管理的过程。广义的信息资源管理是指对信息内容及与信息内容相关的资源如设备、设施、技术、投资、信息人员等进行管理的过程。

　　企业信息资源是企业在信息活动中积累起来的以信息为核心的各类信息活动要素（信息技术、设备、信息生产者等）的集合。企业信息资源管理的任务是有效地搜集、获取和处理企业内外信息，最大限度地提高企业信息资源的质量、可用性和价值，并使企业各部分能够共享这些信息资源。由于企业是以利润最大化为目标的经济组织，其信息资源管理的主要目的在于发挥信息的社会效益和潜在的增值功能，为完成企业的生产、经营、销售工作，提高企业的经济效益，同时也为提高社会效益。一般而言，企业信息资源管理工作的内容主要包括：对信息资源的管理，对人的管理，对相关信息工作的管理。

　　宏观信息资源管理是基于社会层面的信息资源管理。这一层面将信息资源管理作为一种管理思想和管理理论。其认为信息不仅是组织资源，同时也是一种社会管理，要求围绕这一社会经济资源展开一系列的管理活动。总而言之，宏观层面的信息资源管理是通过有效的手段进行信息资源管理的合理配置，促进信息资源的开发，利用和增值，以实现经济与社会的可持续发展。

10.2　信　息　管　理

　　随着社会经济的发展，信息量呈现指数增长。人类积累的信息量空前增大，不对信息流进行控制不仅不能有效地利用信息，而且会危及人类的生存和发展，于是在社会组织中出现了专门的信息服务与管理行业。信息管理引起了社会的普遍关注和广泛兴趣，并且越来越成为一个具有很大覆盖面的重要概念。

10.2.1　信息管理的基本概念

1. 信息管理定义

　　信息管理（Information Management，IM）是一个发展的概念。它一般存在狭义和广义两种基本理解。狭义的信息管理认为信息管理就是对信息本身的管理，即以信息科学理论为基础，以信息生命周期为主线，研究信息的"采集、整理、存储、加工（变换）、检索、传输和利用"的过程；广义的信息管理认为信息管理不单单是对信息的管理，还包括对涉及信息活动的各种要素，如信息、技术、人员、组织进行合理组织和有效控制。现在讲到的信息管理，一般指广义的信息管理的概念。

　　在信息管理概念中，信息被当作一种资源。信息管理包括对信息资源的管理和对信息活动的管理。

　　信息资源是经过人类开发与组织的信息、信息技术、信息人员要素的有机集合。虽然人们常常把信息和信息资源看做等同的概念，但信息资源概念的外延大于信息的外延。信息资源既包括信息，又包括信息人员、信息技术及设施；而信息仅指信息内容及其载体。

　　信息活动是指人类社会围绕信息资源的形成、传递和利用而开展的管理活动与服务活动。从过程上看，可以分为两个阶段：一是信息资源的形成阶段，其活动特点以信息的"产生、记录、传播、采集、存储、加工、处理"为过程，目的在于形成可供利用的信息资源；二是信息资源的开发利用阶段，以对信息资源的"检索、传递、吸收、分析、选择、评价、利用"等活动为特征，目的是实现信息资源的价值，达到信息管理的目标。从层次和规模上看，信息活动又可以分为个人信息活动、组织信息活动和社会信息活动。

　　相对而言，信息资源管理主要是针对信息管理的静态方面。其关心的是信息资源开发和利用的程度；而信息活动的管理是信息管理的动态方面，关注的是信息资源开发利用的过程和效果。

　　信息管理是信息人员围绕信息资源的形成与开发利用，以信息技术为手段，对信息资源实施计划、组织、指挥、协调和控制的社会活动。

2. 信息管理基本结构

　　信息管理包括 4 个方面，即信息源、信息处理器、信息用户和信息管理者，它们之间的关系如图 10-3 所示。

　　图 10-3 中，信息源是信息的产生地；信息处理器是进行信息的传输、加工、保存等任务的设备；信息用户是信息的使用者，他应用信息进行决策；信息管理者负责信息系统的设计实现，并在实现以后负责信息系统的运行和协调。

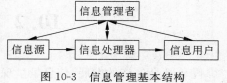

图 10-3　信息管理基本结构

10.2.2　信息管理发展的特征

1. 诺兰模型

　　科学家理查德·诺兰(Richard Nolan)教授在调查和研究了美国 200 多个公司、部门发展信息系统的经验后，结合"S 曲线"理论，提出了一个实现信息化的阶段模型。诺兰认为，任何一个组织在由手工信息管理发展到以计算机为基础的信息管理时，都存在着一条客观的发展道路和规律。提出了信息管理发展的 4 个阶段模型即著名的 S 曲线。其 4 个阶段分别是起始期、扩充期、形成期以及成熟期。

　　到了 20 世纪 70 年代，由于新的硬件、软件与数据库技术的引入，S 模型显然不能适应发展。在 1979 年，诺兰又把企业计算机应用发展分为 6 个阶段，即起步、扩展、控制、综合、数据管理、成熟(图 10-4)。这是信息系统发展早期硬件的重要成果。

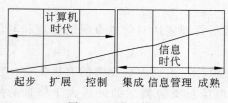

图 10-4　诺兰模型

　　第 1 阶段是起步阶段，这个阶段从企业引进第一台计算机开始，一般都是先在财务、统计、物资等部门开始使用，随着企业对计算机应用认识的深入，人们体会到计算机应用的价值，开始学习、使用、维护计算机。第 2 阶段是扩散阶段，随着计算机在一些部门中的应用实效，从最初的一些应用部门向其他部门扩散，大量的人工数据处理转向计算机处理，人们对计算机的热情增加，需求增长。第 3 阶段是控制阶段，由于人们对计算机信息处理需求的增长，造成财务支出大幅度上涨，企业领导不得不对之进行控制，注重采用成本/效益去分析应用开发。并针对各项已开发的应用项目之间的不协调和数据冗余等，进行统一规划。这一阶段的效益可能比第 2 阶段还要低。第 4 阶段是综合阶段，即在经过第 3 阶段的全面分析后，引进数据库技术，在开发数据网络的条件下，数据处理系统又进入一个高速发展阶段，逐步改进原有系统，开发一个能为中、上层管理提供支持，为企业提供各种信息资源的管理系统。第 5 阶段是数据管理阶段，即系统通过集成、综合之后才有可能进入有效的数据管理，实现数据共享，这时的数据已成为企业的重要资源。第 6 阶段是成熟阶段，信息系统成熟表现在它与组织的目标一致，从组织的事务处理到高层的管理与决策都能支持，并能适应任何管理和技术的新变化。

诺兰认为，从各个阶段发展来看，投资信息系统的规律近似一条 S 曲线。在第 1～2 阶段，投资迅速增长；在第 3 阶段，投资趋向平缓；在第 4 阶段，投资再次迅速上升增长；在第 5～6 阶段，投资又一次在高一级水平上趋于平缓。

诺兰模型是揭示信息系统成长过程的阶段模型，对于系统开发有一定的指导意义。

2. 米歇模型

由于信息技术的迅速发展和集约化管理需求的日趋强烈，信息系统集成化建设的理论、方法和工具的研究日益活跃。过去没有注意到的各种信息技术的综合运用，以及将信息技术作为整个组织的发展要素而与经营管理相融合的策略。而当代的研究结果显示，综合信息技术应用的连续发展可以分为 4 个阶段，各阶段的特征不仅表现在数据处理工作方面，而且还涉及知识、哲理、信息技术的综合运用水平及其在组织的经营管理工作中的作用，以及信息技术服务机构提供成本效益和准时性均好的解决方案的能力。这 4 个发展阶段是：起步阶段（20 世纪六七十年代）、增长阶段（20 世纪 80 年代）、成熟阶段（20 世纪八九十年代）、更新阶段（20 世纪 90 年代中期至 21 世纪初期）。

决定这些阶段的特征有 5 个方面，包括技术状况、代表性应用和集成程度、数据库和存取能力、信息技术组织机构和文化、全员文化素质和态度及信息视野。这就是所谓的米歇（Mische）模型（图 10-5）。

米歇模型可以帮助企业和开发机构把握自己的发展水平；了解自己的信息技术综合应用在现代信息系统发展阶段中所处的位置。其是研究一个企业的信息体系结构和制定变革途径的认识基础，由此可以找准企业建设现代信息系统的发展目标。

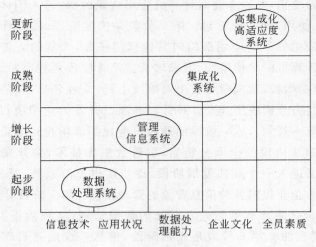

图 10-5　米歇模型

10.3　信　息　系　统

10.3.1　信息系统的概念

1. 系统的概念

系统(System)是指由一系列彼此相关、相互联系的若干部件为实现某种特定目的而建立起来的一个整体。日常生活中经常接触到系统的概念,如经济领域的工业系统、商业系统,自然界的气象系统、生态系统,军事领域的作战系统、后勤保障系统,日常生活中的交通系统、通信系统等。

系统具有输出某种产出的目的,但它不能无中生有,也就是说,有输出则必有输入,而且这种输出是输入经过处理后的结果,它代表系统的目的。处理是使输入变为输出的一种加工处理活动,一般由人和设备分别或共同担任。输入、处理(Processing)、输出是组成系统的3个基本要素,加上反馈(Feedback)功能就构成一个完整的系统(图 10-6)。

图 10-6　典型系统示意图

组成系统的最基本成分称为元素(Element)。系统的部件是指系统中的某些元素为达到一定的功能、以一定形式构筑起来的系统部分。不论怎样的现实问题,要构成一个系统,必须具备以下 3 个条件:

① 要有两个或两个以上的元素;
② 元素之间必须存在相互依存、相互作用、相互联系的关系;
③ 元素之间的联系与作用必须产生整体功能。

一个大的系统往往比较复杂,常常可按其复杂程度分解成一系列小的系统。这些小系统称为包含它的大系统的子系统,子系统有机地组成了大的系统。

按组成系统的要素性质,系统可分为自然系统、人造系统和复合系统 3 大类。自然系统指由自然力而非人力所形成的系统,如天体系统、气象系统、生态系统等。人造系统指经过人的劳动而建立起来的系统,如社会系统、经济系统、管理系统等。复合系统指由自然系统和人工系统相结合而产生的系统,如水利工程系统、生态环境系统等。

2. 信息系统

信息系统(Information Systems)是一个人造系统。它由信息源、信息处理器、信息存储器、信息管理者及信息用户等部分组成。其中,信息源是信息的产生地;信息处理器负责信息的传输和加工;信息存储器负责信息的存储;信息管理者负责系统的设计、实现、运行和维护;信息用户是信息系统的使用者。信息系统的目的是及时、正确地收集、加工、存储、传递和提供信息,以实现组织中各项活动的管理、调节和控制。信息系统的概念结构如图 10-7 所示。

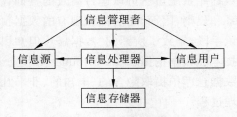

图 10-7　信息系统概念图

信息系统的基本结构和工作原理,再加上各种科学管理方法或创新成果,就构成多种多样的信息系统。其应用于社会的各种组织或个人,以改进工作效果,提高工作和生活质量。如电子纳税系统,家用理财系统,市场景气分析与预报系统,旅游方案咨询系统,电脑全自动科学配菜系统等。

企业进行的各项生产经营及其管理活动必然伴随有反映其状态与方式的信息。这些信息在企业中流转,形成信息流。一个企业存在各种各样的信息流,不同的信息流控制不同的企业活动。多种信息流组织在一起,用于管理和控制企业的各种活动,就形成了信息流的网络,再加上信息处理工具、方法与手段即构成了企业信息系统。

3. 信息系统的分类

信息系统是一个内涵广泛的概念,它可以进行如下分类。

(1) 数据处理系统。数据处理系统(Data Processing System,DPS)的任务是处理组织的业务、控制生产过程和支持办公事务,并更新有关的数据库。数据处理系统通常由业务处理系统、过程控制系统和办公自动化系统 3 部分组成。业务处理系统的目标是迅速、及时、正确地处理大量信息,以提高管理工作的效率和水平;过程控制系统主要指用计算机控制正在进行的生产过程;办公自动化系统以先进技术和自动化办公设备(如文字处理设备、电子邮件、轻印刷系统等)支持部分办公业务活动。

(2) 管理信息系统。管理信息系统(Megan information system,MIS)是对一个组织机构进行全面管理的以计算机系统为基础的集成化的人—机系统,具有分析、计划、预测、控制和决策功能。它把数据处理功能与管理模型的优化计算、仿真等功能结合起来,能准确、及时地向各级管理人员提供决策用的信息。其主要特点是对实际系统人、财、物等优化仿真模拟,一般都是对实际系统综合业务的实时处理,解决的问题大多是结构化和半结构化的。

（3）决策支持系统。决策支持系统（Decision Sustainment System，DSS）是计算机科学、人工智能、行为科学和系统科学相结合的产物。其是以支持半结构化和非结构化决策过程为特征的一类计算机辅助决策系统，用于高级管理人员进行战略规划和宏观决策。它为决策者提供分析问题、构造模型、模拟决策过程以及评价决策效果的决策支持环境，帮助决策者利用数据和模型在决策过程中，通过人机交互设计和选择方案。

（4）数据挖掘系统。随着数据库技术的迅速发展以及数据库管理系统的广泛应用，人们积累的数据越来越多。这些激增的数据背后隐藏着许多重要的有用的信息。人们希望能从这些海量的数据中找出具有规律性的信息来帮助我们进行更有效的活动。目前的数据库系统虽然可以进行高效的查询、统计等功能，但是，无法发现数据中存在的这些关系和规则，因而，无法根据现有的数据预测未来的发展趋势，缺乏挖掘数据背后隐藏的知识手段，导致了所谓的"数据爆炸但知识贫乏"的现象。因此，数据仓库（Data Warehouse）技术和数据挖掘（Data Mining）技术应运而生。所谓数据挖掘系统是指从大型数据库或数据仓库中提取隐含的、未知的、非平凡的及有潜在应用价值的信息或模式的高级数据处理过程。

（5）办公自动化与虚拟办公室。办公自动化（Office Automation，OA）系统是以先进的技术设备为基础，由办公人员和技术设备共同构成的人机信息处理系统。其用户主要是办公室从事日常办公事务的工作人员。其目的是充分地利用设备资源和信息资源，提高办公效率和质量。

4. 信息系统的功能

信息系统作为社会无数系统中的一种专门系统，在社会进步和发展中发挥了重要的作用。信息系统的功能是对信息进行采集、加工、存储、管理、检索和传输，并且能向有关人员提供有用的信息。

（1）信息采集。信息采集的作用是将分布在不同信息源的信息收集起来。信息的采集一般要经过明确采集目的、形成并且优化采集方案、制定采集计划、采集和分类汇总等环节。

根据信息来源的不同，信息采集工作可分为原始信息采集与二次信息采集两种。前者指在信息发生的当时当地，从记载实体上直接获取信息，并用某种技术手段在某种介质上记录下来；而后者是指采集已经记录在某种介质上，与所属的实体在时间与空间上已分离的信息。

（2）信息加工。通过各种途径和方法采集的信息，须按照不同的要求，经综合加工处理，才能成为有用的信息。信息加工一般须经真伪鉴别、排错校验、分类整理与加工分析4个环节。信息加工包括排序、分类、归并、查询、统计、结算、预测、模拟，以及进行各种数学运算。信息处理系统以计算机为基础来完成信息加工工作。

（3）信息传输。从信息采集地采集的数据需要传送到处理中心，经过加工处理后传送到使用者手中，这些都涉及信息的传输。信息通过传输形成信息流。信息流具有双向流特征，即包括正向传输和反馈两个方面。企业信息传输既有不同管理层之间的信息垂直传输，也有同一管理层各部门之间的信息横向传输。为了提高传输速度和效率，企业应当合理设置组织机构，明确规定信息传输的级别、流程、时限，以及接收方和传递方的职责。还应尽量采用先进的工具,如计算机网络通信,减少人工传递。

(4) 信息存储。数据进入信息系统后,经过加工处理形成对管理有用的信息。由于绝大多数信息具有多次、长期利用的价值。因此,必须将这些信息进行存储保管,以便随时调用。信息的存储包括物理存储和逻辑组织两个方面。物理存储是指将信息存储在适当的介质上;逻辑组织是指按信息的内在联系组织和使用数据,把大量的信息组织成合理的结构。

(5) 信息检索。信息检索和信息存储属于同一问题的两个方面,两者密切相关。迅速准确的检索以先进科学的存储为前提。为此,必须对信息进行科学的分类与编码,采用先进的存储媒体和检索工具。信息检索一般需要用到数据库技术和方法,数据库的处理方式和检索方式决定着检索速度的快慢。

(6) 信息维护。信息维护的目的在于保证信息的准确、及时、安全与保密。信息的准确性是信息维护的主要目的,即保证数据处于最新状态,数据在合理的误差范围内。提高信息准确性的措施有:保证原始信息的正确性;尽量减少转录次数;加强校验和核对;由专人维护代码库;尽可能使用数字输入设备等。信息的及时性,要求信息存放要科学合理,各种设备状态完好,操作规程健全。信息的安全性,要求采取措施防止信息受到意外情况和人为的破坏,一旦发生信息的破坏和丢失,能够在最短的时间内恢复正常运转,使损失降到最低限度。为保证信息的保密性,需要采取一定的技术措施,如设定用户访问权限,增设口令,建立严密的管理制度等。

(7) 信息使用。信息使用主要指高速度、高质量地为用户提供信息。衡量信息系统有效性的关键不在于信息收集、加工、存储、传输等环节,而在于信息提供的实效、精度与数量等能否满足管理的要求。提供信息还要根据信息的特点,选择合适的输出媒体、输出格式、输出方式,以确保信息传递的便捷性、准确性,以及使用方便以及保密性等。

10.3.2　信息系统的应用

信息系统以其高速、低成本为前提,追求系统处理问题的效率和效益,广泛应用于社会各个领域,应用系统多种多样,应用范围不断扩大,已经成为信息社会中必不可少的工具。

1. 信息系统的应用类型

根据信息系统的应用功能和服务对象可将其分为国家经济信息系统、企业管理信息系统、事务型信息系统和专业型信息系统等应用类型。

(1) 国家经济信息系统。国家经济信息系统是一个包含各综合统计部门(如国家发展计划委员会、国家统计局等)在内的国家级信息系统。这个系统纵向联系各省市、地市、各县直至各重点企业的经济信息系统,横向联系外贸、能源、交通等各行业信息系统,形成一个纵横交错、覆盖全国的综合经济信息系统。国家经济信息系统由国家经济信息中心主持,在"统一领导、统一规划、统一信息标准"的原则下,按"审慎论证、积极试点、分批实施、逐步完善"的方针建设并发挥效益。

国家经济信息系统的主要功能有:收集、处理、存储和分析与国民经济有关的各类经济信息,及时、准确地掌握国民经济运行状况,为国家经济部门、各级决策部门及企业提供经济信息;为统计工作现代化服务,完成社会经济统计和重大国情国力调查的数据处理任务,进行各种统计分析和经济预测;为中央和地方各级政府部门制定社会、经济发展计划提供辅助决策手段;为中央和地方各级的经济管理部门进行生产调度、控制经济运行提供信息依据和先进手段;为各级政府部门的办公事务处理提供现代化的技术。

(2) 企业管理信息系统。企业管理信息系统面向各类企业,如工厂、制造业、商业企业、建筑企业等。这类主要进行管理信息的加工处理,一般应具备对企业生产监控、预测和决策支持的功能。企业复杂的管理活动给管理信息系统提供了典型的应用环境和广阔的应用舞台,大型企业的管理信息系统都很大,人、财、物、产、供、销以及质量、技术应有尽有,同时技术要求也很复杂,因而常被作为典型的管理信息系统进行研究,从而有力地促进了管理信息系统的发展。

(3) 事务型信息系统。事务型信息系统面向行政机关和企事业单位,主要进行日常工作的事务性管理,如医院管理信息系统、饭店管理信息系统、学校管理信息系统等。由于不同应用单位处理的事务不同,管理信息系统的逻辑模型也不尽相同,但基本处理对象都是管理事务信息,决策工作相对较小,因而要求系统具有很高的实时性和数据处理能力,数学模型使用较少。

(4) 办公型信息系统。办公型信息系统支持行政机关办公管理自动化,对提高领导机关的办公质量和效率,改进服务水平具有重要意义。其主要特点是办公自动化和无纸化,与其他各类管理信息系统有很大不同。在行政机关办公服务管理系统中,主要应用局域网、打印、传真、印刷、缩微等办公自动化技术,以提高办公事务效率。行政机关办公型信息系统要与下级各部门行政机关信息系统互联,也要与上级行政首脑决策服务系统整合,为行政首脑提供决策支持信息。

(5) 专业型信息系统。专业型管理信息系统指从事特定行业或领域的信息系统,如人口管理信息系统、材料管理信息系统、科技人才管理信息系统、房地产管理信息系统等。这类信息系统专业性很强,信息也比较专业化,主要功能是收集、存储、加工、预测等。

另一类专业型信息系统,如地理信息系统、铁路运输管理信息系统、电力建设管理信息系统、银行信息系统、民航信息系统、邮电信息系统等,其特点是具有很强的综合性,包含了上述各种管理信息系统的特点,有时也称为综合型信息系统。

2. 信息系统应用的动力

信息科学技术与管理思想的发展、经营环境和经营理念的变化成为信息系统应用不断深入发展的动力。

(1) 信息科学技术的发展。随着数据仓库技术、多媒体数据库技术以及各种计算机软硬件技术的发展,管理信息系统的结构体系发生着根本变化。客户机/服务器(C/S)模式、Web 三层体系(B/S)模式的运用,对信息系统支持大规模用户、大容量数据、快速便捷的应用提供了有力支持。

(2) 管理思想的发展。随着以消费者为导向的市场机制的形成,诞生了许多新的管理思想。全面质量管理、计算机集成制造、精益生产、敏捷制造、下一代制造、供应链管理、客户化大生产、客户关系管理、电子商务等应运而生。这些管理思想的实现需要有网络和计算机作为其运行的支撑体系，需要公共数据库为基础的集成环境，即需要支持他们运作的信息体系。

（3）经营环境的改变。经济全球化的出现和不断发展，工业经济向基于知识和信息的服务型经济的转变，企业自身的组织结构和管理模式的变革，全球范围内的这3大变化，改变着企业的经营环境，也推动了信息系统的应用与普及。

经济全球化极大地提高了信息的价值。全球性企业要与分布在不同地区的分销商、供应商通信，要连续不断地在全球不同的地区运作，要为全球范围内的需求提供服务，都离不开功能强大的信息系统的支持。

在工业经济向基于知识和信息的服务型经济转变地过程中，知识和信息正在成为许多新产品和服务的基础。对所有的行业来说，信息和信息技术都已经成为关键的战略资源。组织必须利用信息系统来优化组织内部的信息流，帮助管理人员最大限度地发挥信息资源和知识资源的价值。

企业自身的组织结构和管理模式的变革，新型组织的扁平化、网络化、虚拟化组织结构，权力相对分散、安排灵活、利用即时信息为特定的市场或顾客提供规模化定制产品等要求，促进了信息系统在企业组织的普及和利用。

（4）企业经营理念的变化。随着全球经济一体化和竞争的加剧，产品同质化的趋势越来越明显，产品的价格和质量的差别不再是企业获利的主要手段。企业认识到满足客户的个性化需求的重要性，甚至能超越客户的需要和期望。以客户为中心、倾听客户呼声和需求、对不断变化的客户期望迅速做出反映的能力是企业成功的关键。这就产生了集成与优化企业生产运行的 CIMS、以合理高效利用企业资源的 ERP、以满足客户需求为理念的 CRM，兼顾以及追求供应链优化的 SCM 以及信息系统的整合。

10.3.3　信息系统在企业中的应用

1. 计算机集成制造

计算机集成制造系统（Computer Integrated Manufacturing Systems，CIMS）是随着计算机辅助设计与制造的发展而产生的。它借助于计算机技术，综合运用现代管理技术、制造技术、自动化技术、系统工程技术，对企业的生产作业、管理、计划、调度、经营、销售等整个生产过程中的信息进行统一处理，并对分散在产品设计制造过程中各种孤立的自动化子系统的功能进行有机地集成，并优化运行，从而缩短产品开发周期、提高质量、降低成本。

CIMS 是一个庞大的系统工程，需要相关技术支持其实施。整个集成系统包括工程技术信息系统、管理信息系统、制造自动化系统和质量控制系统 4 个功能系统以及数据库和网络两个支持系统。

（1）工程技术信息系统。其包括计算机辅助设计（CAD）、计算机辅助工艺设计（CAPP）、计算机辅助制造（CAM）和产品数据管理（PDM）等，为企业的技术部门提供所需的技术信息，用来支持产品设计开发和工艺准备，在缩短生产周期、提高产品质量、降低生产成本等方面均有重要作用。

① CAD 系统(Computer Aided Design)包括产品结构的设计,定型产品的变型产品的变型设计及模块化结构的产品设计。CAD 系统能够根据产品开发任务书的要求,进行方案设计,外形设计,三维实体造型和工程图纸绘制,并通过建立参数化的产品零部件标准件、通用件库,提高设计效率。

② CAPP 系统(Computer Aided Process Planning)完成用计算机按设计要求将原材料加工成产品所需要的详细工作指令的准备工作。CAPP 系统能在工艺文件编辑器和工艺设计资源库支持下,实现计算机辅助工艺设计、工艺设计过程管理和工艺文件与资源的管理,达到方便、快捷地编制工艺文件。

③ CAM 系统(Computer Aided Manufacturing)依据零件的三维实体模型和工艺规程,生成 NC 代码,并组织生产。该系统包括刀位文件生成与仿真、后处理和制造与检验等功能模块。通常进行刀具路径的规划、刀位文件的生成、刀具轨迹仿真以及 NC 加工等工艺指令送给制造自动化系统。

④ CAE 系统(Computer Aided Engineering)是对质量、体积、惯性力矩、强度等的计算分析;对产品运动精度,动、静态特征的性能分析;对产品的应力、变形等的结构分析。CAE 系统进行工程分析、计算,提供分析报告和设计修改建议书。

⑤ PDM 系统(Product Data Management)是企业信息化集成的框架平台。它能有效地管理设计产品从概念设计、计算分析、详细设计、制造加工、销售维护直至产品消亡整个生命周期内或某阶段的相关电子数据,使得分布在企业各个地方、在各个应用中使用(运行)的所有产品数据得以高度集成、协调、共享,所有产品研发过程得以高度优化或重组。

CAD/CAPP/CAM 的集成是实现集成制造系统的一个很重要的关键技术。PDM 管理产品全生命周期中各种数据和过程,保证数据的一致性、最新性、共享性和安全性。

(2) 管理信息系统。其包括经营管理、生产计划与控制,采购管理、财务管理等功能。它将制造企业生产经营过程中产、供、销、人、财、物等进行统一管理并应用于计算机系统,用以处理生产任务方面的信息。

在集成制造环境下,管理信息系统是一个大型软件系统,通常采用模块化的结构。管理信息系统体现在 ERP(企业资源计划)的实施,指挥和控制 CIMS 其他分系统的运行,使企业各部门工作协调一致,完成企业的生产经营任务。通过 PDM 与 CAD/CAM/CAPP 的信息集成是目前生产经营管理系统的建设重点。

(3) 制造自动化系统。制造自动化系统直接完成制造活动的基本环节,由制造系统、控制系统、物流系统、监测系统和机器人组成。制造自动化系统反映了先进技术应用于企业底层的生产和物流活动。这些活动在集成制造中往往被划分为"单元"进行管理和调度。制造自动化系统是 CIMS 中信息流与物流的结合点,是 CIMS 最终完成产品制造、创造效益的关键环节。

(4) 计算机辅助质量管理系统。其具有制定质量管理计划,实施质量管理,处理质量管理的信息,支持质量保证等功能。其负责采集、存储、评价和控制在设计和制造过程中产生的、与产品质量有关的数据,形成一系列的控制环,从而有效地保证质量。

(5) 数据管理支持系统。其用以管理整个 CIMS 的数据,实现数据的集成与共享。

集成制造企业需要采集、传递、处理的数据,数量巨大,结构不同,还存在异构数据之间的接口问题。要使集成制造系统的各分系统有效地集成,实现数据共享,必须有集成的数据管理系统的支持。数据管理系统的核心是数据库系统。它支撑各分系统及覆盖企业全部信息的数据存储和管理,要能保证数据的完整性、一致性和安全性,实现全企业数据共享。

(6) 网络支持系统。用以传递 CIMS 各分系统之间和分系统内部的信息,实现 CIMS 的数据传递和系统通信功能。集成制造系统的网络应具备开放通信网络的特点,它不仅适用于生产过程的计划和自动控制,还适用于产品工程设计和计划,以及办公自动化和与公共通信系统的连接。

系统包括计算机网络、数据库、中间件、集成平台以及协同工作环境等。计算机网络和数据库实现计算机系统互连,作为 CIMS 信息交换和共享的主要支撑。计算机网络子系统支持 CIMS 开放型网络通信,采用国际标准和协议,满足各分系统的网络支持服务。

2. 企业资源计划

企业资源计划(Enterprise Resource Planning, ERP)是建立在信息技术基础上,利用现代企业的先进管理思想,全面地集成了企业所有资源信息,为企业提供决策、计划、控制与经营业绩评估的全方位和系统的管理平台。ERP 是集先进的管理思想和信息技术为一体的企业资源管理信息系统。

管理思想是 ERP 的灵魂,不能正确认识 ERP 的管理思想就不可能很好地去实施和应用 ERP 系统。ERP 的管理思想体现在 6 个方面:帮助企业实现体制创新;建立"以人为本"的竞争机制,把组织看做是一个社会系统;以"供应链管理"为核心;以"客户关系管理"为前台重要支撑;实现电子商务;全面整合企业内外资源。

未来 ERP 的发展在整体思想体系上必将实现更大范围的集成,支持以协同商务、相互信任、双赢机制和实时企业为特征的供应链管理模式,实现更大范围的资源优化配置,降低产品成本,提高企业竞争力。在软件产品功能上将支持集团管理模式、客户关系管理、产品协同研发、敏捷制造、价值链管理、企业效绩评价、电子商务、物流配送、业务模式重组和系统集成等,满足企业发展的需要。

在企业中,一般的管理主要包括 3 个方面的内容:生产控制管理、物流管理和财务管理。随着企业对知识管理及人力资源管理的重视和加强,越来越多的 ERP 厂商将人力资源管理、知识管理等纳入了 ERP 系统。

(1) 生产控制管理。生产控制管理是 ERP 系统的核心,它将企业的整个生产过程有机地结合在一起,使得企业能够有效地降低库存,提高效率,同时各个原本分散的生产流程的自动连接,也使得生产流程能够前后连贯地进行,而不会出现生产脱节,耽误产品交货时间。

生产控制管理是一个以计划为导向的先进的生产和管理的方法。首先,企业确定主生产计划,再经过系统层层细分后,下达到各部门去执行,即生产部门以此生产,采购部门按此采购等。

(2) 物流管理。物流管理是根据物质资料实体流动的规律,运用管理原理与科学方法,对物流活动进行计划、组织、指挥、协调、控制和监督,使各项物流活动实现最佳的协调和配合,以降低物流成本,提高物流效率和经济效益。ERP 中的物流管理主要包括分销管理、库存控制、采购管理等功能。

（3）财务管理。一般的 ERP 软件的财务部分分为会计核算与财务管理两大部分。会计核算主要是记录、核算、反映和分析资金在企业经济活动中的变动过程及其结果。它由总账、应收账、应付账、现金管理、固定资产核算、多币制、工资核算、成本计算等部分构成。财务管理的功能主要是基于会计核算的数据，再加以分析，从而进行相应的预测，管理和控制活动。它侧重于财务计划、控制、分析和预测。

（4）人力资源管理。人力资源管理和 ERP 中的财务、生产系统组成一个高效的、具有高度集成性的企业资源系统。人力资源管理包括人力资源规划的辅助决策，招聘管理，待遇及薪金管理，工时管理，差旅核算等。

（5）知识管理。知识经济是以知识为基础的经济，是建立在知识的生产、分配和使用之上的经济。在知识经济时代，知识是企业最重要的战略性资源。知识管理就是企业对其所拥有的知识资源进行管理的过程，识别、获取、开发、分解、储存、传递知识，从而使每个员工在最大限度地贡献出知识的同时，也能享用他人的知识，是知识管理的最终目标。

3. 客户关系管理

客户关系管理（Customer Relationship Management，CRM）通过采用信息技术，使企业市场营销、销售管理、客户服务和支持等经营流程信息化，以实现客户资源的有效利用。

CRM 系统的功能可以归纳为销售、市场营销和客户服务 3 部分管理业务流程的信息化，与客户进行沟通所需要的手段的集成和自动化处理，以及对上述两部分功能所积累的信息进行的加工处理，产生客户智能，为企业决策提供支持。

（1）销售管理。包括客户管理、联系人管理、销售业务管理等。客户管理的主要功能有客户基本信息，与此客户相关的基本活动和活动历史，联系人的选择。联系人管理的主要作用包括联系人概况的记录、存储和检索，跟踪同客户的联系，如时间、类型、简单的描述、任务等，客户的内部机构的设置概况。销售业务管理的主要功能包括组织和浏览销售信息，产生各销售业务的阶段报告，并给出业务所处阶段、成功的可能性等信息，对地域进行维护，把销售员归入某一地域并授权，销售费用管理，销售佣金管理等。

（2）市场营销管理。其包括：产品和价格配置器；在进行营销活动（如广告、邮件、研讨会、网站、展览会等）时，能获得预先定制的信息支持；把营销活动与业务、客户、联系人建立关联；显示任务完成进度；提供类似公告板的功能，可张贴、查找、更新营销资料，从而实现营销文件、分析报告等的共享；跟踪特定事件；安排新事件，如研讨会、会议等，并加入合同、客户和销售代表等信息；信函书写、批量邮件，并与合同、客户、联系人、业务等建立关联；邮件合并；生成标签和信封。

（3）客户服务管理。主要功能包括服务项目的录入，服务项目的安排、调度和重新分配，事件的升级，搜索和跟踪与某一业务相关的事件，问题及其解决方法的数据库。

此外，CRM 系统的功能还包括呼叫中心及其他管理，如合作伙伴关系管理、电子商务、知识管理和商业智能等。

4. 供应链管理

供应链管理（Supply Chain Management，SCM）是一种集成的管理思想和方法，是指对整个供应链系统进行计划、协调、操作、控制和优化的各种活动和过程。其基本目标是要将顾客所需的正确的产品(Right Product)能够在正确的时间(Right Time)、按照正确的数量(Right Quantity)、正确的质量(Right Quality)和正确的状态(Right Status)送到正确的地点(Right Place),并使总成本达到最佳。

一个高效供应链系统对企业的主要作用是：提高反应速度,节约交易成本,降低库存水平,缩短生产周期,提高服务水平,增加企业利润。

供应链管理系统主要包括客户管理、订单管理、仓储管理、运输管理、配送管理、报关货代管理、商务管理以及决策分析、协同管理等功能。

(1) 客户管理。通过对客户资料的收集、分类、存档、检索和管理,全面掌握不同客户群体、客户性质、客户需求、客户信用等客户信息。以提供最佳客户服务为宗旨,为客户提供物流运作、方案、价格、市场、信息等各种服务内容,及时处理客户在合作中遇到的各类问题,妥善解决客户合作中发生的问题,培养长期的忠诚的客户群体,为企业供应链的形成和整合提供支持。同时包括对客户服务渠道和业务查询的管理,通过客户服务渠道,客户可以通过多种方式(如网上查询、电话查询、短信通知、E-mail 通知等)或者客户订单的状态及其作业情况。

(2) 订单管理。订单是整个系统的内在驱动力之一,针对不同客户具有十几种订单接收策略。订单管理主要包括订单的接收、录入、执行情况跟踪等功能。

(3) 仓储管理。仓储是供应链执行过程的核心环节。仓储管理包括仓储资源的管理和业务运作流程的实现。仓储管理的特点体现在,库房的多极化管理、作业动作细分与调度策略、库存状态管理以及盘点的多种策略等。其主要包括收货、品检、上架、拣选、流通加工、装运、补货、库存控制、可视化监控、移库、盘点等功能。

(4) 运输管理。可以对所有运输资源,包括自有车辆和协作车辆的以及临时车辆实行实时调度管理,提供对货物的分析,配载的计算,以及最佳运输路线的选择。其主要包括车辆管理、承运商管理、运输任务管理、运输作业调度、运输跟踪、回单管理、装卸作业等功能。

(5) 配送管理。以最大限度地降低物流成本、提高运作效率为目的,按照实时配送(JIT)原则,在多购买商并存的环境中,通过在购买商和各自的供应商之间建立实时的双向链接,构筑一条顺畅、高效的物流通道,为购买、供应双方提供高度集中的、功能完善的和不同模式的配送信息服务。

(6) 报关货代管理。支持涉外物流业务,能够与国际贸易系统实现良好集成,对报关单据、报关、报检流程等进行细致全面的管理,能够通过 EDI 与海关系统实现无缝衔接。

(7) 商务管理。对客户、外部物流资源提供商、作业人员的合约和结算进行管理,支持各种计费方式,并内置各种收费策略,对内部成本进行控制。比如,依据物流公司与相应主体签订的服务合同、物流公司为相应主体提供/使用的各种物流服务系统在日结、月结时自动计算应收物流费用,这些费用经确认后,自动以凭证方式转入财务系统,从而达到财务业务一体化。主要包括合约管理、应收、应付、实收、实付、费用核算等功能。

(8) 决策分析。其要求管理人员对运营收支、利润分析、KPI 指标有全面性的掌握。各种指标包括如及时送达率、破损率、库房使用率、车辆使用效率、基于活动的物流成本分析、重点客户指标分析(客户的业务量、创造的利润、未来的潜力、投诉率等),单货品库存周转率等。

(9) 协同管理。协同管理的目的是从物流战略的角度分析物流运作和管理的各个环节,以实现整个物流体系的业务计划/优化管理、物流网络优化等管理分析职能。其中业务计划/优化是根据客户的生产下线计划预测所服务客户的物流运作(作业)需求,结合物流企业目前的物流资源,给出二者之间的平衡关系。使得物流企业的管理者能够从运作的全局考虑未来一段时间内的客户服务水平,并有效降低物流服务总成本。物流网络优化通过作业协同、资源统一调度、库存均衡等策略的实施实现整个物流体系的最优。

10.3.4　信息系统的开发

信息系统研制遵循系统生命周期的方法,将整个信息系统的研制过程分解成若干阶段,并对每个阶段的目标、活动、工作内容、工作方法及各阶段之间的关系做了具体规定,以使整个开发工作具有合理的组织和科学的秩序。

1. 信息系统生命周期

系统生命周期(System Lifecycle)把一个信息系统开发过程看成像产品一样,具有生命周期,也就是要经过开始、中间过程和结束。一个信息系统开发的生命周期大致可分为6个阶段:立项、系统分析、系统设计、编程、安装和实施。

(1) 立项。如果要建立一个系统项目,那么该阶段就要确定项目的总体目标,界定项目的范围,并向管理层提交一份项目计划报告。

(2) 系统分析。任务是详细分析现行系统(人工的或者自动的)存在的问题,找出解决这些问题的方案和所要达到的目标,并说明可供选择的解决方案。系统分析阶段还要分析各种可选方案的可行性。

(3) 系统设计。生成解决方案的逻辑和物理设计说明书,由于生命周期法特别强调规范化的说明书和文档工作,因此有许多设计和建立文档的工具可用于该阶段,如数据流图、程序结构图或系统流程图等。

(4) 编程。按设计阶段形成的设计说明书来编制软件程序代码。系统分析员与程序员共同为系统的各个程序准备程序设计说明。这些程序设计说明具体描述了每个程序将做些什么,使用的编程语言,输入、输出,处理逻辑,处理顺序,以及控制描述。

(5) 安装。其是将新的或修改后的系统投入使用的最后几步:系统测试、人员培训和系统转换。对软件进行测试的目的是确保其从技术和业务上准确无误。为使业务和技术人员能够有效地使用新系统,还需要对他们进行培训。另外还需制定一份完善的系统转换计划,以便提供投入新系统所要进行的各项活动具体安排。

(6) 后期运行。其包括系统安装投入使用后对系统的使用和评审,以及为完善系统所进行的系统修改。用户和技术人员将在新系统投入运行后对系统进行跟踪审查,以确定新系统是否达到原定目标,是否还需进行修订和更改。系统调试完毕之后,可能还需进行一些纠错、改善处理效率等维护工作。经过一段时间后,系统可能需要进行更多的维护才能保持有效地工作并满足用户目标,直到系统有效生命周期的结束。一旦系统生命周期走向结束,则会要求一个全新的系统来替代老系统,一个新的周期可能再次开始。

2. 信息系统开发需要注意的问题

在信息系统的开发中除了严格按阶段完成好各步骤外,在实际开发中还要注意以下几个方面。

(1) 数据的采集、审核和处理是整个信息系统开发的核心。其要求采集到的数据必须是足够多的,并保证数据来源的可靠性;整个信息系统的设计上必须是关于以数据分析处理为主要技术手段,确保数据在信息系统中的核心地位。

(2) 数据模型的稳定性与处理数据的多变性。作为信息系统数据加工、分析、处理模型必须是稳定的,能够反映信息系统确立的目标功能,但在对数据的处理上,设计上必须体现灵活性的原则,这是由于随时间和业务的发展在数据的属性上可能会发生变化,如一个超市,它随着经营规模的扩大可能向连锁,和增加不同类型商品方向发展。这在考虑设计模型和数据处理时要留有充分的余地。

(3) 用户参与开发的原则。信息系统最终必须交付用户使用,他们才是真正的评判者,所以一开始就请用户参加,始终坚持面向用户的观点,让他们的意见得以充分的表达并予在系统中实现。

(4) 严格区分工作阶段,每个阶段规定明确的任务和所应取得的成果。特别是要给规划、设计方案以充分的时间、考虑充分。技术型人才往往会犯忽视方案规划设计,急于编程的倾向,这往往带来返工造成更大的人力,时间资源的浪费。

(5) 按系统的观点,自顶向下地完成研制工作。这就要求参与开发的人员必须有系统全局的观点,对整个系统结构有充分的了解、明确自己承担部分在系统中的位置,任何问题的解决都要从全局出发,从高层入手,从宏观到微观的解决过程。

(6) 充分考虑变化的情况。我们处在信息社会的进程中,特别是在经济全球的条件下,瞬息万变的市场需求的影响,在任何一个阶段上都有可能必须做出调整,这在开发中是必须有充分的准备和技术上的对策。

(7) 重视开发文档的规范化管理。这是信息系统开发能连续进行的根本保证。文档资料记录了开发人员的思维过程,记录了开发的轨迹,是系统开发人员与用户交流的媒介,也是开发人员之间交流的纽带。规范文档的建立、归档、存档工作是保证系统开发不因人员变动,而使开发工作陷于被动的基础性工作,应以高度的重视。

10.4 思考与讨论

10.4.1 问题思考

1. 什么是信息？与信息相关的主要概念是什么？
2. 信息的基本属性是什么？
3. 信息资源有哪些特点？
4. 构成信息管理的基本要素有哪些？

5. 什么是信息系统？它由哪些要素组成？

6. 常见的信息系统有哪几种？它们的主要功能是什么？

7. 信息系统应用的动力表现在哪些方面？

8. 计算机集成制造系统由哪些主要部分构成？

10.4.2　课外讨论

1. 为什么说"在人类社会中，一切活动都离不开信息"？

2. 信息管理发展过程中诺兰模型与米歇模型两大模型各有什么特点？

3. 举例说明信息系统的主要应用类型。

4. 查阅资料，举例说明 ERP 给企业带来了哪些变化？

5. 信息系统的生命周期分为哪几个阶段？

6. 根据自己的实际观察，简述信息管理的应用。

第 11 章　多媒体应用技术

【本章导读】

本章主要介绍多媒体技术的概念及发展现状,多媒体创作工具及其应用。其包括媒体、多媒体、多媒体技术等概念,视频、音频转换等各种媒体技术及其制作工具。通过本章的学习,读者能够初步地了解多媒体技术的相关概念、发展动态及其应用;了解动画制作、虚拟现实等多媒体应用。

【本章主要知识点】

① 多媒体技术的概念及特性;

② 多媒体技术的应用领域;

③ 多媒体系统的组成;

④ 多媒体应用技术。

11.1　多媒体与多媒体技术

在信息社会,人们迫切希望计算机能以人类习惯的方式提供信息服务,因而多媒体技术应运而生。它的出现,使得原本"面无表情"的计算机有了一副"生动活泼"的面孔。用户不仅可以通过文字信息,还可以通过直接看到的影像和听到的声音,来了解感兴趣的对象,并可以参与或改变信息的演示。多媒体应用技术的发展,为信息时代带来了前所未有的巨大变化。

11.1.1　多媒体

多媒体(Multimedia)是全面的综合性的信息资源。它是数字、文字、声音、图形、图像和动画等各种媒体的有机组合,并与先进的计算机、通信和广播电视技术相结合,形成一个可组织、存储、操纵和控制多媒体信息的集成环境和交互系统。

1. 媒体的概念

媒体(Media)是指传送信息的载体和表现形式。在人类社会生活中,信息的载体和表现形式是多种多样的。例如电影、电视、报纸、出版物等可称为文化传播媒体,分别用纸、影像和电子技术作为载体;电子邮件、电话、电报等可称为信息交流媒体,用电子线路和计算机网络作为载体。

在通常情况下，按国际电报电话咨询委员会（CCITF）的定义，媒体可分为5种形式，分别为感觉媒体、表示媒体、显示媒体、存储媒体、传输媒体。图11-1表示5种媒体之间的联系。

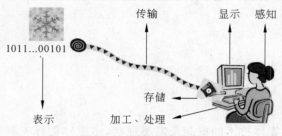

图 11-1　媒体间的关联

（1）感觉媒体（Perception Medium）。感觉媒体是指能直接作用于人们的感觉器官，使人能直接产生感觉的一类媒体。感觉媒体包括人类的各种语言、文字、音乐、自然界的其他声音、静止的或活动的图像、图形和动画等信息。

（2）表示媒体（Representation Medium）。表示媒体是指信息的表示形式。它是人类研究和构造出来的、能被感觉媒体接受的一类媒体，如图形、文字、声音、图像、视频、动画等信息的数字化编码表示。表示媒体是为了能更有效地加工、处理和传输感觉媒体而人为研究和构造出来的一种媒体，是多媒体应用技术重点研究和应用的对象。

（3）显示媒体（Presentation Medium）。显示媒体是指感觉媒体传输中电信号和感觉媒体之间转换所用的媒体。显示媒体又分为输入显示媒体和输出显示媒体。输入显示媒体如键盘、鼠标器、光笔、数字化仪、扫描仪、麦克风、摄像机等，输出显示媒体如显示器、音箱、打印机、投影仪等。

（4）存储媒体（Storage Medium）。存储媒体又称存储介质，指的是用于存储所表示的媒体（也就是把感觉媒体数字化以后的代码进行存入），以便计算机随时加工处理和调用的物理实体。如硬盘、软盘、光盘、磁带等。

（5）传输媒体（Transmission Medium）。作为通信的信息载体，用来将表示媒体从一处传送到另一处的物理实体。如各种导线、电缆、光缆、电磁波等。

2. 媒体的分类

常见的与计算机相关的媒体元素主要有文本、图形、图像、音频、动画和视频图像等。

（1）文本（Text）。文本是由字符和符号组成的一个符号串，如语句、文章等，通常通过编辑软件生成。文本中如果只有文本信息，没有其他任何有关格式的信息，则称为非格式化文本文件或纯文本文件；而带有各种文本排版信息等格式信息的文本，称为格式化文本文件。Word文档就是典型的格式化文本文件。

（2）图形（Graphic）。图形一般指计算机生成的各种有规则的图，如直线、圆、圆弧、矩形、任意曲线等几何图和统计图等。图形的最大优点在于可以分别控制处理图中的各个部分，如在屏幕上移动、旋转、放大、缩小、扭曲而不失真，不同的物体还可在屏幕上重叠并保持各自的特性，必要时仍可分开。

（3）图像（Image）。图像是指由输入设备捕捉的实际场景画面或以数字化形式存储的任意画面。计算机可以处理各种不规则的静态图片，如扫描仪、数字照相机或摄像机输入的彩色、黑白图片或照片等都是图像。图像记录着每个坐标位置上颜色像素点的值。所以图形的数据信息处理起来更灵活，而图像数据则与实际更加接近，但是它不能随意放大。

（4）音频（Audio）。音频是声音采集设备捕捉或生成的声波以数字化形式存储，并能够重现的声音信息。音频信息增强了对其他类型媒体所表达的信息的理解。"音频"常常作为"音频信号"或"声音"的同义词。计算机音频技术主要包括声音的采集、数字化、压缩/解压缩以及声音的播放。

（5）动画（Animation）。动画是运动的图画，实质是一幅幅静态图像或图形的快速连续播放。动画的连续播放既指时间上的连续，也指图像内容上的连续，即播放的相邻两幅图像之间内容相差很小。

（6）视频（Video）。若干有联系的图像数据连续播放便形成了视频。视频图像可来自录像带、摄像机等视频信号源的影像，如录像带、影碟上的电影/电视节目、电视、摄像等。

3. 多媒体的概念

多媒体是指融合两种或两种以上媒体的一种人机交互式信息交流和传播媒体。其使用的媒体包括文字、图形、图像、声音、动画和电视图像。多种媒体的集合体将信息的存储、传输和输出有机地结合起来，使人们获取信息的方式变得丰富，引领人们走进了一个多姿多彩的数字世界。

11.1.2 多媒体技术

多媒体技术是计算机技术、通信技术、音频技术、视频技术、图像压缩技术、文字处理技术等多种技术的一种综合技术。多媒体技术能提供多种文字信息（文字、数字、数据库等）和多种图像信息（图形、图像、视频、动画等）的输入、输出、传输、存储和处理，使表现的信息，图、文、声并茂，更加直观和自然。

1. 多媒体技术的特性

多媒体技术就是利用计算机技术把文本、图形、图像、音频和视频等多种媒体信息综合一体化，使之建立逻辑连接，集成为一个具有交互性的系统，并能对多种媒体信息进行获取、压缩编码、编辑、加工处理、存储和展示。

多媒体技术的特性包括信息媒体的集成性、信息媒体的多样性、与用户之间的交互性、在通信线路的可传播性、在存储介质上的可存储性。

（1）信息媒体的集成性。信息媒体的集成性是从计算机硬件和软件两个方面来要求的。

在硬件上，要求表现多种媒体的硬件具有很好的集成性，能够很好地协同工作，具有较好的同步关系。系统的各种硬件设备与设施应该形成一个整体，应该具有能够处理各种高速信息媒体流的能力,能实现并行或者分时处理;有大容量的存储设备;有适合多媒体技术表演的多通道输入输出接口和设备;有适合多媒体信息传输的多媒体通信网络。

在软件上,要求能将多媒体信息集成在一起,在多任务系统下协调地进行工作,各种信息媒体之间能够同时地、统一地表示信息。应该具有集成一体化的多媒体操作系统、各个系统之间的媒体交换格式、用于多媒体信息管理的数据库系统;有适合使用的软件和创作工具以及各类应用软件等。

(2)信息媒体的多样性。信息媒体的多样性指的就是信息媒体的多样化、多维化,而不再局限于数值和文本信息。信息媒体的多样性在多媒体应用技术领域,则是用图、文、声、像等对象,对信息内容进行综合表示,这是计算机具有更加人性化所必须需要的条件。采用虚拟现实技术、普适计算等技术,则可以建立和谐的人机关系,使信息媒体的多样性在多种学术领域中得到充分的展示。

(3)与用户之间的交互性。多媒体技术提供的交互性可使用户主动地获得检索、提问、聊天、娱乐等信息内容。可使用户主动地获得最需要的图、文、声、像信息。交互性可给用户提供无限的想象空间、创作环境和学习方式,可以增加用户对信息的注意力和理解力,延长信息在头脑中保留的时间。在交互性的作用下,产生了诸如多媒体电子相册、大学毕业生多媒体电子求职光盘、企业多媒体形象演示,出版界的多媒体电子教材,影视界的多媒体电影等新兴产品。

多媒体信息在人机交互中的主要作用,在于它能提高用户对信息表现形式的选择、创新和控制能力。同时将人类对信息被动地接收转化为主动接受。因此,多媒体信息比单一媒体信息对用户更有巨大的吸引力。

借助于人机之间的交互活动,用户可以获得他们最为关心的信息内容,选择他们认为最为合理方法和途径,进行知识性、趣味性的操作,从而激发用户的想象力、创造力。

(4)在通信线路的可传播性。多媒体在通信线路的可传播性极大地丰富了现代网络世界的内容。这项特征包括多媒体的编码/解码技术、压缩/解压技术。以流媒体技术为核心的多媒体通信,使得远距离的多媒体会议、多媒体实况转播、多媒体电视及广播成为人类走向全新信息社会新的重要标志。

随着现代通信技术和现代计算机技术的同步发展,多媒体信息从一个地理位置传送到另一个地理位置,乃至全世界,已经是一件非常容易的事情。高速、宽带、海量交换技术、海量存储技术,既代表了信息技术的进步,又为多媒体在通信线路的可传播性提供了强有力的保障和支持。

(5)在存储介质上的可存储性。多媒体在存储介质上的可存储性,使人类对信息的积累方式变得灵活多样。多媒体信息的存储介质主要有磁性存储介质、电性存储介质、光电性存储介质。软、硬盘和光盘是当前首选的外存储器储介质,用于对多媒体信息的长期保存和海量信息的暂时性保存;电性存储介质主要应用于内存储器,各种路由器、交换机的缓存和高速缓存。存储技术包括磁/电转换技术,光/电转换技术,各种交换技术;也包括多媒体的编码/解码技术、压缩/解压技术。多媒体图、文、声、像在各种存储介质上的存储方法研究,是多媒体技术当前最活跃的研究课题。

2. 多媒体技术的应用

目前的多媒体硬件和软件已经能将数据、声音以及高清晰度的图像进行各式各样的处理。所出现的各种丰富多彩的多媒体应用,不仅使原有的计算机技术锦上添花,而且将复杂的事物变得简单,把抽象的东西变得具体。多媒体技术已在商业、教育培训、电视会议、声像演示等方面得到了充分应用。

(1) 在教育与培训方面的应用。多媒体技术对教育产生的影响比对其他的领域的影响要深远得多。多媒体技术将改变传统的教学方式,使教材发生巨大的变化,使其不仅有文字、静态图像,还具有动态图像和语音等。利用多媒体计算机的文本、图形、视频、音频和其交互式的特点,可以编制出计算机辅助教学软件,即课件。课件具有生动形象、人机交流、即时反馈等特点,能根据学生的水平采取不同的教学方案,根据反馈信息为学生提供及时的教学指导,能创造出生动逼真的教学环境,改善学习效果。

(2) 在通信方面的应用。多媒体通信有着极其广泛的内容,如可视电话,视频会议等已逐步被采用,而信息点播(Information Demand)和计算机协同工作(Computer Supported Cooperative Work,CSCW)系统将给人类的生活、学习和工作产生深刻的影响。

信息点播包括桌上多媒体通信系统和交互电视 ITV。通过桌上多媒体信息系统,人们可以远距离点播所需信息,比如电子图书馆,多媒体数据的检索与查询等。点播的信息可以是各种数据类型,其中包括立体图像和感官信息。用户可以按信息表现形式和信息内容进行检索,系统根据用户需要提供相应服务。而交互式电视和传统电视不同之处在于用户在电视机前可对电视台节目库中的信息按需选取。即用户主动与电视进行交互式获取信息。交互电视主要由网络传输、视频服务器和电视机机顶盒构成。用户通过遥控器进行简单的点按操作就可对机顶盒进行控制。交互式电视还可提供许多其他信息服务,如交互式教育、交互式游戏、数字多媒体图书、杂志、电视采购、电视电话等,从而将计算机网络与家庭生活、娱乐、商业导购等多项应用密切地结合在一起。

计算机协同工作(CSCW)是指在计算机支持的环境中,一个群体协同工作以完成一项共同的任务。其应用相当广泛,从工业产品的协同设计制造,到医疗上的远程会议;从科学研究应用,即不同地域位置的同行们共同探讨、学术交流,到师生进行协同学习。在协同学习环境中,老师和同学之间、学生与学生之间可在共享的窗口中同步讨论,修改同一多媒体文档,还可利用信箱进行异步修改、浏览等。此外,还有应用在办公自动化中的桌面电视会议可实现异地的人们一起进行协同讨论和决策。

"多媒体计算机+电视+网络"将形成一个极大的多媒体通信环境,它不仅改变了信息传递的面貌,带来通信技术的大变革,而且计算机的交互性,通信的分布性和多媒体的现实性相结合,将构成继电报、电话、传真之后的第四代通信手段,向社会提供全新的信息服务。

(3) 在其他方面的应用。多媒体技术在出版业、咨询服务业乃至家庭生活中得到了广泛应用。

多媒体技术给出版业带来了巨大的影响,其中近年来出现的电子图书和电子报刊就是应用多媒体技术的产物。电子出版物以电子信息为媒介进行信息存储和传播,是对以纸张为主要载体进行信息存储与传播的传统出版物的一个挑战。用 CD-ROM 代替纸介质出版各类图书是印刷业的一次革命。电子出版物具有容量大、体积小、成本低、检索快、易于保存和复制、能存储音像图文信息等优点，因而前景乐观。

利用多媒体技术可为各类咨询提供服务，如旅游、邮电、交通、商业、金融、宾馆等。使用者可通过触摸屏进行独立操作，在计算机上查询需要的多媒体信息资料，用户界面十分友好，用手指轻轻一点，便可获得所需信息。

多媒体技术还将改变未来的家庭生活。多媒体技术在家庭中的应用将使人们在家中上班成为现实。人们足不出户便能在多媒体计算机前办公、上学、购物、打可视电话、登记旅行、召开电视会议等。多媒体技术还可使繁琐的家务随着自动化技术的发展变得轻松、简单，家庭主妇坐在计算机前便可操作一切。

总之，多媒体技术的应用非常广泛，它既能覆盖计算机的绝大部分应用领域，同时也拓展新的应用领域，它将在各行各业中发挥出巨大的作用。

3. 多媒体技术的发展

目前，多媒体技术的发展主要体现在以下几个方向。

（1）多媒体通信网络环境的研究和建立，将使多媒体从单机单点向分布、协同多媒体环境发展，在世界范围内建立一个可全球自由交互的通信网。对该网络及其设备的研究和网上分布应用与信息服务研究将是热点。未来的多媒体通信将朝着不受时间、空间、通信对象等方面的任何约束和限制的方向发展，其目标是"任何人在任何时刻与任何地点的任何人进行任何形式的通信"。人类将通过多媒体通信迅速获取大量信息，反过来又以最有效的方式为社会创造更大的社会效益。

（2）利用图像理解、语音识别、全文检索等技术，研究多媒体基于内容的处理、开发能进行基于内容处理的系统是多媒体信息管理的重要方向。

（3）多媒体标准仍是研究的重点。各类标准的研究将有利于产品规范化，应用更方便。因为以多媒体为核心的信息产业突破了单一行业的限制，涉及诸多行业，而多媒体系统集成特性对标准化提出了很高的要求，所以必须开展标准化研究。它是实现多媒体信息交换和大规模产业化的关键所在。

（4）多媒体技术与相邻技术相结合，提供了完善的人机交互环境。同时多媒体技术继续向其他领域扩展，使其应用的范围进一步扩大。多媒体仿真、智能多媒体等新技术层出不穷，扩大了原有技术领域的内涵，并创造新的概念。

（5）多媒体技术与外围技术构造的虚拟现实研究仍在继续进展。多媒体虚拟现实与可视化技术需要相互补充，并与语音、图像识别、智能接口等技术相结合，建立高层次虚拟现实系统。

未来多媒体技术的发展趋势：高分辨化，提高显示质量；高速度化，缩短处理时间；简单化，便于操作；高维化，三维、四维或更高维；智能化，提高信息识别能力；标准化，便于信息交换和资源共享。其总的发展趋势是具有更好、更自然的交互性，更大范围的信息存取服务，为未来人类生活创造出一个在功能、空间、时间及人与人交互更完美的崭新世界。

11.2　多媒体系统

多媒体系统可以从狭义和广义两个方面理解。从狭义上讲，多媒体系统就是拥有多媒体功能的计算机系统，即多媒体计算机系统；从广义上讲，多媒体系统就是集电话、电视、媒体、计算机网络等方面于一体的信息综合化系统。

11.2.1　多媒体计算机系统

多媒体计算机系统是指能对文本、图形、图像、动画、视频、音频等多媒体信息进行逻辑互连、获取、编辑、存储和播放的一个计算机系统。这个系统通常需要由多媒体硬件系统、多媒体操作系统、多媒体创作工具、多媒体应用系统 4 个部分组成。

1. 多媒体硬件系统

在多媒体系统中，计算机是基础部件，如果没有计算机，多媒体就无法实现。在一台多媒体计算机中，CPU 又是关键，CPU 速度越快越好。除此之外还包括大容量硬盘、光盘存储器、视频卡、音频卡等。

光盘存储器(CD-ROM，DVD-ROM)由光盘驱动器和光盘片组成。目前，微机播放的多媒体信息内容大多来自于 CD-ROM、DVD-ROM。

音频卡是处理和播放多媒体声音的关键部件。它通过插入主板扩展槽与主机相连。卡上的输入/输出接口可以和相应的输入/输出设备相连。

视频卡也是通过插入主板扩展槽与主机相连。通过卡上的输入/输出接口与录像机、摄像机、影碟机和电视机等连接，使之能采集来自这些设备的信息——模拟信号，并以数字化的形式存入计算机中进行编辑或处理，也可以在计算机中重新进行播放。通常在视频卡中固化了视频信号采集的压缩/解压缩程序。

从多媒体技术角度要求，为了提高计算机人机交互作用，适应多媒体信息海量传输与海量存储要求，很多新的多媒体硬件不断出现。例如数据头盔，可使用户完全屏蔽周围环境影响，建立一个沉浸式的虚拟现实环境；数据手套，可使用户产生接触式人机交互作用。

许多设备，如数码照相机、扫描仪、彩色喷墨打印机，已经成为多媒体技术中常用硬件设备。

图 11-2 所示的是一个典型的多媒体机硬件配置。其中显示器要求分辨率在 1024×768 以上的 VGA 彩显。一台 CD-ROM 光盘播放机；一台光盘刻录机；声音录制及播放选用创通 64 位三维立体声声卡，其录入音质可达到制作多媒体软件的基本要求。声卡的麦克风插口用内录线与录音机内录接口相连，用于磁带音乐的输入。声卡的输出端，连接三维立体声音箱。

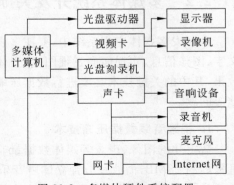

图 11-2　多媒体硬件系统配置

若有条件,还可插接视频卡及摄像机,录像机等设备。通过网卡或者调制解调设备,可与Internet 连接。

2. 多媒体操作系统

支持多媒体播放环境的操作系统称为多媒体操作系统。这类操作系统由于需要在宏观上同时播放图、文、声、像流程。在微观上分时运行图、文、声、像任务,所以多媒体操作系统一定是一种多任务操作系统。

视窗操作系统 Windows 11. x、Windows NT、Windows 2000、Windows XP 等,既是一种多任务操作系统,又可称为典型的多媒体操作系统。在这类操作系统的支持下。一方面可以表现出图、文、声、像媒体协同表演的宏观效果;另一方面,在微观上,计算机通过分时系统,轮流处理各个图、文、声、像的任务流。

3. 多媒体创作工具

自 20 世纪 90 年代以来,计算机技术,特别是微型计算机有了很大发展,并且其势头很猛,发展速度越来越快。计算机处理能力的提高,运行速度的加快,使计算机多媒体技术的开发及应用成为现实。

多媒体软件创作工具是帮助开发者制作多媒体应用系统软件的统称。例如,二维动画制作软件 ANIMO、TOONZ、RETAS PRO、FLASH 等;三维动画制作软件 Avid Softimage XSI、Sumatra、Autodesk 3DS MAX、MAYA 等;此外还有音频制作软件、非线性视频编辑软件、网页制作软件、多媒体制作软件等。这些软件不但使多媒体的开发过程大大简化,而且开发环境优美,极大地普及了计算机的应用领域。多媒体作品的制作不再是专业技术人员才能完成,计算机爱好者经过努力学习,也能够制做出精美的多媒体作品。

4. 多媒体应用系统

多媒体应用系统,即多媒体应用软件,是由各种领域的专家或开发人员利用多媒体创作工具,或者计算机语言制作而成的最终多媒体产品,直接面向用户。多媒体应用系统向用户展现其强大的、丰富多彩的功能。目前,多媒体应用系统所涉及的应用领域主要有网站建设、文化教育、电子出版、音像制作、影视制作、咨询服务、信息系统、通信和娱乐等。

11.2.2　多媒体系统开发关键技术

在开发多媒体应用系统中,要使多媒体系统能交互地综合处理和传输数字化的声音、文字、图像信息,实现面向三维图形、立体声音、彩色全屏幕运动画面的技术处理和传播的效果,其中的关键技术是要进行数据压缩、数据解压缩、生产专用芯片、解决大容量信息存储等问题。

1. 视频音频数据压缩技术

数字化的图像、声音等媒体数据量非常大。例如,未经压缩的视频图像处理时的数据量每秒约 28MB,播放一分钟立体声音乐也需要 100MB 存储空间。视频与音频信号不仅需要较大的存储空间,还要求传输速度快。既要对数据进行压缩和解压缩的实时处理,又要进行快速传输处理。因此,必须对多媒体信息进行实时压缩和解压缩。数据压缩技术的发展大大推动了多媒体技术的发展。

2. 多媒体专用芯片技术

专用芯片是多媒体计算机硬件体系结构的关键。因为,要实现音频、视频信号的快速压缩、解压缩和播放处理,需要大量的快速计算。而实现图像的许多特殊效果(如改变比例、淡入淡出、马赛克等)、图形的处理(图形的生成和绘制等)、语音信号处理(抑制噪声、滤波)等都需要较快的运算和处理速度。因此只有采用专用芯片,才能取得满意的效果。

多媒体计算机专用芯片可归纳为两种类型:一种是固定功能的芯片,另一种是可编程的数字信号处理器(DSP)芯片。DSP芯片是为完成某种特定信号处理设计的,在通用机上需要多条指令才能完成的处理,在DSP上可用一条指令完成。

3. 大容量信息存储技术

多媒体的音频、视频、图像等信息虽经过压缩处理,但仍然需要相当大的存储空间。而且硬盘存储器的盘片是不可交换的,不能用于多媒体信息和软件的发行。大容量只读光盘存储器(CD-ROM)的出现,解决了多媒体信息存储空间及交换问题。

光盘机以存储量大、密度高、介质可交换、数据保存寿命长、价格低廉以及应用多样化等特点成为多媒体计算机中必不可少的设备。利用数据压缩技术,在一张CD-ROM光盘上能够存取74分钟全运动的视频图像或者十几个小时的语音信息或数千幅静止图像。CD-ROM光盘机技术已比较成熟,但速度慢,其只读特点适合于需长久保存的资料。在CD-ROM基础上,还开发了有CD-I和CD-V,即具有活动影像的全动作与全屏电视图像的交互式可视光盘。在只读CD家族中还有称为"小影碟"的VCD、可刻录式光盘CD-R、高画质、高音质的光盘DVD以及用数字方式把传统照片转存到光盘,使用户在屏幕上可欣赏高清晰度的照片的PHOTO CD。DVD(Digital Video Disc)是1996年底推出的新一代光盘标准,它使得基于计算机的数字视盘驱动器将能从单个盘片上读取4.7~17GB的数据量,而盘片的尺寸与CD相同。

4. 多媒体输入/输出技术

多媒体输入/输出技术包括媒体变换技术、媒体识别技术、媒体理解技术和综合技术。媒体变换技术是指改变媒体的表现形式,如当前广泛使用的视频卡、音频卡(声卡)都属媒体变换设备。媒体识别技术是对信息进行一对一的映像过程。例如,语音识别是将语音映像为一串字、词或句子;触摸屏是根据触摸屏上的位置识别其操作要求。媒体理解技术是对信息进行更进一步的分析处理和理解信息内容,如自然语言理解、图像理解、模式识别等技术。媒体综合技术是把低维信息表示映像成高维的模式空间的过程,例如,语音合成器就可以把语音的内部表示综合为声音输出。

5. 多媒体软件技术

多媒体软件技术主要包括多媒体操作系统、多媒体素材采集与制作技术、多媒体编辑与创作工具、超文本/超媒体技术、多媒体应用开发技术、多媒体数据库管理技术等。

(1)多媒体操作系统。多媒体操作系统是多媒体软件的核心。它负责多媒体环境下多任务的调度、保证音频、视频同步控制以及信息处理的实时性,以提供多媒体信息的各种基本操作和管理,具有对设备的相对独立性与可扩展性。

(2)多媒体素材采集与制作技术。素材的采集与制作主要包括采集并编辑多种媒体数据,如声音信号的录制、编辑和播放;图像扫描及预处理;全动态视频采集及编辑;动画生成编辑;音/视频信号的混合和同步等。同时还涉及到相应的媒体采集、制作软件的使用问题。

(3)多媒体编辑与创作工具。多媒体编辑创作软件又称多媒体创作工具,是多媒体专业人员在多媒体操作系统之上开发的,供应用领域的专业人员组织编排多媒体数据,并把它们连接成完整的多媒体应用系统的工具。高档的创作工具可用于影视系统的动画制作及特技效果,中档的用于培训、教育和娱乐节目制作,低档的可用于商业简介、家庭学习材料的编辑。

(4)多媒体数据库技术。由于多媒体信息是结构型的,致使传统的关系数据库已不适用于多媒体的信息管理。目前主要采用基于关系模型加以扩充,因为传统的关系数据库将所有的对象都看成二维表,难以处理多媒体数据模型。而面向对象技术的发展推动了数据库技术的发展,面向对象技术与数据库技术的结合导致了基于面向对象模型和超媒体模型的数据库的研究。

(5)超文本/超媒体技术。超文本是一种新颖的文本信息管理技术。它提供的方法是建立各种媒体信息之间的网状链接结构。这种结构由节点组成,没有固定的顺序,也不要求必须按某个顺序检索,与传统的线性文本结构有着很大的区别。以节点为基础的信息块容易按照人们的"联想"关系加以组织,符合人们的"联想"逻辑思维习惯。

一般把已组织成的网状的信息称为超文本,而把对其进行管理使用的系统称为超文本系统。典型的超文本系统应具有用于浏览节点、防止迷路的交互式工具,即浏览器,或称为导航图。它是超文本网络的结构图与数据中的节点和链所形成的一一对应的关系。导航图可以帮助用户在网络中定向和观察信息的连接。超文本中的节点的数据不仅可以是文本,还可以是图像、动画、音频、视频,则称为超媒体。超文本和超媒体已广泛应用于多媒体信息管理中。

(6)多媒体应用开发技术。在多媒体应用开发方面,目前还缺少一个定义完整的应用开发方法学。采用传统的软件开发方法在多媒体应用领域中成功的例子很少。多媒体应用的开发会使一些采用不同问题解决方法的人集中到一起,包括计算机开发人员、音乐创作人员、图像艺术家等,他们的工作方法以及思考问题的方法都将是完全不同的。对于项目管理者来说,研究和推出一个多媒体应用开发方法学将是极为重要的。

6. 多媒体通信技术

多媒体通信要求能够综合地传输、交换各种信息类型,而不同的信息呈现出不同的特征。多媒体通信技术包含语音压缩、图像压缩及多媒体的混合传输技术。为了只用一根电话线同时传输语音、图像、文件等信号,必须要用复杂的多路混合传输技术,而且要采用特殊的约定来完成。

11.3　多媒体应用技术

多媒体应用技术融合了计算机美术、计算机音乐以及文字媒体技术、声音媒体技术、图形图像媒体技术、动画技术等多种计算机应用技术。多种媒体的集合体将信息的存储、传输和输出有机地结合起来,使人们获取信息的方式变得丰富,引领人们走进了一个多姿多彩的数字世界。

11.3.1　文字媒体技术

文字媒体不但是信息传播的主要方式,而且包含着极为丰富的艺术表现手法。这些表现手法在形式上有书法艺术、书画艺术等;在风格上有诗、词、散文、故事等;在智力创作与游戏上有对联、谜语、测字等。在多媒体应用技术中,不但可融上述表现手法于一体,而且还可进一步溶进色彩、动态艺术,使文字媒体的创作空间进一步扩大,表现形式更为生动。

1. 文字媒体的概念

多媒体素材中的文字实际上有两种,一种是文本文字;另一种是图形文字。它们的主要区别如下。

(1) 产生文字的软件不同。文本文字多使用字处理软件(如记事本、Word、WPS等),通过录入、编辑排版后而生成,而图形文字多需要使用图形处理软件(如画笔、Photoshop等)来生成。

(2) 文件的格式不同。文本文字为文本文件格式,例如,TXT、DOC、WPS等。除包含所输入的文字以外,还包含排版信息,而图形文字为图像文件格式,例如,BMP、GIF、JPG等。它们都取决于所使用的软件和最终由用户所选择的存盘格式。图像格式所占的字节数一般要大于文本格式。

(3) 应用场合不同。文本文字多以文本文件形式(如帮助文件、说明文件等)出现在系统中,而图形文字可以制成图文并茂的美术字,成为图像的一部分,以提高多媒体作品的感染力。

2. 文字属性

文字属性一般具有以下几项特点。

(1) 字的格式(Style)。字体的格式包括普通、粗体、斜体、底线、轮廓和阴影等。

(2) 字的定位(Align)。字的定位主要有 4 种:左对齐、居中、右对齐和两端对齐。

(3) 字体(Font)的选择。由于 Windows 安装的字库不同,字体选项会有些差别,常用的有宋体、楷体、黑体、隶书、仿宋等。还可通过可安装字库扩充更多的字体,如方正舒体、方正姚体、华文宋体、华文隶书等。

(4) 字的大小(Size)。字的大小一般是以字号和磅(Point)为单位,磅值越大,字越大。

字体文件由 TTF 或 FON 等扩展名构成，TrueType 字体（TTF 文件）是 Windows 中的一项重要技术，支持无限放缩，美观，实用。常用的标志装饰也可以字体形式出现，Windows 系统中的 Webdings 字体就不是单纯的字母样式。

（5）字的颜色。可以向文字指定调色板中的任何一种颜色，以使画面更加漂亮。

需强调的是，文字的技术处理固然很重要，但是文字资料的准确性、完整性和权威性更为重要。

11.3.2 声音媒体技术

在多媒体技术中，声音媒体技术是一个极其重要的组成部分。由于声音携带的信息，是刺激人们听觉的唯一媒体，因此多媒体音频技术的研究，在多媒体处理技术中占据着十分重要的地位。

音频信号包括连续的模拟音频信号和离散的数字音频信号。连续的模拟音频信号的储存方式是将代表声音波形的连续的模拟电信号转换到适当的媒体上，如磁带、唱片等。播放时可将记录在媒体上的连续的模拟数据信息还原成模拟的音频信号，在播放装置上还原成声波。离散的数字音频信号是通过对模拟的音频信号进行数据采样，再转换成离散的、由数字 0 和数字 1 所组成的音频信号，这种数字音频信号可以用计算机文件的形式进行保存。

1. 声音信号数字化

声音是空气的振动而发出的，通常用模拟波的形式来表示。它有两个基本参数：振幅和频率。振幅反映声音的音量；频率反映声音的音调。频率在 20Hz～20kHz 的波称为音频波；频率小于 20Hz 的波称为次音波；频率大于 20kHz 的波则称为超音波。声波的包络线（envelope）是包裹整个波形的一条理想曲线。该曲线随着声音振幅的每个波峰而延伸。

音频是连续变化的模拟信号，而计算机只能处理数字信号。要使计算机能处理音频信号，必须把模拟音频信号转换成 0 和 1 所表示的数字信号，这就是音频的数字化。音频的数字化涉及采样、量化及编码等多种技术。

（1）采样。音频是随时间变化的连续信号，要把它转换成数字信号，必须先按一定的时间间隔对连续变化的音频信号进行采样。一定的时间间隔 T 为采样周期，1/T 为采样频率。根据采样定理：采样频率应大于等于声音最高频率的两倍。

采样频率越高，在单位时间内计算机所取得的声音数据就越多，声音波形表达得就越精确，而需要的存储空间也就越大。

（2）量化。声音的量化是把声音的幅度划分成有限个量化阶距，把落入同一阶距内的样值归为一类，并指定同一个量化值。量化值通常用二进制表示。表达量化值的二进制位数称为采样数据的比特数。采样数据的比特数越多，声音的质量越高，所需的存储空间就越多；采样数据的比特数越少，声音的质量就越低，而所需的存储空间就越少。市场上销售 16 位的声卡（量化值的范围 0～65 536），比 8 位的声卡（0～256）质量高。

声音的存储量可用下式表示：

$$v = \frac{f_c \times B \times S}{8}$$

式中：v 为存储量；f_c 为采样频率；B 为量化位数；S 为声道数。

（3）编码。计算机系统的音频数据在存储和传输中必须进行压缩，但是压缩会造成音频质量下降及计算量的增加。

音频的压缩方法有很多，音频的无损压缩包括不引入任何数据失真的各种编码，而音频的有损压缩包括波形编码、参数编码和同时利用这两种技术的混合编码。

波形编码方式要求重构的声音信号尽可能接近采样值。这种声音的编码信息是波形，编码率在 11.6～64kbps 之间，属中频带编码，重构的声音质量较高。波形量化法易受量化噪音的影响，数据率不易降低。这种波形编码技术有 PCM（脉冲编码调制）、DPCM（差分脉冲编码调制）、ADPCM（自适应差分脉冲编码调制）及属于频域编码的 APC（自适应预测编码）、SBC（子带编码）、ATC（自适应变换编码）。

参数编码以声音信号产生的模型为基础，将声音信号变换成模型后再进行编码。参数编码的参数有共振峰、线性预测（LPC）、同态等。这种编码方法的数据率低，但质量不易提高，编码率为 0.8～4.8kbps，属窄带编码。

混合编码是把波形编码的高质量与参数编码的低数据率结合在一起的编码方式，可以在 4.8～11.6kbps 的编码率下获得较高质量的声音。较成功的混合编码技术有多脉冲线性预测编码（MPLPC）、码本激励线性预测编码（CELPC）和规则脉冲激励 LPC 编码（RPE-LPC）等。

2. 声音文件的格式

和存储文本文件一样，存储声音数据也需要有存储格式。目前比较流行的以 wav、au、aiff、snd、rm、mp3、mid、mod 等为扩展名的文件格式。wav 格式主要用在 PC 上，au 主要用在 UNIX 工作站上；aiff 和 snd 主要用在苹果机和美国视算科技有限公司（Silicon Graphics，Inc，SGI）的工作站上；rm 和 mp3 是因特网上流行的音频压缩格式；mid、mod 以 *.MID 命名的 MIDI 音频文件按 MIDI 数字化音乐的国际标准来记录和描述音符、音道、音长、音量和触键力度等音乐信息的指令。

用 wav 为扩展名的文件格式称为波形文件格式（WAVE File Format）。波形文件格式支持存储各种采样频率和样本精度的声音数据，并支持声音数据的压缩。波形文件有许多不同类型的文件构造块组成，其中最主要的两个文件构造块是 Format Chunk（格式块）和 Sound Data Chunk（声音数据块）。格式块包含描述波形的重要参数，例如采样频率和样本精度等；声音数据块则包含有实际的波形声音数据。

3. MIDI 声音

MIDI（Musical Instrument Digital Interface）是音乐器数字接口的缩写。其泛指数字乐器接口的国际标准，它始建于 1982 年。多媒体 Windows 支持在多媒体节目中使用 MIDI 文件。标准的多媒体 PC 平台能够通过内部合成器或连到计算机 MIDI 端口的外部合成器播放 MIDI 文件。利用 MIDI 文件演奏音乐，所需的内存量最少。如演奏 2 分钟乐曲的 MIDI 文件仅需不到 8K 的存储空间。

MIDI 标准规定了不同厂家的电子乐器与计算机连接的电缆和硬件。它还指定从一个装置传送数据到另一个装置的通信协议。这样，任何电子乐器，只要有处理 MIDI 信息的处理器和适当的硬件接口都能变成 MIDI 装置。MIDI 之间靠这个接口传递消息（Massage）而进行彼此通信。实际上消息是乐谱（Score）的数字描述。乐谱由音符序列、定时和称做合成音色（Patches）的乐器定义所组成。当一组 MIDI 消息通过音乐合成芯片演奏时，合成器解释这些符号，并生产音乐。

MIDI 的术语主要包括以下几个。

（1）MIDI 文件。存放 MIDI 信息的标准文件格式。MIDI 文件中包含音符、定时和多达 16 个通道的演奏定义。文件包括每个通道的演奏音符信息：键、通道号、音长、音量和力度（击键时，键达最低位置的速度）。

（2）通道（Channels）。MIDI 可为 16 个通道提供数据。每个通道访问一个独立的逻辑合成器。Microsoft 使用 1～10 通道扩展合成器，13～16 用作基本合成器。

（3）音序器（Sequencer）。为 MIDI 作曲而设计的计算机程序或电子装置。音序器能够用来记录、播放、编辑 MIDI 事件。大多数音序器能输入、输出 MIDI 文件。

（4）合成器（Synthesizer）。利用数字信号处理器或其他芯片来产生音乐或声音的电子装置。数字信号处理器产生并修改波形，然后通过声音产生器和扬声器发出声音。合成器发声的质量和声部依赖于合成器能够同时播放的独立波形的个数。它控制软件的能力，合成器电路中的存储空间。

（5）乐器（Instrument）。合成器能产生特定声音。不同的合成器，乐器音色号不同，声音质量也不同。如，多数乐器都能合成钢琴的声音，不同乐器使用的音色不同，它们输出的声音是有差异的。

（6）复音（Polyphony）。这指的是合成器同时支持的最多音符数。如一个能以 6 个复音合成 4 种乐器声音的合成器，可同时演奏分布于 4 种乐器的 6 个音符。它可能是 4 个音符的钢琴和弦、一个长笛和一个小提琴的音。

（7）音色（Timber）。音色指的是声音的音质。音色取决于声音频率。在非正式的用法中，它指的是与特定乐器相关的特定声音，如低音提琴、钢琴、小提琴的声音均有各自的声音。

（8）音轨（Track）。一种用通道把 MIDI 数据分隔成单独组、并行组的文件概念。0 号格式的 MIDI 文件把这些音轨合并成一个。1 号格式 MIDI 文件支持不同的音轨。

（9）合成音色映射器（Patch Appear）。它是一种软件。为了适应 Microsoft MIDI 合成音色，分配表规定了合成音色编号。软件要为特定的合成器重新分配乐器合成音色编号，Windows 的多媒体映射器可将乐器的合成音映射到任意 MIDI 装置上。

（10）通道映射（Channel Mapping）：通道映射把发送装置的 MIDI 通道号变换成适当的接收装置的通道号。例如编排在 16 号通道的鼓乐，对于仅接收 6 号通道的鼓来说，就被映射成 6 号通道。

MIDI 的特点有，生成的文件较小，节省内存空间，因为 MIDI 文件存储的是命令，而不是声音数据；容易编辑，因为编辑命令比编辑声音波形容易；可和其他媒体如数字电视、图形、动画、话音等一起播放，以加强演示效果。但 MIDI 处理话音的能力较差。

4. 声音素材的采集方式

声音素材的采集有以下两种方式。

（1）声卡的内部录音。内部录音指的是录制电脑本身播放出来的各种声音（MIDI、WAVE、MP3 等音频文件，VCD 电影光盘里的配音、CD 音频等等）。内部录音经常要用到，比如，将已做好的 MIDI 音轨转为音频、抓取在制作时需要的各种媒体文件里的声音源等。录制 CD 音频和 MIDI 音乐，选择对应的录音选项即可，录制 WAVE、MP3、VCD 配音时，选择"波形"选项。

（2）录制外部的声音源。通过计算机中的声卡，从麦克风中采集语音生成 wav 文件（如制作课件中的解说语音就可采用这种方法）或通过计算机声卡中的 MIDI 接口，从 MIDI 输出的乐器中采集音乐，形成 MIDI 文件；或用连接在计算机上的 MIDI 键盘创作音乐，形成 MIDI 文件。

5. 常用音频编辑工具

音频编辑工具是对音频进行录制、编辑、播放的软件。音频文件主要包括波形文件和 Midi 文件两种。常见的声音媒体编辑处理软件有超级解霸、WaveStudio、SoundEdit 以及 Ulead 公司的 MediaStudio Pro 软件包中的 Audio Editor 等。

11.3.3　图形图像媒体技术

图形与图像是人类直接用视觉去感受的一种形象化信息。在多媒体技术中，计算机图形图像媒体通过形、体、色、影的变换与处理，可使人们产生不同的视觉快感，其特点是生动形象。

1. 数字图像基础

计算机图像就是数字化的图像，包括图像与图形两种。图像又被称为"位图"，是直接量化的原始信号形式，是由像素点组成的。将这种图像放大到一定程度，就会看到一个个小方块，即像素。每个像素点由若干个二进制位进行描述。由于图像对每个像素点都要进行描述，所以数据量比较大，但表现力强、色彩丰富，通常用于表现自然景观、人物、动物、植物等一切自然的、细节的事物。

图形又称为矢量图，是由计算机运算而形成的抽象化结果，是具有方向和长度的矢量线段组成。其基本的组成单元是描点和路径。由于图形是使用坐标数据、运算关系及颜色描述数据，所以数据量较小，但在表现复杂图形时就要花费较长的时间，同时由于图形无论放大多少始终能表现光滑的边缘和清晰的质量，常用来表现曲线和简单的图案。

2. 图像的采样和量化

日常生活中的图像要传入计算机中，需要经过采样和量化两个过程。

图像的采样是指将图像转变成为像素集合的一种操作。我们使用的图像基本上都是采用二维平面信息的分布方式。将这些图像信息输入计算机进行处理，就必须将二维图像信号按一定间隔从上到下有顺序地沿水平方向或垂直方向直线扫描，从而获得图像灰度值阵列,再对其求出每一特定间隔的值,就能得到计算机中的图像像素信息。

　　经过采样后,图像已被分解成在时间和空间上离散的像素,但这些像素值仍然是连续量,并不是我们在计算机中所见的图像。量化则是指把这些连续的浓淡值变换成离散值的过程。也就是说量化就是对采样后的连续灰度值进行数字化的过程,以还原真实的图像,如图 11-3 所示。

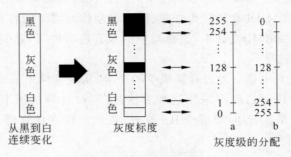

图 11-3　图像的量化过程

3. 图像的存储格式

　　计算机图像是以多种不同的格式存储在计算机里的。

　　(1) JPEG 格式。JPEG (Joint Photographic Expert Group)格式是 24 位的图像文件格式,也是一种高效率的压缩格式。文件格式是 JPEG(联合图像专家组)标准的产物。该标准由 ISO 与 CCITT(国际电报电话咨询委员会)共同制定,是面向连续色调静止图像的一种压缩标准。它可以储存 RGB 或 CMYK 模式的图像,但不能存储 Alpha 通道,不支持透明。JPEG 是一种有损的压缩,图像经过压缩后图像尺寸变得很小,但质量会有所下降。

　　(2) BMP 格式。BMP (Windows Bitmap)格式是在 DOS 和 Windows 上常用的一种标准图像格式,能被大多数应用软件支持。它支持 RGB、索引颜色、灰度和位图色彩模式,不支持透明,需要的存储空间比较大。

　　(3) GIF 格式。GIF(Graphic interchange Format)既图形交换格式。用来存储索引颜色模式的图形图像,就是说只支持 256 色的图像。GIF 格式采用的是 LZW 的压缩方式,这种方式可使文件变得很小。GIF89a 格式包含一个 Alpha 通道,支持透明,并且可以将数张图存成一个文件,从而形成动画效果。这种格式的图像在网络上大量地被使用,是最主要的网络图像格式之一。

　　(4) PNG 格式。PNG(Portable Network Graphics)是一种能存储 32 位信息的位图文件格式,其图像质量远胜过 GIF。同 GIF 一样,PNG 也使用无损压缩方式来减少文件的大小。目前,越来越多的软件开始支持这一格式,在不久的将来,它可能会在整个 Web 上广泛流行。PNG 图像可以是灰阶的(16 位)或彩色的(48 位),也可以是 8 位的索引色。PNG 图像使用的是高速交替显示方案,显示速度很快,只需要下载 1/64 的图像信息就可以显示出低分辨率的预览图像。与 GIF 不同的是,PNG 图像格式不支持动画。

　　(5) TIFF 格式。TIFF(Tagged Image File Format),这种格式可支持跨平台的应用软件。它是 Macintosh 和 PC 上使用最广泛的位图交换格式。在这两种硬件平台上移植

TIFF 图形图像十分便捷,大多数扫描仪也都可以输出 TIFF 格式的图像文件。该格式支持的色彩数最高可达 16M 种,采用的 LZW 压缩方法是一种无损压缩,支持 Alpha 通道,支持透明。

(6) TGA 格式。TGA(Tagged Graphic)是 True Vision 公司为其显示卡开发的一种图像文件格式。其创建时间较早,最高色彩数可达 32 位,其中包括 8 位 Alpha 通道用于显示实况电视。该格式已经被广泛应用于 PC 的各个领域,使它在动画制作、影视合成、模拟显示等方面发挥重要的作用。

(7) PSD 格式。PSD(Adobe PhotoShop Document)格式是 Photoshop 内定的文件格式。它支持 Photoshop 提供的所有图像模式。其包括多通道,多图层和多种色彩模式。

4. 图像的重要参数

(1) 图像的分辨率。图像的分辨率是图像最重要的参数之一。图像的分辨率的单位是 ppi(pixels per inch),既每英寸所包含的像素点。如果图像分辨率是 100ppi,就是在每英寸长度中包含 100 个像素点。图像分辨率越高,意味着每英寸所包含的像素点越高,图像就有越多的细节,颜色过渡就越平滑。图像分辨率和图像大小之间也有着密切的关系,图像分辨率越高,所包含的像素点越多,也就是图像的信息量越大,因而文件就越大,

(2) 色彩深度。色彩深度是衡量每个像素包含多少位色彩信息的方法。色彩深度值越大,表明像素中含有更多的色彩信息,更能反映真实的颜色。

(3) 图像容量。图像容量是指图像文件的数据量,也就是在存储器中所占的空间,其计量单位是字节(Byte)。图像的容量与很多因素有关,如色彩的数量、画面的大小、图像的格式等。图像的画面越大、色彩数量越多,图像的质量就越好,文件的容量也就越大,反之则越小。一幅未经压缩的图像,其数据量大小计算公式为:

$$图像数据量大小 = 垂直像素总数 \times 水平像素总数 \times 色彩深度 \div 8$$

比如一幅 648×480 的 24 位 RGB 图像,其大小为 640×480×24÷8=921 600 字节。

各种图像文件格式都有自己的图形压缩算法,有些可以把图像压缩到很小,比如一张 800×600ppi 的 PSD 格式的图片大约有 621K,而同样尺寸同样内容的图像以 JPG 格式存储只需要 21K。

(4) 输出分辨率。输出分辨率也可以叫做设备分辨率,是针对设备而言的。比如打印分辨率即表示打印机每英寸打印多少点,它直接关系到打印机打印效果的好坏。打印分辨率为 1440dpi,是指打印机在一平方英寸的区域内垂直打印 1440 个墨点,水平打印 1440 个墨点,且每个墨点是不重合的。通常激光打印机的输出分辨率为 300~600dpi,激光照排机要达到 1200~2400dpi 或更高。

再比如显示分辨率表示显示器在显示图像时的分辨率。显示分辨率的数值是指整个显示器所有可视面积上水平像素和垂直像素的数量。例如 800×600 的分辨率,是指在整个屏幕上水平显示 800 个像素,垂直显示 600 个像素。显示分辨率的水平像素和垂直像素在总数上总是成一定比例的,一般为 4:3,5:4 或 8:5。同时在同一台显示器上,显示分辨率越高,文字和图标显示的就越小。考虑到人视觉的需要,通常在 15 英寸显示器上将显示分辨率设为 800×600,在 17 英寸显示器上设为 1024×768。

设备分辨率还有扫描分辨率、数码相机分辨率、鼠标分辨率等。

5. 典型图形图像处理工具

（1）Adobe Photoshop。美国的 Adobe 公司的著名软件无疑是图像处理领域中最出色、最常用的软件。它具有强大的图像处理功能，是大多数设计人员和电脑爱好者的首选。Photoshop 在照片修饰、印刷出版、网页图像处理、视频辅助、建筑装饰等各行各业有着广泛的应用。

（2）CorelDraw。在计算机图形绘制排版软件中，CorelDraw 是我们首先考虑的产品。它是绘制矢量图的高手，功能强大且应用广泛，涵盖了绝大多数的计算机图形应用。在制作报版、宣传画册、广告 POP、绘制图标、商标等计算机图形设计领域占有重要的地位。

（3）Painter。其 Meta Creations 公司进军二维图形软件市场的主力军，具备其他图形软件没有的功能。它包含各种各样的画笔，具有强大多种风格的绘画功能。

（4）Adobe Illustrator。其是真正在出版业上使用的标准矢量图绘制工具。由于早先作为苹果机上的专业绘图软件，一直没有广泛的流行，直至从 7.0 PC 版的推出，才受到国内用户的注意。该软件为创作的线稿提供无与伦比的精度和控制，适合生产任何小型设计到大型的复杂项目，常用于各种专业的矢量图设计。

（5）Photo Imapct。秉承 Ulead 公司一贯的风格，Ulead Photo Imapct 具有界面友好、操作简单而实用等特点。当然它在图像处理和网页制作方面的能力也相当卓越。其提供了大量的模板和组件，可以轻松地设计出相当专业的图像来，适合在非专业的多媒体设计者。

11.3.4　动画技术

动画是由很多内容连续但各不相同的画面组成。动画利用了人类眼睛的"视觉滞留效应"。人在看物体时，画面在人脑中大约要停留 1/24 秒，如果每秒有 24 幅或更多画面进入人脑，那么人们在来不及忘记前一幅画面时，就看到了后一幅，形成了连续的影像。这就是动画的形成原理。

在计算机技术高速发展的今天，动画技术也从原来的手工绘制进入了电脑动画时代。使用电脑制作动画，表现力更强、动画的内容更丰富，制作也变得简单。

1. 逐帧动画和实时动画

计算机动画要产生一系列前后帧之间有微小差别的图像，可以用两种方式来产生动画。一种是通过计算机产生动画所需的每一帧画面并把它们记录下来，即产生一帧图像并且记录一帧，这种方式称为逐帧动画；另一种是直接在计算机终端上产生动画，该方式称为实时动画。两者差别是很大的，前者产生图像并记录之，后者直接产生动画，无需记录。

计算机逐帧动画和实时动画都是与时间密切相关的。如果画面复杂而真实，则计算机生成该画面的图像就需要有足够多的时间，而实现动画的基本要求是必须在 1/24 秒内产生一帧图像。由于无法做到或很难做到在每秒 24 帧的时间内产生一帧动画所需要的图像,因此解决的办法之一就是每产生一帧,记录一帧,这个阶段相当于制作阶段。最后将这些记录下来的帧以每秒 24 帧的速度放映,就可以得到较为真实的动画,即为逐帧动画的播放阶段。所以逐帧动画对图像的生成时间并无苛刻要求,即对计算机处理能力的要求比较低。

而实时动画是直接在计算机终端上生成图像并以一定的速度显示出来。这就对计算机的处理能力提出了更高的要求,一帧实时图像要求以最少 1/15 秒的速度显示出来,否则将破坏连续运动的效果。对于普通计算机,将难以胜任复杂的实时动画。解决这一问题的途径是采用一些支持动画处理的特殊硬件,如采用高速的图形加速卡,使用大容量的显存、采用主频较高的 CPU 芯片等。实时动画实现的困难程度与动画所要求的画面质量有很大关系,比如分辨率的高低、颜色的多少、物体的复杂程度。当然选择算法的好坏对处理效果的影响也是很大的,例如采用矢量动画,其处理速度远远高于其他格式的动画。所以硬件与软件发展对于动画来说,都是非常重要的。

2. 二维动画与三维动画

二维动画一般指计算机辅助动画。它主要是用辅助动画设计软件来完成动画的制作。二维动画主要用来实现中间帧画面的生成,即根据两个关键帧画面来生成所需的中间帧画面。由于一系列演播画面之间的变化是很微小的,所以两个关键帧之间需要生成的中间帧画面数量很多,因此插补技术便是生成中间帧画面的重要技术。目前,二维动画系统功能已渗透到动画制作的许多方面,包括画面生成、中产帧生成、着色、预演和后期制作等。另外计算机生成的图像可以进行复制、粘贴、缩放、翻转和任意移动等。

目前一些优秀的动画制作软件引入了图层设计方法。图层设计方法是一种平面叠层动画设计方法,例如,第 1 层设计大海作为背景层,第 2 层用透明版加上动态的云彩,第 3 层用透明版设计出逆云彩运动方向飞行的海鸟;然后将这几层动画叠加起来,形成大海、云彩、和海鸟互动的组合动画。

计算机三维动画是采用计算机模拟真实的三维空间。在计算机中构造三维的几何造型,或者通过二维图形的放样形成三维的几何造型,并赋给图形表面颜色、纹理,然后设计三维图形的运动、变形,设计灯光的强度、位置及移动等,生成一系列可供动态实时播放的连续图像的技术。目前的三维计算机动画系统一般包括几何造型、表面材料编辑、动态设计与动态画面生成、成像、图像编辑和输出等。其动画格式又分为平移动画、旋转动画、变形动画、灯光动画、贴图动画、摄像机动画等。通过这些动画格式的综合编程,可以把三维动画空间设计的变幻无穷,淋漓尽致。其中我们最常用的三维动画设计软件有 3DS MAX,MAYA 等。

11.3.5　虚拟现实技术

虚拟现实技术(Virtual Reality,VR)是 20 世纪末才兴起的一门崭新的综合性信息技术。它实时的三维空间表现能力、自然的人机交互式操作环境以及给人带来的身临其境感受。从根本上改变了人与计算机之间枯燥、生硬和被动的交互现状,为人机交互技术开创了新的研究领域。

1. 虚拟现实技术的概念

虚拟现实是在计算机系统中构造出一个形象逼真的模型。人与该模型可以进行交互,并产生与真实世界中相同的反馈信息,使人们获得和真实世界中一样的感受。当人们需要构造当前不存在的环境(合理虚拟现实)、人类不可能达到的环境(夸张虚拟现实)或构造纯粹虚构的环境(虚幻虚拟现实)以取代需要耗资巨大的真实环境时,就可以利用虚拟现实技术。

虚拟现实技术是指利用计算机生成一种模拟环境,并通过多种专用设备使用户"投入"到该环境中,以实现用户与该环境直接进行自然交互的技术。过去的人机界面要求人去适应计算机,而使用虚拟现实技术后,人可以不必意识到自己在同计算机打交道,而可以像在日常环境中处理事情一样同计算机交流。这就把人从操作计算机的复杂工作中解放出来。在信息技术日益复杂、用途日益广泛的今天,对充分发挥信息技术的潜力具有重大的意义。

典型的 VR 系统组成如图 11-4 所示。

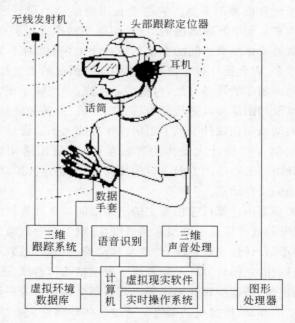

图 11-4　典型的 VR 系统

2. 虚拟现实技术的特征

虚拟现实技术的特征主要有交互性、沉浸感和构想性。3 个特性的英文单词的第一个字母均为 I,所以又通常被统称为"3I 特性"。

(1) 交互性(Interactivity)。其是指用户对虚拟环境中对象的可操作程度和从虚拟环境中得到反馈的自然程度(包括实时性)。其主要借助于各种专用设备(如头盔显示器、数据手套等)产生,从而使用户以自然方式如手势、体势、语言等技能,如同在真实世界中一样操作虚拟环境中的对象。

（2）沉浸感（Immersion）。又称为临场感，是指用户感到作为主角存在于虚拟环境中的真实程度。这是 VR 技术最主要的特征。影响沉浸感的主要因素包括多感知性、自主性、三维图像中的深度信息、画面的视野、实现跟踪的时间或空间响应及交互设备的约束程度等。

（3）构想性（Imagination）。其是指用户在虚拟世界中根据所获取的多种信息和自身在系统中的行为，通过逻辑判断、推理和联想等思维过程，随着系统的运行状态变化而对其未来进展进行想象的能力。对适当的应用对象加上虚拟现实的创意和想象力，可以大幅度提高生产效率、减轻劳动强度、提高产品开发质量。

一般来说，一个完整的虚拟现实系统由虚拟环境、以高性能计算机为核心的虚拟环境处理器、以头盔显示器为核心的视觉系统、以语音识别、声音合成与声音定位为核心的听觉系统、以方位跟踪器、数据手套和数据衣为主体的身体方位姿态跟踪设备，以及味觉、嗅觉、触觉与力觉反馈系统等功能单元构成。

3. 虚拟现实的关键技术

虚拟现实是多种技术的综合，其关键技术和研究内容包括以下几个方面。

（1）环境建模技术。即虚拟环境的建立，目的是获取实际三维环境的三维数据，并根据应用的需要，利用获取的三维数据建立相应的虚拟环境模型。

（2）立体声合成和立体显示技术。在虚拟现实系统中消除声音的方向与用户头部运动的相关性，同时在复杂的场景中实时生成立体图形。

（3）触觉反馈技术。在虚拟现实系统中让用户能够直接操作虚拟物体并感觉到虚拟物体的反作用力，从而产生身临其境的感觉。

（4）交互技术。虚拟现实中的人机交互远远超出了键盘和鼠标的传统模式，利用数字头盔、数字手套等复杂的传感器设备，三维交互技术与语音识别、语音输入技术成为重要的人机交互手段。

（5）系统集成技术。由于虚拟现实系统中包括大量的感知信息和模型，因此系统的集成技术为重中之重。其包括信息同步技术、模型标定技术、数据转换技术、识别和合成技术等等。

4. 虚拟现实技术的应用

早在 20 世纪 70 年代便开始将虚拟现实用于培训宇航员。由于这是一种省钱、安全、有效的培训方法，现在已被推广到各行各业的培训中。目前，虚拟现实已被推广到不同领域中，并得到了广泛应用。

（1）科技开发。虚拟现实可缩短开发周期，减少费用。例如利用虚拟现实，将设计的新型机器直接从计算机屏幕投入生产线，完全省略了中间的试生产；利用虚拟现实技术进行汽车冲撞试验，不必使用真的汽车便可显示出不同条件下的冲撞后果。虚拟现实技术已经和理论分析、科学实验一起，成为人类探索客观世界规律的 3 大手段。

（2）商业。虚拟现实常被用于推销。例如建筑工程投标时，把设计的方案用虚拟现实技术表现出来，便可把业主带入未来的建筑物里参观，如门的高度、窗户朝向、采光多少、屋内装饰等，都可以感同身受。它同样可用于旅游景点以及功能众多、用途多样的商品推销。用虚拟现实技术展现这类商品的魅力,比单用文字或图片宣传更加有吸引力。

（3）医疗。虚拟现实在医疗上的应用大致上有两类。一是虚拟人体,也就是数字化人体,这样的人体模型医生更容易了解人体的构造和功能。另一是虚拟手术系统,可用于指导手术的进行。

（4）军事。利用虚拟现实技术模拟战争过程已成为最先进的研究战争、培训指挥员的方法。也是由于虚拟现实技术达到很高水平,尽管不进行核试验,也能不断改进核武器。战争实验室在检验预定方案用于实战方面也能起巨大作用。1991年海湾战争开始前,美军便把海湾地区各种自然环境和伊拉克军队的各种数据输入计算机内,进行各种作战方案模拟后才定下初步作战方案。后来实际作战的发展和模拟实验结果相当一致。

（5）娱乐。娱乐应用是虚拟现实最广阔的用途。英国出售的一种滑雪模拟器,使用者身穿滑雪服、脚踩滑雪板、手拄滑雪棍、头上载着头盔显示器,手脚上都装着传感器。虽然在斗室里,只要做着各种各样的滑雪动作,便可通过头盔式显示器,看到堆满皑皑白雪的高山、峡谷、悬崖陡壁,一一从身边掠过,其情景就和在滑雪场里进行真的滑雪所感觉的一样。

11.4　思考与讨论

11.4.1　问题思考

1. 什么是媒体? 媒体具有哪几种表现形式?
2. 什么是多媒体技术? 多媒体技术主要有哪些特性?
3. 多媒体计算机系统由哪几部分组成?
4. 图像和图形有何区别?
5. 计算机常用图像格式有哪些? 它们各自有何特点?
6. 逐帧动画和实时动画有什么不同?

11.4.2　课外讨论

1. 谈谈在3D电影《阿凡达》中运用了哪些多媒体技术?
2. 说说声音的采样和量化过程。
3. JPEG的压缩编码算法主要有哪些步骤? 假定计算机的精度足够高,哪些计算是对图像质量有损的? 哪些是无损的?
4. 什么是图像的分辨率? 图像的分辨率和图像文件的大小有关系吗?
5. 虚拟现实技术已广泛运用在多个现实领域中,请查阅资料,谈谈自己所了解的虚拟现实技术的应用实例。

第 *12* 章 软件开发技术

【本章导读】

本章主要介绍软件开发过程的相关概念和内容，介绍软件周期以及软件开发方法，以及软件过程改进。通过本章的学习，读者可以了解软件工程和软件生命周期的基本概念，掌握软件开发的工程化思想和方法。

【本章主要知识点】

① 软件与软件危机的基本概念；

② 软件工程的概念与基本原理；

③ 软件生存周期；

④ 软件开发方法；

⑤ 软件过程改进的概念。

12.1 软件与软件工程

随着计算机应用的日益普及和深入，软件的需求量急剧增长。软件工程是应用计算机科学、数学及管理科学等原理，借鉴传统工程的原则、方法来创建软件，从而达到提高质量、降低成本的目的。

12.1.1 软件与软件危机

软件(Software)是计算机系统的重要组成部分。一般来说，软件是信息的载体，并且提供了对信息的处理能力，例如对信息的收集、归纳、计算、传播等。虽然计算机硬件设备提供了物理上的数据存储、传播以及计算能力，但是对于用户来讲，仍然需要软件来反映用户特定的信息处理逻辑，从而由信息的增值来取得用户自身效益的增值。

1. 软件及其特征

软件是包括计算机程序(Program)、支持程序运行的数据(Data)及其相关文档(Document)资料的完整集合。计算机程序是按事先设计的功能和性能要求执行的指令序列；或者说，是用程序设计语言描述的、适合于计算机处理的语句序列。数据是使程序能正常操纵信息的数据结构。文档是描述程序的操作、维护和使用的图文材料。

软件是计算机软件工程师设计与建造的一种特殊的产品,具有以下的特征。

(1) 软件是无形产品。软件是逻辑的而不是有形的产品,这与物质产品有很大的区别。软件是脑力劳动的结晶,它以程序和文档的形式出现,保存在计算机存储器或其他存储介质上,通过计算机的执行才能体现它的功能和作用。

(2) 软件生产无明显制造过程。虽然在软件开发和硬件制造之间有一些相似之处,但两者本质上是不同的。软件是被开发或设计的,而不是传统意义上被制造的。软件开发完成后,通过复制就产生了大量软件产品。

(3) 软件不会"磨损"。但它存在退化问题,为了适应硬件、系统环境及需求的变化,必须要多次修改(维护)软件。而软件的修改不可避免地引入新的错误,导致软件可靠性下降,当修改成本变得不可接受时,软件就被抛弃。

(4) 大多数软件是定制的。虽然软件产业正在朝着构件化组装方向发展,但大多数软件产品仍然是定制的,软件开发尚未完全摆脱手工开发方式。

(5) 对计算机硬件依赖性。软件的开发和运行常常受到计算机硬件与环境的限制,导致了软件升级和移植的问题,所产生的维护成本通常比开发成本高许多。

(6) 软件的复杂性。软件本身的复杂性,可能来自它反映的实际问题,也可能来自程序的逻辑结构,还可能会受到软件项目管理过程中主客观因素的影响。相当多的软件工作涉及社会因素。许多软件的开发和运行涉及机构、体制及管理方式等问题,甚至涉及人的观念和人们的心理。

软件的上述特征,使得软件开发进展情况较难衡量,软件开发质量难以评价,从而使得软件产品生产管理、过程控制及质量保证都十分困难。

2. 软件危机

20 世纪 60 年代,由于计算机硬件技术的进步,计算机运行速度、容量和可靠性显著提高,生产成本明显下降,为计算机广泛应用创造了条件。一些复杂的大型软件开发项目被提了出来。但是,软件开发技术没有得到改善,软件开发中遇到的问题找不到真正可行的解决方法,使问题积累起来,形成了尖锐的矛盾,导致了"软件危机"。

软件危机(Software Crisis)是指在计算机软件开发、使用与维护过程中遇到的一系列严重问题。软件危机并不只是"不能正常运行的软件"才具有的,实际上绝大多数的软件都不同程度地存在这些问题。软件危机主要表现在:对软件开发成本和进度的估计不准确;软件产品不能完全满足用户的需求;没有确保软件质量的体系和措施,开发的软件可靠性差;软件可维护性差;开发过程无完整、规范的文档资料;软件开发生产率提高的速度,跟不上计算机应用的普及和发展趋势;软件成本在计算机总成本中所占比例逐年上升(图 12-1)。

3. 软件危机的原因

软件危机促使人们对软件及软件开发进行更深一步的研究。从软件本身的特点、软件开发和维护方法找出产生软件危机的原因。产生软件危机的原因主要体现在以下几个方面。

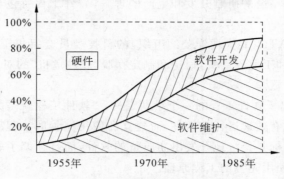

图 12-1 软件、硬件成本变化趋势

（1）需求难以明确且频繁变更。用户无法给出明确的需求，对软件需求的描述常常不精确，可能有遗漏、二义性、错误等。在开发过程中，需求可能要经常修改与变更，软件开发人员对用户需求的理解与用户本来愿望有偏差。这些导致了软件产品与软件需求不一致。

（2）软件开发的管理困难。大型软件项目需要组织众多人员共同完成。多数管理人员缺乏大型软件的开发经验，而多数软件开发人员又缺乏大型软件项目的管理经验，致使各类人员的信息交流不及时、不准确，有时还会产生误解。

（3）软件开发独有特点造成开发困难。需求不明确加上后期修改可能没有进行全局性的考虑，产生的问题难以在开发过程的早期被发现，需要等系统设计出来后才会被发现。软件开发是劳动密集加智力密集型的劳动，开发过程需要大量高强度的脑力劳动，并且都是手工劳动，这些劳动非常细致、高度复杂、容易出错，使得软件的质量难以保证。

（4）软件开发技术落后。随着软件规模的增大，对软件人员的要求越来越高，出现了软件复杂性与软件技术发展不适应的现象。软件开发缺乏有力的方法学的指导和有效的开发工具的支持。

（5）文档的重要性往往被忽视。符合用户需求的高质量软件需要依赖于大量准确规范的文档编辑工作，但软件开发往往对文档的重视不够，直接影响了软件的质量。

（6）软件需求快速发展。面对日益增长的软件需求，人们显得力不从心。从某种意义上说，解决供求矛盾将是一个永恒的主题。

在软件的长期发展中，人们针对软件危机的表现和原因，经过不断的实践和总结，越来越清楚地认识到，按照工程化的原则和方法组织软件开发工作，是摆脱软件危机的一个主要出路。

12.1.2 软件工程

软件工程是为解决"软件危机"而提出来的概念。尽管"软件危机"并未彻底解决，但软件工程多年来的发展仍可以说是硕果累累。

1. 软件工程的定义

软件工程（Software Engineering）是一个动态的概念，不同的时期对其有不同的内涵。随着人们对软件系统的研制开发和生产的理解，软件工程所包含的内容也一直处于发展变化之中。

1968 年秋季，NATO(北大西洋公约组织)的科技委员会召集了近 50 名一流的编程人员、计算机科学家和工业界巨头，讨论和制定摆脱"软件危机"的对策。在会议上第一次提出了软件工程这个概念。

NATO 会议给出了软件工程的一个早期定义："软件工程就是为了经济地获得可靠的且能在实际机器上有效地运行的软件，而建立和使用完善的工程原理。"这个定义不仅指出了软件工程的目标是经济地开发出高质量的软件，而且强调了软件工程是一门工程学科，它应该建立并使用完善的工程原理。

1993 年 IEEE 进一步给出了一个更全面更具体的定义：软件工程是将系统化的、规范的、可度量的方法应用于软件的开发、运行和维护的过程，即将工程化应用于软件中的方法的研究。

2001 年，Roger S. Pressman 对软件工程的定义是：软件工程是一个过程、一组方法和一系列工具。过程、方法和工具构成了软件工程的 3 个要素。软件工程方法研究软件开发"如何做"的技术；软件工具为软件工程方法提供了自动或半自动的软件支撑环境；软件工程过程则是指将软件工程方法与工具相结合实现合理、及时地进行软件开发。

软件工程是应用计算机科学理论和技术以及工程管理原则和方法，按照预算和进度，实现满足用户要求的软件产品的定义、开发、发布和维护的工程或以之为研究对象的学科。

2. 软件工程的研究内容

软件工程是一类求解软件的工程。它应用计算机科学、数学(用于构造模型和算法)和管理科学(用于计划、资源、质量和成本等的管理)等原理，借鉴传统工程(用于制定规范、设计范型、评估成本、权衡结果)的原则和方法，创建软件以达到提高质量、降低成本的目的。

软件工程的研究内容主要有方法与技术、工具及环境、管理技术、标准与规范等。开发与技术主要讨论软件开发的各种方法及其工作模型。其包括了多方面的任务，如软件系统需求分析、总体设计以及如何构建良好的软件结构，数据结构及算法设计等，同时讨论具体实现的技术；工具与环境为软件工程方法与技术提供支持，研究计算机辅助软件工程 CASE，建立软件工程环境；管理技术是指对软件工程全过程的控制和管理，包括计划安排、成本估算、项目管理、软件质量管理等；标准与规范使得各项工作有章可循，以保证软件生产率和软件质量的提高。

3. 软件工程基本原理

自从 1968 年提出"软件工程"这一术语以来，研究软件工程的专家学者们陆续提出了100 多条关于软件工程的准则或信条。著名的软件工程专家 B. W. Boehm 综合这些学者们的意见并总结了 TRW 公司多年开发软件的经验，于 1983 年提出了软件工程的 7 条基本原理。他认为这 7 条原理是确保软件产品质量和开发效率的原理的最小集合，又是相当完备的。

（1）用分阶段的生命周期计划严格管理开发过程。在软件开发与维护的漫长的生命周期中，需要完成许多性质各异的工作。应该把软件生命周期划分成若干个阶段，并相应地制定出切实可行的计划，然后严格按照计划对软件的开发与维护工作进行管理。

（2）坚持进行阶段评审。软件的质量保证工作不能等到编程结束之后再进行。错误发现与改正得越晚，所需付出的代价也越高。因此，在每个阶段都要进行严格的评审，以便尽早发现在软件开发过程中所犯的错误。

（3）实行严格的产品控制。在软件开发过程中不应随意改变需求，因为改变一项需求往往需要付出较高的代价。但是，在软件开发过程中改变需求又是难免的，只能依靠科学的产品控制技术来适应这种改变。当改变需求时，为了保持软件各个配置成分的一致性，必须实行严格的产品控制，一切有关修改软件的建议，都必须按照严格的规程进行评审，获得批准以后才能实施修改。

（4）采用现代程序设计技术。从提出软件工程的概念开始，人们一直把主要精力用于研究各种新的程序设计技术，并进一步研究各种先进的软件开发与维护技术。实践表明，采用先进的技术不仅可以提高软件开发和维护的效率，而且可以提高软件产品的质量。

（5）应能清楚地审查结果。软件产品是看不见摸不着的逻辑产品。软件开发人员的工作进展情况可见性差，难以准确度量，从而使得软件产品的开发过程比一般产品的开发过程更难于评价和管理。应该根据软件开发项目的总目标及完成期限，规定开发组织的责任和产品标准，从而使得所得到的结果能够清楚地审查。

（6）合理安排软件开发小组的人员。软件开发小组的组成人员的素质应该好，而人数则不宜过多。开发小组人员的素质和数量是影响软件产品质量和开发效率的重要因素。随着开发小组人员数目的增加，因为交流情况和讨论问题而造成的通信开销也急剧增加。因此，组成少而精的开发小组是很重要的。

（7）必须灵活不断地改进软件工程实践。仅有上述6条原理并不能保证软件开发与维护的过程可以赶上时代前进的步伐，以跟上技术的不断进步。因此，不仅要积极主动地采纳新的软件技术，而且要注意不断总结经验，例如，收集进度和资源耗费数据，收集出错类型和问题报告数据等。这些数据不仅可以用来评价新的软件技术的效果，而且可以用来指明必须着重开发的软件工具和应该优先研究的技术。

4. 软件工程知识体系

软件工程知识体系包括以下8个方面。

（1）职业实践。职业实践主要是关于软件工程师必须具备的知识、技能和态度，从而以专业、负责和符合职业道德的方式从事软件工程实践。专业实践的学习包括技术交流、团队激励学和心理学、社会和专业责任等方面。

（2）软件建模与分析。建模与分析是所有工程学科的核心概念，对于设计决策和选择的文档化和评价十分重要。需求是系统涉及的用户、客户和项目投资人的现实需要。需求分析、规约和确认首先就要进行建模与分析。需求的开发包括目标系统可行性分析，项目投资人要求的获取与分析，在运行和实现的约束下系统应该做什么和不应该做什么的准确描述，以及投资人对系统描述和规约的确认等。

（3）软件设计。软件设计包括了构件或系统实现的议题、技术、策略、表示和模式。

设计应该在资源、性能、可靠性和安全性等其他需求的约束下满足功能需求。本知识领域还包括软件构件之间的内部接口规约、体系结构设计、数据设计、用户界面设计、设计工具以及设计评价。

（4）软件验证与确认。软件验证与确认使用静态的和动态的系统检查技术，以保证最终程序满足规约和投资人的要求。静态技术针对整个软件生命周期各阶段中对系统表示的分析和检查，动态技术是针对已实现的系统。

（5）软件进化。软件进化是在假设、问题、需求、体系结构和技术变化的情况下不断满足投资人任务需要的结果。它是现实世界中所有软件系统的本质特性。系统的进化指一系列版本和升级（发布），为此软件进化需要在每个版本发布前后完成大量工作。进化是一个广泛的概念，超出了传统软件维护的含义。

（6）软件过程。软件过程知识主要指常用软件生命周期过程模型和协会机构的过程标准内容；软件过程的定义、实现、度量、管理、变更和改进；以及使用已定义的过程来完成软件开发和维护所需的技术和管理活动。

（7）软件质量。软件质量是渗透在软件开发、支持、修改和维护的所有方面并且与它们相互影响的概念。其既包括软件中间产品和可交付产品的质量，也包括开发和修改这些软件产品的工作过程的质量。软件质量属性包括功能性、易用性、可靠性、安全性、保密性、可维护性、可移植性、有效性、性能和可用性。

（8）软件管理。软件管理知识包括软件生命周期所有阶段的计划、组织和监督。管理是至关重要的，它能够确保软件开发项目适合于组织环境，不同组织单元能够协同工作，软件版本和配置得到维护；尽可能合理分配资源；合理地划分项目工作；交流沟通变得容易；以及精确显示项目进展。

12.2　软件生存周期

软件工程采用的传统方法是生存周期方法学。软件工程强调使用生存周期方法学和各种结构分析及结构设计技术。其是在 20 世纪 70 年代为了对付应用软件日益增长的复杂程度，漫长的开发周期以及用户对软件产品经常不满意的状况而发展起来的。

12.2.1　软件生存周期介绍

软件产品从形成概念开始，经过开发、运行和维护，直到最终被废弃的全过程，称为软件生存周期（Software Life Cycle）。软件生存周期是从时间角度对软件开发和维护的复杂性进行分解，把软件生存周期依次划分为若干个阶段，每个阶段都有独立的任务，然后逐步完成每个阶段的任务。

软件生存周期阶段的划分方法与软件规模、种类、开发方式、开发环境以及开发时使用的方法有关。其遵循的基本原则是使各阶段的任务彼此间尽可能相对独立，同一阶段各项任务的性质尽可能相同，从而降低每个阶段任务的复杂程度，简化不同阶段之间的联系,有利于软件开发工程的组织管理。

软件生存周期包括软件定义、软件开发、软件支持3个阶段。

1. 软件定义阶段

软件定义阶段的任务是确定软件开发工程必须完成的总目标,确定工程的可行性,导出实现工程目标应该采用的策略及系统必须完成的功能,估计完成该项工程需要的资源和成本,并且制定工程进度表。这个阶段的工作通常由系统分析员负责完成。

软件定义阶段集中于解决"做什么",通常包括3个步骤,即问题定义、可行性研究和需求分析。

(1) 问题定义。问题定义必须明了要解决的问题是什么,通过问题定义阶段的工作,系统分析员应该提出关于问题性质、工程目标和规模等相关方面的书面报告。通过对系统的实际用户和使用部门负责人的访问调查,分析员扼要地写出对问题的理解,征求用户意见之后,统一对问题的理解,最后得出一份双方都满意的文档。

(2) 可行性研究。可行性研究讨论问题涉及的范围,探索这个问题是否值得去解,是否有可行的解决办法。可行性研究的任务不是具体解决问题。可行性研究的结果是使用部门负责人做出是否继续进行这项工程的决定的重要依据。

问题定义提出的对工程目标和规模的报告通常比较含糊,可行性研究应该导出系统的高层逻辑模型,并且在此基础上更准确、更具体地确定工程规模和目标,更准确地估计系统的成本和效益,对建议的系统进行成本/效益分析。

(3) 需求分析。确定为了达到用户要求和系统的需求,系统必须做什么,系统必须具备哪些功能。需求分析确定的系统逻辑模型是以后设计和实现目标系统的基础。

用户了解所面对的问题,知道必须做什么,但是通常不能完整准确地表达出要求,更不知道怎样利用计算机解决问题,软件开发人员知道怎样用软件实现人们的要求,但是对特定用户的具体要求并不完全清楚。需求分析必须与用户密切配合,充分交流信息,以得出经过用户确认的系统逻辑模型。

2. 软件开发阶段

软件开发阶段集中于"如何做",通常包括4个步骤:总体设计、详细设计、软件实现和软件测试。软件开发是按照需求分析的要求,由抽象到具体,逐步生成软件的过程。这个阶段的工作通常由系统设计员和程序员负责完成。

(1) 总体设计。总体设计的任务是如何解决问题。系统分析员应该描述每种可能的解决方案,估算每种方案的成本和效益。在充分权衡各种方案的利弊的基础上,推荐一个较好的系统方案,并且制定实现所推荐的系统的详细计划。

(2) 详细设计。详细设计的任务就是给出问题求解的每一步骤,给出怎样具体地实现系统的描述。其任务是设计出程序的详细规格说明而不是编写程序。这种规格说明的作用类似于其他工程领域中经常使用的工程蓝图,是程序员编写程序代码的依据。

(3) 软件实现。软件实现即编码,其任务是用程序设计语言写出正确的、容易理解的、容易维护的程序模块代码。程序员应该根据目标系统的性质和实际环境,选取一种适当的高级程序设计语言,把详细设计的结果翻译成用选定的语言书写的程序,设计一些有代表性的数据和输入输出模型，并且仔细测试编写出的每一个模块代码。

（4）软件测试。软件测试的任务是通过各种类型的测试及相应的调试，使软件达到预定的要求。最基本的测试是集成测试和验收测试。所谓集成测试是根据设计的软件结构，把经过单元测试的模块装配、连接起来，在装配过程中测试。验收测试是依据系统的规范和功能要求，有用户参加的测试、验收。测试计划、详细测试方案以及实际测试结果等正式的文档资料应保存下来，作为软件配置的组成部分。

3. 软件支持阶段

软件支持阶段关注于"变化"，其主要任务是使软件持久地满足用户的需要。具体地说，当软件在运行过程中发现错误时应该加以改正；当环境改变时应该修改软件以适应新的环境；当用户有新要求时应该及时改进软件以满足用户的新需要。软件支持阶段通常包括软件运行和软件维护两个阶段。

（1）软件运行。软件运行是软件发挥社会和经济效益的重要阶段。在运行过程中，客户和维护人员必须认真收集被发现的软件错误，及时进行软件维护。

（2）软件维护。主要维护活动有：诊断和改正在使用过程中发现的软件错误的改正性维护；修改软件以适应环境的变化的适应性维护；根据用户的要求改进或扩充软件使它更完善的完善性维护；修改软件为将来的维护更加方便的预防性维护。

每一项维护活动都是经过提出维护要求或报告问题、分析维护要求、提出维护方案、审批维护方案、确定维护计划、修改软件设计、修改程序、测试程序、复查验收等一系列步骤，实质上是经历了一次压缩和简化了的软件定义和开发的全过程。维护活动应该编写文档资料，加上必要的注释。

软件生存周期各个阶段关键问题和结束标准如表 12-1 所示。当软件没有维护价值时，宣告退役，软件生存周期也随之宣告结束。

表 12-1　软件生存周期简表

步　骤	关　键　问　题	结束标准（任务）
问题定义	要解决的问题是什么	关于规模和目标的报告书
可行性研究	做还是不做	系统的高层逻辑模型；数据流图；成本/效益分析
需求分析	目标系统必须做什么	系统的逻辑模型；数据流图；数据字典；算法描述
总体设计	如何解决问题	系统流程图；成本/效益分析；层次图和结构图
详细设计	如何具体的实施	HIPO 或 PDL
软件实现	正确的程序模块	源程序清单；单元测试方案和结果
软件测试	是否符合要求的软件	综合测试方案和结果；完整一致的软件配置
软件运行	正确完成软件任务	运行记录
软件维护	要持久地满足用户需求	完整准确的维护记录

12.2.2　软件生存周期模型

为了指导软件的开发，用不同的方式将软件生存周期中全部过程、活动和任务组织起来，形成不同的软件开发模型，称为软件生存周期模型。常见的软件生存周期模型有瀑布模型、演化模型、螺旋模型、喷泉模型等。

1. 瀑布模型

瀑布模型(Waterfall Model)是一种线性顺序模型,也称为"传统生命周期"。该模型给出了软件生存周期各阶段的固定顺序。上一阶段完成后才能赶往下一阶段,整个过程就像流水下泄,故称为瀑布模型(图 12-2)。

瀑布模型由 Winston Royce 于 1970 年首先提出,直到 20 世纪 80 年代早期一直是唯一被广泛采用的软件开发模型。

瀑布模型理解比较容易,但不便于在实际工作中应用。其原因是多方面的,主要原因是瀑布模型基于这样的假设,前一个环节的工作全部完成之后,才能开展后续阶段的工作。但在软件开发的初始阶段指明软件系统的全部需求是困难的,也是不现实的。并且,确定需求

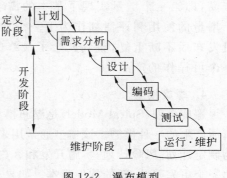

图 12-2　瀑布模型

后,用户和软件项目负责人要等相当长的时间才能得到一份软件的最初版本。如果用户对这个软件提出比较大的修改意见,那么整个软件项目将会蒙受巨大的人力、财力和时间方面的损失。

瀑布模型适用场合有:有一个稳定的产品定义和很容易被理解的技术解决方案;对一个定义得很好的版本进行维护或将一个产品移植到一个新的平台上;容易理解但很复杂的项目;质量需求高于成本需求和进度需求的软件项目;开发队伍的技术力量比较弱或者缺乏经验。

2. 演化模型

演化模型(Evolutionary Model)又称为原型模型,主要是针对事先不能完整定义需求的软件项目开发而言的。许多软件开发项目由于人们对软件需求的认识模糊,很难一次开发成功,返工再开发难以避免。因此,人们对需开发的软件给出基本需求,作第一次试验开发,其目标仅在于探索可行性和弄清需求,取得有效的反馈信息,以支持软件的最终设计和实现。通常把第一次实验性开发出的软件称为原型(Prototype)。这种开发模型可以减少由于需求不明给开发工作带来的风险,有较好的效果。相对瀑布模型来说,演化模型更符合人类认识真理的过程和思维。

演化模型从需求采集开始,然后是快速设计,集中于软件中那些对用户可见的部分的表示,并最终导致原型的创建。这个过程是一个迭代。原型由用户评估并进一步精化以待开发软件的需求,通过逐步调整以满足用户要求(图 12-3)。

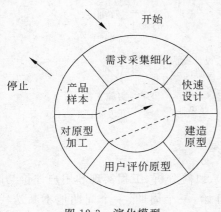

图 12-3　演化模型

3. 增量模型

增量模型(Incremental Model)融合了瀑布模型的基本成分(重复应用)和原型实现的迭代特征。该模型采用随着日程时间的进展而交错的线性序列,每一个线性序列产生软件的一个可发布的"增量"。当使用增量模型时,第 1 个增量往往是核心的产品,即第 1 个增量实现了基本的需求,但很多补充的特征还没有发布。客户对每一个增量的使用和评估都作为下一个增量发布的新特征和功能。这个过程在每一个增量发布后不断重复,直到产生了最终的完善产品。增量模型强调每一个增量均发布一个可操作的产品。

4. 螺旋模型

螺旋模型(Spiral Model)是瀑布模型与演化模型相结合,并增加两者所忽略的风险分析而产生的一种模型。该模型通常用来指导大型软件项目的开发。螺旋模型将开发划分为制定计划、风险计划、实施开发和客户评估 4 类活动。沿着螺旋线每转一圈,表示开发出一个更完善的、新的软件版本。如果开发风险过大,开发机构和客户无法接受,项目有可能就此中止;多数情况下,会沿着螺旋线继续下去,自内向外逐步延伸,最终得到满意的软件产品。

螺旋模型是 Barry Boehm 于 1988 年提出的,其基本框架如图 12-4 所示。

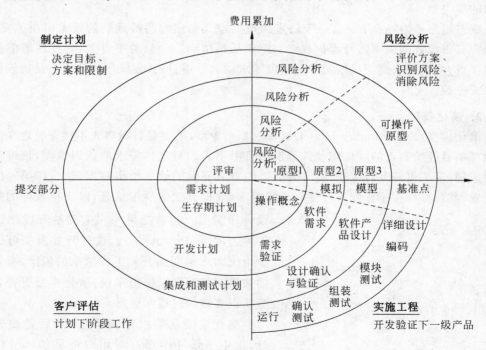

图 12-4　螺旋模型

螺旋模型的每一个周期都包括计划(需求定义)、风险分析、工程实现和用户评价与阶段评审 4 个阶段。螺旋模型从第一个周期的计划开始,一个周期、一个周期地不断迭代,直到整个软件系统开发完成。

5. 喷泉模型

喷泉模型(Fountain Model)是一种以用户需求为动力,以对象为驱动的模型。其主要用于描述面向对象的软件开发过程。该模型认为软件开发过程自下而上周期的各阶段是相互重叠和多次反复的,就像水喷上去又可以落下来,类似一个喷泉。各个开发阶段没有特定的次序要求,并且可以交互进行,可以在某个开发阶段中随时补充其他任何开发阶段中的遗漏。

喷泉模型主要用于面向对象的软件项目,软件的某个部分通常被重复多次,相关对象在每次迭代中随之加入渐进的软件成分。各活动之间无明显边界,例如设计和实现之间没有明显的边界,这也称为"喷泉模型的无间隙性"。由于对象概念的引入,表达分析、设计及实现等活动只用对象类和关系,从而可以较容易地实现活动的迭代和无间隙。

6. 智能模型

智能模型(Inteligenent Model)也称为基于知识的软件开发模型,是知识工程与软件工程在开发模型上结合的产物。它有别于上述几种开发模型,并可协助软件开发人员完成开发工作。智能模型与其他模型的不同之处,它的维护并不在程序一级上进行,这样可以把问题的复杂性大大降低,从而可以把精力更多集中于具体描述的表达上,即维护在功能规约一级进行。具体描述可以使用形式功能规约,也可以使用知识处理语言描述等。由于要将规则和推理机制应用到开发模型中,所以必须建立知识库,将模型本身、软件工程知识和特定领域的知识分别存入知识库,由此构成某一领域的软件开发系统。

12.2.3 微软产品开发过程模型

微软公司的开发过程中的模型将软件产品开发的整个生命周期划分为 5 个主要阶段,即规划阶段、设计阶段、开发阶段、稳定阶段和发布阶段。在微软的软件开发周期中,里程碑是对阶段性开发目标和预期结果的定义,是指导整个开发过程,评估工作效果和开发进度的重要标志。

1. 规划阶段

任何软件的开发工作都必须以市场为导向,即市场上所存在的明确或潜藏的商机是软件产品立项的先决条件。

在产品的规划阶段要做 3 件事:拟定基于客户数据的目标描述、基于目标描述的规格/特性说明和基于规格说明和特性优先级制定的进度表。规划阶段中最重要的事情是让整个产品组的成员对共同的目标形成共同的认同。

2. 设计阶段

当项目组已经确定了产品 70%以上的需求时,产品开发就可以进入设计阶段。在设计阶段,程序经理根据产品远景目标,完成产品的功能特性的规格说明书的设计,并确定产品开发的主要进度表。最终产品的发布时间是根据产品规划和市场需求情况来确定的,但具体的开发速度,如各开发阶段的时间安排等,则由程序经理确定。

3. 开发阶段

在产品开发阶段,开发人员负责根据产品功能特性规格说明书的要求,完成产品的开发工作。开发阶段的主要工作是完成产品中所有组件的开发工作(包括代码和文档),此外还包括审核设计文档、安装并配置开发环境、代码检入工作、每日产品生成以及管理Bug 数据库等。

文档说明书在此阶段中是非常重要的,软件项目如果没有合格的文档,就会出现沟通上的困难和传承上的脱节。首先它是测试人员的重要参考资料;其次现在的公司人员流动量很大,如果某个核心程序员一旦离开项目组以后,留下的仅仅是一堆代码的话,下一个来接手的人要掌握此程序设计的思想和精要就非常的困难,这样的事情对项目的影响通常是致命的。通常使用一个统一的数据库管理源码、文档等资源,并保存和跟踪资源的不同版本。每天开发结束后,开发人员都要把最新的源码和文档更新到数据库中,这个过程被称为检入过程。

在一般情况下,为了降低开发风险和管理复杂度,开发人员往往将整个开发任务划分成几个递进的阶段,每阶段提交阶段性的工作成果。开发阶段结束的标志是所有代码的完成(Code Complete)。

4. 稳定阶段

稳定化阶段也称为测试阶段,或 QA 阶段。测试人员对软件做各种各样的测试,其中开发和测试工作是始终并存进行的。测试人员发现 Bug,开发人员解 Bug,测试人员再检测这个 Bug 是不是被解决了。作为一个程序经理,去看记录 Bug 的数据库,常常会发现一大堆 Bug 急剧涌现,随着一个个 Bug 被解,Bug 量逐渐递减。当 Bug 量控制到某一个特定范围内就可以发 Beta 版,进行外部测试。这个时期程序经理要跟踪监督用户的反馈,开发人员及时解决用户发现的 Bug。Beta 测试结束之后,再经过一段时间的测试,就会达到零错误版本(ZBR)里程碑,零错误版本里程碑的达到,并不意味着没有 Bug 或遗漏的功能,而是标志着团队的成品达到了事先规划的质量要求,可以向发布候选(RC)里程碑进军了。

作为 RC 的产品,应包含出品之前所必须具备的全部文档资料。发布候选(RC)可能会经历 RC0、RC1、RC2 等(最佳情况是 RC0 测试之后没有一点问题,那是最后要发布的产品了),但如 RC0 以后又发现了 Bug,并且大家认为这个 Bug 必须要解决,就又出来RC1,Windows 2000 就是经过 RC3 之后才进入产品发布阶段的。

5. 发布阶段

产品有了稳定的版本就进入产品发布阶段。在项目的发布阶段,项目组发布产品或解决方案,稳定发布过程,并将项目移交到运营和支持人员手中,以获得最终用户对项目的认可。在项目发布完成后,项目组将召集项目评审会,评价、总结整个项目过程。

12.3 软件工程方法学

通常把在软件生存周期全过程中使用的一整套技术的集合,称为软件工程方法学。软件工程方法学包括3个要素:方法、工具和过程。其中,软件开发方法是完成软件开发的各项任务的技术方法;软件开发工具为软件工程方法提供自动或半自动的软件支撑环境;软件开发过程则是开发高质量软件所规定的各项任务的工作步骤。

12.3.1 软件开发方法

软件开发方法是指导研制软件的某种标准规程。它告诉人们什么时候做什么,以及如何做。一般来说,软件的开发方法应该规定明确的工作步骤、具体的描述方法以及确定的评价标准。

软件开发方法的基本方法主要有结构化开发方法、面向对象开发方法等。

1. 结构化开发方法

结构化开发方法(Structured Developing Method)是一种传统软件开发方法,采用结构化技术来完成软件开发的各项任务,并使用适当的软件工具或软件工程环境来支持结构化技术的运用。

结构化开发方法把软件生命周期的全过程依次划分为若干个阶段,然后顺序地完成每个阶段的任务,前一个阶段任务的完成是开始进行后一个阶段工作的前提和基础,而后一阶段任务的完成通常是使前一阶段提出的解法更进一步具体化,加进了更多的实现细节。在每一个阶段结束之前都必须进行正式严格的技术审查和管理复审,从技术和管理两方面对这个阶段的开发成果进行检查,通过之后这个阶段才算结束;如果没通过检查,则必须进行必要的返工,而且返工后还要再经过审查。审查的一条主要标准就是每个阶段都应该交出与所开发的软件一致的文档资料,从而保证在软件开发工程结束时有一个完整准确的软件配置交付使用。

把软件生命周期划分成若干个阶段,每个阶段的任务相对独立,而且比较简单,便于不同人员分工协作,从而降低了整个软件开发工程的困难程度。在软件生命周期的每个阶段都采用科学的管理技术和良好的技术方法,而且在每个阶段结束之前都从技术和管理两个角度进行严格的审查,合格之后才开始下一阶段的工作,这就使软件开发工程的全过程以一种有条不紊的方式进行,保证了软件的质量。采用结构化开发方法可以提高软件开发的成功率,软件开发的生产率也能得到明显提高。

目前,结构化开发方法仍然是人们在开发软件时使用得十分广泛的软件开发方法。这种开发方法历史悠久,为广大软件工程师所熟悉,而且在开发某些类型的软件时也比较有效。因此,在相当长一段时期内这种方法还会有生命力。

2. 面向对象开发方法

结构化开发方法强调自顶向下顺序地完成软件开发的各阶段任务。事实上,人类认识客观世界解决现实问题的过程,是一个渐进的过程。人的认识需要在继承已有的有关知识的基础上,经过多次反复才能逐步深化。而面向对象开发方法,是尽量模拟人类习惯的思维方式,使开发软件的方法与过程尽可能接近人类认识世界解决问题的方法与过程,从而使描述问题的问题空间(也称为问题域)与实现解法的解空间(也称为求解域)在结构上尽可能一致。面向对象方法具有下述要点。

(1) 把对象(Object)作为融合了数据及在数据上的操作行为的统一的软件构件。面向对象程序是由对象组成的,程序中任何元素都是对象,复杂对象由比较简单的对象组合而成。也就是说,用对象分解取代了传统方法的功能分解。

(2) 把所有对象都划分成类(Class)。每个类都定义了一组数据和一组操作。类是对具有相同数据和相同操作的一组相似对象的定义。数据用于表示对象的静态属性,是对象的状态信息,而施加于数据之上的操作用于实现对象的动态行为。

(3) 按照父类(或称为基类)与子类(或称为派生类)的关系,把若干个相关类组成一个层次结构的系统(也称为类等级)。在类等级中,下层派生类自动拥有上层基类中定义的数据和操作,这种现象称为继承。

(4) 对象彼此间仅能通过发送消息互相联系。对象与传统数据有本质的区别。它不是被动地等待外界对它施加操作,相反,它是数据处理的主体,必须向它发送请求消息以执行某个操作来处理它的数据,而不能从外界直接对它的数据进行处理。也就是说,对象的所有私有信息都被封装在该对象内,不能从外界直接访问,这就是通常所说的封装性。

用面向对象方法开发软件的过程,是一个主动地多次反复迭代的演化过程。面向对象方法在概念和表示方法上的一致性,保证了在各项开发活动之间的平滑过渡。面向对象方法普遍进行的对象分类过程,支持从特殊到一般的归纳思维过程;通过建立类等级而获得的继承性,支持从一般到特殊的演绎思维过程。

最终的软件产品由许多较小的、基本上独立的对象组成,每个对象相当于一个微型程序,而且大多数对象都与现实世界中的实体相对应,从而,降低了软件产品的复杂性,提高了软件的可理解性,简化了软件的开发和维护工作。对象是相对独立的实体,容易在以后的软件产品中重复使用。面向对象方法特有的继承性和多态性,进一步提高了面向对象软件的可重用性。

12.3.2　软件开发工具

软件开发工具是指在第3代语言基础上,在软件开发各个阶段帮助开发者提高工作质量和效率的一类新型软件。其目的是在软件开发过程的不同方面给予人们不同程度的支持和帮助,以提高软件设计效率,减轻劳动强度。

1. 软件开发工具的基本功能

软件开发工具的种类繁多。有的工具只是对软件开发过程的某一方面或某一个环节提供支持,有的对软件开发提供比较全面的支持。软件开发工具的基本功能可以归纳为以下5个方面。

(1) 提供描述软件状况及其开发过程的概念模式,协助开发人员认识软件工作的环境与要求、管理软件开发的过程。

（2）提供存储和管理有关信息的机制与手段。软件开发过程中涉及众多信息，结构复杂，开发工具要提供方便、有效的处理这些信息的手段和相应的人机界面。

（3）帮助使用者编制、生成和修改各种文档。开发过程中大量的文字材料、表格、图形常常让人望而却步，人们企望得到开发工具的帮助。

（4）生成代码，即帮助使用者编写程序代码，使用户能在较短时间内半自动地生成所需要的代码段落，进行测试和修改。

（5）对历史信息进行跨生命周期的管理，即管理项目运行与版本更新的有关信息，以便于信息的充分运用。

2. 软件开发工具的类别

根据支持软件工程工作阶段，软件开发工具可以分为需求分析工具、设计工具、编码工具、测试工具、运行维持工具和项目管理工具等。

（1）需求分析工具。需求分析工具能将应用系统的逻辑模型清晰地表达出来，并包括对分析的结果进行一致性和完整性检查，发现并排除错误的功能。属于系统分析阶段的工具主要包括数据流程图（DFD）绘制与分析工具、图形化的 E-R 图编辑和数据字典的生成工具、面向对象的模型与分析工具以及快速原型构造工具等。

（2）设计工具。设计工具是用来进行系统设计的。将设计结果描述出来形成设计说明书，并检查设计说明书中是否有错误，然后找出并排除这些错误。其中属于总体设计的工具主要是系统结构图的设计工具；详细设计的工具主要有 HIPO 图工具、PDL 支持工具、数据库设计工具及图形界面设计工具等。

（3）编码工具。在程序设计阶段，编码工具可以为程序员提供各种便利的编程作业环境。属于编码阶段的工具主要包括各种正文编辑器、常规的编译程序、链接程序、调试跟踪程序以及一些程序自动生成工具等，目前广泛使用的编程环境是这些工具的集成化环境。

（4）测试工具。软件测试是为了发现错误而执行程序的过程。测试工具应能支持整个测试过程。其包括测试用例的选择、测试程序与测试数据的生成、测试的执行及测试结果的评价。属于测试阶段的工具有：静态分析器、动态覆盖率测试器、测试用例生成器、测试报告生成器、测试程序自动生成器及环境模拟器等。

（5）运行维护工具。运行维护的目的不仅是要保证系统的正常运行，使系统适应新的变化，更重要的是发现和解决性能障碍。属于软件运行维护阶段的工具主要包括支持逆向工程（Reverse-Engineering）或再造工程（Reengineering）的反汇编程序及反编译程序、方便程序阅读和理解的程序结构分析器、源程序到程序流程图的自动转换工具、文档生成工具及系统日常运行管理和实时监控程序等。

（6）项目管理工具。软件项目管理贯穿系统开发生命周期的全过程。它包括对项目开发队伍或团体的组织和管理，以及在开发过程中各种标准、规范的实施。支持项目管理的常用工具有：PERT 图工具、Gantt 图工具、软件成本与人员估算建模及测算工具、软件质量分析与评价工具以及项目文档制作工具、报表生成工具等。

3. 软件开发环境

随着软件开发工具数量的不断增加,为了便于使用和管理,就将各种工具简单地组合起来构成"工具箱"。人们将工具按照统一的数据结构、标准的程序界面集成,从而构成了完整的软件开发环境。这种集成的软件开发环境能够有效地支持软件生存周期所有阶段的活动,而且不仅支持技术工作,还支持各种管理工作,从而可高效、高质量地进行软件开发与维护。

4. 计算机辅助软件工程

在软件工程活动中,人们按照软件工程的原则和方法,利用计算机及其集成的软件开发环境,辅助软件项目的开发、维护及管理的过程,称为计算机辅助软件工程(Computer-Aided Software Engineering,CASE)。CASE 工具按功能可划分:支撑类工具类、事务系统规划类、项目管理类、分析和设计类、程序设计与编码类、原型建造类、测试类、维护类和框架类等。

CASE 工具和环境的进一步开发和使用,已经成为软件工程的重要研究课题。

12.3.3　软件开发基本策略

软件工程在发展中积累了很多方法,但这些方法不是严密的理论。实践人员不应该教条地套用方法,更重要的是学会"选择合适的方法"和"产生新方法"。软件开发中常用的 3 种基本策略是"复用"、"分而治之"、"优化—折衷"。

1. 复用策略

复用是指"利用现成的东西",文人称之为"拿来主义"。被复用的对象可以是有形的物体,也可以是无形的成果。复用包括提高质量与生产率两个方面。一般在一个新系统中,大部分的内容是成熟的,只有小部分内容是创新的。可以相信成熟的东西总是比较可靠的(即具有高质量),而大量成熟的工作可以通过复用来快速实现(即具有高生产率)。

把复用的思想用于软件开发,称为软件复用。将具有一定集成度并可以重复使用的软件组成单元称为软构件(Software Component)。软件复用可以表述为:构造新的软件系统可以不必每次从零做起,直接使用已有的软构件,即可组装(或加以合理修改)成新的系统。复用方法合理化并简化了软件开发过程,减少了总的开发工作量与维护代价,既降低了软件的成本又提高了生产率。另一方面,由于软构件是经过反复使用验证的,自身具有较高的质量。因此由软构件组成的新系统也具有较高的质量。

2. 分而治之策略

分而治之是指把一个复杂的问题分解成若干个简单的问题,然后逐个解决。这种朴素的思想来源于人们生活与工作的经验,完全适合于技术领域。软件人员在执行分而治之的时候,应该着重考虑:复杂问题分解后,每个问题能否用程序实现?所有程序最终能否集成为一个软件系统并有效解决原始的复杂问题?

图 12-5 表示了软件领域的分而治之策略。诸如软件的体系结构设计、模块化设计都是分而治之的具体表现。

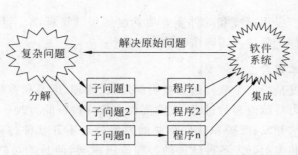

图 12-5　软件领域的分而治之策略

3. 优化－折衷策略

软件的优化是指优化软件的各个质量因素,如提高运行速度,提高对内存资源的利用率,使用户界面更加友好,使三维图形的真实感更强等。想做好优化工作,首先要让开发人员都有正确的认识到优化工作不是可有可无的事情,而是必须要做的事情。当优化工作成为一种责任时,程序员才会不断改进软件中的算法,数据结构和程序组织,从而提高软件质量。

优化工作的复杂之处是其很多目标存在千丝万缕的关系。当不能够使所有的目标都得到优化时,就需要采取"折衷"策略。软件中的折衷策略是指通过协调各个质量因素,实现整体质量的最优。软件折衷的重要原则是不能使某一方损失关键的职能,更不可以像"舍鱼而取熊掌"那样抛弃一方。例如 3D 动画软件的瓶颈通常是速度,但如果为了提高速度而在程序中取消光照明计算,那么场景就会丧失真实感,3D 动画也就不再有意义了。折衷的策略是:在保证不影响其他因素的前提下,使某些因素变得更好。

12.4　软件过程改进

软件过程是指软件开发人员开发和维护软件及其相关产品所采取的一系列活动。软件产品的质量主要取决于产品开发和维护的软件过程的质量。软件过程是软件项目管理和控制的基础。为了达到软件过程改进的目的,一些软件企业已经在其软件生产过程中应用软件过程改进支撑工具辅助其完成软件过程的管理、控制与改进。一般而言,软件成熟度模型 CMM 关注管理,着重于对组织能力的改进;个体软件过程 PSP 关注个人,着重于对个体技能的改进和训练;团队软件过程 TSP 关注小组和产品,着重于对小组性能的改进。

12.4.1　软件能力成熟度模型

软件能力成熟度模型(Capability Maturity Model,CMM)是美国卡内基—梅隆大学软件工程研究所(CMU/SEI)推出的评估软件能力与成熟度等级的一套标准。该标准基于众多软件专家的实践经验,侧重于软件开发过程的管理及工程能力的提高与评估,是国际上流行的软件生产过程标准和软件企业成熟度等级认证标准。目前,CMM 认证已经成为世界公认的软件产品进入国际市场的通行证。

1. CMM 的基本概念

软件过程成熟度是指一个软件过程被明确定义、管理、度量和控制的有效程度。成熟意味着软件过程能力持续改善的过程,成熟度代表软件过程能力改善的潜力。

任何一个软件的开发、维护和软件企业的发展都离不开软件过程。CMM 提供了一个能够有效地描述和表示开发各种软件的过程改进框架,使其能对软件过程各个阶段的任务和管理起指导作用,可以极大地提高按计划的时间和成本提交质量保证的软件产品的效率。

CMM 强调软件过程的规范、成熟和不断改进,认为软件过程是一个逐渐成熟的过程。过程的改进是基于许多小的、进化的步骤,需要持续不断努力才能取得最终结果。CMM 建立了一个软件过程能力成熟度的分级标准,为软件过程不断改进奠定了循序渐进的基础。

2. CMM 的结构体系

软件过程的成熟度等级是软件过程改善中妥善定义的平台。每个成熟度等级定义了一组过程能力目标,并描述了要达到这些目标应该采取的实践活动。CMM 的 5 个成熟度等级分别为初始级、可重复级、已定义级、已管理级和优化级(图 12-6)。

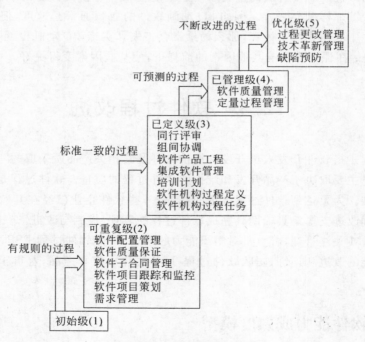

图 12-6 CMM 的体系结构

(1) 初始级(Initial)。组织一般不具备稳定的软件开发与维护环境。项目成功与否在很大程度上取决于是否有杰出的项目经理和经验丰富的开发团队。此时,项目经常超出预算和不能按期完成,组织的软件过程能力不可预测。其特点是软件过程无序、没经过定义;成功取决于软件人员的个人素质。

(2)可重复级(Repeatable)。组织建立了管理软件项目的方针以及为贯彻执行这些方针的措施。组织基于在类似项目上的经验,能对新项目进行策划和管理,并且项目过程处于项目管理系统的有效控制之下。其特点是已建立基本的项目功能过程,进行成本、进度和功能跟踪,并能使具有类似应用的项目能重复以前的功能。

(3)已定义级(Defined)。组织形成了管理软件开发和维护活动的组织标准软件过程。其包括软件工程过程和软件管理过程。项目依据标准,定义了自己的软件过程,并且能进行管理和控制。组织的软件过程能力已描述为标准的和一致的,过程是稳定的和可重复的,并且高度可视。其特点是管理活动和工程活动两方面的软件工程均已文档化和标准化,并已集成到软件机构的标准化过程中。

(4)已管理级(Managed)。组织对软件产品和过程都设置定量的质量目标。项目通过把过程性能的变化限制在可接受的范围内,实现对产品和过程的控制。组织的软件过程能力可描述为可预测的,软件产品具有可预测的高质量。其特点是已采用详细的有关软件过程和产品质量的度量,并使软件过程和产品质量得到定量控制。

(5)优化级(Optimizing)。组织通过预防缺陷、技术创新和更改过程等多种方式,不断提高项目的过程性能,以持续改善组织软件的过程能力。组织的软件过程能力可描述为持续改善的。其特点是能及时采用新思想、新方法和新技术以不断改进软件过程。

其中,从初始级上升到可重复级称为"有规则的过程";从可重复级上升到已定义级称为"标准一致的过程";从已定义级上升到已管理级称为"可预测的过程";从已管理级上升到优化级称为"不断改进的过程"。

3. CMM 的应用

CMM 建立一组公用、有效的描述成熟软件企业特征的准则。企业能运用这些准则去改进其开发和维护软件的过程,政府或商业组织能用它们去评价与特定软件企业签订软件项目合同时的风险。

CMM 应用主要在软件过程评估和软件能力评价两个方面。软件过程评估的目的是确定一个组织的当前软件过程的状态,找出组织所面临的急需解决的与软件过程有关问题,进而有步骤地实施软件过程改进,使组织的软件过程能力不断提高。软件能力评价的目的是识别合格的且能完成软件工程项目的承制方,或者监控承制方现有软件工作中软件过程的状态,进而提出承制方应改进之处。

12.4.2 个体软件过程

个体软件过程(Personal Software Process,PSP)是一种可用于控制、管理和改进个人工作方式的自我改善过程。它是一个包括软件开发表格、指南和规程的结构化框架。其可以在开发软件时减少软件缺陷,提高计划能力,增加生产效率。

1. PSP 的作用

PSP 与具体的技术(程序设计语言、工具或者设计方法)是相对独立的。原则上其能够应用到绝大多数软件工程任务之中。PSP 的内容包括说明个体软件过程的原则;帮助软件工程师制定周密的计划;确定软件工程师为改善产品质量要采取的步骤;建立度量个体软件过程改善的基准;确定过程的改变对软件工程师能力的影响。

个体软件过程的作用主要体现在以下 4 个方面。

(1) 使用自底向上的方法改进过程,向每个软件工程师表明过程改进的原则,使他们能够明白如何有效地生产出高质量的软件。

(2) 为基于个体和小型群组软件过程的优化提供了具体而有效的途径,其研究与实践填补了 CMM 的空白。

(3) 帮助软件工程师在个人的基础上运用过程的原则,借助于 PSP 提供的一些度量和工具,了解自己的技能水平,控制和管理自己的工作方式,使自己日常工作的评估、计划和预测更加准确,更加有效。进而改进个人的工作表现,提高个人的工作质量和产量,积极而有效地参与高级管理人员和过程人员推动的组织范围的软件工程过程改进。

(4) 指导软件工程师如何保证自己的工作质量,估计和规划自身的工作,度量和追踪个人的表现,管理自身的软件过程和产品质量。经过 PSP 学习和实践的正规训练,软件工程师能够在参与的项目中充分运用 PSP,从而有助于 CMM 目标的实现。

2. PSP 的步骤

PSP 软件工程规范为软件工程师提供了发展个人技能的结构化框架。在软件行业,如果不经过 PSP 培训,就只能在工作中通过实践逐步掌握这些技能和方法,这样不仅软件开发周期长,要付出很大的代价,而且风险也比较大。

按照 PSP 规程,改进软件过程的步骤大致为:首先需要明确质量目标,也就是软件将要在功能和性能上满足的要求和用户潜在的需求;接着就是度量产品质量,对目标进行分解和度量,使软件质量能够"测量";然后就是理解当前过程,查找问题,并对过程进行调整;最后应用调整后的过程,度量实践结果,将结果与目标做比较,找出差距,分析原因,对软件过程进行持续改进。

3. PSP 进化框架

像 CMM 为软件企业的能力提供一个阶梯式的进化框架一样,PSP 为个体的能力也提供了一个阶梯式的进化框架,以循序渐进的方法介绍过程的概念,每一级别都包含了更低一级别中的所有元素,并增加了新的元素。这个进化框架是学习 PSP 过程基本概念的好方法。它赋予软件人员度量和分析工具,使其清楚地认识到自己的表现和潜力,从而可以提高自己的技能和水平。

PSP 进化框架共有 4 级,各级及其增强版的主要元素如图 12-7 所示。

(1) 个体度量过程(PSP0)。其目的是建立个体过程基线,学会使用 PSP 的各种表格采集过程的有关数据。在 PSP0 阶段必须理解和学会进行规划和度量的技术。设计一个好的表格并不容易,需要在实践中积累经验,以准确地满足期望的需求。其中最重要的是

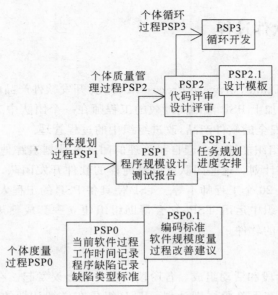

图 12-7　PSP 的进化框架

要保持数据的一致性、有用性和简洁性。

(2) 个体规划过程(PSP1)。用自己的历史数据来预测新程序的大小和需要的开发时间,并使用线性回归方法计算估计参数,确定置信区间以评价预测的可信程度。在 PSP1 阶段应该学会编制项目开发计划。只有对自己的能力有客观的评价,才能做出更加准确的计划,才能实事求是地接受和完成客户委托的任务。

(3) 个体质量管理过程(PSP2)。根据建立的检测表进行设计复查和代码复查,以便及早发现缺陷,使修复缺陷的代价最小。随着个人经验和技术的积累,还应学会怎样改进检测表以适应自己的要求。

实施 PSP 的一个重要目标就是学会在开发软件的早期实际地、客观地处理由于人们的疏忽所造成的程序缺陷问题。人们都期盼获得高质量的软件,但是只有高素质的软件开发人员并遵循合适的软件过程,才能开发出高质量的软件,因此,PSP2 引入并着重强调设计复查和代码复查技术,一个合格的软件开发人员必须掌握这两项基本技术。

(4) 个体循环过程(PSP3)。目标是把个体开发小程序所能达到的生产效率和生产质量,延伸到大型程序。其方法是采用螺旋式上升过程,即迭代增量式开发方法。首先把大型程序分解成小的模块;然后对每个模块按照 PSP2 所描述的过程进行开发;最后把这些模块逐步集成为完整的软件产品。

PSP 可以帮助软件工程师在个人的基础上运用过程的原则,借助于 PSP 提供的一些度量和分析工具,了解自己的技能水平,控制和管理自己的工作方式,使自己日常工作的评估、计划和预测更加准确和有效,进而改进个人的工作表现,提高个人的工作质量。

12.4.3　团队软件过程

1. TSP 的概念

团队软件过程(Team Software Process,TSP)为开发软件产品的开发团队提供指导。团队软件过程(TSP)加上 PSP 帮助高绩效的工程师在一个团队中工作,来开发有质量保证的软件产品,生产安全的软件产品,改进组织中的过程管理。

通过 TSP,一个组织能够建立起自我管理的团队来计划追踪他们的工作、建立目标,并拥有自己的过程和计划。这些团队可以是纯粹的软件开发团队,也可以是集成产品的团队,规模可以为 3~20 个工程师不等。TSP 使具备 PSP 的工程人员组成的团队能够学习并取得成功。在组织中运用 TSP,它会帮助组织建立一套成熟规范的工程实践,确保组织生产安全和可靠的软件。

2. TSP 的结构

TSP 由一系列阶段和活动组成。各阶段均由计划会议发起。在首次计划中,TSP 组将制订项目整体规划和下阶段详细计划。TSP 组员在详细计划的指导下跟踪计划中各种活动的执行情况。首次计划后,原定的下阶段计划会在周期性的计划制订中不断得到更新。通常无法制定超过 3~4 个月的详细计划。所以,TSP 根据项目情况,每 3~4 个月为一阶段,并在各阶段进行重建。无论何时,只要计划不再适应工作,就对其进行更新。当工作中发生重大变故或成员关系调整时,计划也将得到更新。

在计划的制定和修正中,小组将定义项目的生命周期和开发策略,这有助于更好地把握整个项目开发的阶段、活动及产品情况。每项活动都用一系列明确的步骤、精确的测量方法及开始、结束标志加以定义。在设计时将制定完成活动所需的计划、估计产品的规模、各项活动的耗时、可能的缺陷率及去除率,并通过活动的完成情况重新修正进度数据。开发策略用于确保 TSP 的规则得到自始至终的维护。

TSP 过程遵循交互性原则,以便每一阶段和循环都能在上一循环所获信息的基础上得以重新规划。

12.5　思考与讨论

12.5.1　问题思考

1. 什么是软件危机? 其主要原因是什么?
2. 什么是软件工程?
3. 软件生命周期分为哪几个阶段?
4. 微软产品开发过程模式分哪几个阶段?
5. 软件开发基本策略是什么?
6. 什么是软件能力成熟度模型?

12.5.2　课外讨论

1. 软件工程的核心思想是什么？
2. 为什么要提出软件开发模型的概念？
3. 请比较结构化设计思想和面向对象设计思想。
4. 简述 CMM、PSP 及 TSP 的联系。
5. 查询资料，了解软件工程的最新进展情况。

第 13 章 信息安全技术

【本章导读】

如何保护计算机中的信息不被非法获取、盗用、篡改和破坏,已成为当前我们关注和亟待解决的问题。本章主要介绍了信息安全技术的基础知识。读者可以了解计算机安全的重要性;了解密码技术、网络安全技术;掌握计算机病毒的特点并能够进行预防和处理。

【本章主要知识点】

① 信息安全的概念与内容;

② 密码学与加密技术;

③ 网络安全技术;

④ 计算机病毒及防范措施。

13.1 信息安全

在信息时代,信息安全可理解为保障信息的机密性、完整性、可用性、真实性、可控性,防御和对抗在信息领域威胁国家政治、经济、文化等安全,而采取有效策略的过程。信息安全不仅关系信息自身的安全,更是对国家安全具有重大战略价值。

13.1.1 信息安全概述

信息安全本身包括的范围很大。大到国家军事政治等机密安全,小到如防范商业企业机密泄漏、防范青少年对不良信息的浏览、个人信息的泄漏等。网络环境下的信息安全体系是保证信息安全的关键。其包括计算机安全操作系统、各种安全协议、安全机制(数字签名、信息认证、数据加密等),直至安全系统,其中任何一个安全漏洞便可以威胁全局安全。

1. 信息安全的战略意义

信息安全不是一个纯粹的技术问题。信息安全与政治安全、经济安全、文化安全具有同等重要的战略性地位。

（1）信息安全与政治安全。政治的核心问题是国家政权问题。政治安全的内核是政府运行的有效性。任何国家政府的运行，都是凭借复杂的机制，经由安全的信息交换，实现对社会生活的有效指导、管理和控制。信息安全风险直接影响着政府的有效性，政治安全一刻也离不开信息安全。

（2）信息安全与经济安全。经济安全的实质是国家最为根本的经济利益不受侵害。信息或信息化对于国家产业竞争能力的提升具有战略价值。这不仅在于信息产业已成为重要的支柱产业，更在于信息或信息化已经成为产业总体竞争力提升的基础性手段和核心标志。

（3）信息安全与文化安全。文化安全主要指保证文化价值体系，特别是主流或基本或核心文化价值体系免遭侵袭、破坏或颠覆。

2. 信息安全面临的挑战

当前信息安全正面临着严峻的挑战，主要表现在以下 4 个方面。

（1）信息攻击形式复杂化。目前，信息攻击形式日益复杂化，病毒技术、黑客攻击和信息恐怖主义的结合，直接威胁着国家的信息安全。信息攻击形式可分为主动攻击和被动攻击。主动攻击主要包括对信息的修改、删除、伪造、添加、重放、冒充和病毒入侵等；被动攻击主要包括对信息的侦听、截获、窃取、破译和业务流量分析、电磁信息提取等。而信息恐怖主义的兴起，更使国家信息安全面临着有政治目的、有组织的威胁。目前，大多数以网络战为导向的信息恐怖主义的攻击策略是瓦解性与破坏性相结合。破坏性攻击指利用恶意病毒、蠕虫等，造成现实或虚拟系统事实上的破坏；瓦解性攻击指利用电子邮件炸弹、使用垃圾、涂抹网络等黑客技术"闷死"网络系统，造成现实或虚拟系统失效。信息恐怖主义利用信息技术实施的攻击往往是匿名攻击，有效制止这类信息攻击与惩罚信息罪犯的难度空前增大。

（2）新信息技术应用引发信息安全风险。不断涌现的新信息技术的应用，会引发新的信息安全风险。一般而言，当某种新的信息技术投入应用时，人们往往对其潜在的安全风险知之甚少，防范风险的知识与技术有限，加之其所导致的信息技术环境的改变等，将增加信息安全风险。如属于社会软件范畴的对等网络技术在最初投入应用时，就因使用了一种被称为智能隧道的技术，规避防火墙、网络入侵检测等信息安全管理机制。

（3）信息安全管理问题。网络信息系统管理的好坏直接影响信息安全。主要体现在，信息安全法律法规和规章制度直接影响对信息网络领域违法犯罪活动的打击；信息安全管理手段直接影响信息的安全性等。

（4）信息安全人才的培养。信息安全人才主要包括信息安全的技术人才和管理人才。在某种意义上，信息安全取决于信息安全人才的素质。

3. 保障信息安全的策略

信息安全的威胁来自各个方面，需要随时随地防范。现代意义上的信息安全是一个综合性问题，涉及个人权益、企业生存、社会稳定、民族兴衰和国家安全，是物理安全、网络安全、数据安全、信息内容安全、信息基础设施安全、公共信息安全和信息人员安全的总和。既涉及政治、军事、经济、科技、文化和体育等多方面的信息安全，又有技术、管理、方法、法律、制度、应用和人员等不同层面的安全。

（1）技术层面的策略。信息安全虽然不是纯粹的技术问题，但在实体领域首先是一个技术问题。信息安全相关技术种类繁多，不同技术功能各异，适应不同的场合。由于信息网络系统的特殊性，信息安全风险的防范必须遵循"综合防范"原则。综合运用防火墙技术、审计技术、访问控制等网络控制技术，有助于提升信息安全风险防范的总体效能。

在信息安全的维护中，攻与防已经很难区分，宜遵循"攻防兼备"原则。在重视防御性技术研发运用的同时，重视对抗性技术，即支撑保障信息安全的技术的集成运用。在开放的网络环境中，要有效保障信息安全，必须掌握对信息和信息系统的攻击方法与攻击能力，在必要时采用"攻势"手段，对攻击者进行有效遏制。

（2）管理层面的策略。维护信息安全，不仅取决于技术的有效性，同时取决于管理的有效性。信息安全管理包括信息安全领导、信息安全战略管理、信息安全组织结构、信息安全危机与应急管理、信息安全风险管理、信息安全政策与法规、信息安全评估、信息安全标准、行为信息安全管理等。

（3）资源层面的策略。在某种意义上，信息安全的技术与管理策略的有效性依赖于相关资源的支撑。加强信息安全资源建设，为确保信息安全提供基础性设备和技术资源。

（4）理念层面的策略。技术、管理和资源层面策略的有效实施依赖于人的行为。因而，在重视技术、管理和资源层面策略的同时，应高度重视理念层面的信息安全。首先，重视信息安全教育，强化公众的信息安全意识。其次，计算机工作者应强化信息安全意识，成为践行信息安全理念的表率。

4. 信息安全的目标

无论在计算机上存储、处理和应用，还是在通信网络上传输，信息都可能被非授权访问而导致泄密，被篡改破坏而导致不完整，被冒充替换而导致否认，也有可能被阻塞拦截而导致无法存取。这些破坏可能是有意的，如黑客攻击、病毒感染；也可能是无意的，如误操作、程序错误等。

信息安全的目标是保护信息的机密性、完整性、可用性、可控性和不可抵赖性。

（1）机密性。机密性是指保证信息不被非授权访问，即使非授权用户得到信息也无法知晓信息的内容，因而不能使用。

（2）完整性。完整性是指维护信息的一致性，即在信息生成、传输、存储和使用过程中不应发生人为或非人为的非授权篡改。

（3）可用性。可用性是指授权用户在需要时能不受其他因素的影响，方便地使用所需信息。这一目标是对信息系统的总体可靠性要求。

（4）可控性。可控性是指信息在整个生命周期内都可由合法拥有者加以安全的控制。

（5）不可抵赖性。不可抵赖性是指保障用户无法在事后否认曾经对信息进行的生成、签发、接收等行为。

事实上，安全是一种意识，一个过程，而不是某种技术就能实现的。进入21世纪后，信息安全的理念发生了巨大的变化，目前，倡导一种综合的安全解决方法：针对信息的生存周期，以"信息保障"模型作为信息安全的目标，即信息的保护技术、信息使用中的检测技术、信息受影响或攻击时的响应技术和受损后的恢复技术为系统模型的主要组成元素。在设计信息系统的安全方案时，综合使用多种技术和方法，以取得系统整体的安全性。

13.1.2　信息安全问题分析

信息安全问题是一个系统问题，而不是单一的信息本身的问题，因此要从信息系统的角度来分析组成系统的软硬件及处理过程信息可能面临的风险。据统计，除去没有明确攻击目标的扫描类攻击之外，有据可查的网络安全事件主要是由以下几种事件引起：网站篡改、垃圾邮件、蠕虫、网页恶意代码、木马、网络仿冒、拒绝服务攻击、主机入侵等。

综合起来说，信息安全的风险主要来自于物理因素、系统因素、网络因素、应用因素和管理因素等方面。

1. 物理安全风险

计算机本身和外部设备乃至网络和通信线路面临各种风险。如各种自然灾害、人为破坏、操作失误、设备故障、电磁干扰、被盗和各种不同类型的不安全因素所致的物质财产损失、数据资料损失等。

2. 系统风险

从安全的角度看，冯·诺依曼模型是造成安全问题的根源，因为二进制编码对识别恶意代码造成很大困难，其信号脉冲又容易被探测、截获；面向程序的思路使数据和代码混淆，使病毒、特洛伊木马等很容易入侵；底层（硬件）固定化、普适性的模型和多用户、网络化应用的发展，迫使人们靠加大软件来适应这种情况，导致软件复杂性指数型增加。

（1）硬件组件。信息系统硬件组件的安全隐患多来源于设计。由于生产工艺或制造商的原因，计算机硬件系统本身有故障（如电路短路、断线）、接触不良引起系统的不稳定、电压波动的干扰等。由于这种问题是固有的，一般除在管理上强化人工弥补措施外，采用软件程序的方法见效不大。因此在自制硬件和选购硬件时应尽可能减少或消除这类安全隐患。

（2）软件组件。软件的"后门"是软件公司的程序设计人员为了自便而在开发时预留设置的，一方面为软件调试、进一步开发或远程维护提供了方便，但同时也为非法入侵提供了通道。这些"后门"一般不被外人所知，但一旦"后门"洞开，其造成的后果将不堪设想。

此外，软件组件的安全隐患来源于设计和软件工程中的问题。软件设计中的疏忽可能留下安全漏洞；软件设计中不必要的功能冗余以及软件过长过大，不可避免地存在安全脆弱性；软件设计不按信息系统安全等级要求进行模块化设计，导致软件的安全等级不能达到所声称的安全级别；软件工程实现中造成的软件系统内部逻辑混乱，导致垃圾软件，这种软件从安全角度看是绝对不可用的。

据统计，每写1000行语句总会有6～30行差错，而一个软件常常有百万，甚至千万行语句，这就意味着一个软件可能有几万个差错，即使错误率为百分之几，但也有几千个漏洞。

软件组件可分为操作平台软件、应用平台软件和应用业务软件。这 3 类软件以层次结构构成软件组件体系。操作平台软件处于基础层,它维系着系统组件运行的平台,因此平台软件的任何风险都可能直接危及或被转移到或延伸到应用平台软件。对信息系统安全所需的操作平台软件的安全等级要求,不得低于系统安全等级要求,特别是信息系统的安全服务组件的操作系统安全等级必须至少高于系统安全一个等级。

(3) 网络和通信协议。在当今的网络通信协议中,局域网和专用网络的通信协议具有相对封闭性,因为它不能直接与异构网络连接和通信。这样的"封闭"网络比开放式的因特网的安全特性好的原因:一是网络体系的相对封闭性,降低了从外部网络或站点直接攻入系统的可能性,但信息的电磁泄漏性和基于协议分析的搭线截获问题仍然存在;二是专用网络自身具有较完善、成熟的身份鉴别,访问控制和权限分割等安全机制。

安全问题最多的还是基于 TCP/IP 协议簇的因特网及其通信协议。TCP/IP 协议簇原本只考虑互通互连和资源共享的问题,并未考虑也无法兼容解决来自网络中和网际间的大量安全问题。TCP/IP 协议最初设计的应用环境是美国国防系统的内部网络,这一网络环境是互相信任的,当其推广到全社会的应用环境后,信任问题发生了。概括起来,因特网网络体系存在的致命的安全隐患有:缺乏对用户身份的鉴别;缺乏对路由协议的鉴别认证;TCP/UDP 的缺陷等。

3. 网络与应用风险

从网络中获取有用的数据和信息是网络威胁与攻击的根本目标。对数据通信系统的威胁包括:对通信或网络资源的破坏;对信息的滥用、讹用或篡改;信息或网络资源的被窃、删除或丢失;信息的泄漏;服务的中断和禁止。特定类型的攻击表现为:冒充、重放、篡改、拒绝服务、内部攻击、外部攻击、陷阱门、特洛伊木马等。威胁和攻击的主要来源如下。

(1) 内部操作不当。系统内部工作人员操作不当,特别是系统管理员和安全管理员出现管理配置的操作失误,可能造成重大安全事故。

(2) 内部管理不严造成系统安全管理失控。系统内部缺乏健全管理制度或制度执行不力,给内部工作人员违规和犯罪留下缝隙。其中以系统管理员和安全管理员的恶意违规和犯罪造成的危害最大;内部人员私自安装拨号上网设备,则绕过了系统安全管理控制点;内部人员利用隧道技术与外部人员实施内外勾结的犯罪,也是防火墙和监控系统难以防范的。此外,内部工作人员的恶意违规可以造成网络和站点拥塞、无序运行甚至网络瘫痪。

(3) 来自外部的威胁和犯罪。从外部对系统进行威胁和攻击的实体主要有黑客、信息间谍及计算机犯罪。

黑客(Hacker)的行为就是涉及阻挠计算机系统正常运行或利用、借助和通过计算机系统进行犯罪的行为。黑客正是通过系统各组件(硬件、操作系统、通信协议和应用程序等)所存在的缺陷和漏洞,才能潜入他人的系统中。黑客对系统的最大威胁不只是在于直接的攻击或成功的攻击,更重要的则在于通过攻击,获得系统的技术经验和技术方法,特别是绕过或逃脱系统管理的网上跟踪和反跟踪的方式和方法。

信息间谍是情报间谍的派生物,是信息战的工具。信息间谍通过系统组件和在环境中安装信息监听设备(具有采集信息和发送信息能力的软、硬件设备),监听或窃取各方面的情报信息。

计算机犯罪人员利用系统的脆弱性和漏洞,通过网络进入系统或篡改系统数据,如篡改金融账目、商务合同,或将他人信息转移到自己的系统内。例如,将别人的资金转入自己账户,或者伪造、假冒政令和指令并设法逃避信息系统的安全监控,使他人蒙受经济损失、非法获取财产、损坏他人信誉,甚至造成社会混乱等犯罪行为。

4. 管理风险

安全大师 Bruce Schneier 说过,"安全是一个过程(Process),而不是一个产品(Product)"。单纯依靠安全设备是不够的,它是一个汇集了硬件、软件、网络、人以及他们之间的相互关系和接口的系统。网络与信息系统的实施主体是人,安全设备与安全策略最终要依靠人才能应用与贯彻。多数单位存在安全设备设置不合理、使用管理不当、没有专门的信息安全人员、系统密码管理混乱等现象,防火墙、入侵检测、VPN 等设备起不了应有的作用。

13.2 密码技术

密码技术是信息安全技术中的核心技术。其涉及信息论、计算机科学和密码学等多方面知识。它的主要任务是研究计算机系统和通信网络内信息的保护方法以实现系统内信息的安全性、保密性、真实性和完整性。

13.2.1 密码学基础

1. 密码学基本概念

自古以来,密码主要应用于军事、政治、外交等机要部门,因而密码学的研究工作本身也是秘密进行的。然而随着计算机科学、通信技术、微电子技术的发展,计算机网络的应用进入了人们的日常生活和工作中,从而产生了保护隐私、敏感甚至秘密信息的需求,而且这样的需求在不断扩大,于是密码学的应用和研究逐渐公开化,并呈现出了空前的繁荣。

研究密码编制的科学称为密码编制学(Cryptography),研究密码破译的科学称为密码分析学(Cryptanalysis),它们共同组成了密码学(Cryptology)。

密码技术的基本思想就是伪装信息,即对信息做一定的数学变换,使不知道密钥的用户不能解读其真实的含义。变换之前的原始数据称为明文(Plaintext),变换之后的数据称为密文(Ciphertext),变换的过程就叫做加密(Encryption),而通过逆变换得到原始数据的过程就称为解密(Decryption),解密需要的条件或者信息称为密钥(Key),通常情况下密钥就是一系列字符串。

一个密码系统主要由以下 5 部分构成。

(1) 明文空间 M:所有明文的集合。

(2) 密文空间 C:全体密文的集合。

（3）密钥空间 K：全体密钥的集合，其中每一个密钥 k 均由加密密钥 K_e 和解密密钥 K_d 组成，即 $K=(K_e,K_d)$，在某些情况下 $K_e=K_d$。

（4）加密算法 E：一组以 K_e 为参数的由 M 到 C 的变换，即 $C=E(K_e,M)$，可简写为 $C=E_{K_e}(M)$。

（5）解密算法 D：一组以 K_d 为参数的由 C 到 M 的变换，可表示为 $M=D(K_d,C)$，可简写为 $M=D_{K_d}(C)$。

密码系统模型如图 13-1 所示。

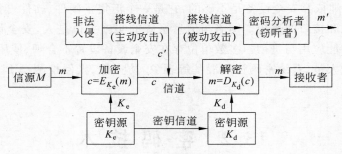

图 13-1　密码系统模型

从图 13-1 可以了解密码系统工作的大体流程以及可能存在的被攻击的情形。信息的发送者通过一个加密算法将消息明文 m 加密为密文 c，然后通过不安全的信道传送给接收者，接收者接到密文 c 后用已知的密钥 K 来进行解密得到明文 m。而在信息的传输过程中，可能会有主动攻击者冒充发送者传送 c_0 给接收者，干扰或者破坏通信；也可能会有被动攻击者盗取密文 c，那么密码分析者的工作就是在不知道 K 的情况下通过 c 来恢复出 m。以上两种攻击行为在现实生活中非常常见。

2. 密码编制学

密码编制学是对消息进行编码以隐藏明文消息的一门学问。替代和置换是古典密码中常用的变换形式。

（1）替代密码。首先需要构造一两个或者多个密文字母表，然后用密文字母表中的字母或字母组来替代明文字母或字母组，各个字母或字母组的相对位置不变，但其本身改变了。下面来看一下罗马皇帝 Julius Caesar 在公元前 50 年所使用的"恺撒密码"。这其实就是一种典型的替代密码。他将字母按字母表中的顺序循环排列，将明文中的每个字母用其后面的第 3 个字母代替以得到对应的密文。

以英文为例，恺撒密码所使用的明文字母表和密文字母表分别如下。

明文字母表：a b c d e f g h i j k l m n o p q r s t u v w x y z

密文字母表：d e f g h i j k l m n o p q r s t u v w x y z a b c

那么，对于明文 attack postoffice，经恺撒密码变换后得到的密文为：

$$\text{dwwdfn srvwriilfh}$$

恺撒密码可以说是替代密码的最简单的例子。在替代密码中，密文中的字母顺序与明文中的字母顺序一致,只不过各密文字母是由相应的明文字母按某种映射变换得到的。

按照映射规则的不同,替代密码可分为 3 种:单表替代密码、多表替代密码和多字母替代密码。

(2) 置换密码。将明文中的字母重新排列,字母表示不变,但其位置改变了,这样编成的密码就称为置换密码。换句话说,明文与密文所使用的字母相同,但是它们的排列顺序不同。最简单的置换密码就是把明文中的字母顺序颠倒一下。

可以将明文按矩阵的方式逐行写出,然后再按列读出,并将它们排成一排作为密文,列的阶就是该算法的密钥。在实际应用中,人们常常用某一单词作为密钥,按照单词中各字母在字母表中的出现顺序排序,用这个数字序列作为列的阶。

密钥	c o a t
阶	2 3 1 4
	a t t a
	c k p o
	s t o f
	f i c e

若以 coat 作为密钥,则它们的出现顺序为 2、3、1、4,对明文 attack postoffice 加密的过程如图 13-2 所示。

按照阶数由小到大逐列读出各字母,所得密文为:

t p o c a c s f t k t i a o f e

对于这种列变换类型的置换密码,密码分析很容易进

图 13-2　对明文 attack postoffice 加密的过程

行:将密文逐行排列在矩阵中,并依次改变行的位置,然后按列读出,就可得到有意义的明文。为了提高它的安全性,可以按同样的方法执行多次置换。例如对上述密文再执行一次置换,就可得到原明文的二次置换密文:

o s t f t a t a p c k o c f i e

3. 密码分析学

密码分析学就是研究密码破译的科学。如果能够根据密文系统确定出明文或密钥,或者能够根据明文密文对系统确定出密钥,则称这个密码系统是可破译的。常用的密码分析方法主要有 3 种。

(1) 穷举攻击。对截获的密文,密码分析者试遍所有的密钥,以期得到有意义的明文;或者使用同一密钥,对所有可能的明文加密直到得到的密文与截获的密文一致。穷举攻击也称强力攻击或完全试凑攻击。

(2) 统计分析攻击。密码分析者通过分析明文与密文的统计规律,得到它们之间的对应关系。

(3) 数学分析攻击。密码分析者根据加密算法的数学依据,利用数学方法(如线性分析、差分分析及其他一些数学知识)来破译密码。

一个密码系统,如果无论密码分析者截获多少密文和用什么技术方法进行攻击都不能被攻破,则称为绝对不可破译的。绝对不可破译的密码在理论上是存在的,这就是著名的“一次一密”密码。但是,由于密钥管理上的困难,“一次一密”密码是不实用的。从理论上来说,如果能够拥有足够多的资源,那么任何实际使用的密码都是可以被破译的。

13.2.2 加密技术

1. 密码体制

常用的两种主要的密码体制为对称密码体制和非对称密码体制。

(1) 对称密码体制。对信息进行明/密变换时,加密与解密使用相同密钥的密码体制,称为对称密码体制。在该体制中,记 E_k 为加密函数,密钥为 k;D_k 为解密函数,密钥为 k;m 表示明文消息,c 表示密文消息。对称密码体制的特点可以如下表示。

$$D_k(E_k(m))=m \quad (对任意明文信息\ m)$$
$$E_k(D_k(c))=c \quad (对任意密文信息\ c)$$

利用对称密码体制,可以为传输或存储的信息进行机密性保护。为了对传输信息提供机密性服务,通信双方必须在数据通信之前协商一个双方共知的密钥(即共享密钥)。如何安全地在通信双方得到共享密钥(即密钥只被通信双方知道,第三方无从知晓密钥的值)属于密钥协商的问题。假定通信双方已安全地得到了一对共享密钥 k。此时,通信一方(称发送方)为了将明文信息 m 秘密地通过公网传送给另一方(称接收方),使用某种对称加密算法 E_k 对 m 进行加密,得到密文 c:

$$c=E_k(m)$$

发送方通过网络将 c 发送给接收方,在公网上可能存在各种攻击,当第三方截获到信息 c 时,由于他不知道 k 值,因此 c 对他是不可理解的,这就达到了秘密传送的目的。在接收方,接收者利用共享密钥 k 对 c 进行解密,复原明文信息 m,即

$$m=D_k(c)=D_k(E_k(m))$$

如图 13-3 所示,可以表示出利用对称密码体制为数据提供加密保护的流程。

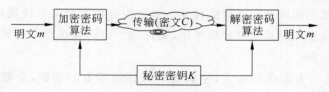

图 13-3　对称密钥保密体制模型

对于存储中的信息,信息的所有者利用对称加密算法 E 及密钥 k,将明文信息变化为密文 c 进行存储。由于密钥 k 是信息所有者私有的,因此第三方不能从密文中恢复明文信息 m,从而达到对信息的机密性保护目的。

(2) 非对称密码体制。对信息进行明/密变换时,使用不同密钥的密码体制称非对称密码体制。在非对称密码体制中,每个用户都具有一对密钥,一个用于加密,一个用于解密。其中加密密钥可以在网络服务器、报刊等场合公开,而解密密钥则属用户的私有秘密,只有用户一人知道。这要求所有非对称密码体制具有由公开的加密密钥推导出私有解密密钥在实际上不可行的特点。所谓实际上不可行,即理论上是可以推导的,但却几乎不可能实际满足推导的要求。如计算机的处理速度,存储空间的大小等限制,或者说,推导者为推导解密密钥所花费的代价是无法承受的或得不偿失的。

假设明文仍记为 m,加密密钥为 k_1,解密密钥为 k_2,E 和 D 仍表示相应的加密/解密算法。非对称密码体制有如下的特点。

$$D_{k_2}(E_{k_1}(m))=m \quad (对任意明文 m)$$

$$E_{k_1}(D_{k_2}(c))=c \quad (对任意密文 c)$$

利用非对称密码体制,可实现对传输或存储中的信息进行机密性保护。

在通信中,发送方 A 为了将明文 m 秘密地发送给接收方 B,需要从公开刊物或网络服务器等处查寻 B 的公开加密密钥 k_1(k_1 也可以通过其他途径得到,如由 B 直接通过网络告知 A)。在得到 k_1 后,A 利用加密算法将 m 变换为密文 c 并发送给 B:

$$c=E_{k_1}(m)$$

在 c 的传输过程中,第三方因为不知道 B 的密钥 k_2,因此,不能从 c 中恢复明文信息 m,因此达到机密性保护。接收到 c 后,B 利用解密算法 D 及密钥 k_2 进行解密:

$$m=D_{k_2}(E_{k_1}(m))=D_{k_2}(c)$$

对传输信息的保护模型可如下图 13-4 表示。

图 13-4 非对称密码体制对传输信息的保护

对于存储信息 m 的机密性保护,非对称密码体制有类似的工作原理。信息的拥有者使用自己的公钥 k_1 对明文 m 加密生成密文 c 并存储起来,其他人不知道存储者的解密密钥 k_2,因此无法从 c 中恢复出明文信息 m。只有拥有 k_2 的用户才能对 c 进行恢复。

非对称密码体制也称公钥密码体制。与对称密码体制相比,采用非对称密码体制的保密体系的密钥管理较方便,而且保密性比较强,但实现速度比较慢,不适应于通信负荷较重的应用。

2. 数字签名

对文件的签名表示签名者将对文件内容负责。签名的真实性来源于手迹的难于模仿性。在信息时代,通过网络的商务活动频繁。A 通过网络发送一条消息,告诉银行从 A 的账户上给 B 支付 500 元。银行如何知道这条消息是由 A 发送的? 进而,如果事后 A 否认曾发送过这条消息,银行如何向公证机关证明 A 确实发送过这条消息? 人们通过为消息附上电子数字签名,使签名者对消息的内容负责,而不可以在事后进行抵赖。

数字签名是基于公钥密码体制的。为了对消息 m 进行数字签名,用户 A 必须具有密钥对 $<k_1,k_2>$。其中 k_1 为公开的加密密钥,k_2 为私有的解密密钥。A 通过如下运算对消息 m 进行签名:

$$Sig=D_{k_2}(m)$$

A 将 $D_{k_2}(m)$ 作为消息 m 的签名与 m 组合。在上面支付的例子中,银行通过查找 A 的公钥 k_1,对签名进行计算:

$$E_{k_1}(\text{Sig}) = E_{k_1}(D_{k_2}(m)) = m$$

由此可知道消息确实来源于 A。第三方无从知晓 k_2，因此无法计算出 Sig。不难看出，在事后 A 无法否认曾发送此消息的行为：因为除了 A 之外，任何人都不能从 m 计算出 Sig 来。图 13-5 表示数字签名的工作流程。

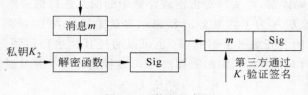

图 13-5　数字签名

数字签名与手书签名的区别在于，手书签名是模拟的，且因人而异。而数字签名是 0 和 1 的数字串，因消息而异。

13.3　网络安全技术

计算机网络技术的发展使得社会正向信息化社会迈进，也正是它的进步正在迅速地改变社会结构，同时又由于网络技术安全的脆弱性，又使对它的可靠性持怀疑的态度。建立起一个好的系统防护体系（包括硬件设施、法律、制度措施等），高度重视计算机信息安全维护工作，已经成为世界各国刻不容缓的问题。从技术防护手段上可以分为防火墙技术、入侵检测技术和虚拟网技术等。

13.3.1　防火墙技术

防火墙（Firewall）是建立在内外网络边界上的过滤封锁机制。内部网络被认为是安全和可信赖的，而外部网络（通常是 Internet）被认为是不安全和不可信赖的。防火墙的作用是防止不希望的、未经授权的通信进出被保护的内部网络，通过边界控制强化内部网络的安全政策。

1. 防火墙的作用
防火墙（图 13-6）的作用主要体现在以下几个方面。

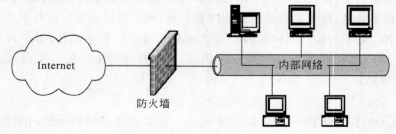

图 13-6　防火墙示意图

（1）防火墙是网络安全的屏障。一个防火墙（作为阻塞点、控制点）能极大地提高一个内部网络的安全性，并通过过滤不安全的服务而降低风险。由于只有经过精心选择的应用协议才能通过防火墙，所以网络环境变得更安全。

（2）防火墙可以强化网络安全策略。通过以防火墙为中心的安全方案配置，能将所有安全软件（如口令、加密、身份认证、审计等）配置在防火墙上。与将网络安全问题分散到各个主机上相比，防火墙的集中安全管理更经济。例如在网络访问时，一次一密口令系统和其他的身份认证系统完全可以不必分散在各个主机上，而集中在防火墙身上。

（3）对网络存取和访问进行监控审计。如果所有的访问都经过防火墙，那么，防火墙就能记录下这些访问并做出日志记录，同时也能提供网络使用情况的统计数据。当发生可疑动作时，防火墙能进行适当的报警，并提供网络是否受到监测和攻击的详细信息。另外，收集一个网络的使用和误用情况也是非常重要的。首先的理由是可以清楚防火墙是否能够抵挡攻击者的探测和攻击，并且清楚防火墙的控制是否充足。而使用统计对网络需求分析和威胁分析等也是非常重要的。

（4）防止内部信息的外泄。通过利用防火墙对内部网络的划分，可实现内部网重点网段的隔离，从而限制了局部重点或敏感网络安全问题对全局网络造成的影响。再者，隐私是内部网络非常关心的问题，一个内部网络中不引人注意的细节可能包含了有关安全的线索而引起外部攻击者的兴趣，甚至因此而暴露了内部网络的某些安全漏洞。使用防火墙就可以隐蔽那些透漏内部细节如 Finger、DNS 等服务。

2. 防火墙的基本类型

防火墙有多种形式，有的以软件形式运行在普通计算机系统上，有的以硬件形式单独实现，也有的以固件形式设计在路由器中。从实现原理上分，防火墙的技术包括 4 大类：网络级防火墙、应用级网关、电路级网关和规则检查防火墙。

（1）网络级防火墙。也称为包过滤型防火墙，一般是基于源地址和目的地址、应用、协议以及每个 IP 包的端口来做出通过与否的判断。一个路由器便是一个"传统"的网络级防火墙，大多数的路由器都能通过检查这些信息来决定是否将所收到的包转发，但它不能判断出一个 IP 包来自何方，去向何处。防火墙检查每一条规则直至发现包中的信息与某规则相符。如果没有一条规则能符合，防火墙就会使用默认规则，一般情况下，默认规则就是要求防火墙丢弃该包。其次，通过定义基于 TCP 或 UDP 数据包的端口号，防火墙能够判断是否允许建立特定的连接，如 Telnet、FTP 连接。

（2）应用级网关。应用级网关能够检查进出的数据包，通过网关复制传递数据，防止在受信任服务器或客户机与不受信任的主机间直接建立联系。应用级网关能够理解应用层上的协议，能够做复杂一些的访问控制，并做精细的注册和稽核。它针对特别的网络应用服务协议即数据过滤协议，并且能够对数据包分析并形成相关的报告。应用网关对某些易于登录和控制所有输出输入的通信的环境给予严格的控制，以防有价值的程序和数据被窃取。在实际工作中，应用网关一般由专用工作站系统来完成。但每一种协议需要相应的代理软件，使用时工作量大，效率不如网络级防火墙。应用级网关有较好的访问控制，是目前最安全的防火墙技术，但实现困难，而且有的应用级网关缺乏"透明度"。在实际使用中，用户在受信任的网络上通过防火墙访问 Internet 时，经常会发现存在延迟并且必须进行多次登录(Login)才能访问 Internet 或 Intranet。

(3) 电路级网关。电路级网关用来监控受信任的客户或服务器与不受信任的主机间的 TCP 握手信息,这样来决定该会话(Session)是否合法。电路级网关是在 OSI 模型中会话层上来过滤数据包,这样比包过滤防火墙要高二层。电路级网关还提供一个重要的安全功能——代理服务器(Proxy Server)。代理服务器是设置在 Internet 防火墙网关的专用应用级代码。这种代理服务准许网管员允许或拒绝特定的应用程序或一个应用的特定功能。同时,代理服务还可用于实施较强的数据流监控、过滤、记录和报告等功能。代理服务技术主要通过专用计算机硬件(如工作站)来承担。

(4) 规则检查防火墙。该防火墙结合了包过滤防火墙、电路级网关和应用级网关的特点。它同包过滤防火墙一样,规则检查防火墙能够在 OSI 网络层上通过 IP 地址和端口号,过滤进出的数据包。它也像电路级网关一样,能够检查 SYN 和 ACK 标记和序列数字是否逻辑有序。当然它也像应用级网关一样,可以在 OSI 应用层上检查数据包的内容,查看这些内容是否能符合企业网络的安全规则。规则检查防火墙虽然集成前 3 者的特点,但是不同于一个应用级网关的是,它并不打破客户机/服务器模式来分析应用层的数据。它允许受信任的客户机和不受信任的主机建立直接连接。规则检查防火墙不依靠与应用层有关的代理,而是依靠某种算法来识别进出的应用层数据,这些算法通过已知合法数据包的模式来比较进出数据包,这样从理论上就能比应用级代理在过滤数据包上更有效。

3. 防火墙的使用

防火墙具有很好的保护作用。入侵者必须首先穿越防火墙的安全防线,才能接触目标计算机。可以将防火墙配置成许多不同的保护级别。高级别的保护可能会禁止一些服务,如视频流等。

在具体应用防火墙技术时,还要考虑到两个方面:一是防火墙是不能防病毒的,尽管有不少的防火墙产品声称其具有这个功能;二是防火墙技术的另外一个弱点在于数据在防火墙之间的更新是一个难题,如果延迟太大将无法支持实时服务请求。并且防火墙采用滤波技术,滤波通常使网络的性能降低 50% 以上,如果为了改善网络性能而购置高速路由器,又会大大提高经济预算。

总之,防火墙是企业网安全问题的流行方案,即把公共数据和服务置于防火墙外,使其对防火墙内部资源的访问受到限制。作为一种网络安全技术,防火墙具有简单实用的特点,并且透明度高,可以在不修改原有网络应用系统的情况下达到一定的安全要求。

13.3.2 入侵检测技术

人们发现只被动地从防御的角度构造安全系统是不够的。入侵检测就是一种主动安全保护技术。它像雷达警戒一样,作为防火墙之后的第 2 道安全闸门,在不影响网络性能的前提下,对网络进行监控,从计算机网络的若干关键点收集信息,通过分析这些信息,来查看网络中是否有违反安全策略的行为和遭到攻击的迹象,从而扩展系统管理员的安全管理能力,提高信息安全基础结构的完整性。

1. 入侵检测系统

入侵检测系统(Intrusion Detection System,IDS)是对计算机和网络系统资源上的恶意使用行为进行识别和响应的处理,它最早于 1980 年 4 月由 James P. Anderson 在为美国空军起草的技术报告《计算机安全威胁监控与监视》中提出。它的主要工作内容包括:监视并分析用户和系统的行为;审计系统配置和漏洞;评估敏感系统和数据的完整性;识别攻击行为、对异常行为进行统计;自动收集与系统相关的补丁;审计、识别、跟踪违反安全法规的行为;使用诱骗服务器记录黑客行为。

一般来说,入侵检测系统可分为主机型和网络型。主机型入侵检测系统往往以系统日志、应用程序日志等作为数据源,当然也可以通过其他手段(如监督系统调用)从所在的主机收集信息进行分析。主机型入侵检测系统保护的一般是所在的系统。网络型入侵检测系统的数据源则是网络上的数据包。往往将一台机子的网卡设于混杂模式(Promisc Mode),监听所有本网段内的数据包并进行判断。一般网络型入侵检测系统担负着保护整个网段的任务。

2. 入侵检测技术

对各种事件进行分析,从中发现违反安全策略的行为是入侵检测系统的核心功能。入侵检测技术从时间上,可分为实时入侵检测和事后入侵检测两种。

实时入侵检测在网络连接过程中进行,系统根据用户的历史行为模型、存储在计算机中的专家知识以及神经网络模型对用户当前的操作进行判断,一旦发现入侵迹象立即断开入侵者与主机的连接,并收集证据和实施数据恢复。这个检测过程是不断循环进行的。

而事后入侵检测由网络管理人员进行,他们具有网络安全的专业知识,根据计算机系统对用户操作所做的历史审计记录判断用户是否具有入侵行为,如果有就断开连接,并记录入侵证据和进行数据恢复。事后入侵检测是管理员定期或不定期进行的,不具有实时性,因此防御入侵的能力不如实时入侵检测系统。

3. 入侵检测技术的发展趋势

(1) 分析技术的改进。入侵检测误报和漏报的解决最终依靠分析技术的改进。目前入侵检测分析方法主要有统计分析、模式匹配、数据重组、协议分析、行为分析等。

统计分析是统计网络中相关事件发生的次数,达到判别攻击的目的。模式匹配利用对攻击的特征字符进行匹配完成对攻击的检测。数据重组是对网络连接的数据流进行重组再加以分析,而不仅仅分析单个数据包。

协议分析技术是在对网络数据流进行重组的基础上,理解应用协议,再利用模式匹配和统计分析的技术来判明攻击。例如,某个基于 HTTP 协议的攻击含有 ABC 特征,如果此数据分散在若干个数据包中,如一个数据包含 A,另外一个包含 B,另外一个包含 C,则单纯的模式匹配就无法检测,只有基于数据流重组才能完整检测。而利用协议分析。则只在符合的协议(HTTP)检测到此事件才会报警。假设此特征出现在 Mail 里,因为不符合协议,就不会报警。利用此技术,有效地降低了误报和漏报。

行为分析技术不仅简单分析单次攻击事件,还根据前后发生的事件确认是否确有攻击发生,攻击行为是否生效,是入侵检测分析技术的最高境界。但目前由于算法处理和规则制定的难度很大,目前还不是非常成熟,但却是入侵检测技术发展的趋势。目前最好综合使用多种检测技术,而不只是依靠传统的统计分析和模式匹配技术。另外,规则库是否及时更新也和检测的准确程度相关。

(2) 内容恢复和网络审计功能的引入。入侵检测的最高境界是行为分析。但行为分析前还不是很成熟,因此,个别优秀的入侵检测产品引入了内容恢复和网络审计功能。

内容恢复即在协议分析的基础上,对网络中发生的行为加以完整的重组和记录,网络中发生的任何行为都逃不过它的监视。网络审计即对网络中所有的连接事件进行记录。入侵检测的接入方式决定入侵检测系统中的网络审计不仅类似防火墙可以记录网络进出信息,还可以记录网络内部连接状况,此功能对内容恢复无法恢复的加密连接尤其有用。

内容恢复和网络审计让管理员看到网络的真正运行状况,其实就是调动管理员参与行为分析过程。此功能不仅能使管理员看到孤立的攻击事件的报警,还可以看到整个攻击过程,了解攻击确实发生与否,查看攻击着的操作过程,了解攻击造成的危害。不但发现已知攻击,同时发现未知攻击。不仅发现外部攻击者的攻击,也发现内部用户的恶意行为。毕竟管理员是最了解其网络的,管理员通过此功能的使用,很好地达成行为分析的目的。但使用此功能的同时需注意对用户隐私的保护。

(3) 集成网络分析和管理功能。入侵检测不但对网络攻击是一个检测。同时,入侵检测可以收到网络中的所有数据,对网络的故障分析和健康管理也可起到重大作用。当管理员发现某台主机有问题时,也希望能马上对其进行管理。入侵检测也不应只采用被动分析方法,最好能和主动分析结合。所以,入侵检测产品集成网管功能,扫描器(Scanner),嗅探器(Sniffer)等功能是以后发展的方向。

(4) 安全性和易用性的提高。入侵检测是个安全产品,其自身安全极为重要。因此,目前的入侵检测产品大多采用硬件结构,黑洞式接入,免除自身安全问题。同时,对易用性的要求也日益增强,例如,全中文的图形界面,自动的数据库维护,多样的报表输出。这些都是优秀入侵产品的特性和以后继续发展细化的趋势。

(5) 改进对大数据量网络的处理方法。随着对大量数据处理要求的增加,入侵检测的性能要求也逐步提高,出现了千兆入侵检测等产品。但如果入侵检测产品不仅具备攻击分析,同时具备内容恢复和网络审计功能,则其存储系统也很难完全工作在千兆环境下。这种情况下,网络数据分流也是一个很好的解决方案,性价也比较好。这也是国际上较通用的一种做法。

(6) 防火墙联动功能。入侵检测发现攻击,自动发送给防火墙,防火墙加载动态规则拦截入侵,称为防火墙联动功能。目前此功能还没有到完全实用的阶段,主要是一种概念。随便使用会导致很多问题。目前主要的应用对象是自动传播的攻击,联动只在这种场合有一定的作用。无限制的使用联动,如未经充分测试,对防火墙的稳定性和网络应用会造成负面影响。但随着入侵检测产品检测准确度的提高,联动功能日益趋向实用化。

13.3.3 虚拟网技术

虚拟网技术是近年来在计算机网络领域兴起的一项崭新技术。虚拟网在逻辑上等于

OSI 7 层模型的第 2 层的广播域,它与具体的物理网及地理位置无关。在传统的共享局域网或者交换局域网环境中,整个网络处于同一个广播域中,这样当大量用户发送广播信息时容易形成广播风暴,使网络性能下降,浪费宝贵的带宽,甚至使得整个网络陷于瘫痪。虚拟网络是在整个网络中通过网络交换设备建立的虚拟工作组。虚拟工作组可以包含不同位置的部门和工作组,不必在物理上重新配置任一端口。从而真正实现了网络用户与它们的物理位置的无关性。

1. 虚拟网的概念

虚拟网技术把传统的广播域按需要分割成各个独立的子广播域。将广播限制在虚拟工作组中,由于广播域的缩小,网络中广播包消耗带宽所占的比例被大大降低,网络的性能得到显著的提高。

虚拟网络可以定义一个端口,所有连接到这个特定端口的终端都是虚拟网络的一部分,并且整个网络可以支持多个虚拟网络。网络管理员可以逻辑上重新配置网络,迅速、简单、有效地平衡负载流量,轻松自如地增加、删除和修改用户,而不必从物理上调整网络配置。

虚拟网络通过建立网络防火墙使不必要的网络交通减至最少,隔离各个虚拟网络间的传输和可能出现的问题,使吞吐量大大增加,减少了网络延迟。在传统的网络技术中,同一物理网段中的用户在网络层上很难实施安全措施,而在虚拟网络环境中,可以通过划分不同的虚拟网络来控制处于同一物理网段中的用户之间的通信。虚拟网间的安全与虚拟网间的通信方式有关。通过路由技术实现的虚拟网间通信,由于路由技术使得通信双方不能直接连接,一方不知道另一方的具体 MAC(Medium Access Control)地址,因此安全性也比较高。

2. 虚拟网技术

虚拟网技术可以跨主干实现。跨主干虚拟网也就是交换机之间的虚拟网。其核心问题是如何标识不同的虚拟网成员,实用的方法有信息表、帧标识和时分多路复用。

(1)信息表。当新站点广播第一帧时,交换机解析出其 MAC 地址或所连接的交换机端口序号,并将其和虚拟网成员标识一起存入交换机的高速缓存地址表中,然后把这一信息向各交换机广播发出。当网络扩容时,频繁的地址更新请求信号将会阻塞网络主干,显然信息表难以在大规模的网络中得到应用。

(2)帧标识。在帧中插入标识其所属虚拟网的标头,这会增加网络的传输开销。

(3)时分多路复用。为各个虚拟网保留时槽,虚拟网在相应的时槽内通信,这种方法解决了网络附加开销问题,但却因为空闲时槽不能为其他虚拟网所利用,而降低了网络的有效使用带宽。

3. 虚拟网间的通信技术

虚拟网间的通信技术大致可分为以下 3 种类型。

(1)技术通过外部路由器实现,这与传统的以路由为中心的局域网互连一样。

(2)技术通过具有路由功能的交换机实现。这种技术的特点是既达到了作为虚拟网控制广播的最基本的目的,又不需要外接路由器。但虚拟网间的连接还是通过路由技术来实现的,虚拟网间的通信速率一般不超过 2Mbps。

(3) 技术通过建立通信连接来实现。

在实际应用中,实现虚拟网的模式大致分为部门性虚拟网和服务性虚拟网。部门性虚拟网是按企业的各部门划分为虚拟网;服务性虚拟网是以网络服务性质作为划分虚拟网的依据。随着虚拟网安全和网管技术的发展,服务性虚拟网将会得到广泛应用。

13.4　计算机病毒及防治

随着计算机应用的普及,日益严重的计算机病毒也迅猛增长。对计算机的安全构成了严重的威胁,一旦电脑感染病毒,经常会给用户造成严重后果。研究计算机病毒防治,对维护计算机的安全有着重要意义。

13.4.1　计算机病毒的概念

计算机病毒是一组人为设计的程序。这些程序隐藏在计算机系统中,通过自我复制来传播,满足一定条件即被激活,从而给计算机系统造成一定损害甚至严重破坏。计算机病毒不单单是计算机技术问题,而且是一个严重的社会问题。

1. 计算机病毒

一般来讲,凡是能够引起计算机故障,能够破坏计算机中的资源(包括硬件和软件)的代码,统称为计算机病毒。计算机病毒的定义有多种版本,国内流行的是采用 1994 年 2 月 18 日颁布实施的《中华人民共和国计算机信息系统安全保护条例》第二十八条中的定义,也就是:"计算机病毒,是指编制或者在计算机程序中插入的破坏计算机功能或者毁坏数据,影响计算机使用,并能自我复制的一组计算机指令或者程序代码"。

计算机病毒起源于 1988 年 11 月 2 日发生在美国的莫里斯事件,这是一场损失巨大、影响深远的大规模"病毒"疫情。美国康乃尔大学一年级研究生罗特·莫里斯写了一个"蠕虫"程序。该程序利用 UNIX 系统中的某些缺点,利用 finger 命令查联机用户名单,然后破译用户口令,用 Mail 系统复制、传播本身的源程序,再调用网络中远地编译生成代码。从 11 月 2 日早上 5 点开始,到下午 5 点使联网的 6000 多台 UNIX、VAX、Sun 工作站受到感染。尽管莫里斯蠕虫程序并不删除文件,但无限制的繁殖抢占大量时间和空间资源,使许多联网计算机被迫停机。直接经济损失 6000 多万美元,莫里斯也受到了法律的制裁。

计算机病毒主要来源于有,从事计算机工作的人员和业余爱好者的恶作剧、寻开心制造出的病毒;软件公司及用户为保护自己的软件被非法复制而采取的报复性惩罚措施;旨在攻击和摧毁计算机信息系统和计算机系统而制造的病毒,蓄意进行破坏等。

2. 计算机病毒的特性

(1) 传染性。计算机病毒是具有主动的传染性的。这也是病毒区别于其他正常应用程序的一个本质特征。计算机病毒可以通过多种渠道（U 盘、E-mail、网络等）从被感染的计算机传播到其他的计算机系统中。一个程序是否具有主动的传播性是判断其是否为病毒的重要条件。病毒可以在极短的时间内通过 Internet 网络传遍世界各地，同时给整个网络带来灾难性的破坏。

（2）潜伏性。一个精心设计的计算机病毒程序，在入侵计算机系统之后不会马上发作，它可以潜伏在计算机中长达几周或者几个月内甚至几年而不发作，同时会对其他的计算机系统进行传播此病毒程序，而不被人发现，只有在适当的时机或特定环境再发作，比如"黑色星期五"就是只有在每月的 13 号并且是星期五时才发作。随着反病毒技术的发展，潜伏在系统中的计算机病毒可能被发现，但是病毒的破坏能力和盗取用户资料的能力却在不断地加强。

（3）寄生性。病毒程序可以依附在其他正常程序上，以寄生的方式存在。计算机病毒依靠这种寄生能力，使其在传播的过程中更具有合法性，从而更好地逃避杀毒软件及系统管理员的追杀。使其在用户不知情的情况下进行非法的传播，最终感染其他计算机系统。

（4）破坏性。任何计算机病毒只要进入计算机系统，都会对计算机系统及合法的应用程序产生不同程度的破坏。如非法删除计算机内重要文件、盗取用户个人资料等。如"熊猫烧香"蠕虫病毒不仅会对用户的计算机系统进行破坏，而且还导致大量应用软件无法使用、删除扩展名为 *.gho 的所有文件，使用户系统备份文件丢失，从而无法进行系统恢复，给世界计算机信息系统带来灾难性破坏。

（5）隐蔽性。计算机病毒为了达到自己邪恶的目的，病毒必须想尽一切办法来隐藏自己。它通常注入到其他正常程序之中或磁盘引导扇区中；把自身的文件属性设置成系统隐藏等。以上是病毒程序的非法可存储性。通常计算机系统在没有相应的病毒防护措施的情况下，当病毒程序取得系统控制权后，它可以在很短的时间里感染或者注入到大量合法程序中。并且系统文件收到感染后仍然能够正常的运行，用户不会感到任何异常情况发生。隐蔽性越好的病毒其传播的范围也就越广泛，对用户系统造成的破坏也越大，给用户带来的损失也就越大。

除了上述之外，计算机病毒还具有其他很多自身的特点和特征。比如破坏的不可预见性、病毒爆发的可触发性、病毒变异的衍生性、病毒的针对性等特点。同时也正是由于计算机病毒具有以上特点，给我们对计算机病毒的预防、检测与清除工作带来了很大的难度和更高的挑战。

3. 计算机病毒传播途径

根据 ICSA 对计算机病毒传播媒介的统计报告显示，电子邮件已经成为最重要的计算机病毒传播途径。此外，传统的软盘、光盘等传播方式也占据了相当大的比例，而其他通过互联网的计算机病毒传播途径近年来也呈快速上升趋势。计算机病毒的传播途径大致有以下 3 个方面。

（1）不可移动的计算机硬件设备。如即利用专用集成电路芯片（ASIC）进行传播。这种计算机病毒虽然极少，但破坏力却极强，目前尚没有较好的检测手段来给予对付。

（2）移动存储设备。如软盘、U盘、光盘等。硬盘是数据的主要存储介质，因此也是计算机病毒感染的重灾区。

（3）网络。组成网络的每一台计算机都能连接到其他计算机，数据也能从一台计算机发送到其他计算机上。如果发送的数据感染了计算机病毒，接收方的计算机将自动被感染，因此，有可能在很短的时间内感染整个网络中的计算机。

随着 Internet 的高速发展，计算机病毒也走上了高速传播之路，已经成为计算机病毒的第一传播途径。除了传统的文件型计算机病毒以文件下载、电子邮件的附件等形式传播外，新兴的电子邮件计算机病毒，如"美丽莎"计算机病毒，"我爱你"计算机病毒等则是完全依靠网络来传播的。甚至还有利用网络分布计算技术将自身分成若干部分，隐藏在不同的主机上进行传播的计算机病毒。

4. 计算机病毒的破坏行为

计算机病毒的破坏行为体现了病毒的杀伤能力。病毒破坏行为的激烈程度取决于病毒作者的主观愿望和其所具有的技术能量。数以万计、不断发展及扩张的病毒，其破坏行为千奇百怪，无法穷举其破坏行为，难以做全面的描述。根据相关病毒资料，病毒的破坏目标和攻击部位归纳如下。

（1）攻击系统数据区。攻击部位包括硬盘主引寻扇区、Boot 扇区、FAT 表、文件目录。一般来说，攻击系统数据区的病毒是恶性病毒，受损的数据不易恢复。

（2）攻击文件。病毒对文件的攻击方式很多。可列举为：删除、改名、替换内容、丢失部分程序代码、内容颠倒、写入时间空白、变碎片、假冒文件、丢失文件簇、丢失数据文件。

（3）攻击内存。内存是计算机的重要资源，也是病毒的攻击目标。病毒额外地占用和消耗系统的内存资源，可以导致一些大程序受阻。病毒攻击内存的方式：占用大量内存、改变内存总量、禁止分配内存、蚕食内存。

（4）干扰系统运行。病毒会干扰系统的正常运行，以此作为自己的破坏行为。此类行为也是花样繁多，可以列举的方式为：不执行命令、干扰内部命令的执行、虚假报警、打不开文件、内部栈溢出、占用特殊数据区、时钟倒转、重启动、死机、强制游戏、扰乱串并行口。病毒激活时，其内部的时间延迟程序被启动。在时钟中纳入了时间的循环记数，迫使计算机空转，使计算机速度明显下降。

（5）扰乱屏幕显示。病毒扰乱屏幕显示的方式很多，可列举为：字符跌落、环绕、倒置、显示前一屏、光标下跌、滚屏、抖动、乱写、吃字符。

（6）攻击外部设备。攻击磁盘数据、不写盘、写操作变读操作、写盘时丢字节；干扰键盘操作，如响铃、封锁键盘、换字、抹掉缓存区字符、重复、输入紊乱；干扰打印机，假报警、间断性更换字符。

（7）控制喇叭。许多病毒运行时，会使计算机的喇叭发出响声。有的病毒作者让病毒演奏旋律优美的世界名曲，在高雅的曲调中去杀戮人们的信息财富。有的病毒作者通过喇叭发出种种声音。已发现的方式为：演奏曲子、警笛声、炸弹噪声、鸣叫、咔咔声、嘀嗒声。

（8）攻击 CMOS。在机器的 CMOS 区中，保存着系统的重要数据。例如系统时钟、磁盘类型、内存容量等，并具有校验和。有的病毒激活时，能够对 CMOS 区进行写入动作，破坏系统 CMOS 中的数据。

13.4.2 计算机病毒的检测与预防

1. 病毒的检测

分析计算机病毒的特性，可以看出计算机病毒具有很强隐蔽性和极大的破坏性。因此在日常工作中如何判断病毒是否存在于系统中是非常关键的工作。一般用户可以根据下列情况来判断系统是否感染病毒。

计算机的启动速度较慢且无故自动重启；工作中机器出现无故死机现象；桌面上的图标发生了变化；桌面上出现了异常现象：奇怪的提示信息，特殊的字符等；在运行某一正常的应用软件时，系统经常报告内存不足；文件中的数据被篡改或丢失；音箱无故发生奇怪声音；系统不能识别存在的硬盘；当身边的朋友向你抱怨你总是给他发出一些奇怪的信息，或你的邮箱中发现了大量的不明来历的邮件；打印机的速度变慢或者打印出一系列奇怪的字符。

2. 病毒的预防

计算机一旦感染病毒，可能给用户带来无法恢复的损失。因此在使用计算机时，要采取一定的措施来预防病毒，从而最低限度地降低损失。

不使用来历不明的程序或软件；在使用移动存储设备之前应先杀毒，在确保安全的情况下再使用；安装防火墙，防止网络上的病毒入侵；安装最新的杀毒软件，并定期升级，实时监控；养成良好的电脑使用习惯，定期优化、整理磁盘，养成定期全面杀毒的习惯；对于重要的数据信息要经常备份，以便在机器遭到破坏后能及时得到恢复；在使用系统盘时，应对软盘进行写保护操作。

计算机病毒及其防御措施都是在不停地发展和更新的，因此我们应做到认识病毒，了解病毒，及早发现病毒并采取相应的措施，从而确保我们的计算机能安全工作。

13.5 思考与讨论

13.5.1 问题思考

1. 什么是信息安全？信息安全包括哪些内容？
2. 信息安全风险主要表现在哪些方面？
3. 什么是密码？密码有什么的作用？
4. 防火墙的作用是什么？
5. 什么是入侵检测技术？
6. 什么是计算机病毒？如何防范计算机病毒？

13.5.2　课外讨论

1. 结合实际说明信息安全的重要性。

2. 下面是选择防火墙时应考虑的一些因素。请按自己的理解,将它们按重要性排序。

① 被保护网络受威胁的程度;

② 受到入侵,网络的损失程度;

③ 网络管理员的经验;

④ 被保护网络的已有安全措施;

⑤ 网络需求的发展;

⑥ 防火墙自身管理的难易度;

⑦ 防火墙自身的安全性。

3. 简要叙述常用两种密码体制。

4. 试述入侵检测系统的工作原理。

5. 假如自己是一个企业的网络管理员,举例说明如何最大限度地保证企业信息的安全?

6. 对于一个企业,保障其信息安全并不能为其带来直接的经济效益,相反还会付出较大的成本,那么企业为什么需要信息安全?

第14章 人工智能

【本章导读】

本章介绍了人工智能的概念、研究目标、研究途径，以及人工智能主要的研究与应用领域，并介绍了人工智能领域的几个经典实例。读者可以了解人工智能的概念与发展，了解人工智能研究与应用领域，了解人工智能发展面临的问题。

【本章主要知识点】
① 人工智能的概念与研究目标；
② 人工智能的研究与应用领域；
③ 图灵机的概念及作用。

14.1　人工智能介绍

人工智能作为 20 世纪涌现出来的人类文明的一项崭新成果，标志着人类对自身和自然界认知的飞跃。人工智能一直处于计算机技术的前沿，人工智能研究的理论和发现在很大程度上将决定计算机技术的发展方向。它是人类迈向信息社会、迎接知识经济挑战所必须具备的一项核心技术。

14.1.1　人工智能概述

1. 人工智能的概念

人工智能（Artificial Intelligence，AI）也称为机器智能，它是计算机科学、控制论、信息论、神经生理学、心理学、语言学等多种学科互相渗透而发展起来的一门综合性学科。从计算机应用系统的角度出发，人工智能是研究如何制造出人造的智能机器或智能系统，来模拟人类智能活动的能力，以延伸人类智能的科学。

科学家早在计算机出现之前就已经希望能够制造出可能模拟人类思维的机器了。杰出的数学家布尔通过对人类思维进行数学化精确的刻画，奠定了智慧机器的思维结构与方法。当计算机出现后，人类开始真正有了一个可以模拟人类思维的工具。

1936 年，24 岁的英国数学家图灵（Turing）提出了"自动机"理论，把研究会思维的机器和计算机的工作大大向前推进了一步，他也因此被称为"人工智能之父"。1956 年在达特茅斯大学召开的会议上正式使用了"人工智能"术语；1957 年，香农（C. E. Shannon）和另一些人又开发了 General Problem Solver(GPS)程序,它对 Wiener 的反馈理论有所扩展,并能够解决一些比较普遍的问题。在 1963 年,美国政府为了在冷战中保持与苏联的均衡,支持麻省理工学院进行人工智能的研究,使人工智能得到了巨大的发展。随后的几十年中,人们从问题求解、逻辑推理与定理证明、自然语言理解、博弈、自动程序设计、专家系统、学习以及机器人学等多个角度展开研究,已经建立了一些具有不同程度人工智能的计算机系统。

此后随着硬件和软件的发展,计算机的运算能力以指数级增长,网络技术蓬勃兴起,计算机越来越具备了足够的条件来运行一些要求更高的 AI 软件,促使人工智能研究出现新的高潮。

2. 人工智能的研究目标

人工智能的研究目标可划分为近期目标和远期目标两个阶段。

人工智能近期目标的中心任务,是研究如何使计算机去做那些过去只有靠人的智力才能完成的工作。根据这个近期目标,人工智能作为计算机科学的一个重要学科,主要研究依赖于现有计算机去模拟人类某些智力行为的基本理论、基本技术和基本方法。目前,虽然人工智能在理论探讨和实际应用上都取得了不少成果,但是仍有不尽如人意之处。尽管在发展的过程中,人工智能受到过重重阻力,而且曾陷于困境,但它仍然在艰难地向前发展着。

探讨智能的基本机理,研究如何利用自动机去模拟人的某些思维过程和智能行为,最终造出智能机器,这可以作为人工智能的远期目标。这里所说的自动机并非常规的计算机。因为现有常规计算机属于冯•诺依曼体系结构,它的出现并非为人工智能而设计。常规计算机以处理数据世界中的问题为对象,而人工智能所面临的是事实世界和知识世界。智能机器将以事实世界和知识世界的问题求解为目标,面向它本身处理的对象和对象的处理过程而重新构造。人工智能研究的远期目标的实体是智能机器,这种机器能够在现实世界中模拟人类的思维行为,高效率地解决问题。

从研究的内容出发,费根鲍姆(E. Feigenbaum)等人提出了人工智能的 9 个最终目标。

(1)理解人类的认识。此目标研究人如何进行思维,而不是研究机器如何工作。要尽量深入了解人的记忆、问题求解能力、学习的能力和一般的决策等过程。

(2)有效的自动化。此目标是在需要智能的各种任务上用机器取代人,其结果是建造执行起来和人一样好的程序。

(3)有效的智能拓展。此目标是建造思维上的弥补物,有助于使我们的思维更富有成效、更快、更深刻、更清晰。

(4)超人的智力。此目标是建造超过人的性能的程序。如果越过这一知识阈值,就可以导致进一步的增值,如制造行业上的革新、理论上的突破、超人的教师和非凡的研究人员等。

(5)通用问题求解。此目标是使程序能够解决或至少能够尝试其范围之外的一系列问题,包括过去从未听说过的领域。

(6)连贯性交谈。此目标类似于图灵测试,智能系统(机器)可以令人满意地与人交谈。交谈使用完整的句子,而句子采用某种人类的语言。

（7）自治。此目标是一个系统,它能够主动地在现实世界中完成任务。它与下列情况形成对比:仅在某一抽象的空间作规划,在一个模拟世界中执行,建议人去做某种事情。该目标的思想是:现实世界永远比我们的模型要复杂得多,因此它才成为测试所谓智能程序的唯一公正的手段。

（8）学习。该目标是建造一个程序,它能够选择收集什么数据和如何收集数据,然后再进行数据的收集工作。学习是将经验进行概括,成为有用的观念、方法、启发性知识,并能以类似方式进行推理。

（9）储存信息。此目标就是要储存大量的知识,系统要有一个类似于百科词典式的包含广泛范围的知识库。

总之,无论是人工智能研究的近期目标还是远期目标,摆在我们面前的任务都异常艰巨,还有一段很长的路要走。在人工智能的基础理论和物理实现上,还有许多问题要解决。当然,仅仅靠人工智能工作者是远远不行的,还应该聚集心理学家、逻辑学家、数学家、哲学家、生物学家和计算机科学家等,依靠群体的共同努力,去实现人类梦想的"第二次知识革命"。

3. 人工智能的研究途径

由于人们对于智能本质的不同理解和认识,形成了人工智能研究的多种不同的途径。不同的研究途径拥有不同的研究方法、不同的学术观点,形成了不同的研究学派。目前在人工智能界主要的研究学派有符号主义、行为主义和联结主义等学派。

（1）符号主义（Symbolicism）学派。符号主义又称为逻辑主义、心理学派或计算机学派,其理论基础是物理符号系统假设和有限合理性原理。

符号主义认为人工智能源于数学逻辑。数学逻辑从 19 世纪末起就获得快速发展,到20 世纪 30 年代开始已用于描述智能行为。计算机出现后,又在计算机上实现了逻辑演绎系统。其有代表性的成果为启发式程序 LT 逻辑理论家,证明了 38 条数学定理,表明了可以应用计算机研究人的思维过程,模拟人类智能活动。正是这些符号主义者,早在1956 年首先采用"人工智能"这个术语。后来又发展了启发式算法→专家系统→知识工程理论与技术,并在 20 世纪 80 年代取得很大发展。符号主义曾长期一枝独秀,为人工智能的发展做出重要贡献,尤其是专家系统的成功开发与应用,为人工智能走向工程应用和实现理论联系实际具有特别重要意义。在人工智能的其他学派出现之后,符号主义仍然是人工智能的主流派。

以符号主义的观点看,知识表示是人工智能的核心,认知就是处理符号,推理就是采用启发式知识和启发式搜索对问题求解的过程,而推理过程又可以用某种形式化的语言来描述。符号主义主张用逻辑的方法来建立人工智能的统一理论体系,但是却有"常识"问题,以及不确定事物的表示和处理问题,因此受到其他学派的批评。

（2）行为主义（Actionism）学派。行为主义又称为进化主义或控制论学派,是基于控制论和"动作-感知"型控制系统的人工智能学派,属于非符号处理方法。

行为主义认为人工智能源于控制论。控制论思想早在 20 世纪四五十年代就成为时代思潮的重要部分,影响了早期的人工智能工作者。维纳（Wiener）和麦克拉奇（McCulloch）等人提出的控制论和自组织系统以及钱学森等人提出的工程控制论和生物控制论,影响了许多领域。控制论把神经系统的工作原理与信息理论、控制理论、逻辑以及计算机联系起来。早期的研究工作重点是模拟人在控制过程中的智能行为和作用,如对自寻优、自适应、自校正、自镇定、自组织和自学习等控制论系统的研究,并进行"控制论动物"的研制。到 20 世纪六七十年代,上述这些控制论系统的研究取得一定进展,播下智能控制和智能机器人的种子,并在 20 世纪 80 年代诞生了智能控制和智能机器人系统。行为主义是近年来才以人工智能新学派的面孔出现的,引起许多人的兴趣和研究。

行为主义方法又称为自下而上的方法,在最低阶段一般采用信号的概念。在 1991 年布鲁克斯(Brooks)提出了无需知识表示的智能和无需推理的智能。他认为智能只是在与环境交互作用中才表现出来,不应采用集中式的模式,而需要具有不同的行为模块与环境交互,以此来产生复杂的行为。他认为任何一种表达方式都不能完善地代表客观世界中的真实概念,因而用符号串表示智能过程是不妥当的。

Brooks 基于行为(进化)的观点开辟了人工智能的新途径。以这些观点为基础,Brooks 研制出了一种机器虫,用一些相对独立的功能单元,分别实现避让、前进、平衡等基本功能,组成分层异步分布式网络,取得了一定的成功,特别是为机器人的研究开创了一种新的方法。行为主义学派的兴起,表明了控制论、系统工程的思想将进一步影响人工智能的发展。

(3) 联结主义(Connectionism)学派。联结主义又称为仿生学派或心理学派,其原理主要为神经网络及神经网络间的连接机制与学习算法,也属于非符号处理方法。

联结主义认为人工智能源于仿生学,特别是人脑模型的研究。联结主义方法具有能够进行非程序的、可适应环境变化的、类似人类大脑风格的信息处理方法的本质和能力。持这种观点的人认为,大脑是一切智能活动的基础,因而从大脑神经元及其联结机制出发进行研究,搞清楚大脑的结构以及它进行信息处理的过程和机制,可望揭示人类智能的奥秘,从而真正实现人类智能在机器上的模拟。

联结主义的代表性成果是 1943 年由生理学家麦克拉奇和数理逻辑学家皮茨(Pitts)提出的一种神经元的数学模型,即 MP 模型,开创了用电子装置模仿人脑结构和功能的新途径。20 世纪六七十年代,联结主义,尤其以对感知机为代表的脑模型的研究曾出现过热潮,由于当时的理论模型、生物原型和技术条件的限制,脑模型研究在 20 世纪 70 年代后期至 20 世纪 80 年代初期落入低潮。直到霍普菲尔德(Hopfield)教授在 1982 年和 1984 年发表两篇重要论文,提出用硬件模拟神经网络时,联结主义又重新抬头。1986 年鲁梅尔哈特(Rumelhart)等人提出多层网络中的反向传播(BP)算法。此后,神经网络理论和技术研究不断发展,在图像处理、模式识别等领域取得重要突破,为实现联结主义的智能模拟创造了条件。

目前,符号处理系统和神经网络模型的结合是一个重要的研究方向。如模糊神经网络系统,它是将模糊逻辑、神经网络等结合在一起,在理论上、方法和应用上发挥各自的优势,设计出具有一定学习能力、动态获取知识能力的系统。

上述 3 种研究从不同的侧面研究了人的自然智能,与人脑的思维模型有着对应的关系。粗略地划分,可以认为符号主义研究抽象思维,联结主义研究形象思维,而行为主义研究感知思维。

14.1.2 人工智能的研究与应用

当前人工智能技术的研究与应用主要集中在以下几个方面。

1. 自然语言理解

自然语言理解的研究开始于 20 世纪 60 年代初。它是研究用计算机模拟人的语言交互过程,使计算机能理解和运用人类社会的自然语言(如汉语、英语等),实现人机之间通过自然语言的通信,以帮助人类查询资料、解答问题、摘录文献、汇编资料,以及一切有关自然语言信息的加工处理。自然语言理解的研究涉及计算机科学、语言学、心理学、逻辑学、声学、数学等学科。自然语言理解分为语音理解和书面语言理解两个方面。

语音理解是用口语语音输入,使计算机"听懂"人类的语言,用文字或语音合成方式输出应答。由于理解自然语言涉及对上下文背景知识的处理,同时需要根据这些知识进行一定的推理,因此实现功能较强的语音理解系统仍是一个比较艰巨的任务。目前人工智能研究中,在理解有限范围的自然语言对话和理解用自然语言表达的小段文章或故事方面的软件已经取得了较大进展。

书面语言理解是将文字输入到计算机,使计算机"看懂"文字符号,并用文字输出应答。书面语言理解又叫做光学字符识别(Optical Character Recognition,OCR)技术。OCR 技术是指用扫描仪等电子设备获取纸上打印的字符,通过检测和字符比对的方法,翻译并显示在计算机屏幕上。书面语言理解的对象可以是印刷体或手写体。目前已经进入广泛应用的阶段,包括手机在内的很多电子设备都成功地使用了 OCR 技术。

2. 智能检索

数据库系统是存储某个学科大量事实的计算机系统。随着应用的进一步发展,存储信息量越来越庞大,因此解决智能检索的问题便具有实际意义。将人工智能技术与数据库技术结合起来,建立演绎推理机制,变传统的深度优先搜索为启发式搜索,从而有效地提高了系统的效率,实现数据库智能检索。智能信息检索系统所具有的功能:能理解自然语言,允许用自然语言提出各种询问;具有推理能力,能根据存储的事实,演绎出所需的答案;系统拥有一定的常识性知识,以补充学科范围的专业知识,系统根据这些常识,将能演绎出具有一般性询问的一些答案来。

3. 专家系统

专家系统是人工智能中最重要的,也是最活跃的一个应用领域。它实现了人工智能从理论研究走向实际应用,从一般推理策略探讨转向运用专门知识的重大突破。专家系统是一个智能计算机程序系统,该系统存储有大量的、按某种格式表示的特定领域专家知识构成的知识库,并且具有类似于专家解决实际问题的推理机制,能够利用人类专家的知识和解决问题的方法,模拟人类专家来处理该领域问题。同时,专家系统应该具有自学习能力。

专家系统的开发和研究是人工智能研究中面向实际应用的课题,受到极大重视,已经开发的系统涉及医疗、地质、气象、交通、教育、军事等领域。目前专家系统主要采用基于规则的演绎技术,开发专家系统的关键问题是知识表示、应用和获取技术,困难在于许多领域中专家的知识往往是琐碎的、不精确的或不确定的,因此目前研究仍集中在这一核心课题上。此外对专家系统开发工具的研制发展也很迅速,这对扩大专家系统的应用范围,加快专家系统的开发过程,起到了积极的作用。

4. 定理证明

把人证明数学定理和日常生活中的演绎推理变成一系列能在计算机上自动实现的符号演算的过程和技术称为机器定理证明和自动演绎。机器定理证明是人工智能的重要研究领域。它的成果可应用于问题求解、程序验证和自动程序设计等方面。数学定理证明的过程尽管每一步都很严格,但决定采取什么样的证明步骤,却依赖于经验、直觉、想象力和洞察力,需要人的智能。因此,数学定理的机器证明和其他类型的问题求解,就成为人工智能研究的起点。

5. 自动程序设计

自动程序设计是指采用自动化手段进行程序设计的技术和过程,也是实现软件自动化的技术。研究自动程序设计的目的是提高软件生产效率和软件产品质量。

自动程序设计的任务是设计一个程序系统。它接受关于所设计的程序要求实现某个目标的非常高级的描述作为其输入,然后自动生成一个能完成这个目标的具体程序。自动程序设计具有多种含义。按广义的理解,自动程序设计是尽可能借助计算机系统,特别是自动程序设计系统完成软件开发的过程。软件开发是指从问题的描述、软件功能说明、设计说明,到可执行的程序代码生成、调试、交付使用的全过程。按狭义的理解,自动程序设计是从形式的软件功能规格说明到可执行的程序代码这一过程的自动化。因而自动程序设计所涉及的基本问题与定理证明和机器人学有关,要用到人工智能的方法来实现。它也是软件工程和人工智能相结合的课题。

6. 探索

探索是人工智能研究的核心内容之一。早期的人工智能研究成果,如通用问题求解系统、几何定理证明、博弈等都是围绕着如何进行有效的搜索,以获得满意的问题求解。探索是人工智能研究和应用的基本技术领域。

人工智能中的问题求解和通常的数值计算不同。人工智能的问题求解首先对一个给定的问题进行描述,然后通过搜索推理以求得问题的解,而数值计算是通过程序设计的算法来实现数值的运算。人工智能问题求解的过程就是状态空间中从初始状态到目标状态的探索推理的过程。探索的主要任务是确定如何选出一个合适的操作规则。探索有两种基本方式,一种是盲目探索,即不考虑给定问题的具体知识,而根据事先确定的某种固定顺序来调用操作规则。盲目探索技术主要有深度优先搜索、广度优先搜索;另一种是启发式搜索,考虑问题可应用的知识,动态地优先调用操作规则,探索就会变得更快。

探索技术中重点是启发式搜索。一般地,对给定的问题有很多不同的表示方法,但它们对问题求解具有不同的效率。在许多的问题求解中,有很多与问题有关的信息可利用,使整个问题解决过程加快,这类与问题有关的信息称为启发信息,而利用启发信息的探索就是启发式探索。启发式探索利用启发信息评估解题路径中有希望的节点进行排序,优先扩展最有希望的节点,以实现问题解决的最佳方案。

7. 感知问题

视觉与听觉都是感知问题。计算机对摄像机输入的视频信息以及话筒输入的声音信息的处理的最有效方法应该是建立在"理解"能力的基础上,使得计算机具有视觉和听觉。视觉是感知问题之一。机器视觉的前沿研究领域包括实时并行处理、主动式定性视觉、动态和时变视觉、三维景物的建模与识别、实时图像压缩传输和复原、多光谱和彩色图像的处理与解释等。机器视觉已在机器人装配、卫星图像处理、工业过程监控、飞行器跟踪和制导以及电视实况转播等领域获得极为广泛的应用。

8. 机器人学

机器人和机器人学是人工智能研究的另一个重要的应用领域。其促进了许多人工智能思想的发展。由它衍生而来的一些技术可用来模拟现实世界的状态,描述从一种状态到另一种状态的变化过程,而且对于规划如何产生动作序列以及监督规划执行提供了较好的帮助。

机器人的应用范围越来越广,已开始走向第三产业,如商业中心、办公室自动化等。目前机器人学的研究方向主要是研制智能机器人。智能机器人将极大地扩展机器人应用领域。智能机器人本身能够认识工作环境、工作对象及其状态,根据人给予的指令和自身的知识,独立决定工作方式,由操作机构和移动机构来实现任务,并能适应工作环境的变化。

智能机器人只要告诉它做什么,而不用告诉怎么做。它具有运动功能、感知功能、思维功能、人机通信功能4种基本功能。运动功能类似于人的手、臂和腿的基本功能,对外界环境施加作用;感知功能即获取外界信息的功能;思维功能是求解问题的认识、判断、推理的功能;人机通信功能,理解指示,输出内部状态,与人进行信息交流的功能。

2007年9月26日,南京市青少年活动中心科技馆展示大厅里,来自中国科技大学的15个仿人形机器人表演舞蹈《千手观音》、体操表演和赵本山、范伟的小品《卖拐》3套拿手绝活,达到了我国表演类机器人的最高水平。这批人形机器人具有17个自由度,能够双足行走、前进、后退、转弯、俯卧站立、翻转、鲤鱼打挺、做俯卧撑、站立踢球射门、招手、拥抱,还可以打太极拳、做广播体操、跳舞。用一种锂聚合物电池给它们充电,充一次电可以演出20场(图14-1)。

图14-1 仿人形机器人表演

智能机器人是以一种"认知—适应"方式进行操作的。著名的机器人和人工智能专家布拉迪(Brady)曾总结了机器人学当前面临的30个难题。其包括传感器、视觉、机动性、设计、控制、典型操作、推理和系统等方面,指出了机器人学当前急需解决的难题。只有在这些方面有所突破,机器人应用和机器人学才能更适应社会的要求,成为开发人类智力的帮手。

目前,在仿真人各种外在功能的各个方面,机器人的设计都有很大的进展。有一些科学家在研究如何从生物工程的角度去研制高逼真度的仿真机器人。目前的机器人离人们心目中的能够做各种家务活,任劳任怨,并会揣摩主人心思的所谓"机器仆人"的目标还相去甚远。因为机器人所表现的智能行为都是由人预先编好的程序决定的,机器人只会做人要他做的事情。人的创造性、意念、联想、随机应变,乃至当机立断等都难以在机器人身上体现出来。要想使机器人融入人类的生活,看来还是比较遥远的事情。

9. 智能控制

人工智能的发展促进自动控制向智能控制发展。智能控制(Intelligent Control)是一类无需(或需要尽可能少的)人的干预就能够独立地驱动智能机器实现其目标的自动控制。

对许多复杂的系统,难以建立有效的数学模型和用常规的控制理论去进行定量计算和分析,而必须采用定量方法与定性方法相结合的控制方式。定量方法与定性方法相结合的目的是要由机器用类似于人的智慧和经验来引导求解过程。因此,在研究和设计智能系统时,主要注意力不放在数学公式的表达、计算和处理方面,而是放在对任务和现实模型的描述、符号和环境的识别以及知识库和推理机的开发上,即智能控制的关键问题不是设计常规控制器,而是研制智能机器的模型。此外,智能控制的核心在高层控制,即组织控制。高层控制是对实际环境或过程进行组织、决策和规划,以实现问题求解。为了完成这些任务,需要采用符号信息处理、启发式程序设计、知识表示、自动推理和决策等有关技术。这些问题求解过程与人脑的思维过程有一定的相似性,即具有一定程度的"智能"。

随着人工智能和计算机技术的发展,已经有可能把自动控制和人工智能以及系统科学中一些有关学科分支(如系统工程、系统学、运筹学、信息论)结合起来,建立一种适用于复杂系统的控制理论和技术。智能控制正是在这种条件下产生的。它是自动控制技术的最新发展阶段,也是用计算机模拟人类智能进行控制的研究领域。

智能控制与常规的控制有密切的关系,不是相互排斥的。常规控制往往包含在智能控制之中,智能控制也利用常规控制的方法来解决"低级"的控制问题,力图扩充常规控制方法并建立一系列新的理论与方法来解决更具有挑战性的复杂控制问题。

10. 人工生命

人工生命(Artificial Life,AL)旨在用计算机和精密机械等人工媒介生成或构造出能够表现自然生命系统行为特征的仿真系统或模型系统。自然生命系统行为具有自组织、自复制、自修复等特征以及形成这些特征的混沌动力学、进化和环境适应。

人工生命所研究的人造系统能够演示具有自然生命系统特征的行为。在"生命之所能"(Life as it could be)的广阔范围内深入研究"生命之所知"(Life as we know it)的实质。

人工生命学科的研究内容包括生命现象的仿生系统、人工建模与仿真、进化动力学、人工生命的计算理论、进化与学习综合系统以及人工生命的应用等。

14.2　人工智能的经典问题

人工智能的发展是以硬件与软件为基础的,经历了漫长的发展历程。图灵和其他一些人关于计算本质的思想,对人工智能的形成产生了重要影响。

14.2.1　图灵机与图灵测试

"图灵机"不是一种具体的机器,而是一种思想模型,可制造一种十分简单但运算能力极强的计算装置,用来计算所有能想象得到的可计算函数。图灵机蕴含了构造某种具有一定的智能行为的人工系统以实现脑力劳动部分自动化的思想,这也正是人工智能的研究目标。

1. 图灵机

1936 年,图灵在其著名的论文《论可计算数在判定问题中的应用》一文中,以布尔代数为基础,将逻辑中的任意命题(即可用数学符号)用一种通用的机器来表示和完成,并能按照一定的规则推导出结论。这篇论文被誉为现代计算机原理开山之作。文中描述了一种假想的可实现通用计算的机器,后人称之为"图灵机"(Turning Machine)。

这种假想的机器由一个控制器和一个两端无限长的工作带组成。工作带被划分成一个个大小相同的方格,方格内记载着给定字母表上的符号。控制器带有读写头并且能在工作带上按要求左右移动。随着控制器的移动,其上的读写头可读出方格上的符号,也能改写方格上的符号。这种机器能进行多种运算并可用于证明一些著名的定理。这是最早给出的通用计算机的模型。图灵还从理论上证明了这种假想机的可能性。尽管图灵机当时还只是一纸空文,但其思想奠定了整个现代计算机发展的理论基础。

由于图灵机以简明直观的数学概念刻画了计算过程的本质,自 1936 年提出以来,有关学者对它进行了广泛的研究。香农证明每一个图灵机等价于仅有两个内部状态的图灵机,王浩证明每个图灵机可由具有一条只读带和一条只有两个符号的存储带的图灵机模拟。后来人们还证明,图灵机与另一抽象计算模型——波斯特机器在计算能力上是等价的。

人们还研究了图灵机的各种变形,如非确定的图灵机、多道图灵机、多带图灵机、多维图灵机、多头图灵机和带外部信息源的图灵机等。除极个别情形外,这些变形并未扩展图灵机的计算能力,它们计算的函数类与基本图灵机是相同的,但对研究不同类型的问题提供了方便的理论模型。例如,多带图灵机是研究计算复杂性理论的重要计算模型。人们还在图灵机的基础上提出了不同程度地近似于现代计算机的抽象机器,如具有随机访问存储器的程序机器等。

2. 图灵机设计原理

图灵机(图 14-2)的控制器具有有限个状态。其中有两类特殊状态:开始状态和结束状态(或结束状态集合)。图灵机的带子分成格子,右端可无限延伸,每个格子上可以写一个符号,图灵机中含有有限个不同的符号。图灵机的读写头可以沿着带子左右移动,既可扫描符号,也可写下符号。

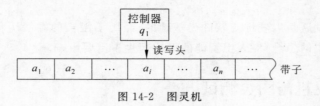

图 14-2　图灵机

在计算过程的每一时刻,图灵机处于某个状态,通过读写头注视带子某一格子上的符号。根据当前时刻的状态和注视的符号,机器执行的动作包括:转入新的状态;把被注视的符号换成新的符号;读写头向左或向右移动一格。这种由状态和符号对偶决定的动作组合称为指令。例如指令 $q_1a_i|a_jq_2L$ 表示当机器处在状态 q_1 下注视符号 a_i 时,将 a_i 换成符号 a_j,转入新的状态 q_2,读写头左移一格。决定机器动作的所有指令表称为程序。结束状态或指令表中没有的状态、符号对偶,将导致停机。

在每一时刻,机器所处状态、带子上已被写上符号的所有格子以及机器当前注视的格子位置,统称为机器的格局。图灵机从初始格局出发,按程序一步步把初始格局改造为格局的序列。此过程可能无限制继续下去,也可能遇到指令表中没有列出的状态、符号组合或进入结束状态而停机。在结束状态下停机所达到的格局是最终格局,此最终格局(如果存在)就包含机器的计算结果。

由于图灵机的带子是可以向右无限延伸的,所以图灵机的存储空间和计算时间都是可以无限制增加的。因此,图灵机是一般算法概念的精确化,即任何算法均可由适当的图灵机模拟。人们尚未发现一个直观可以计算的函数不能由图灵机来计算。

图灵机根据机器的程序处理初始格局。有的初始格局可能导致停机,有的则导致无限的格局序列。停机问题是:是否存在一个算法,对于任意给定的图灵机都能判定任意的初始格局是否会导致停机。已经证明,这样的算法是不存在的,即停机问题是不可判定的。停机问题是研究许多不可判定问题的基础,人们往往把一个问题的判定归结为停机问题:"如果问题 A 可判定,则停机问题可判定。"从而证明问题 A 的不可判定性。停机问题有多种不同的叙述方式和证明方法,它们分别适用于具有不同特征的问题。

图灵机作为计算机的理论模型,在有关计算机和计算复杂性的研究方面得到了广泛的应用。

3. 图灵测试

1950 年,图灵提出了一个测试标准,来判断电脑能否被认为是"能思考"。这个测试被称为图灵测试,现在已被多数人承认。

所谓图灵测试是一种测试机器是不是具备人类智能的方法。被测试的有一个人,另一个是声称自己有人类智力的机器。测试时,测试人与被测试人是分开的,测试人只有通过一些装置(如键盘)向被测试人问一些问题,这些问题随便是什么问题都可以。问过一些问题后,如果测试人能够正确地分出谁是人谁是机器,那机器就没有通过图灵测试,如果测试人没有分出谁是机器谁是人,那这个机器就是有人类智能的(图14-3)。目前还没有一台机器能够通过图灵测试,也就是说,计算机的智力与人类相比还差得很远。

提问者

回答者A　　　　　　回答者B

图14-3　图灵测试示意图

要分辨一个想法是"自创"的思想还是精心设计的"模仿"是非常难的,因为任何自创思想的证据都可以被否决。图灵试图解决长久以来关于如何定义思考的哲学争论,他提出一个虽然主观但可操作的标准:如果一台电脑表现(act)、反应(react)和互相作用(interact)都和有意识的个体一样,那么它就应该被认为是有意识的。消除人类心中的偏见,图灵设计了一种"模仿游戏"。即现在说的图灵测试:远处的人类测试者在一段规定的时间内,根据两个实体对他提出的各种问题的反应来判断是人类还是电脑。通过一系列这样的测试,从电脑被误判断为人的几率就可以测出电脑智能的成功程度。

图灵预言,到2000年将会出现足够好的电脑,能够让不超过70%的人在5分钟内的问话后得到正确判断。目前已有电脑在测试中"骗"过了测试者。最终将会出现能够骗过大多数人的电脑吗?这让我们想起前几年IBM公司研制的计算机"深蓝"与国际象棋世界冠军卡斯帕罗夫进行的那场人机大战,最终以"深蓝"战胜卡斯帕罗夫而宣告结束,让我们不得不佩服图灵的天才预言。

在未来,如果我们能像图灵揭示计算本质那样揭示人类思维的本质,即"能行"思维,那么制造真正思维机器的日子也就不长了。可惜要对人类思维的本质进行描述,还是相当遥远的事情。

14.2.2　人工智能经典实例

1. 图灵自动程序设计思想

图灵机,尤其是通用图灵机作为一种非数值符号计算的模型,就蕴含了构造某种具有一定的智能行为的人工系统以实现脑力劳动部分自动化的思想,这正是人工智能的研究目标。而且正是从图灵机概念出发,在第二次世界大战时的军事工作期间,图灵在业余时间里经常考虑并与一些同事探讨"思维机器"的问题,并且进行了"机器下象棋"一类的初步研究工作。

1947年,图灵在一次关于计算机的会议上作了题为"智能机器"(Intelligent Machinery)的报告,详细地阐述了他关于思维机器的思想。第一次从科学的角度指出:"与人脑的活动方式极为相似的机器是可以制造出来的。"在该报告中,图灵提出了自动程序设计的思想,即借助证明来构造程序的思想。现在自动程序设计已成为人工智能的基本课题之一。图灵这一报告中的思想极为深刻、新奇,似乎超出了当时人们的想象力。1959年,这一报告编入图灵的著作选集首次被发表时,似乎仍未引起人们的重视。当1969年,这一报告再次发表,人工智能已有了相当进展,尤其是瓦丁格(R. J. Waldingger)于1969年重新提出自动程序设计的概念,人们才开始理解了图灵这一报告的开创性意义。

1956 年图灵的这篇文章以"机器能够思维吗?"为题重新发表。此时,人工智能也进入了实践研制阶段。图灵的机器智能思想无疑是人工智能的直接起源之一。而且随人工智能领域的深入研究,人们越来越认识到图灵思想的深刻性,它们至今仍然是人工智能的主要思想之一。

2. 西尔勒的"中文屋子"

美国哲学家约翰·西尔勒(J. R. Searle)根据人们在研究人工智能模拟人类认知能力方面的不同观点,将有关人工智能的研究划分为强人工智能(Strong Artificial Intelligence)和弱人工智能(Soft Artificial Intelligence)两个派别。在研究意识方面,弱人工智能认为计算机的主要价值在于它为我们提供了一个强大的工具;强人工智能的观点则是,计算机不仅是一个工具,形式化的计算机是具有意识的。

1980 年,西尔勒在《行为科学和脑科学》(*Behavioral and Brain Sciences*)杂志上发表了《心、脑和程序》(*Minds、Brains and Programs*)的论文,在文中,他以自己为主角设计了一个"中文屋子(Chinese Room)"的假想试验来反驳强人工智能的观点。

假设西尔勒被单独关在一个屋子里,屋子里有序地堆放着足量的汉语字符,而他的母语是英语,对中文是一窍不通。这时屋外的人递进一串汉语字符,同时,还附一本用英文写的处理汉语字符的规则,这些规则,将递进来的字符和屋子里的字符之间的转换作了形式化的规定,西尔勒按规则指令对这些字符进行一番搬弄之后,将一串新组成的字符送出屋外。事实上他根本不知道送进来的字符串就是屋外人提出的"问题",也不知道送出去的就是所谓"问题的答案"。又假设西尔勒很擅长按照指令娴熟地处理一些汉字符号,而程序设计师(即制定规则的人)又擅长编写程序(即规则),那么,西尔勒的答案将会与一个地道的中国人做出的答案没什么不同。但是,我们能说西尔勒真的懂中文吗?

西尔勒借用语言学的术语非常形象地揭示了"中文屋子"的深刻寓意:形式化的计算机仅有语法,没有语义。因此,他认为,机器永远也不可能代替人脑。作为以研究语言哲学问题而著称的分析哲学家西尔勒来自语言学的思考,的确给人工智能涉及的哲学和心理学问题提供了不少启示。

3. 博弈问题

从狭义上讲,博弈是指下棋、玩扑克牌、掷骰子等具有输赢性质的游戏;从广义上讲,博弈就是对策或斗智。计算机中的博弈问题,一直是人工智能领域研究的重点内容之一。

1913 年,数学家策墨洛(E. Zermelo)在第五届国际数学会议上发表了《关于集合论在象棋博弈理论中的应用》的著名论文,第一次把数学和象棋联系起来。从此,现代数学出现了一个新的理论,即博弈论。1950 年,"信息论"创始人香农(C. E. Shannon)发表了《国际象棋与机器》一文,并阐述了用计算机编制下棋程序的可能性。1956 年夏天,由麦卡锡(J. McCarthy)和香农等人共同发起的,在美国达特茅斯(Dartmouth)大学举行的夏季学术讨论会上,第一次正式使用了"人工智能"这一术语,该次会议的召开对人工智能的发展起到了极大的推动作用。当时,IBM 公司的工程师塞缪尔(A. Samuel)也被邀请参加了"达特茅斯"会议,塞缪尔的研究专长正是电脑下棋。早在 1952 年,塞缪尔就运用博弈理论和状态空间搜索技术成功地研制了世界上第一个跳棋程序。该程序经不断地完善于

1959年击败了它的设计者塞缪尔本人,1962年,它又击败了美国一个州的冠军。

1970年开始,美国计算机协会(ACM)每年举办一次计算机国际象棋锦标赛,每年产生一个计算机国际象棋赛冠军。1991年,冠军由IBM的"深思II(Deep Thought II)"获得。ACM的这些工作极大地推动了博弈问题的深入研究,并促进了人工智能领域的发展。

1997年5月初,在美国纽约公平大厦,"深蓝"与国际象棋冠军卡斯帕罗夫交战,前者以两胜一负三平战胜后者。"深蓝"是美国IBM公司研制的一台高性能并行计算机,它由256个专为国际象棋比赛设计的微处理器组成,据估计,该系统每秒可计算2亿步棋。"深蓝"的前身是始建于1985年的"深思"。1989年,卡斯帕罗夫首战"深思",后者败北。1996年,在"深思"基础上研制出的"深蓝"曾再次与卡斯帕罗夫交战,并以2∶4负于对手。

2004年6月8日,中国首届国际象棋人机对弈开战。国际象棋特级大师诸宸与"紫光之星"笔记本电脑对阵。诸宸在最后关头被电脑抓住破绽,先负一局。4天后诸宸灵活变阵,但再负一局。

图14-4为2007年台北国际发明暨技术交易展览上,第3代智能机器人DOC现场表演下棋。

图14-4 智能机器人下棋

国际象棋、西洋跳棋与围棋、中国象棋一样都属于双人完备博弈。所谓双人完备博弈就是两位选手对垒,轮流走步,其中一方完全知道另一方已经走过的棋步以及未来可能的走步,对弈的结果要么是一方赢(另一方输),要么是和局。对于任何一种双人完备博弈,都可以用一个博弈树(与或树)来描述,并通过博弈树搜索策略寻找最佳解。

博弈树类似于状态图和问题求解搜索中使用的搜索树。搜索树上的第一个节点对应一个棋局,树的分支表示棋的走步,根节点表示棋局的开始,叶节点表示棋局的结束。一个棋局的结果可以是赢、输或者和局。

对于一个思考缜密的棋局来说,其博弈树是非常大的,就国际象棋来说,有10 120个节点(棋局总数),而对中国象棋来说,估计有10 160个节点,围棋更复杂,盘面状态达10 768。计算机要装下如此大的博弈树,并在合理的时间内进行详细的搜索是不可能的。因此,如何将搜索树修改到一个合理的范围,是一个值得研究的问题,"深蓝"就是这类研究的成果之一。

"深蓝"战胜人类最伟大的棋手卡斯帕罗夫后,在社会上引起了轩然大波。一些人认为,机器的智力已超越人类,甚至还有人认为计算机最终将控制人类。其实人的智力与机器的智力根本就是两回事,因为,人们现在对人的精神和脑的结构的认识还相当缺乏,更不用说对它用严密的数学语言来进行描述了,而电脑是一种用严密的数学语言来描述的计算机器。其实计算机就如汽车、飞机一样,人要超过这些机器设备所具有的能力是不现实的。就计算机而言,人要在计算能力超过机器是不现实的,而对博弈问题来说,人在未来要战胜机器也是不现实的。

14.3 思考与讨论

14.3.1 问题思考

1. 什么是人工智能？
2. 人工智能研究的 3 大学派是什么？
3. 人工智能研究与应用领域有哪些？
4. 图灵是如何揭示计算的本质的？
5. 西尔勒的"中文屋子"说明了什么？

14.3.2 课外讨论

1. 在自己身边是否有人工智能的例子？
2. 为什么机器人会踢足球？试分析机器人会踢足球必须具有哪些能力？
3. 叙述近年来人工智能研究中出现的争论，展望人工智能的发展。
4. 分析问题：人工智能能否超过人类智能？

第15章 计算机领域热点问题

【本章导读】

本章介绍了当前计算机领域的热点问题以及信息技术发展中的困惑和难题。使读者了解普适计算、云计算、物联网、嵌入式系统等计算机领域新热点，了解计算机领域面临的难题。

【本章主要知识点】

① 信息技术对现代技术的影响；

② 计算机领域的热点问题；

③ 计算机领域面临的难题。

15.1 信息技术的发展

在人类全面进入信息时代时期，信息产业无疑将成为未来全球经济中最宏大、最具活力的产业；信息将成为知识经济社会中最重要的资源和竞争要素；信息技术将推动其他现代技术的发展。

15.1.1 新型技术的相互渗透

自20世纪90年代以来，人类正在经历一场全球性的科技革命。其中，信息技术、生物技术和纳米技术作为最具代表性的科技领域，由于它们的相互渗透和互动发展，正在改变着技术变革的方式，以致孕育着全新的发展思路和全新的经济模式。

1. 信息技术

信息技术（Information Technology，IT）是研究信息的获取、传输和处理的技术。其由计算机技术、通信技术、微电子技术、光电子技术、信息安全技术、智能技术与软件技术等组成。计算机技术与通信技术作为信息技术的基础和关键技术，在微电子技术的推动下，引领着信息技术的高速发展与广泛应用，成为推动当今世界经济与社会发展的重要动力。

信息技术正孕育着新的创新浪潮，主要体现在以下几个方面。

（1）集成电路等微电子技术正在孕育新的突破。最新的研究显示，芯片集成晶体管数量每18个月左右增加一倍的摩尔定律已被突破，达到每12个月增加一倍。人们普遍认为微电子技术即将进入后光刻时代,如用纳米电子学的方法代替光刻工艺,将使集成电路的集成度等指标在现有的基础上提高上万倍,引起微电子领域的一次新的革命。预计21世纪应用电子自旋、核自旋、光子技术和生物芯片的功能强大的计算机将要问世,可以模拟人的大脑,用于传感认识和思维加工。

(2) 计算机技术向多极化方向发展。巨型机、大型机、中型机、小型机、微型机 5 大类构成了计算机的家族世界,它的发展轨迹不同于自然界的大鱼吃小鱼,而是快鱼吃慢鱼,谁占领了市场先机谁就成为主导产品。

(3) 通信技术与网络技术相互融合,构成了以无线保真技术为基础的无线联网。它可以通过便携式电脑或其他运算器件随时随地高速联网,而无需电缆。正如个人计算机把计算机从机房中解放出来,为个人拥有计算能力创造先机一样,无线保真技术将使个人拥有网络通信能力,这既是一次深刻的社会进步,又将为大量创新提供条件。

信息技术是渗透性、带动性最强的技术。随着信息技术的不断发展,信息技术之间、信息技术和其他技术之间的相互渗透日趋增加,单一的技术突破已难以适应产业发展的需要。信息科学有一个很大的基础科学库,它被不同的学科所使用,与其他学科交叉、融合,在 21 世纪有很多机会形成基础和技术上的创新。例如,信息技术学科与生命科学交叉形成了生物信息学,信息技术学科与环境资源学科交叉形成了资源环境信息学,同时也出现了计算化学、计算物理学等新的交叉学科。多学科交叉融合是学科自身高度发展的必然结果,是学术创新思想的体现,同时也给信息技术的研究提出了很多课题,产生了大量新的研究方向、新的技术、新的产业与创新性成果。新兴交叉学科代表着先进生产力的发展方向,充满着活力和机遇。

2. 生物技术

生物技术(Biotechnology)是以生命科学为基础,利用生物(或生物组织、细胞及其他组成部分)的特性和功能,设计、构建具有预期性能的新物质或新品系,以及与工程原理相结合,加工生产产品或提供服务的综合性技术。信息技术和生物技术新经济中相辅相成,共同推进 21 世纪经济的快速发展。

(1) 信息技术为生物技术的发展提供强有力的计算工具。在现代生物技术发展过程中,计算机与高性能的计算技术发挥了巨大的推动作用。在赛莱拉基因研究公司、英国Sanger 中心、美国怀特海德研究院、美国国家卫生研究院和中国科学院遗传所人类基因组中心联合绘制的人类基因组草图的发布中,美国多家研究机构特别强调正是信息技术厂商提供的高性能计算技术使这一切成为可能。同样,在被称为"生命科学阿波罗登月计划"的人类基因草图的诞生过程中,康柏公司的 Alpha 服务器也为研究人员提供了出色的计算动力。业界分析人士称,在这场激烈的基因解码竞赛背后隐含的是一场超级计算能力的竞赛,同时,这次竞赛有助于大众对超级计算机的超强能力形成普遍认知。人们越来越清醒地认识到,超级计算机在创造新品种的药物、治愈疾病以及最终使我们能够修复人类基因缺陷等方面是至关重要的,高性能计算可以为人类做出更大的贡献。

(2) 生物技术发展需要特定软件技术的支持。生物技术及其产业的发展对于生物技术类软件的需求将进一步增加,软件技术将成为支撑生物技术及其产业发展的关键力量之一。在生物技术各领域中均需要相应的专业软件来支撑。各类生物技术数据库的构建需要性能优良、更新换代迅速的软件技术；核酸低级结构分析、引物设计、质粒绘图、序列分析、蛋白质低级结构分析、生化反应模拟等也需要相应的软件及其技术支撑；加强生物安全管理与生物信息安全管理也离不开软件及其技术发展的支持。

（3）生物技术推动超级计算机产业的发展。随着人类基因组计划各项任务的完成，有关核酸、蛋白质的序列和结构数据呈指数增长。面对如此巨大而复杂的数据，只有运用计算机进行数据管理、控制误差、加速分析过程，使得人类最终能够从中受益。然而要完成这些过程，并非一般的计算机力所能及，而需要具有超级计算能力的计算机。因此，生物技术的发展将对信息技术提出更高的需求，从而推动信息产业的发展。

（4）生物技术将从根本上突破计算机的物理极限。目前使用的计算机是以硅芯片为基础，由于受到物理空间的限制、面临耗能和散热等问题，将不可避免地遭遇发展极限，要取得大的突破，需要依赖于新材料的革新。2000 年美国加利福尼亚大学洛杉矶分校的科学家根据生物大分子在不同状态下可产生有和无信息的特性，研制出分子开关（Molecular Switches）。2001 年世界首台可自动运行的 DNA 计算机问世，并被评为当年世界 10 大科技进展。2002 年，DNA 计算机研究领域的先驱阿德勒曼教授利用简单的 DNA 计算机，在实验中为一个有 24 个变量、100 万种可能结果的数学难题找到了答案，DNA 计算机的研制迈出了重要的一步。

在生命科学的研究中，始终不能缺少计算机的工作，如果到基因组测序的研究所去看一看，大量的以超级计算机为基础的测序仪，会使人误以为是自己到了一家信息技术公司。生物产业因计算机的加盟而提速，信息技术产业也因生命科学的需要而得以发展并获利。运用数学、计算机科学和生物学的各种工具，来阐明和理解大量基因组研究获得数据中所包含的生物学意义，生物学和信息学交叉、结合，从而形成了一个新的学科。生物信息学或信息生物学，它的进步所带来的效益是不可估量的。美国已经出现了大批基于生物信息学的公司，希冀在基因工程药物、生物芯片、代谢工程等领域掘出财富，生物信息学工业潜力巨大。可以说，生物技术与信息技术的融合，才是世界经济市场的未来。

3. 纳米技术

纳米是指尺寸单位，即 10^{-9} m。一个氢原子直径为 0.106nm，金原子为 0.3nm。纳米科学是研究 1～100nm 内原子、分子和其他类型物质的运动和变化的新现象和新规律。在这一尺度范围内对原子、分子进行直接操纵并创造新的物质，包括新的材料、器件以及充分利用它们的特殊性能，这就是纳米技术（Nanotechnology）。

（1）纳米技术是信息技术和生物技术进一步发展的共同基础。信息技术发展的基础是微电子技术，而大规模集成电路是微电子技术的核心。衡量微电子技术水平的主要标志是芯片的集成度，即一定尺寸的芯片能集成多少个晶体管，而这种集成度受制于微电子器件的极限线宽。目前半导体工业已采用 193nm 的光束制造元器件。如能使线宽达 $0.07\mu m$（70nm），那么制成的计算机，其计算能力可以提高上千倍，而所需功率仅为目前的百万分之一。

（2）纳米技术离不开信息技术。没有信息技术的发展就不会有纳米技术的突破。STM（至今为止进行表面分析的最精密的仪器，可以直接观察到原子）就是由一个探针贴近材料表面,在针尖和材料间施加一小电压,从而产生电子在针尖和材料之间流动。让针尖在同一高度扫描材料表面,表面上那些"凹凸不平"的原子所造成的电流变化,通过高水平的计算机处理,才能在显示屏上看到材料表面三维的原子结构图。所以,离开计算机,纳米技术将寸步难行。

15.1.2　信息技术发展取向

在 2009 中国计算机大会上,中国工程院院士、中科院计算技术研究所所长李国杰对 21 世纪上半叶信息科学技术发展战略取向的研究成果做出了精辟的解读。李国杰院士的基本观点可以归纳为以下几点。

(1) 在 21 世纪上半叶信息技术不是让位于生物技术和纳米技术,而是面临一次新的信息科学革命。在整个 21 世纪,信息科学与技术将与生物、纳米、认知等科学技术交织在一起,继续焕发出蓬勃的生机,引领和支撑国民经济的发展,改变人们的生活方式。

(2) 集成电路、高性能计算机、存储器在 2020 年前后都会遇到只靠延续现有技术难以逾越的障碍,同时它也孕育着新的重大科学问题的发现和原理性的突破。

(3) 今后的 10 年是中国信息技术企业打翻身仗的好时机。从芯片、计算机、网络到信息服务系统,未来 10 年中国有能力走出一条新路,建立自己的信息技术体系。目前我们面对的最大问题是信息化与工业化的融合,实现经济结构的转型和提升。

(4) 信息技术发展的路线图为:2020 年以后,信息技术新的主流技术就会逐步明朗;2020—2035 年将是信息技术重大的大变革时期;2035—2050 年,符合科学发展观的新的信息网络体系会逐步形成。

认真研究 21 世纪信息技术发展的特点,可以清晰地看到:人们已经从重视信息技术的内涵转到更加重视外延。人们更加重视信息技术与纳米、生命、认知等科学的交叉研究,更加重视信息技术对环境和生态的影响,更加重视信息技术伦理道德与法制环境建设方面的研究。现在人们谈论信息技术时,更多的是将它和社会、健康、能源、材料以及数字地球、物联网等领域联系起来。

15.2　计算机领域的热点

普适计算、云计算、物联网等已经成为 21 世纪计算机技术研究的重要热点问题,成为支撑计算机普及应用的重要计算工具。

15.2.1　普适计算

1. 普适计算的概念

1991 年,美国 Xerox PAPC 实验室的马克·维瑟(Mark Weiser)在 *Scientific American* 上发表文章 *The Computer for the 21st Century*,正式提出了普适计算

（Pervasive Computing，或 Ubiquitous Computing）的概念。1999 年，欧洲研究团体 ISTAG 提出了环境智能（Ambient Intelligence)的概念。环境智能与普适计算的概念类似，研究的方向也比较一致。

理解普适计算的概念需要注意以下几个问题。

（1）普适计算的重要特征是"无处不在"与"不可见"。"无处不在"是指随时随地访问信息的能力；"不可见"是指在物理环境中提供多个传感器、嵌入式设备、移动设备以及其他任何一种有计算能力的设备可以在用户不觉察的情况下进行计算、通信，提供各种服务，以最大限度地减少用户的介入。

（2）普适计算体现出信息空间与物理空间的融合。普适计算是一种建立在分布式计算、通信网络、移动计算、嵌入式系统、传感器等技术基础上的新型计算模式。它反映出人类对于信息服务需求的提高，具有随时、随地享受计算资源、信息资源与信息服务的能力，以实现人类生活的物理空间与计算机提供的信息空间的融合。

（3）普适计算的核心是"以人为本"，而不是以计算机为本。普适计算强调把计算机嵌入到环境与日常工具中去，让计算机本身从人们的视线中"消失"，从而将人们的注意力吸引到要完成的任务本身。人类活动是普适计算空间中实现信息空间与物理空间融合的纽带，而实现普适计算的关键是"智能"。

（4）普适计算的重点在于提供面向用户的、统一的、自适应的网络服务。普适计算的网络环境包括互联网、移动网络、电话网、电视网和各种无线网络；普适计算设备包括计算机、手机、传感器、汽车、家电等能够联网的设备；普适计算服务内容包括计算、管理、控制、信息浏览等。

2. 普适计算的研究方向

普适计算最终的目标是实现物理空间与信息空间的完全融合。已经有很多学者开展了对普适计算的研究工作，研究的方向主要集中在以下几个方面。

（1）理论建模。普适计算是建立在多个研究领域基础上的全新计算模式，因此它具有前所未有的复杂性与多样性。要解决普适计算系统的规划、设计、部署、评估，保证系统的可用性、可扩展性、可维护性与安全性，就必须研究适应于普适计算"无处不在"的时空特性、"自然透明"的人机交互特性的工作模型。

普适计算理论模型的研究目前主要集中在两个方面：层次结构模型和智能影子模型。层次结构模型主要参考计算机网络的开放系统互连（OSI）参考模型，分为环境层、物理层、资源层、抽象层与意图层这 5 层。智能影子模型是借鉴物理场的概念，将普适计算环境中的每一个人都作为一个独立的场源，建立对应的体验场，对人与环境状态的变化进行描述。

从目前开展的研究情况看，普适计算模型研究的智能空间原型正在从开始相对封闭的一个房间，向诸如一个购物中心、一个车间的开放环境发展；从对一个人日常生活中每一件事、每一个行为的记录，向大规模的个人数字化"记忆"方向发展。

（2）自然透明的人机交互。普适计算设计的核心是"以人为本"，这就意味着普适计算系统对人具有自然和透明交互以及意识和感知能力。普适计算系统应该具有人机关系的和谐性，交互途径的隐含性，感知通道的多样性等特点。在普适计算环境中，交互方式从原来的用户必须面对计算机,扩展到用户生活的三维空间。交互方式要符合人的习惯,并且要尽可能不分散人对工作本身的注意力。

自然人机交互的研究主要集中在笔式交互、基于语音的交互、基于视觉的交互。研究涉及用户存在位置的判断、用户身份的识别、用户视线的跟踪,以及用户姿态、行为、表情的识别等问题。关于人机交互自然性与和谐性的研究也正在逐步深入。

(3) 无缝的应用迁移。为了在普适计算环境中为用户提供"随时随地"的"透明的"数字化服务,必须解决无缝的应用迁移的问题。随着用户的移动,伴随发生的任务计算必须一方面保持持续进行,另一方面任务计算应该可以灵活、无干扰地移动。无缝的移动要在移动计算的基础上,着重从软件体系的角度去解决计算用户的移动所带来的软件流动问题。

无缝的应用迁移的研究主要集中在服务自主发现、资源动态绑定、运行现场重构等方面。资源动态绑定包括资源直接移动、资源复制移动、资源远程引用、重新资源绑定等几种情况。

(4) 上下文感知。普适计算环境必须具有自适应、自配置、自进化能力,所提供的服务能够和谐地辅助人的工作,尽可能地减少对用户工作的干扰,减少用户对自己的行为方式和对周围环境的关注,将注意力集中于工作本身。上下文感知计算就是要根据上下文的变化,自动地做出相应的改变和配置,为用户提供适合的服务。因此,普适计算系统必须能够知道整个物理环境、计算环境、用户状态的静止信息与动态信息,能够根据具体情况采取上下文感知的方式,自主、自动地为用户提供透明的服务。因此,上下文感知是实现服务自主性、自发性与无缝的应用迁移的关键。

(5) 安全性。在普适计算环境中,个人信息与环境信息高度结合。智能数据感知设备所采集的数据包括环境与人的信息。人的所作所为,甚至个人感觉、感情都会被数字化之后再存储起来。这就使得普适计算中的隐私和信息安全变得越来越重要,也越来越困难。为了适应普适计算环境隐私保护框架的建立,研究人员提出了 6 条指导意见:声明原则、可选择原则、匿名或假名机制、位置关系原则、增加安全性,以及追索机制。

Marc Weiser 认为,普适计算的思想就是使计算机技术从用户的意识中彻底"消失"。在物理世界中结合计算处理能力与控制能力,将人与人、人与机器、机器与机器的交互最终统一为人与自然的交互,达到"环境智能化"的境界。

15.2.2　云计算

云计算(Cloud Computing)是传统计算机技术和网络技术发展融合的产物。它旨在通过网络把多个成本相对较低的计算实体整合成一个具有强大计算能力的完美系统,并借助先进的商业模式把这强大的计算能力分布到终端用户手中。云计算的一个核心理念就是通过不断提高"云"的处理能力,进而减少用户终端的处理负担,最终使用户终端简化成一个单纯的输入输出设备,并能按需享受"云"的强大计算处理能力。

1. 云计算的概念

云计算是分布式计算技术的一种。其最基本的概念是通过网络将庞大的计算处理程序自动分拆成无数个较小的子程序,再交由多部服务器所组成的庞大系统经搜寻、计算分析之后将处理结果回传给用户。透过这项技术,网络服务提供者可以在数秒之内,达成处理数以千万计甚至亿计的信息,达到和"超级计算机"同样强大效能的网络服务。

最简单的云计算技术在网络服务中已经随处可见,例如搜寻引擎、网络信箱等,使用者只要输入简单指令即能得到大量信息。未来如手机、GPS 等行动装置都可以透过云计算技术,发展出更多的应用服务。进一步的云计算不仅只做资料搜寻、分析的功能,未来如分析 DNA 结构、基因图谱定序、解析癌症细胞等,都可以透过这项技术轻易达成。

对我们而言,"云"是一组数量众多的、互连到一起的计算机。这些计算机可以是个人电脑或网络服务器,它们可以是公共的或私有的。云所提供的应用和数据可广泛地用于许多用户,跨企业和跨平台。对云的访问是通过因特网完成的。任何授权用户都可以从任何一台计算机上、通过任一因特网连接访问这些文档和应用。更进一步讲,对用户而言,云背后的技术和基础设施是不可见的。至于云服务是基于 HTTP、HTML、XML、JavaScript,还是其他特定的技术,从表面上看并不明显,而且在大多数情况下也不重要。

云计算实现了从计算机到使用者,从应用到任务,从孤立的数据到可以随处访问、可与任何人共享的数据的转变。使用者可以不再从事数据管理的任务;甚至无须记住数据的位置。所有这些情形都是因为数据在云里,因而可以立即被该用户和其他授权用户使用。

2. 云计算的特征

云计算有以下 6 个关键的特性。

(1) 云计算是以用户为中心的。作为一个使用者,一旦连接到云中,那么那里存放的任何东西(文件、消息、图片、应用等)都将变成你的。此外,不仅数据是你的,而且你还可以与他人共享。实际上,在云中访问你的数据的任何设备也都成为你的。

(2) 云计算是以任务为中心的。问题的焦点不再是应用程序和应用程序能做什么,而是你需要做什么和应用程序如何完成你的任务。传统的应用程序(文字处理,电子表格,电子邮件等),与他们所创建的文件相比,已经变得越来越不重要。

(3) 云计算是强大的。云中数百或数千台电脑连接在一起所形成的巨大的计算能力是远非一台单独的台式机所能比拟的。

(4) 云计算是易于访问的。由于数据存储在云里,用户可以即时地从多个库中检索更多的信息。与使用台式机不同,用户不再受到单一数据源的限制。

(5) 云计算是智能的。随着各种数据都被存储到云中的计算机上,为了更智能地访问这些信息,数据挖掘和分析是必不可少的。

(6) 云计算是可编程的。大量需要利用云计算的任务都必须是自动化的。例如,为了保护数据的完整性,存储在云中某台计算机上的信息必须被复制到云中的其他计算机上。这样,当那台计算机离线时,云程序就会自动将那台计算机的数据重新分配到云中的一台新的计算机上。

3. 云计算的工作原理

云计算的关键是"云"。一个大规模的、由服务器,甚至是个人计算机构成的网络,这些服务器和个人计算机在网格环境中互联在一起。这些计算机并行运行,各自的资源结合起来形成足可比拟超级计算机的计算能力。个人用户利用自己的个人电脑或便携设备,经由因特网连接到云中。对这些个人用户而言,"云"是一个独立的应用、设备或文件。云中的硬件(以及管理这些硬件连接的操作系统)是不可见的。

(1) 云服务器(Cloud Servers)。尽管云架构确实需要一些智能化管理来连接所有这些电脑并处理众多用户的任务,但所有的一切均始于个人用户见到的前端界面。首先,用户通过界面选择一个任务或服务(启动一个应用程序或打开一个文件)。然后,用户的请求被发送给系统管理,系统管理找出正确的资源并调用合适的系统服务。这些服务从云中划分出必要的资源,加载相应的 Web 应用程序,创建或打开所要求的文件。Web 应用启动之后,系统的监测和计量功能跟踪云的使用,确保资源分配和归属于合适的用户。

(2) 云存储。云计算的一个主要用途就是存储数据。利用云存储,数据被存放到多个第三方的服务器上,而不是像传统的网络数据存储那样存放在专用的服务器上。

存储数据时,用户看到的是一个虚拟的服务器,也就是说,看起来数据好像是以特定的名称存放在某一特殊的地方,但在现实中,那个地方并不存在。这只是一个假名,用来指示云中划分出来的虚拟空间。实际上,用户的数据可以存储在构成云的任何一台或多台电脑上。因为云动态的管理可用的存储空间,实际的存储位置可能每天甚至每分钟都不相同。但是,尽管位置是虚拟的,用户所看到的数据位置是"固定的"。事实上,用户可以管理自己的存储空间,就好像云是连接到自己的计算机一样。

云存储同时具有经济和安全方面的优势。从经济上说,虚拟的云资源通常比那些连接到个人电脑或网络的专用物质资源更便宜。至于安全,由于数据被复制到多台物理机器上,存储在云里的数据不受意外删除或硬件崩溃的困扰。由于始终保留数据的多个副本,即使一台或多台机器进入脱机状态,云仍然能够继续正常运行。如果一台机器崩溃了,数据就会被复制到云中的其他机器上。

(3) 云服务。通过云计算提供的任何基于 Web 的应用或服务都称之为云服务。云服务可包括从日历和联系人应用到文字处理和演示的任何东西。利用云服务,应用程序本身就处在云中。个人用户在因特网上运行应用,通常是通过 Web 浏览器。浏览器访问云服务,在浏览器的窗口中打开一个应用实例。一旦启动,基于 Web 的应用操控和运行就像一个标准的桌面应用程序。唯一不同的是,应用程序和工作文档驻留相应的云服务器上。

云服务具有诸多优势。如果用户的电脑崩溃了,它既不会影响到宿主应用程序,也不会影响到打开的文件。此外,个人用户可以从任何地点使用任何计算机访问他的应用程序和文件。当用户从办公室回到家或更偏远的地方,其不必随身携带每个应用程序和文件的副本。最后,因为文件都放在云里,用户可以利用任何可用的因特网连接在同一文件上进行实时协作。文档不再以机器为中心。相反,他们对于授权的用户总是可用。

4. 云计算现状

目前,我们正处在云计算革命的初期阶段。尽管已经有许多可用的云服务,更多的有趣的应用仍在开发之中。也就是说,今天的云计算正在吸引着整个计算行业最优秀、最大的企业,他们都希望建立基于云来赢利的商业模式。

目前开发云计算模式的最引人注目的公司是谷歌。谷歌提供了一组功能强大的基于Web 的应用,他们都通过其云架构对外服务。无论用户是需要基于云的文字处理(谷歌文档)、演示软件(谷歌演示文稿)、电子邮件(Gmail),还是日历/日程安排功能(谷歌日历),谷歌都有提供。而且最重要的是,谷歌为它的所有基于 Web 的应用都提供了相互之间的接口,为了用户的利益,这些云服务相互关联。

众多公司参与了云服务的开发。微软提供了 Windows Live Web 应用套件以及Live Mesh 计划。该计划承诺将各种类型的设备、数据和应用连接到一个公共的基于云的平台。亚马逊推出了弹性计算云(EC2)服务,用来为应用开发人员提供以云为基础的可调整的计算能力。IBM 已经成立了一个云计算中心,用来向客户提供云服务和研究。许多较小的公司也都推出了自己的基于 Web 的应用,他们主要利用云服务的协作特性。

15.2.3　物联网

物联网被称为继计算机、互联网之后,世界信息产业的第三次浪潮。目前多个国家都在花巨资进行深入研究,物联网是由多项信息技术融合而成的新型技术体系。

1. 物联网的概念

"物联网"的概念于 1999 年由麻省理工学院的 Auto-ID 实验室提出,将书籍、鞋、汽车部件等物体装上微小的识别装置,就可以时刻知道物体的位置、状态等信息,实现智能管理。Auto-ID 的概念以无线传感器网络和射频识别技术为支撑。

1999 年在美国召开的移动计算和网络国际会议 MobiCom1999 上提出了传感网(智能尘埃)是 21 世纪人类面临的又一个发展机遇。同年,麻省理工学院的 Gershenfeld Neil 教授撰写了 *When Things Start to Think* 一书,以这些为标志开始了物联网的发展。

2005 年 11 月,在突尼斯举行的信息社会世界峰会(WSIS)上,国际电信联盟(ITU)发布了《ITU 互联网报告 2005:物联网》,正式提出了"物联网"的概念。报告指出:无所不在的"物联网"通信时代即将来临,世界上所有的物体都可以通过互联网主动进行信息交换。射频识别技术(RFID)、无线传感器网络技术(WSN)、纳米技术、智能嵌入技术将得到更加广泛的应用。2006 年 3 月,欧盟召开会议 From RFID to the Internet of Things,对物联网做了进一步的描述,并于 2009 年制定了物联网研究策略的路线图。2008 年起,已经发展为世界范围内多个研究机构组成的 Auto-ID 联合实验室组织了Internet of Things 国际年会。2009 年,IBM 首席执行官 Samuel J. Palmisano 提出了"智慧地球"(Smart-Planet)的概念,把传感器嵌入和装备到电网、铁路、桥梁、隧道、公路、建筑、供水系统、大坝、油气管道等各种应用中,并且通过智能处理,达到智慧状态。

可以认为"物联网"(Internet of Things)是指将各种信息传感设备及系统,如传感器网络、射频标签阅读装置、条码与二维码设备、全球定位系统和其他基于物—物通信模式(M2M)的短距无线自组织网络,通过各种接入网与互联网结合起来而形成的一个巨大智能网络。如果说互联网实现了人与人之间的交流,那么物联网可以实现人与物体的沟

通和对话,也可以实现物体与物体互相间的连接和交互。物联网的概念模型如图 15-1
所示。

2. 物联网的基本属性及特征

物联网是互联网向物理世界的延伸和拓展,互联网可以作为传输物联网信息的重要
途径之一。而传感器网络基于自组织网络方式,属于物联网中一类重要的感知技术。

物联网具有其基本属性,实现了任何物体、任何人在任何时间、任何地点,使用任何路
径/网络以及任何设备的连接。因此,物联网的相关属性包括集中、内容、收集、计算、通信
以及场景的连通性。这些属性表现的是人们与物体之间或者物体与物体之间的无缝连
接,上述属性之间的关系如图 15-2 所示。

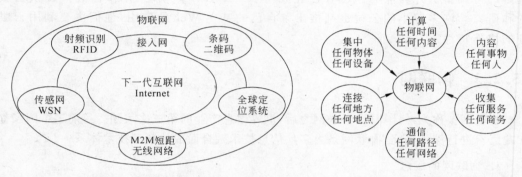

图 15-1   物联网概念模型   图 15-2   物联网基本属性

物联网中的物体根据其具有的能力发挥作用。这些能力包括计算处理、网络连接、可
用的电能等,其还受场景情况(如时间和空间)等影响因素。根据物联网组成部分的特性、
作用以及包含关系,其特征包含下面 5 个方面。

(1)基本功能特征。物体可以是真实世界的实体或虚拟物体;物体具有标识,可以通
过标识自动识别它们;物体是环境安全、可靠的;物体以及其虚拟表示对与其交互其他的
物体或人们是私密的、安全的;物体使用协议与其他物体或物联网基础设施进行通信;物
体在真实的物理世界与数字虚拟世界间交换信息。

(2)物体通用特征(高于基本功能特征)。物体使用"服务"作为与其他物体联系的接
口;物体在资源、服务、可选择的感知对象方面与其他物体竞争;物体附加有传感器,能够
与环境交互。

(3)社会特征。物体与其他物体、计算设备以及人们进行通信;物体能够相互协作创
建组网络;物体能够初始化交互。

(4)自治特征。物体的很多任务能够自动完成;物体能够协商、理解和适应其所在的
环境;物体能够解析所在环境的模式,或者从其他物体处学习;物体能够基于其推理能力
做出判断;物体能够选择性地演进和传播信息。

(5)自我复制和控制特征。物体能够创建、管理和毁灭其他物体。

综上所述,物联网以互联网为平台,将传感器节点、射频标签等具有感知功能的信息
网络整合起来,实现人类社会与物理系统的互联互通。将这种新一代的信息技术充分运

用在各行各业之中,可以实现以更加精细和动态的方式管理生产和生活,提高资源利用率和生产力水平,改善人与自然间的关系。

3. 物联网的系统架构

物联网系统可划分为感知层、网络层、应用层3个层次。

(1)感知层。解决的是人类世界和物理世界的数据获取的问题。可进一步划分为两个子层,首先是通过传感器、数码相机等设备采集外部物理世界的数据,然后通过 RFID、条码、工业现场总线、蓝牙、红外等短距离传输技术传递数据。也可以只有数据的短距离传输这一层,特别是当仅传递物品的唯一识别码的情况。在实际上,这两个子层有时很难以明确区分开。感知层所需要的关键技术包括检测技术、短距离有线和无线通信技术等。

(2)网络层。解决的是感知层所获得的数据在一定范围内,通常是长距离的传输问题。这些数据可以通过移动通信网、国际互联网、企业内部网、各类专网、小型局域网等网络传输。特别是当三网融合后,有线电视网也能承担物联网网络层的功能,有利于物联网的加快推进。网络层所需要的关键技术包括长距离有线和无线通信技术、网络技术等。

(3)应用层。解决的是信息处理和人机界面的问题。网络层传输而来的数据在这一层里进入各类信息系统进行处理,并通过各种设备与人进行交互。这一层也可按形态直观地划分为两个子层。一个是应用程序层,进行数据处理,它涵盖了国民经济和社会的每一领域,包括电力、医疗、银行、交通、环保、物流、工业、农业、城市管理、家居生活等,包括支付、监控、安保、定位、盘点、预测等,可用于政府、企业、社会组织、家庭、个人等。这正是物联网作为深度信息化的重要体现。另一个是终端设备层,提供人机界面。物联网虽然是"物物相连的网",但最终是要以人为本的,最终还是需要人的操作与控制,不过这里的人机界面已远远超出现实世界中人与计算机交互的概念,而是泛指与应用程序相连的各种设备与人的反馈。

在各层之间,信息不是单向传递的,可有交互、控制等,所传递的信息多种多样,这其中关键是物品的信息,包括在特定应用系统范围内能唯一标识物品的识别码和物品的静态与动态信息。此外,软件和集成电路技术都是各层所需的关键技术。

4. 物联网的关键技术

物联网技术涉及多个领域,这些技术在不同的行业往往具有不同的应用需求和技术形态。物联网的技术构成主要包括感知与标识技术、网络与通信技术、计算与服务技术及管理与支撑技术4大体系。

(1)感知与标识技术。感知和标识技术是物联网的基础,负责采集物理世界中发生的物理事件和数据,实现外部世界信息的感知和识别,包括多种发展成熟度差异性很大的技术,如传感器、RFID、二维码等。

传感技术利用传感器和多跳自组织传感器网络,协作感知、采集网络覆盖区域中被感知对象的信息。传感器技术依附于敏感机理、敏感材料、工艺设备和计测技术,对基础技术和综合技术要求非常高。目前,传感器在被检测量类型和精度、稳定性可靠性、低成本、低功耗方面还没有达到规模应用水平,是物联网产业化发展的瓶颈之一。

识别技术涵盖物体识别、位置识别和地理识别,对物理世界的识别是实现全面感知的基础。物联网标识技术是以二维码、RFID 标识为基础的,对象标识体系是物联网的一个重要技术点。从应用需求的角度,识别技术首先要解决的是对象的全局标识问题,需要研究物联网的标准化物体标识体系,进一步融合及适当兼容现有各种传感器和标识方法,并支持现有的和未来的识别方案。

(2) 网络与通信技术。网络是物联网信息传递和服务支撑的基础设施,通过广泛的互联功能,实现感知信息高可靠性、高安全性传送。

物联网的网络技术涵盖接入和骨干传输等多个层面的内容。以互联网协议版本 6 (IPv6)为核心的下一代网络,为物联网的发展创造了良好的基础网条件。以传感器网络为代表的末梢网络在规模化应用后,面临与骨干网络的接入问题,并且其网络技术需要与骨干网络进行充分协同,这些都将面临着新的挑战,需要研究固定、无线和移动网及 Ad-hoc 网技术、自治计算与连网技术等。

物联网需要综合各种有线及无线通信技术,其中近距离无线通信技术将是物联网的研究重点。由于物联网终端一般使用工业科学医疗(ISM)频段进行通信(免许可证的 2.4GHz ISM频段全世界都可通用),频段内包括大量的物联网设备以及现有的无线保真(WiFi)、超宽带(UWB)、ZigBee、蓝牙等设备,频谱空间将极其拥挤,制约物联网的实际大规模应用。为提升频谱资源的利用率,让更多物联网业务能实现空间并存,需切实提高物联网规模化应用的频谱保障能力,保证异种物联网的共存,并实现其互联、互通、互操作。

(3) 计算与服务技术。海量感知信息的计算与处理是物联网的核心支撑,服务和应用则是物联网的最终价值体现。

海量感知信息计算与处理技术是物联网应用大规模发展后,面临的重大挑战之一。需要研究海量感知信息的数据融合、高效存储、语义集成、并行处理、知识发现和数据挖掘等关键技术,攻克物联网"云计算"中的虚拟化、网格计算、服务化和智能化技术。核心是采用云计算技术实现信息存储资源和计算能力的分布式共享,为海量信息的高效利用提供支撑。

物联网的发展应以应用为导向,在"物联网"的语境下,服务的内涵将得到革命性扩展,不断涌现的新型应用将使物联网的服务模式与应用开发受到巨大挑战,如果继续沿用传统的技术路线必定会束缚物联网应用的创新。从适应未来应用环境变化和服务模式变化的角度出发,需要面向物联网在典型行业中的应用需求,提炼行业普遍存在和要求的核心共性支撑技术,研究针对不同应用需求的规范化、通用化服务体系结构以及应用支撑环境、面向服务的计算技术等。

(4) 管理与支撑技术。随着物联网网络规模的扩大、承载业务的多元化和服务质量要求的提高以及影响网络正常运行因素的增多,管理与支撑技术是保证物联网实现"可运行—可管理—可控制"的关键。其包括测量分析、网络管理和安全保障等方面。

测量是解决网络可知性问题的基本方法,可测性是网络研究中的基本问题。随着网络复杂性的提高与新型业务的不断涌现,需研究高效的物联网测量分析关键技术,建立面向服务感知的物联网测量机制与方法。

物联网具有"自治、开放、多样"的自然特性。这些自然特性与网络运行管理的基本需求存在着突出矛盾,需研究新的物联网管理模型与关键技术,保证网络系统正常高效的运行。

安全是基于网络的各种系统运行的重要基础之一,物联网的开放性、包容性和匿名性也决定了其不可避免地存在信息安全隐患问题。研究物联网安全的关键技术是满足机密性、真实性、完整性、抗抵赖性这4大要求,同时还需解决好物联网中的用户隐私保护与信任管理问题。

15.2.4　嵌入式系统

嵌入式系统(Embedded System)无疑是当前最热门、最有发展前途的IT应用领域之一。它是针对特定的应用,剪裁计算机的软件和硬件,以适应应用系统对功能、可靠性、成本、体积、功耗的严格要求的专用计算机系统。嵌入式系统将计算与控制的概念联系在一起,并嵌入到物理系统之中,实现"环境智能化"的目的。

1. 嵌入式系统的特征

近年来掀起了嵌入式系统应用的热潮。其原因主要有,一是芯片技术的发展,使得单个芯片具有更强的处理能力,而且使集成多种接口已经成为可能;另一方面是应用的需要,由于对产品可靠性、成本、更新换代要求的提高,使得嵌入式系统逐渐从纯硬件实现和使用通用计算机实现的应用中脱颖而出,成为令人关注的焦点。嵌入式系统的几个重要特征体现在以下几个方面。

(1) 系统内核小。由于嵌入式系统一般是应用于小型电子装置的,系统资源相对有限,所以内核较之传统的操作系统要小得多。比如ENEA公司的OSE分布式系统,内核只有5K。

(2) 专用性强。嵌入式系统的个性化很强,其中的软件系统和硬件的结合非常紧密,一般要针对硬件进行系统的移植,即使在同一品牌、同一系列的产品中也需要根据系统硬件的变化和增减不断进行修改。同时针对不同的任务,往往需要对系统进行较大更改,程序的编译下载要和系统相结合,这种修改和通用软件的"升级"是完全两个概念。

(3) 系统精简。嵌入式系统一般没有系统软件和应用软件的明显区分,不要求其功能设计及实现上过于复杂,这样一方面利于控制系统成本,同时也利于实现系统安全。

(4) 高实时性。高实时性的系统软件(OS)是嵌入式软件的基本要求。而且软件要求固态存储,以提高速度;软件代码要求高质量和高可靠性。

(5) 使用多任务的操作系统。嵌入式软件开发要想走向标准化,就必须使用多任务的操作系统。嵌入式系统的应用程序可以没有操作系统直接在芯片上运行;但是为了合理地调度多任务、利用系统资源、系统函数以及和专家库函数接口,用户必须自行选配RTOS(Real-Time Operating System)开发平台,这样才能保证程序执行的实时性、可靠性,并减少开发时间,保障软件质量。

(6) 嵌入式系统开发需要开发工具和环境。由于其本身不具备自举开发能力,即使设计完成以后用户通常也是不能对其中的程序功能进行修改的。必须有一套开发工具和环境才能进行开发,这些工具和环境一般是基于通用计算机上的软硬件设备以及各种逻辑分析仪、混合信号示波器等。开发时往往有主机和目标机的概念,主机用于程序的开发,目标机作为最后的执行机,开发时需要交替结合进行。

2. 嵌入式系统的发展基础

从计算机技术发展的角度分析嵌入式系统的发展,嵌入式系统发展具有以下几个主要的特点。

(1)微型机应用和微处理器芯片技术的发展为嵌入式系统研究奠定了基础。早期的计算机体积大、耗电多,它只能够安装在计算机机房中使用。微型机的出现使得计算机进入了个人计算与便携式计算的阶段。而微型机的小型化得益于微处理器芯片技术的发展。微型机应用技术的发展,微处理器芯片可定制,软件技术的发展都为嵌入式系统的诞生创造了条件,奠定了基础。

(2)嵌入式系统的发展适应了智能控制的需求。计算机系统可以分为两大并行发展的分支:通用计算机系统与嵌入式计算机系统。通用计算机系统的发展适应了大数据量、复杂计算的需求。而生活中的大量的电器设备,如 PDA、电视机顶盒、手机、数字电视、数字相机、汽车控制器、工业控制器、机器人、医疗设备中的智能控制,都对作为其内部组成部分的计算机的功能、体积、耗电有特殊的要求。这种特殊的设计要求是推动定制的小型、嵌入式计算机系统发展的动力。

(3)嵌入式系统的发展促进了适应特殊要求的微处理器芯片、操作系统、软件编程语言与体系结构研究的发展。由于嵌入式系统要适应 PDA、手机、汽车控制器、工业控制器、物联网端系统与医疗设备中不同的智能控制功能、性能、可靠性与体积等方面的要求,而传统的通用计算机的体系结构、操作系统、编程语言都不能够适应嵌入式系统的要求,因此研究人员必须为嵌入式系统研究特殊要求的微处理器芯片、嵌入式操作系统与嵌入式软件编程语言。

(4)嵌入式系统的研究体现出多学科交叉融合的特点。由于嵌入式系统是 PDA、手机、汽车控制器、工业控制器、机器人或医疗设备中有特殊要求的定制计算机系统,那么如果要求完成一项用于机器人控制的嵌入式计算机系统的开发任务,只是精通用计算机的设计与编程能力是不能够胜任这项任务的。研究开发团队必须由计算机、机器人、电子学等多方面的技术人员参加。目前在实际工作中,从事嵌入式系统开发的技术人员主要有两类:一类是电子工程、通信工程专业的技术人员,他们主要是完成硬件设计,开发与底层硬件关系密切的软件;另一类是从事计算机与软件专业的技术人员,主要从事嵌入式操作系统和应用软件的开发。同时具备硬件设计能力、底层硬件驱动程序、嵌入式操作系统与应用程序开发能力的复合型人才是社会急需的人才。

3. 嵌入式系统的应用领域

嵌入式系统技术具有非常广阔的应用前景,其应用领域主要包括以下 7 个方面。

(1)工业控制。基于嵌入式芯片的工业自动化设备将获得长足的发展。目前已经有大量的 8、16、32 位嵌入式微控制器在应用中,网络化是提高生产效率和产品质量、减少人力资源主要途径,如工业过程控制、数字机床、电力系统、电网安全、电网设备监测、石油化工系统。就传统的工业控制产品而言,低端型采用的往往是 8 位单片机。但是随着技术的发展,32位、64位的处理器逐渐成为工业控制设备的核心,在未来几年内必将获得长足的发展。

（2）交通管理。在车辆导航、流量控制、信息监测与汽车服务方面,嵌入式系统技术已经获得了广泛的应用。内嵌GPS模块,GSM模块的移动定位终端已经在各种运输行业获得了成功的使用。目前GPS设备已经从尖端产品进入了普通百姓的家庭,只需要几千元,就可以随时随地找到用户的位置。

（3）信息家电。信息家电将成为嵌入式系统最大的应用领域。冰箱、空调等的网络化、智能化将引领人们的生活步入一个崭新的空间。即使用户不在家里,也可以通过电话线、网络等对家电进行远程控制。

（4）家庭智能管理系统。水、电、煤气表的远程自动抄表,安全防火、防盗系统,其中嵌有的专用控制芯片将代替传统的人工检查,并实现更高、更准确和更安全的性能。目前在服务领域,如远程点菜器等已经体现了嵌入式系统的优势。

（5）POS网络及电子商务。公共交通无接触智能卡（Contactless Smartcard，CSC）发行系统,公共电话卡发行系统,自动售货机,各种智能ATM终端将全面走入人们的生活,到时手持一卡就可以行遍天下。

（6）环境工程与自然。水文资料实时监测,防洪体系及水土质量监测、堤坝安全,地震监测网,实时气象信息网,水源和空气污染监测。在很多环境恶劣,地况复杂的地区,嵌入式系统将实现无人监测。

（7）机器人。嵌入式芯片的发展将使机器人在微型化,高智能方面优势更加明显,同时会大幅度地降低机器人的价格,使其在工业领域和服务领域获得更广泛的应用。

15.3　信息技术发展面临的问题

自1946年世界上的第一台电子计算机诞生以来,计算机与网络已逐渐成为人们生活中不可缺少的一部分。目前,计算机的应用减少了人类很多重复的脑力劳动、大大丰富了人类的创造力、提高了社会的生产力。如Internet从1989年转向民用的20多年中,互联网的应用不仅改变了人们获取信息的渠道与信息量,而且改变了人们的生活方式,使得人们的观念在时空上也有改观。

如果说,计算机硬件的更新速度是符合摩尔定律的,那么,信息量及信息技术应用的增长速度与规模却大大超出了摩尔定律的"每18个月性能提升一倍"。但是,信息技术的发展也面临诸多难题,研究与解决这些难题,才能促进信息技术创新性的可持续发展。

15.3.1　信息技术的需求与困惑

目前,信息技术已成为国民经济的支柱产业。首先是由于行业自身不断创新,产生巨大的新的需求;同时能对其他产业的发展起到推动和促进的作用。在加快经济结构战略性调整以及加快转变经济发展方式的背景下,信息技术对传统行业的改造将产生巨大的需求。在城乡建设领域有建筑业信息化、智能建筑、智能城市;在交通领域有智能公路铁路网、空中交通管理、汽车电子应用等;在信息化建设上一直走在前面的金融与电信行业,随着行业的进一步深入发展,也将产生新的需求;同时由于产业转移软件服务外包行业也将在未来保持稳定的、不断增长的需求。

在讨论信息技术和信息产业对于人类社会发展的巨大作用的同时,也必须正视学术界普遍认同的一个观点,那就是信息技术的基础理论大部分是 20 世纪 60 年代以前完成的,近 40 年来信息科学没有取得重大突破。这个观点可以用以下 10 个例子作为佐证。

(1) 1945 年,"计算机之父"冯·诺依曼提出的计算机体系结构,仍然是今天我们设计计算机必须遵从的基本设计原则。

(2) 1950 年,"人工智能之父"图灵提出了人工智能的基本概念,以及判断计算机是否具有智能的"图灵测试"方法。人工智能技术诞生的时间可追溯到 20 世纪 50 年代中期。

(3) 1969 年,光计算机的研究出现。量子计算的概念是 20 世纪 70 年代提出的。1983 年开始了生物计算机的研制。

(4) 20 世纪 60 年代末出现的 Pascal 语言是计算机语言发展史上的一个重要里程碑。面向对象程序设计语言是 20 世纪 70 年代初出现的。

(5) 可穿戴计算的概念是 20 世纪 60 年代提出的。嵌入式系统的研究开始于 20 世纪 70 年代。

(6) 计算机网络的核心概念"分组交换"是 1964 年提出的;互联网的雏形 ARPANET 于 1969 年开始组建和运行;TCP/IP 协议在 1980 年开始正式成为网络协议标准;无线分组网的研究开始于 1972 年。

(7) 移动通信技术的研究开始于 20 世纪 20 年代。1978 年蜂窝移动通信网问世。

(8) 1945 年,科学家提出了利用卫星进行通信的设想;1962 年第一颗可以用于电话和电视传输的通信卫星发射成功。

(9) 1833 年,科学家发现了半导体性质,1931 年提出了能带理论,1939 年发明了纯净晶体的生长技术和掺杂技术;1947 年第一个点接触型晶体管诞生;1950 年单晶锗结型晶体管诞生;1958 年世界上第一块集成电路问世。

(10) 1966 年光导纤维通信理论提出;1981 年第一个光纤通信系统问世。

15.3.2　计算机领域面临的难题

21 世纪,计算机领域面临很多难题。中国科学院院士、计算机科学家高庆狮提出12 个重要的难题,每一个都蕴含超过百亿美元的产值。

1. 网络安全

网络安全有狭义和广义之分。狭义的网络安全指通信过程中信息的完整性、保密性;计算机系统及其安装的应用系统不被网络上的骇客直接攻击、盗窃和破坏,不被非法入侵活体(如病毒)盗窃和破坏;系统被破坏后,具有迅速恢复的能力。广义的网络安全还包括防止网络犯罪和维护网络可靠性。网络犯罪即社会的犯罪活动在网络上的映射,例如,利用互联网进行特务、邪教、诈骗、黄黑活动等犯罪活动。维护网络可靠性的目的在于确保网络系统不中断正确地运作,使网络具备抗天灾人祸的能力。

当前,解决网络安全的方法主要依靠法律、管理、鉴别认证技术、加密技术和隔离技术等。法律的威力取决于严惩的力度,而且对众多的小公司往往难于有效。任何大型软件系统都难免有漏洞,操作系统也不例外。管理包括人事管理、网络管理和计算机系统管理。鉴别认证技术和加密技术是相对的,新的鉴别认证技术和加密技术发明后,经过一段时间,就可能出现新的冒充技术和破译技术。因此,网络安全的研究是长期的。另外,目前的安全技术产品基本为软件技术产品或软件固化,或者建立在通用机上的软件系统,如果病毒等非法入侵活体难于鉴别出来,杀病毒软件也难于制止新病毒对计算机系统的破坏和盗窃。因此,采取计算机系统结构和软件"软硬结合"来防病毒破坏和盗窃是值得关注的方法。虽然采用隔离技术是有效的,但对网络行为也需要加以适当和合理限制,彻底取消网络功能,是行不通的。大面积完全隔离的网络,也难以不被暗中快速入侵。

2. 海量信息检索

网络上至少有 4 类海量信息资源,即付费开发的海量信息资源,无政府主义的互联网海量资源,巨大信息流的监控,巨量未整理的资料。20 世纪 80 年代初期面临的最大困惑是,在网络上常常查询不到需要的信息,相反却得到一大堆不需要的无用信息,20 年之后的今天依然如此。如何解决呢?关键是利用语义进行内容检索,不仅要统一人类混乱的术语和概念,还要实现计算机对自然语言知识层次的理解,这需要与目标库大小无关的高速搜索算法和类似于主体的网络机器人。

自然语言理解就是对语义的理解。语义有 3 种不同的层次:语言层次、知识层次和语用层次。例如,"把这杯水倒入那缸浓硫酸里。"这句话包含"这","杯","水","那","缸","浓硫酸","把倒入里"这 7 个语义单元。其中,N 表示名词。如果一个机器人只有语言层次的理解,它能根据"这"找到一个标有"水"的"杯",再根据"那"找到一个标有"浓硫酸"的"缸",然后执行把"杯"中的"水"倒入标有"浓硫酸"的"缸"里。如果它具有知识层次的理解,就不会立即执行把"杯"中的"水"倒入标有"浓硫酸"的"缸"里,而是警告主人"危险",因为它具有的知识层次的理解能考虑到把水倒入浓硫酸里会发生爆炸。知识层次的语义本身又可以分许多层次。例如对小孩和对植物学家而言,"苹果"的知识层次的语义差别极大,在小孩看来,它是一种可口的水果,对植物学家而言,其语义的描述可成为厚厚一本书。语用层次的理解更为复杂,例如"今天是星期天"具有多种语用层次的理解:仅仅是回答今天星期几,或许是妻子劝告丈夫该休息了,或许是小孩提醒父母该实现星期天带他到动物园玩的许诺等。

3. 上亿台闲置计算机的利用

全世界数亿台计算机多数时间里被闲置或利用率不高,如果它们全被利用起来,不仅是一笔巨大的财富,而且具有每秒数亿次的神奇计算能力,但实现计算机的全球利用难度很大,最关键的问题是双向安全,即如何确保主系统不受客户的安全干扰,同时又确保客户的计算不受主人的安全干扰。

另外,不要把上亿台闲置计算机能力的利用与计算网络及网络计算混淆起来。计算网络早在 20 世纪 80 年代初期就已提出,其目的是让更多地区的更多的人共享计算资源。当今,人们可以用更方便的方式共享网络上的计算资源,如用手机进行上网计算。网络计算即一个计算题目在网络上的分布计算。

4. 互联网本质是一个服务系统

一体化服务的特点是使用户不需要考虑或者提供任何与服务需求无关的繁琐信息(例如,服务来源、地址、服务单位、如何服务等),就可以轻松自由地得到高质量网络服务。

一体化服务将进一步发展成包括各种资源和服务在内的一体化服务,并构成下一代互联服务网。一体化服务的关键是服务一体化和资源一体化。服务一体化的目的是提高服务质量,资源一体化则是服务一体化的必要条件,同时也是提高资源利用率的有效途径,其核心是信息资源的一体化。资源包括客户端的资源和服务端的资源,涵盖各种信息、软件和设备装置。

语义一体化服务网是一体化进一步发展中的一个新的生长点,它是在一体化服务中引入服务所需的不同层次的语义内容,以便有利于实现信息资源一体化及服务一体化,是实现服务一体化及信息资源一体化不可或缺的部分。

5. 自然语言自动翻译

自然语言自动翻译的巨大经济效益和社会效益的前提要求是实用,即没有语无伦次、没有正错混杂、合乎目标语言的习惯。历史上,实用的翻译方法有整句和句型模式翻译;近代有翻译记忆。它们的缺点是语言覆盖范围和语言知识库的比例太小。基于实例的方法能有效提高上述比例,但仍为近似方法,存在语无伦次、正错混杂和夹杂不合乎目标语言习惯的成分。历史上的主流方法,至今仍然不能解决实用问题。目前比较热门的机器翻译方法是基于统计的方法,它可以迅速从很低水平快速提高到较高水平,但总有一部分不正确;它可以作为很好的工具,但难以独立使用。

自然语言自动翻译半个世纪以来没能实用的关键原因是自然语言缺乏精确描述,现有的机器翻译方法难以达到实用。由于翻译是在任何复杂的点集之间的变换,其在几何基坐标的精确描述基础上是十分简单和容易的。基于这个几何提示,建立自然语言基坐标,在语义单元(点)组成的语义语言(点集)的机器翻泽方法可能是解决问题的有效途径。

6. 软件设计

从本质上说,软件设计最核心的 5 个基本难题是可靠性、再用、时空群体工作、尽量自动和自然化,其中以可靠性为首。通常,软件维护费用远远超过开发费用,一个大型软件即使工作了许多年,仍然会有一大堆错误。在某些使用中,软件不可靠将导致灾难性的后果。软件可靠性的核心是软件的正确性。其包括已经存在的软件系统错误的发现及排除、新软件系统的正确设计。软件可靠性还包括硬件故障时无负作用的恢复能力,硬件偶尔故障或操作错误时的安全、快速、自动或半自动恢复能力等。

库函数、类库和构件是常见的再用技术。如果一个待设计的大型软件,其功能与已经存在的软件大体相同,只有 5% 不同,且不同之处处于分散状态,那么新软件的设计工作量是原先的 5%、10%、40%,还是更多? 能不能控制在 15% 以内成了再用的关键。

如果许多软件设计人员共同设计一个大型软件系统,其中部分人员是流动的,即分布在不同的时间段和空间,那如何有效地组织大的群体来设计大型软件系统？特别是在保持软件人员自由创造力的前提下有效地组织群体工作。"软件工程"正在努力解决这个问题,但往往以牺牲软件设计人员的创造性为代价。

软件研究工作一开始就以尽量自动为目标,但实际上并没有完全做到,它在不断提高过程中。

自从引入图形用户界面后,非计算机专业的用户可以不需要计算机专业知识,仅依靠自身的专业知识来使用计算机。这是自然化的第一步,现已实现。但是能否让不懂计算机或者懂得不多的各种专业人员设计自己的专业软件？这在当前似乎是天方夜谭,但并非不可能。当物理学家李政道的两名物理专业的博士生设计出研究需要的巨型机时,这台巨型机的开发是自然化的典范,并在不断发展中。

7. 下一代程序语言

软件设计效率的发展十分迅速。无论是编程语言、技术、方法、工具、界面与环境,还是包括使用界面在内的软件本身质量,都得到重要的发展。各种发展之间相互关联,每一个都面临下一步问题。例如,面向客体的编程技术和可视化是否会发展成下一代程序语言？从模块化符号化编程技术、高级语言、结构程序化编程技术、面向客体的编程技术发展到面向客体的编程技术加可视化,每个飞跃都集成了解决 5 个基本难题的成果,极大地提高了编程效率。

8. 下一代操作系统

有人认为 DOS 是一维操作系统,Windows 是二维操作系统,接下来应该出现三维系统,况且 CAD 技术、虚拟现实都需要三维技术支持,但这种猜想太过简单和幼稚。人们宁愿牺牲兼容性而采用图形用户界面的 Windows,是因为它与 DOS 相比,在方便人们使用、思考和编程方面有本质的飞跃。下一代操作系统也是集成软件设计中 5 个基本难题的成果。

9. 人类智能及其模拟和应用

智能是能自动学习知识,而且能自动有效地利用学习到的知识去解决问题的通用能力。学习分为许多类,鸟学习飞翔、人学习骑自行车都进行了识别学习和训练学习,许多动物都具备这两种学习能力。知识学习仅仅是人类及少数动物才具有的能力。人工智能的最初目标就是让计算机模仿人类智能,协助人类进行部分创造性劳动的"认知"目标。但是经过 50 年之后的今天,仍没有任何人造系统具有智能。严肃的人工智能学家早就已经把人工智能的目标改为:专门研究那些人类比机器做得好的领域的问题。例如,人类下棋比机器下得好,那么机器下棋就是人工智能要研究的领域。如果一个不再修改程序的下棋系统,一开始输给大师,下过几盘棋后,有输有赢,接着再下几盘,赢的比例越来越高,可以认为这个下棋系统具有智能,因为智能是通用能力,而下棋能力不是通用能力。

人类登月的愿望已经超过 5000 年,但是实现登月只有 50 年。牛顿创立牛顿四大定理(1666 年的万有引力和 1687 年力的 3 大定理),给登月建立了理论基础。光有理论基础,仍然不可能实现登月。直到约 300 年之后,控制技术和燃烧技术成熟以后,人类登月的愿望才得以实现。要实现计算机协助人类进行某些创造性劳动,首先要解决其理论基础,并考虑其技术前提。

10. 计算科学

计算科学与理论科学、实验科学具有同等的重要性,三者并称为 3 大科学。当今的计算,不仅仅是一门科学,也是一个大产业。20 世纪后期,计算流体力学、计算化学、计算物理学发展已经十分成熟。20 世纪 70 年代初期,钱学森提出的计算流体力学的计算要求是浮点 64 位以上的一万亿字存储容量,每秒一万亿次计算速度。当今的生物信息学,计算量远远超过以往的各种计算科学,且这仅仅是一个开始,因为至今还不清楚生物信息是如何具体控制细胞的发育。计算速度需求的宝座,现在似乎要让位给生物信息学了。

11. 集成电路的下一代

20 世纪 70 年代就开始议论集成电路的极限,以及预测光逻辑集成器件将代替集成电路。30 多年过去了,集成电路的极限还未到达,光逻辑集成器件热了 10 多年后现已消失得无影无踪。集成电路之后一定会出现新事物,但是现在判定它是什么,似乎早了一些。

12. 光纤的后继者

随着通信能力的迅速发展,人们大多看好光纤之后是无线,至少小区接入采用无线方式。然而,未来似乎存在通信能力过剩的问题,它可能会促使具有更大通信能力的新应用出现。

15.4 思考与讨论

15.4.1 问题思考

1. 信息技术的创新主要体现在哪几个方面?
2. 什么是普适计算?什么是云计算?
3. 物联网的基本属性及特征是什么?
4. 嵌入式系统的应用领域有哪些?
5. 高庆狮院士提出的计算机领域面临的难题有哪些?

15.4.2 课外讨论

1. 简述信息技术对社会发展的作用。
2. 如何理解 3 大技术的相互渗透和互动发展?
3. 简述计算机领域的热点问题?除列出的几种外,再举出一例。
4. 根据自己的观察,简述信息技术发展面临的难题,如何看待这些难题?

第16章 信息社会与计算机应用

【本章导读】

本章首先介绍了信息社会的含义及特征,并对信息化的意义及其发展进行了分析。从计算机应用的角度,介绍了计算机在信息社会各领域的应用。通过本章学习,应当了解信息社会的特征,信息化的意义,以及信息社会中计算机的作用。

【本章主要知识点】

① 信息社会的特征;

② 信息化及发展目标;

③ 计算机的应用。

16.1 信息社会概述

信息化是当今社会发展的重要趋势,代表着先进生产力的发展方向。信息化的推进有力地促进了产业结构的调整、转换和升级,成为推动经济增长的重要手段,对经济社会生活的各个领域产生了广泛而深远的影响。

16.1.1 信息社会

信息社会是继农业社会、工业社会之后的人类社会的新形态。其主要特征包括:信息网络成为支撑社会经济活动的无所不在的公用基础设施,知识和信息成为经济社会发展的决定性力量。

1. 信息社会的含义

信息社会指以信息技术为基础,以信息产业为支柱,以信息价值的生产为中心,以信息产品为标志的社会。信息社会也称为信息化社会,是脱离工业化社会以后,信息将起主要作用的社会。在农业社会和工业社会中,物质和能源是主要资源,所从事的是大规模的物质生产。而在信息社会中,信息成为比物质和能源更为重要的资源,以开发和利用信息资源为目的的信息经济活动迅速扩大,逐渐取代工业生产活动而成为国民经济活动的主要内容。

目前普遍被接受的信息社会的定义是在 2003 年日内瓦信息社会世界峰会《原则宣言》中提出的，即一个"以人为本、具有包容性和面向全面发展的信息社会。在此信息社会中，人人可以创建、获取、使用和分享信息和知识，使个人、社会和各国人民均能充分发挥自己的潜力，促进实现可持续发展并提高生活质量。"

2．信息社会的特征

信息技术的广泛应用对整个社会的影响是全方位、多维度的，在经济社会发展的各个领域都呈现出新的特征。

（1）知识型经济。知识型经济是指在信息社会中以知识和人才为基础，以创新为主要驱动力，全面协调可持续发展的新型经济形态。与传统的农业经济和工业经济相比，知识型经济具有 4 大基本特征：人力资源知识化、发展方式可持续、产业结构软化、经济水平发达。

知识型经济首先重视人才，因为人是知识的创造者，人力资源将成为支撑知识型经济发展的最重要资源。在知识型经济中，对劳动者的知识和技能要求逐渐提高，高学历、高技能的知识型劳动者比例也将逐步增大，人力资源呈现知识化特征。

经济可持续发展是知识型经济的基本特征。既要满足当前和未来的发展需求，又要限制对未来环境构成危害的行为是可持续发展的两个方面。信息社会中的经济可持续发展注重经济发展、注重节能环保、注重研发创新。

伴随着传统工业经济向知识型经济的转变，最显著的变化就是在新科技革命的推动下，产业结构软化趋势日渐明显。产业结构软化主要指两个方面：一是在产业结构的演进过程中，科学技术的发展催生了大量的新兴行业，软产业（主要指第三产业）的比重不断上升，出现了所谓"服务化"趋势；二是科学技术对传统产业进行了改造，增加了科技含量和产品附加值，整个产业过程对信息、服务、技术和知识等"软要素"的依赖程度加深。

知识型经济是建立在工业经济基础上的比工业经济更高级的经济形态。其主要资源依托是知识和人力资源，同时也离不开必要的资金和物质资源。生产力的发展是实现知识型经济的必要条件。一方面知识型经济是创新驱动的经济形态，科技是衡量国力和竞争力的最重要指标，而科研与技术投入需要强劲的经济实力作为坚强的后盾；另一方面以信息技术为代表的现代科学技术又进一步促进了经济发展。

（2）网络化社会。在信息社会中，网络化成为社会的典型特征，网络化社会具有鲜明的时代特征，主要表现在信息基础设施的完备性、社会服务的包容性、社会发展的协调性等方面。

信息社会必然是信息基础设施高度完善的社会。信息基础设施的完备性包括两个方面：一是各种信息基础设施得到极大普及；二是信息基础设施的质量和性能出现大幅度的提升。

在信息社会，经济已经高度发达，社会包容日益受到人们的关注。所谓社会包容，就是让所有人都能最大限度地享受到社会发展的好处。在信息社会，数字包容是实现社会包容的重要途径。实现数字包容，一方面可以防止出现新的不平等；另一方面有利于缩小社会中原有的不平等，变数字鸿沟为数字机遇。

社会发展的实践表明，社会进步是通过协调发展来实现的。它是城乡、区域、经济社会、人与自然等各个方面协调发展的结果；是经济、政治、文化协调发展的结果。在信息社会中，人们的物质需求基本得到了满足，社会发展的重点发生了一些变化：一方面更加注重城乡、区域、不同社会群体之间的协调发展；另一方面更加强调发展质量，注重整体水平的提高。

（3）数字化生活。在信息社会中，信息技术广泛应用于人们日常生活的方方面面，人们的生活方式和生活理念发生了深刻的变化。其主要表现在生活工具、生活方式、生活内容的数字化。

网络和数字产品将成为多数人的生活必需品。传统生活用品的技术与信息含量越来越高，成为每个人日常生活必不可少的信息终端。随着技术的不断创新与广泛扩散，其应用成本将显著下降，数字化生活工具将高度普及。数字化生活工具带来的舒适和便捷将被看做是自然而然的事情。

在信息社会中，借助于数字化生活工具，人们的工作将更加弹性化和自主化；终身学习与随时随地学习成为可能；网络购物跻身主流消费方式；人际交往范围与空间无限扩大；娱乐方式数字化；数字家庭成为未来家庭的发展趋势。

在数字化生活时代，人们的工作内容以创造、处理和分配信息为主，学习内容更加自主化与个性化，信息成为最主要的消费内容。数字化内容成为多数人娱乐活动的首选。

（4）服务型政府。信息社会的发展对政府治理提出了新的要求，同时也为实现服务型政府的目标创造了条件。信息社会中的服务型政府是充分利用现代信息技术实现社会管理和公共服务的新型政府治理模式。在现代技术的支撑下，服务型政府具有科学决策、公开透明、高效治理、互动参与等方面的特征。

16.1.2　信息化及发展目标

1. 信息化含义

信息化（Informationalization）是指信息的开发、生产、传播、利用等信息活动在国家社会生活各方面的导向作用与信息技术作用不断增强的过程。它是指信息网络的建设，信息资源的开发与利用，信息技术在核心业务中的应用，实现人力、财力与物质资源的优化配置，信息流、资金流、物流、业务工作流的融合与统一，提高经济效益，国民生产总值中信息含量、比重及贡献率，提高职工信息意识与文化素质的整个过程。

信息化充分利用信息技术，开发利用信息资源，促进信息交流和知识共享，提高经济增长质量，推动经济社会发展转型。它已经引发了一次世界范围内的产业革命、社会革命和新军事革命，正逐步上升成为推动世界经济和社会全面发展的关键因素，成为人类进步的新标志。

2. 信息化的特征

信息化是从有形的物质产品创造价值的社会向无形的信息创造价值的新阶段的转化，也就是以物质生产和物质消费为主，向以精神生产和精神消费为主的阶段的转变。信息化的特征可归纳为"四化"和"四性"。

（1）信息化的"四化"。一是智能化。知识的生产成为主要的生产形式，知识成了创造财富的主要资源。这种资源可以共享，可以倍增，可以"无限制的"创造。这一过程中，知识取代资本，人力资源比货币资本更为重要。二是电子化。光电和网络代替工业时代的机械化生产，人类创造财富的方式不再是工厂化的机器作业。三是全球化。信息技术正在取消时间和距离的概念，信息技术及发展大大加速了全球化的进程。随着因特网的发展和全球通信卫星网的建立，国家概念将受到冲击，各网络之间可以不考虑地理上的联系而重新组合在一起。四是非群体化。在信息时代，信息和信息交换遍及各个地方，人们的活动更加个性化。信息交换除了社会之间、群体之间进行外，个人之间的信息交换也日益增加。

（2）信息化的"四性"。一是综合性。信息化在技术层面上指的是多种技术综合的产物。它整合了半导体技术、信息传输技术、多媒体技术、数据库技术和数据压缩技术等；在更高的层次上它是政治、经济、社会、文化等诸多领域的整合。人们普遍用"协同"一词来表达信息时代的这种综合性。二是竞争性。信息化与工业化的进程不同的一个突出特点是，信息化是通过市场和竞争推动的。政府引导、企业投资、市场竞争是信息化发展的基本路径。三是渗透性。信息化使社会各个领域发生全面而深刻的变革，它同时深刻影响物质文明和精神文明，已成为经济发展的主要牵引力。信息化使经济和文化的相互交流与渗透日益广泛和加强。四是开放性。创新是高新技术产业的灵魂，是企业竞争取胜的法宝。参与竞争，在竞争中创新，在创新中取胜。开放不仅是指社会开放，更重要的是心灵的开放。

3. 我国信息化发展的主要领域

信息化是充分利用信息技术，开发利用信息资源，促进信息交流和知识共享，提高经济增长质量，推动经济社会发展转型的历史进程。信息化发展对中国经济、社会具有十分重大的影响。我国国民经济和社会发展信息化"十二五"规划重点关注经济、社会和政务领域的信息化。

（1）经济领域信息化。包括农业信息化、服务业信息化、信息化与工业化融合、促进信息产业发展等。

农业信息化是指充分运用信息技术的最新成果，全面实现农业生产管理、农产品营销农业科技信息和知识的获取、处理、传播和合理利用，加速传统农业改造，大幅度地提高农业生产效率管理和经营决策水平，促进农业持续、稳定、高效发展过程。农业信息化建设重点为完善信息网络基础设施，建设农业信息平台，增强农业信息服务功能，基本实现信息体系网络化、自动化，信息采集制度化、规范化，信息领域综合化、一体化，信息质量定量化、数字化，信息服务多样化、社会化。

服务业信息化主要是通过信息技术改造传统服务业，打造现代服务业。现代服务业是指信息和知识相对密集的服务业，它依托现代化的新技术、新业态和新的服务方式，向社会提供高附加值、高层次、知识型的生产服务和生活服务，主要包括金融、信息咨询、电子商务等行业。相对于传统服务业而言，现代服务业能更准确、快捷地配置社会资源，更大程度地降低能耗。它具有3大特征：以网络和信息技术为主要依托；知识和技术密集程度不断提高；服务的市场和提供服务的主体呈全球化的趋势。信息化是现代服务业发展的加速器，通过信息化手段可以使信息资源直接变现为收益，服务业功能更加丰富，服务业管理方式从粗放型向精确化转变;信息化能够大大提高服务业的服务能力,可以大大节约交易成本,从整体上提高运营效率。

信息化与工业化融合是我国经济社会发展新的历史起点上所做出的重大战略部署。两化融合是工业化与信息化双赢的战略,通过信息化可以对传统制造业进行信息化的改造,实现传统产业的升级换代,达到带动工业化创新、发展、升级的目的。工业化的发展,又可以提高先进制造业的水平,反过来促进信息化的核心技术和产业的发展,也为信息化的深入发展提供技术和产业的支撑。两化融合也会催生一批信息化的新兴产业,推动信息时代新的经济体系和产业结构的形成。

作为信息化发展的基础,信息产业作为新兴产业受到极大的关注,"十二五"期间将以提高计算机企业创新能力为着力点,积极实施自主创新的标准化战略,及时跟踪国际信息产业技术标准的发展动态,支持计算机企业通过重大项目和市场化利益共享机制建立组成技术创新联盟。集中优势力量,进行重大科研项目的攻关,实现在重点前沿科技领域中逐渐缩小与国际先进研发水平的差距,提高计算机产业的整体水平和竞争力。

(2) 社会领域信息化。包括城市管理信息化、社会服务信息化,以及民生、公共卫生、劳动保障等方面。

城市管理信息化指在城市管理活动中,通过将城市管理对象的地域特征、形象特征、属性特征数字化,并将这些数字化后的特征数据采用计算机、网络等信息技术手段,进行存储、传输、整合、分析,作为城市管理的重要技术依据,以提高城市管理效率、质量和整体水平,维护和拓展城市综合功能的整个过程。利用信息化技术进行城市管理,可以将法制、行政的定性管理方法加以量化,提高城市管理的效率。

社会服务信息化是通过信息技术提高民众的生活质量。其主要包括医疗卫生、交通管理、市民卡、智能电网等为公民服务的各类社会事务信息化。医疗卫生信息化主要是通过医疗及社会保障系统,推进医院信息化进程,加强医疗、失业保险系统建设,建立劳动就业、失业、退休、医疗保险等方面信息资源库,实现医疗事业的数字化。智能交通系统将电子技术、信息技术、传感器技术和系统工程技术集成运用于地面交通管理,充分发挥现有交通基础设施的潜力,提高运输效率,保障交通安全,缓解交通拥挤。

市民卡是民众的一张身份识别卡,一个电子钱包。身份识别卡应用,如社会保障卡就是身份识别卡的典型应用,公园年票、图书馆也属于身份识别卡应用。电子钱包应用如公共交通卡就是电子钱包的典型应用,停车、加油、商户消费等都属于电子钱包应用。

智能电网是以先进的通信技术、传感器技术、信息技术为基础、以电网设备间的信息交互为手段、以实现电网安全、可靠、经济、节能为目的的先进的现代化电力系统。

(3) 政务领域信息化。政务信息化即电子政务,是保障命令畅通下达,保证社情、民情及社会热点信息、城市运行管理信息和经济运行信息的及时上通的信息系统。其主要任务有 3 个:一是建设好政府综合信息网站,做好政务公开工作;二是推进网上办公,建立开放式、交互式、一网式的对外服务与管理的网上办公系统,为社会提供法规、管理咨询和申报、登记、审批等服务;三是提高信息资源开发、利用与共享能力,提高决策效率。

16.1.3 国家信息化发展战略

1. 信息化发展的战略目标

到 2020 年,我国信息化发展的战略目标是:综合信息基础设施基本普及,信息技术自主创新能力显著增强,信息产业结构全面优化,国家信息安全保障水平大幅提高,国民经济和社会信息化取得明显成效,新型工业化发展模式初步确立,国家信息化发展的制度环境和政策体系基本完善,国民信息技术应用能力显著提高,为迈向信息社会奠定坚实基础。其目标有以下 4 个具体内容。

(1) 促进经济增长方式的根本转变。广泛应用信息技术,改造和提升传统产业,发展信息服务业,推动经济结构战略性调整。深化应用信息技术,努力降低单位产品能耗、物耗,加大对环境污染的监控和治理,服务循环经济发展。充分利用信息技术,促进我国经济增长方式由主要依靠资本和资源投入向主要依靠科技进步和提高劳动者素质转变,提高经济增长的质量和效益。

(2) 实现信息技术自主创新、信息产业发展的跨越。有效利用国际国内两个市场、两种资源,增强对引进技术的消化吸收,突破一批关键技术,掌握一批核心技术,实现信息技术从跟踪、引进到自主创新的跨越,实现信息产业由大变强的跨越。

(3) 提升网络普及水平、信息资源开发利用水平和信息安全保障水平。抓住网络技术转型的机遇,基本建成国际领先、多网融合、安全可靠的综合信息基础设施。确立科学的信息资源观,把信息资源提升到与能源、材料同等重要的地位,为发展知识密集型产业创造条件。信息安全的长效机制基本形成,国家信息安全保障体系较为完善,信息安全保障能力显著增强。

(4) 增强政府公共服务能力、社会主义先进文化传播能力、中国特色的军事变革能力和国民信息技术应用能力。电子政务应用和服务体系日臻完善,社会管理与公共服务密切结合,网络化公共服务能力显著增强。网络成为先进文化传播的重要渠道,社会主义先进文化的感召力和中华民族优秀文化的国际影响力显著增强。国防和军队信息化建设取得重大进展,信息化条件下的防卫作战能力显著增强。人民群众受教育水平和信息技术应用技能显著提高,为建设学习型社会奠定基础。

2. 信息化发展的战略重点

在《2006—2020 年国家信息化发展战略》中所提出的我国信息化发展的战略重点体现在以下 9 个方面。

(1) 推进国民经济信息化。推进面向"三农"的信息服务;利用信息技术改造和提升传统产业;加快服务业信息化;鼓励具备条件的地区率先发展知识密集型产业。

(2) 推行电子政务。改善公共服务;加强社会管理;强化综合监管;完善宏观调控。

(3) 建设先进网络文化。加强社会主义先进文化的网上传播;改善公共文化信息服务;加强互联网对外宣传和文化交流;建设积极健康的网络文化。

(4) 推进社会信息化。加快教育科研信息化步伐;加强医疗卫生信息化建设;完善就业和社会保障信息服务体系;推进社区信息化。

（5）完善综合信息基础设施。推动网络融合，实现向下一代网络的转型；建立和完善普遍服务制度。

（6）加强信息资源的开发利用。建立和完善信息资源开发利用体系；加强全社会信息资源管理。

（7）提高信息产业竞争力。突破核心技术与关键技术；培育有核心竞争能力的信息产业。

（8）建设国家信息安全保障体系。全面加强国家信息安全保障体系建设；大力增强国家信息安全保障能力。

（9）提高国民信息技术应用能力，造就信息化人才队伍。提高国民信息技术应用能力；培养信息化人才。

为落实国家信息化发展的战略重点，我国将优先制定和实施 6 项战略行动计划。其包括：国民信息技能教育培训计划；电子商务行动计划；电子政务行动计划；网络媒体信息资源开发利用计划；缩小数字鸿沟计划；关键信息技术自主创新计划。

16.2　计算机在信息社会中的应用

计算机及其应用已渗透到社会的各行各业，正在改变着传统的工作、学习和生活方式，推动着社会的发展。

16.2.1　计算机应用

1. 工商业

在银行，计算机每天要处理大量的文档，如支票、存款单、取款单、贷款和抵押清偿等票据。账户的结算更是通过计算机完成的。另外，大多数银行都提供了自动化服务，如24 小时服务的自动柜员机（ATM）、电子转账、账单自动支付等，这些服务都需要计算机来完成。网上银行通过 Internet 或其他公用信息网，将客户的计算机终端连接至银行，实现将银行服务直接送到企业办公室或者家中，成为一个包括网上企业银行、网上个人银行以及提供网上支付、网上证券和电子商务等相关服务的银行业务综合服务体系。网上银行的主要业务有网上支付、电子货币、电子钱包、网上证券和电子商务等应用。

在商业，零售商店运用计算机管理商品的销售情况和库存情况，不仅为经理提供最佳的决策，而且实现了电子商务，即实现利用计算机和网络进行的商务活动。在大型超市，收银机、条形码识别器与中央处理机的数据库相连接，能够自动地更新商品的价格、计算折扣、更新商品的库存清单、统计销售情况、分析市场趋势。连锁超市利用计算机和计算机网络，将遍布各地的超市、供货商、配送中心等连接在一起，建立良好的供货、配送、销售体系。

在建筑业，建筑物的内部和外部都可以用计算机进行详细的设计，生成动画形式的三维视图。在正式动工之前，可以预览完工后的效果，还可以检测设计是否完整，以及是否符合标准。

在制造业，从面包到航天器的各种类型的产品都可以用计算机设计。计算机设计的图形可以是三维图形，可在屏幕上自由旋转，从不同的角度表现设计，展现所有独立的部件。计算机还可以生产设备，实现从设计到生产的完全自动化。

2．科学研究

计算机在科学研究中一直占有重要的地位。第一台计算机 ENIAC 就是为了科学研究才发明的。现在许多实验室都用计算机监视与收集实验及模拟期间的数据，随后用软件对结果进行统计分析，并判断它们的重要性。在许许多多的科研工作中，计算机都是不可少的工具。

在当前信息化的社会中，科技文献正在以爆炸性的速度急剧地增加。如果不使用计算机来存储和检索信息，将无法正常地进行科学研究和科技成果的交流。文献存储与检索系统利于计算机技术和网络技术存储和检索文献，并且与 Internet 互联，从而能够共享全球的信息资源。电子图书馆利用计算机技术和网络技术，将图书、文献、资料等信息以电子化和数字化的形式存储和传递，建立信息采集、加工、存储和提供的电子化信息环境，使信息的载体和服务方式发生重大的变化。

3．教育

随着多媒体的广泛应用，教育软件已经将音乐、语音、三维动画及视频等包含进去。有些软件采用真人发音方式，让学生更加投入地练习语言发音。有些软件采用了"仿真技术"，试图在屏幕上显示现实世界的某些事物，例如让医学院的学生在计算机上进行人体解剖实验。开展计算机辅助教育不仅使学校教育发生了根本变化，还可以使学生在学校里就能体验计算机的应用。

计算机在教育领域的另一个重要应用是远程教育。当今的网络技术和通信技术已经能够在不同的站点之间建立起一种快速的双向通信，使得学生可以在家里向远地的老师提问，教师也可以及时地回复学生的问题。运作环境基于校园网和 Internet 的远程教育，打破时间、地域的限制，可充分利用师资、设备等资源，是一种实现集文字、语音、图像、动画于一体的现代交互式教学模式。

4．医药

计算机在医药行业中的应用非常普遍。医院的日常事务采用计算机管理，如电子病历、电子处方等，各种用途的医疗设备也都由计算机自动控制。

远程医疗系统是计算机技术、网络技术、多媒体技术与医学相结合的产物。它能够实现涉及医学领域的数据、文本、图像和声音等信息的存储、传输、处理、查询、显示及交互，从而在对患者进行远程检查、诊断、治疗以及医学教学中发挥了重要的作用。利用远程会诊系统，专家可以根据传来的图像和资料，对一个偏远地方的医院的疑难病例进行会诊，甚至指导当地的医生完成手术。这种远程会诊系统可使病人避免长途奔波之苦，并能及时地收到来自专家的意见，以免贻误治疗时机。

虚拟医院是虚拟现实技术在医学中的具体应用。它一般是采用 Internet 现有的通信标准和 WWW 技术，把整个医院的各个科室的内部环境以及与外部环境的联系以多媒体知识库的方式尽可能逼真地在网络上得以再现。

数字化医疗检测仪器和治疗仪器,即将计算机嵌入到医疗仪器中,利用计算机的强大的处理功能以数字化的形式进行处理和显示,或者使用计算机来控制治疗设备的动作。超声波仪、心电图仪、脑电图仪、核磁共振仪、X光摄像机等医疗检测设备中由于有了计算机,可以采用数字成像技术,使得图像更加清晰,且可使用图像处理软件来进行处理。使用计算机可以对治疗设备的动作进行准确的控制。

数字化医疗检测仪器正在向智能化、微型化、集成化、芯片化和系统工程化发展。利用计算机技术、仿生学技术、新材料以及微制造技术等高新技术,将使新型的医疗仪器成为主流,虚拟仪器、三维多媒体技术以及仪器和信息共享等新技术亦将进一步实用化。

医院的病员监护系统可以对危重病人的血压、心脏、呼吸等进行全方位的监护,以防止意外的发生。借助监控护理系统,患者或者医务人员可以利用计算机来查询病人在康复期应该注意的有关事项,解答各种疑问,以使得病人尽快地恢复健康。使用营养数据库可以对各种食品的营养成分进行分析,为病人或者健康人提出合理的饮食结构建议,以其保证各种营养成分的均衡摄入。

5. 娱乐

远隔千山万水的玩家可以把自己置身于虚拟现实中,并通过 Internet 可以相互对战。在虚拟现实中,游戏通过特殊装备为玩家营造身临其境的感受,甚至有些游戏还要求戴上特殊的目境和头盔,将三维图像直接带到玩家的眼前,使其感觉到似乎真的处于一个"真实"的世界中,有的要求戴上特殊的手套,真正"接触"虚拟现实中的物体。此外,特殊设计的运动平台可使人体验高速运动时的抖动、颠簸、倾斜等感觉。

计算机在电影中的主要应用是电影特技,通过巧妙的计算机合成和剪辑制作在现实世界中无法拍摄的场景,营造令人震撼的视觉效果。电视点播系统的大型数据库存储了大量的影视节目,由专用软件负责对影视节目数据库进行维护,并实时地响应用户的点播请求。

计算机在艺术领域是无处不在的。计算机不仅可以录制、编辑、保存和播放音乐,而且还可以改善音乐的效果。从 Internet 下载高保真的音乐,甚至直接在计算机上制作数码音乐等。使用计算机控制的电子合成器可以通过采样、调频和波导等技术产生模拟一种或多种乐器的声音,经过乐器数字接口(MIDI)输入到计算机中存储和处理,然后由音序器播放。音乐家可以使用 MIDI 来创作音乐作品。舞蹈创作者可以先使用序列编辑器创作和录制个人的舞蹈动作,这些动作可以加快、放慢、停止、旋转画面等。可通过舞台视图进行合成,观看其效果,并调整角色之间的配合。艺术家可以使用专门的软件作为工具来创作绘画、雕塑等美术作品。通过专门的接口将数字相机存储器中的数字照片输入计算机,然后可以使用专门的软件(如 Photoshop)按照自己的意愿进行编辑、修饰、加工、裁剪、放大和存储,加工后的照片不仅可以用高精度的彩色打印机输出或者在屏幕上显示,而且可以制作成为 CD 光盘永久地保存。

6. 家庭

从目前的技术来看,未来家庭所有的信息产品、数据、通信和信号都将实现数字化,报纸、杂志和书籍等媒体,以及照片、音乐、声音和影像等信息也在应用数字化技术。这样,就有可能通过电脑对各种信息进行统一的处理。设置在家庭的大容量电脑不仅能够接收报纸、杂志和书籍,而且能够通过有线或无线接收电影、音乐等信息产品及新闻、天气预报等电视节目。它不仅仅是信息接收装置,而且还是从家庭向外播发信息的中心。家庭内的所有电子和电气产品都将相互或者与 Internet 连接,家庭、学校、政府机关、医院、企事业单位等都被连接在一起了,申请、申报、订货、咨询等过去通过电话和到邮局去办理的手续今后都可以在电子认证的前提下改用网络,并且由于采用了移动通信技术,因而出差在外地也能够享受像在家里那样的服务。组装了微处理器的数字化家庭电器经由家庭内网络与因特网联网,并且由电脑进行控制,从外部可以对水、电、气等进行有效的控制,达到节约能源和资源的目的。

信息家电(Information Appliances,IA)是融合电脑、电信和电子技术的使用方便、价格低廉的创新产品。它是在家庭中处理信息(包括知识、文献、图形、图像、电视和声音等)的装置,能够执行诸如音乐、照片、文字之类特定的活动,并能够实现它们之间的信息共享。典型的信息家电有网络电视、网络可视电话、网络型智能手持设备、网络游戏机、数字控制委托、PC 中间件等。

16.2.2　电子商务

电子商务(Electronic Commerce,EC)是指通过网络以电子数据流通的方式在全世界范围内进行并完成的各种商务活动、交易活动、金融活动和相关的综合服务活动。实际上,电子商务主要是一种借助于计算机网络技术,通过电子交易手段来完成金融、物资、服务和信息等价值交换,快速而有效地从事各种商务活动的最新方法。电子商务的应用有利于满足企业、供应商和消费者提高产品质量和服务质量、加快服务速度、降低费用等方面的需求,通过网络查询和检索信息来帮助企业和个人进行决策。

1. 电子商务概念

电子商务就其本质而言,仍然是"商务"。其核心仍然是商品的交换,与传统商务活动的差别主要体现在商务活动的形式和手段上。

(1)电子商务是一种采用最先进信息技术的买卖方式。交易各方将自己的各类供求意愿按照一定的格式输入电子商务网络,电子商务网络便会根据用户的要求,寻找相关信息并提供给用户多种买卖选择。一旦用户确认,电子商务就会协助完成合同的签订、分类、传递和款项收付等全套业务。这就为卖方以较高的价格卖出产品,买方以较低的价格购入商品和原材料提供了一条非常好的途径。

(2)电子商务形成一个虚拟的市场交换场所。它能够跨越时空,实时地为用户提供各类商品和服务的供应量、需求量、发展状况及买卖双方的详细情况,从而使买卖双方能够更方便地研究市场,更准确地了解市场和把握市场。

(3)对电子商务的理解,应从"现代信息技术"和"商务"两个方面考虑。一方面,"电子商务"概念所包括的"现代信息技术"应涵盖各种使用电子技术为基础的通信方式;另一方面,对"商务"一词应作广义解释,使其包括不论是契约型或非契约型的一切商务性质的关系所引起的种种事项。

（4）电子商务不等于商务电子化。真正的电子商务绝不仅仅是企业前台的商务电子化，其是包括后台在内的整个运作体系的全面信息化，以及企业整体经营流程的优化和重组。也就是说，建立在企业全面信息化基础上，通过电子手段对企业的生产、销售、库存、服务以及人力资源等环节实行全方位控制的电子商务才是真正意义上的电子商务。

2. 电子商务的应用

商务活动时刻运作在我们每个人的生存空间。其范围波及人们的生活、工作、学习及消费等广泛领域。其服务和管理也涉及政府、工商、金融及用户等诸多方面。Internet 逐渐在渗透到每个人的生活中，而各种业务在网络上的相继展开也在不断地推动电子商务这一新兴领域的昌盛和繁荣。电子商务可应用于小到家庭理财、个人购物，大至企业经营、国际贸易等方面。具体地说，其内容主要分为以下 3 个方面。

（1）企业对企业的电子商务（Business to Business，B2B）。即企业与企业之间通过互联网进行产品、服务及信息的交换。通俗地说，其是指进行电子商务交易的供需双方都是企业，企业使用 Internet 的技术或各种商务网络平台，完成商务交易的过程。这些过程包括发布供求信息，订货及确认订货，支付过程及票据的签发、传送和接收，确定配送方案并监控配送过程等。B2B 按服务对象可分为外贸 B2B 及内贸 B2B，按行业性质可分为综合B2B 和垂直 B2B。

（2）企业对消费者的电子商务（Business to Consumer，B2C）。B2C 类似于联机服务中进行的商品买卖，是利用计算机网络使消费者直接参与经济活动的高级形式。这种形式随着网络的普及迅速地发展，现已形成大量的网络商业中心，提供各种商品和服务。B2C 模式是我国最早产生的电子商务模式，以 8848 网上商城正式运营为标志。

（3）消费者对消费者的电子商务（Consumer to Consumer，C2C）。C2C 商务平台通过为买卖双方提供一个在线交易平台，使卖方可以主动提供商品上网拍卖，而买方可以自行选择商品进行竞价。这种应用系统主要体现在网上商店的建立，现在已经有很多的在线交易平台等。

3. 电子商务系统的组成

一个完整的电子商务系统，是在 Internet 信息系统的基础上，由参与交易主体的信息化企业、信息化组织和使用 Internet 的消费者主体，提供实物配送服务和支付服务的机构，以及提供网上商务服务的电子商务服务商组成。

（1）Internet 信息系统。电子商务系统的基础是 Internet 信息系统，它可以成为企业、组织和个人消费者之间跨越时空进行信息交换的平台。在信息系统的安全和控制措施保证下，通过基于 Internet 的支付系统进行网上支付，通过基于 Internet 物流信息系统以控制物流的顺利进行，最终保证企业、组织和个人消费者之间在网上交易的得以实现。因此，Internet 信息系统的主要作用是提供一开放的、安全的和可控制的信息交换平台，它是电子商务系统的核心和基石。

（2）电子商务服务商。Internet 作为一个蕴藏巨大商机的平台，需要有一大批专业化分工者进行相互协作，为企业、组织与消费者在 Internet 上进行交易提供支持。电子商务服务商便起着这种作用。根据服务层次和内容的不同,可以将电子商务服务商分为两大类。一类为电子商务系统提供系统支持服务的,它主要为企业、组织和消费者在网上交易提供技术和物质基础;另一类是直接提供电子商务服务者,它为企业、组织与消费者之间的交易提供沟通渠道和商务活动服务。

(3) 企业、组织与消费者。企业、组织与消费者是 Internet 网上市场交易主体,他们是进行网上交易的基础。由于 Internet 本身的特点及加入 Internet 的网民的倍速增长趋势,使得 Internet 成为非常具有吸引力的新兴市场。一般来说,组织与消费者上网比较简单,因为他们主要是使用电子商务服务商提供的 Internet 服务来参与交易。企业上网则是非常重要而且是很复杂的。这是因为,一方面企业作为市场交易一方,只有上网才可能参与网上交易;另一方面,企业作为交易主体地位,必须为其他参与交易方提供服务和支持,如提供产品信息查询服务、商品配送服务、支付结算服务。

4. 电子商务系统的功能

企业通过实施电子商务实现企业经营目标。其需要电子商务系统能提供网上交易和管理等全过程的服务。因此,电子商务系统应具有广告宣传、咨询洽谈、网上订购、网上支付、电子银行、货物传递、意见征询、业务管理等各项功能。

(1) 网上订购。电子商务可借助 Web 中的邮件或表单交互传送信息,实现网上的订购。网上订购通常都在产品介绍的页面上提供十分友好的订购提示信息和订购交互对话框。当客户填完订购单后,通常系统会回复确认信息来保证订购信息的收悉。订购信息也可采用加密的方式使客户和商家的商业信息不会泄漏。

(2) 货物传递。对于已付了款的客户应将其订购的货物尽快地传递到他们的手中。若有些货物在本地,有些货物在异地,电子邮件将能在网络中进行物流的调配。而最适合在网上直接传递的货物是信息产品,如软件、电子读物、信息服务等。它能直接从电子仓库中将货物发到用户端。

(3) 咨询洽谈。电子商务借助非实时的电子邮件、新闻组和实时的讨论组来了解市场和商品信息,洽谈交易事务,如有进一步的需求,还可用网上的白板会议来交流即时的图形信息。网上的咨询和洽谈能超越人们面对面洽谈的限制,提供多种方便的异地交谈形式。

(4) 网上支付。电子商务要成为一个完整的过程,网上支付是重要的环节。客户和商家之间可采用多种支付方式,省去交易中很多人员的开销。网上支付需要更为可靠的信息传输安全性控制,以防止欺骗、窃听、冒用等非法行为。

(5) 电子银行。网上的支付必须要有电子金融来支持,即银行、信用卡公司等金融单位要为金融服务提供网上操作的服务。

(6) 广告宣传。电子商务可凭借企业的 Web 服务器和客户的浏览,在 Internet 上发布各类商业信息。客户可借助网上的检索工具迅速地找到所需商品信息,而商家可利用网页和电子邮件在全球范围内做广告宣传。与以往的各类广告相比,网上的广告成本最为低廉,而给顾客的信息量却最为丰富。

(7) 意见征询。电子商务能十分方便地采用网页上的"选择"、"填空"等格式文件来收集用户对销售服务的反馈意见。这样,使企业的市场运营能形成一个封闭的回路。客户的反馈意见不仅能提高售后服务的水平,更能使企业获得改进产品、发现市场的商业机会。

（8）业务管理。企业的整个业务管理将涉及人、财、物等多个方面,如企业和企业、企业和消费者及企业内部等各方面的协调和管理。因此,业务管理是涉及商务活动全过程的管理。

16.3　思考与讨论

16.3.1　问题思考

1. 什么是信息社会? 其主要特征是什么?
2. 什么是信息化?
3. 我国信息化发展的战略重点是什么?
4. 计算机应用领域有哪些方面?
5. 举例说明电子商务的应用。

16.3.2　课外讨论

1. 谈谈信息化对自己产生的影响。
2. 我国信息化发展的主要领域有哪些?
3. 淘宝网是著名的购物网站,结合自己的亲身购物经历,说明电子商务给我们的生活带来了什么影响。
4. 根据自己的调查,写出一个计算机应用实例,并进行分析。

第17章 计算机学科体系

【本章导读】

科学技术的进步,计算机应用的深入和普及,人类科学思想体系的变革和人们科学观念的变化,对计算机学科体系不断提出新的挑战。本章从发展的角度,介绍了计算机学科的特点、基本问题和发展主线,计算机学科方法论,以及计算机学科的知识体系。读者可以了解和掌握计算机学科体系和学科方法论,熟悉计算机学科的主要研究内容。

【本章主要知识点】

① 计算机学科的特点与基本问题;
② 计算机学科的发展主线;
③ 计算机学科方法论与学科知识体系;
④ 计算机学科的研究内容。

17.1 计算机学科概论

计算机科学与技术作为信息时代的最关键的科学与技术之一,计算机学科在信息社会中起着重要作用。

17.1.1 计算机学科的特点

计算机学科是研究计算机及其周围各种现象和规律的科学,亦即研究计算机系统结构、软件系统、人工智能以及计算本身的性质和问题的学科。计算机科学是一门包含各种各样与计算和信息处理相关主题的系统学科,从抽象的算法分析、形式化语法等,到具体的如编程语言、程序设计、软件和硬件等。

1. 计算机学科的特点

计算机科学作为一门最年轻的学科,与其他学科相比有自己的特点,主要表现在新、快、强3个方面。

(1)学科新。计算机整个学科历史还不到半个世纪。形成一门学科体系,远比某项新技术的发明推广要难得多,可以说计算机科学与技术被社会所认识是从 20 世纪 60 年代开始的,在中国则是改革开放以后。但它的发展速度是惊人的,没有哪一门学科有如此发展速度,受到社会各阶层欢迎。也正是这种"新"推动着整个社会迅速由工业化向信息化过渡,也正是这种"新"使学科整个知识结构不像其他学科那么全面、严密,新的发现,新的发展,反过来都对其学科基础提出新的要求,对学科教育提出新的要求。

(2) 发展快。计算机知识更新周期短,导致的高陈旧率,高淘汰率,使一般人难以招架。昨天才学会的东西或技术,过不了多久,又有更先进、更新的技术代替它了。所以,计算机学科永远是年轻人的学科。这种高陈旧率、高淘汰率使从事它的人付出的劳动具有高度复杂性和超负荷性。所以,从事计算机事业是很辛苦的,必须树立终身学习的意识。

(3) 实践性强。计算机学科具有"双重性",有理论,也有工程技术,所以才称为"计算机科学与技术",与数学这类理科学科比,理论要求不低,理论课程不少;与工程技术为主的工科比,其实践性要求不比它们低,我国计算机专家、清华大学的吴文虎教授就说过:学计算机不但要听,更多是练出来的。很好地说明了学习计算机的学习特点。

2. 计算机学科的知识层次

作为学科知识一般可以按照基础理论、专业基础和实际应用三个层面来对知识进行逻辑上的划分,根据计算机学科的特点,可以分为学科应用层、专业基础层和理论基础层,外加数学、物理等其他学科的基础支撑层。

(1) 学科应用层。包括人工智能应用与系统、信息、管理与决策、移动计算、计算可视化、科学计算、计算机设计制造和自动控制等各个方向。

(2) 专业基础层。为应用层提供技术和环境的层面,包括软件开发方法学、计算机网络与通信技术、程序设计科学、计算机体系结构和电子计算机系统基础。

(3) 理论基础层。主要包括计算机的数字理论、高等逻辑、信息理论、算法理论、网络理论、模型论、计算复杂性理论、程序设计语言理论和形式语义学等。理论基础层是较为高级的部分,是计算机科学与技术的基础。

(4) 基础支撑层。计算机学科实际上是在数学与物理学为基础上综合发展,物化而形成的学科,它与数学、物理有千丝万缕的联系。物理为其硬件提供了基础,数学为其软件提供支持。

17.1.2　计算机学科的基本问题

任何一个学科的发展,总是围绕着学科的基本问题,以及在扩展学科应用领域的过程中,围绕着一些必须解决的重大问题,不断地向前发展。若干方向构成了学科的主流方向,也就构成了学科发展的基本问题。在计算机科学与技术学科中主要围绕 3 个基本问题:计算机的平台与环境问题;计算过程的能行操作与效率问题;计算的正确性问题。

1. 计算机的平台与环境问题

为了实现计算,除了应用人脑这个无与伦比的计算机外,人们更希望能有真正代替头脑的物化产品,所以首先想到了要发明和制造自动计算机器,也就是说计算机是实现自动计算的物化平台。作为计算平台它除了计算的功能外,在使用上还必须比较方便,这就是所谓的计算环境问题。

从计算机的发展历史可以清楚看到，正是这个基本问题的要求推进了计算机技术的不断发展，从最早的卡片、纸带穿孔输入到 DOS 命令操作，到可视化人机界面；输出也从单纯的屏幕、文字打印输出到多媒体三维动态、虚拟现实等。不难看出，关于计算机平台和环境问题涉及的计算机科学理论研究中指出的各种计算模型，各种实际的计算机系统、各种高级程序设计语言、各种计算机体系结构、各种软件开发工具与环境、编译程序、操作系统等都是围绕解决这一基本问题而发展的。其内容实质可归结为计算模型的实现与优化问题，即计算模型（广义的）能行性问题。

2. 计算过程的能行操作与效率问题

计算过程的能行操作与效率问题也是学科的基本问题。一个实际问题在判明有可计算的性质后，从具体解决这个问题着眼，必须按照能行操作的特点与要求，给出实际解决该问题的一步一步的能行具体操作，同时还必须确保这样的一种过程的开销成本是使用者能够承受的，如计算的时间、对存储容量的要求等。

围绕这一基本问题，学科中发展了大量与之相关的研究内容与分支学科方向。例如，数值与非数值计算方法、算法设计与分析、结构化程序设计技术与效率分析，以计算机部件为背景的集成电路技术、快速算法、数学系统逻辑设计、程序设计方法学、自动布线、RISC 技术、人工智能的推理技术等分支学科的内容都是围绕这一基本问题展开而形成的。计算机过程的能行性与效率问题的核心是基于某一恰当计算模型的方法问题，这也就是在本学科发展的早期为什么被看成是算法的学问的根本所在，因为，当时计算平台与环境和计算的正确性问题还不是很突出，从中也反映了算法问题在计算机科学与技术中的分量。

3. 计算的正确性问题

计算的正确性是任何计算工作都不能回避的问题，特别是对用各种自动计算机器进行的计算。一个计算问题在给出了能行操作序列，并解决了效率问题之后，必须保证计算结果的正确性，否则，计算是无任何意义的。

围绕这一基本问题，学科发展了一些相关的分支学科与研究方向。例如，算法理论、程序理论（程序描述与验证的理论基础）、程序设计语言的语义学、程序测试技术、电路测试技术、软件工程技术（形式化的软件开展方法学）、计算语言学、容错理论与技术、Petri网理论、CSP 理论、CCS 理论、进程代数与分布式事件代数、分布式网络协议等都是为解决这一基本问题而发展形成的。

计算的正确性问题常常可以归结为各种语义描述与求值问题，一般表现为先发展某种合适的计算模型，再用计算模型来描述各种语义。只有语义的正确性才能保证计算（广义的）的正确性，所以计算的正确性与计算模型的选择、语义的描述是连在一起的，这也从一个侧面揭示了语义学在整个学科中的重要地位。这也就是为什么"语言"在编制大型软件时有讲究的原因。任何一种语言必须表达明确、语义无误、不会自相矛盾，才能保证计算过程和计算结果的正确性，所以语义研究在计算机研究中占着重要的地位。

以上三个基本问题并不是孤立地只出现在某些学科分支方向中，而是普遍地出现在学科的各个分支学科和研究方向之中，是学科研究与发展中经常面对而又必须解决的问题。

17.1.3　计算机学科的发展主线

在计算机的发展过程中,人们围绕着不间断地追求制造出各种新型计算机系统,拓展和提高计算机的应用领域和应用水平两个目标。从计算机的物化外显和学科思想与自动计算思想的内涵这两个方面看,计算机科学与技术学科发展一直是围绕着计算机模型这个核心问题,分别在系统结构与硬件技术、语言与软件开发、计算数学与应用数学发展和计算机应用这四条相对独立的主线上展开的。

1. "计算模型"学科发展的核心

事实上计算模型理论的提出和探索决定了计算机科学与技术学科的发展方向,它在学科的发展中处在核心的地位。

图灵机、波斯特系统、递归函数论、λ演算这些相互等价的计算模型的提出,直接导致了电子计算机的诞生。冯·诺依曼存储程序原理是对图灵机这个计算模型的具体物化模型,也正是冯·诺依曼模型主导了半个世纪计算机发展的方向原因。当人们要进一步设计出新的智能型计算机时,就发现冯·诺依曼模型的局限性,第5代智能机迟迟不能推出,在很大程度上是计算模型理论的贫乏制约了计算机的发展。

计算机系统结构的设计过程是将冯·诺依曼模型的具体化的过程,也就是对计算模型的具体化实现的过程。在这里计算模型理论直接决定了系统的抽象、设计走向。20世纪80年代开始,在超大规模集成电路技术发展和应用背景的强劲支持下,人们开始了非冯·诺依曼机的研究,从而导致了在计算机科学基础研究中开始对非图灵计算模型的研究。这种研究试图改善图灵机的功能结构,使之在应用上更加方便。有的研究还把人工智能技术引入到机器的定义之中,如自动推理技术、神经元网络计算技术等。1989年,布卢姆(L. blum)等人发展了一种实数域上的计算模型,称之为 BSS 机器。该计算模型与图灵机的不同之处是所定义的数域不同,图灵机是定义在非负整数集合上的计算模型,而该模型的计算机即可处理整数,也可处理实数,还可以处理复数乃至其他数域上的计算。

在语言和软件设计中,计算模型的作用表现在每一种语言都有它的词法、文法、语义和语用四个方面的内容。词法和文法构成了语言的语法。计算机程序设计语言也是一种语言,因而也具有语言所具有的词法、文法、语义和语用的内容。

语言学家乔姆斯基(N. chomsky)于20世纪50年代后期创立了转换生成语言学理论。该理论的核心思想在数学上表示为语言可以通过字母表和表上定义的一组语法规则(含词法和文法规则)经演绎过程生成。文法按照其文法规则的复杂程度被分成四类,即短语结构文法、上下文有关文法、上下文无关文法和正则文法(或正规文法)。20世纪60年代进一步研究表明,不同的文法类实际上分别同当时已建立的一些自动计算机器模型是等价的,这其中包括了图灵机、线性界限自动机等。

乔姆斯基的转换生成语言学在语言与计算机器之间建立了联系,扩展了人们对计算模型的认识。许多人开始认识到,计算模型不应简单地理解为描述科学计算过程的一种抽象机器,而是对一类构造性的能行过程进行描述的一种抽象的形式系统。这种抽象的形式系统可以是一种数学机器，也可以不是；可以是静态的，也可以是动态的。拓展了人们对"计算"的内涵的理解。使人们认识到，关于语言语义的研究和其他许多问题的研究都可以归结为对计算模型的研究。

总而言之，计算模型在计算机科学与技术学科中处于研究核心的地位。

2．计算机系统结构与硬件方向主线

对计算机系统结构体系的研究是计算机学科发展的主线，并且它的研究成果直接推动了计算机硬件技术的发展。

最初的计算机研制都是逐个进行设计、制造的，每一台计算机都有可能有自己的体系结构和自己相应的指令系统，往往机器之间是不能兼容的。高级语言的出现使计算机系统的兼容问题得到了某种程度的缓解，但由于编译程序与硬件密切相关，兼容性问题还不能完全解决。20世纪六七十年代以后，随着大规模和超大规模集成电路（LSI/VLSI）技术的成熟，人们对计算机的体系结构，软、硬件之间的关系有了更进一步的认识。从开始的硬件、软件独立开发和硬件开发中更多关心的是各部件的内部构造和外部特征的认识，通过集成电路技术人们发现必须用整体观来看待计算机的开发过程，认识到现代计算机系统是硬件、软件、计算环境、网络、通信高度集成的有机的复杂系统，打破了那种体系结构单纯是硬件范畴的片面认识。

随着人们计算机应用水平要求的提高，并行计算机的提出，人们对计算机体系结构做了大量的研究，解决了一系列的像流水线向量机技术、阵列式机、高速缓存技术、协处理器技术等问题。

多机系统技术和网络技术的成熟，在学科的分支上提出了许多新的研究领域，如并行计算机体系结构、分布式计算机体系结构等。

3．语言与软件开发主线

计算机程序设计语言与软件开发一直是计算机学科研究的主要方向，也就所谓的软件方向。从机器语言、汇编语言到高级语言，从结构式程序到面向对象，从命令式操作界面到可视化这些技术的实现，凝集了人们在计算机软件方向的智慧和心血。

早期的软件开发被认为是一种技术占主导的个人行为，到了20世纪70年代中期以后，随着应用的广泛性和应用系统的复杂性，人们认识到软件开发绝非个人或几个人所能完成的，应该用工程管理的方法来实现，并且必须对软件开发进行规范，从而实现软件的重用，减少资源浪费，缩短软件开发周期，保证软件的正确性和可靠性。从而导致了程序设计理论、软件工程、软件开发方法学等一系列新课题的研究。

并行计算、分布式计算和网络计算等课题的提出，也给软件开发拓展了不少新的研究领域，从而产生了分布式算法、分布式并行处理算法、分布式操作系统、网络操作系统、移动计算、Petri网论、分布式人工智能等研究方向。目前，在并行计算、并行处理算法、并行程序设计语言这些最基本的软件开发工具和开发工作上都还很不成熟，也是目前软件方向的研究热点。导致并行计算机系统上软件开发更为困难的主要原因是由于程序并行、并发、通信和体系结构的日益复杂而引起计算的不确定性，使得系统开发不仅在控制上，更主要的是在语义的正确处理上困难加大。可以预见，分布式和并行软件开发方法学的研究是一个需长期努力的方向。

在软件开发方面,随着计算机整体性能的提高,计算几何、图形学的发展导致了计算机图形图像技术、可视化、虚拟实现等技术的发展,又产生了一系列新的软件研究方向。

4. 应用数学主线

数学是计算机的灵魂,计算机的诞生离不开它的催生,同样围绕着计算机学科的发展反过来又使古老的计算数学、应用数学焕发了新的生机,出现了许多新的分支,这些分支方向的深入研究反过来又进一步促进了计算机应用更广泛、更深入的发展。

科学计算是一个长久不衰的方向。它既是导致计算机产生的直接数学动因,也随着计算机体系结构的变化产生了许多新的数值计算方法,如并行数值计算和分布式并行数值计算,为人类科学计算、预测等提供了更强有力的武器。

几何是数学中最古老的学科分支,是空间形式的抽象。现代几何学中实现了人类思维方式中形数的结合。在计算机出现以后,人们自然而然地想到用计算机来处理图形问题,由此产生了新的研究分支——计算机图形学。它是使用计算机辅助产生图形并对图形进行处理的科学。该分支目前已成为发展最快、最见成效并长期活跃的学科。它的发展极大地推动多媒体技术的发展,连同数据库技术一起又产生了两个新的发展方向,即可视化技术和虚拟实现技术。这两门技术的出现又给程序设计软件业带来深刻的变化,为计算机的迅速普及做出了不可估量的贡献。

随着计算机科学与技术研究的不断深化,计算科学自身发展的各种计算科学新理论也不断出现。比如,可计算性与复杂性理论、高等逻辑(模型论与各种非经典逻辑)、形式语言与自动机、形式语义学、Petri网论、通信顺序进程(CSP)、通信系统演算(CCS)、λ演算、进程代数(PA)、分布式事件代数(DEA)、项重写系统、图文法、类型理论、程序不动点理论、框图理论、有序类别代数等。这些高深的理论都为计算科学提供了更丰富、更厚实的基础。随着冯·诺依曼机结构与智能计算机的实现之间所产生的问题,新的计算模型必然要产生,由此人类对计算科学的认识将上升到更高的层次。

学科的发展和重大突破离不开学科核心知识的变化和更新。计算数学作为计算机科学的基础,也必须随之发展变化。人们预计计算理论(包括算法理论)、体系结构、高等逻辑与形式语义学将成为支撑计算机科学未来主要发展方向的4大核心专业知识基础。

5. 计算机应用主线

计算机科学与技术之所以能作为一门学科而存在,是和它的广泛应用分不开的。今天的社会正处在向信息化社会过渡的阶段,作为信息处理的主要工具必将在这一进程中发挥越来越大的作用。回顾计算机发展历史,就可以看到计算机技术的应用是任何一门应用技术所不可比拟的,不论是从普及速度,还是应用的广度和深度都是如此。所以计算机应用技术作为推动学科的发展主线是不言而喻的。

17.2　计算机学科方法论

计算机学科方法论是对计算机领域认识和实践过程中的一般方法及其性质特点、内在联系和变化规律进行系统研究的理论总结。据目前研究,其主要内容包括 3 个方面:形态、核心概念及典型的学科方法。

17.2.1　计算机学科的形态

计算机学科的 3 种主要学科形态分别为抽象、理论与设计。它们是计算机学科认知领域中最基本的 3 个概念,反映了人们的认识从感性认识(抽象)到理性认识(理论),再由理性认识(理论)回到实践(设计)中来的科学思维方法。

1. 抽象形态

科学抽象是指在思维中对同类事物去除其现象的、次要的方面,抽取其共同的、主要的方面,从而做到从个别中把握一般,从现象中把握本质的认知过程和思维方法。学科中的抽象形态包含着具体的内容。它们是学科中所具有的科学概念、科学符号和思想模型。按客观现象的研究过程,抽象形态包括以下 4 个步骤:

① 确定可能世界(环境)并形成假设;
② 建造模型并做出预测;
③ 设计实验并收集数据;
④ 对结果进行分析。

抽象源于现实世界。建立对客观事物进行抽象描述的方法,建立具体问题的概念模型,实现对客观世界的感性认识。

2. 理论形态

科学认识由感性阶段上升为理性阶段,就形成了科学理论。科学理论是经过实践检验的系统化了的科学知识体系。它是由科学概念、科学原理以及对这些概念、原理的理论论证所组成的体系。理论源于数学,是从抽象到抽象的升华,它们已经完全脱离现实事物,不受现实事物的限制,具有精确的、优美的特征,因而更能把握事物的本质。

在计算机学科中,按统一、合理的理论发展过程来看,理论形态包括以下 4 个步骤:

① 表述研究对象的特征,对概念进行抽象(定义和公理);
② 假设对象之间的基本性质和对象之间可能存在的关系(定理);
③ 确定这些关系是否为真(证明);
④ 解释结果。

理论源于数学。建立完整的理论体系,建立具体问题的数学模型,从而实现对客观世界的理性认识。

3. 设计形态

设计形态源于工程学,用于系统或设备的开发,以实现给定的任务。设计必须以对自然规律的认识为前提。设计必须创造出相应的人工系统和人工条件,还必须认识自然规律在这些人工系统中和人工条件下的具体表现形式。设计形态的主要特征与抽象、理论两个形态的主要区别是设计形态具有较强的实践性、社会性、综合性。

在计算学科中,从为解决某个问题而实现系统或装置的过程来看,设计形态包括以下4个步骤:

① 需求分析;

② 建立规格说明;

③ 设计并实现该系统;

④ 对系统进行测试、分析、改进与完善。

设计源于工程。对客观世界的感性认识和理性认识的基础上,完成一个具体的任务;对工程设计中所遇到的问题进行总结,提出问题,由理论界去解决它。

4. 3个学科形态的内在联系

3个核心形态实际上反映了计算机学科领域内从事工作的3种文化方式。抽象主要以实验方式揭示对象的性质和相互间的关系;理论关心的是以形式化方式揭示对象的性质和相互之间的关系,这是一种按照某种科学规律构筑人工的典型模式;设计以生产方式对这些性质和关系的一种特定的实现,完成具体而有用的任务。

抽象和设计阶段出现了理论;理论和设计阶段需要抽象(模型化);理论和抽象阶段需要设计去实现,验证在现实是否可行。

17.2.2 计算机学科的核心概念

1. 核心概念的特点

核心概念是方法论的重要组成内容。一般具有以下特点:

① 在本学科的不少分支学科中经常出现,甚至在学科中普遍出现;

② 在各分支领域及抽象、理论总结和设计3个过程的各个层面上都有很多示例,虽然各个学科中的具体解释在形式上有差异,但相互之间存在着重要联系;

③ 在理论上有可延展和变形的作用,在技术上有高度的独立性;

④ 一般都在数学、科学与工程中出现。

2. 计算机学科的12个核心概念

计算机学科的核心概念是学科的思想、原则、方法与技术过程的集中体现,深入了解这些概念并加以适当的运用,是从成长为成熟的计算机科学家或工程师的标志之一。

(1) 绑定(Binding)。通过将一个抽象的概念与附加特性相联系,从而使一个抽象概念具体化的过程。例如,把一个进程与一个处理机、一种类型与一个变量名、一个库目标程序与子程序中的一个符号引用等分别关联起来。

绑定在许多计算机领域中都存在很多实例。面向对象程序设计中的多态性特征将这一概念发挥得淋漓尽致。程序在运行期间的多态性取决于函数名与函数体相关联的动态性，只有支持动态绑定的程序设计语言才能表达运行期间的多态性，而传统语言通常只支持函数名与函数体的静态绑定。

（2）大问题的复杂性（Complexity of Large Problems）。随着问题规模的增长，复杂性呈非线性增加的效应。假如我们编写的程序只是处理全班近百人的成绩排序，选择一个最简单的排序算法就可以了。但如果我们编写的程序负责处理全省几十万考生的高考成绩排序，就必须认真选择一个排序算法，因为随着数据量的增大，一个不好的算法的执行时间可能是按指数级增长的。

软件设计中的许多机制正是面向复杂问题的。例如在一个小小程序中标识符的命名原则是无关紧要的，但在一个多人合作开发的软件系统中这种重要性会体现出来；goto语句自由灵活、随意操控，但实践证明了在复杂程序中控制流的无序弊远大于利；结构化程序设计已取得不错成绩，但在更大规模问题求解时保持解空间与问题空间结构的一致性显得更重要。

从某种意义上说，程序设计技术发展至今的两个里程碑（结构化程序设计的诞生和面向对象程序设计的诞生）都是因为应用领域的问题规模与复杂性不断增长而驱动的。

（3）概念和形式模型（Conceptual and Formal Models）。对一个想法或问题进行形式化、特征化、可视化和思维的各种方法。例如，在逻辑、开关理论和计算理论中的形式模型，基于形式模型的程序设计语言的风范，关于概念模型，诸如抽象数据类型、语义数据类型以及用于指定系统设计的图形语言，如数据流和实体关系图。

概念和形式模型主要采用数学方法进行研究。例如用于研究计算能力的常用计算模型有图灵机、递归函数、λ 演算等；用于研究并行与分布式特性的常用并发模型有 Petri 网、CCS、π 演算等。

只有跨越了形式化与非形式化的鸿沟，才能到达软件自动化的彼岸。在程序设计语言的语法方面，由于建立了完善的概念和形式模型，包括线性文法与上下文无关文法、有限自动机与下推自动机、正则表达式与巴克斯范式等，所以对任何新设计语言的词法分析与语法分析可实现自动化。

（4）一致性和完备性（Consistency and Completeness）。在计算机中一致性和完备性概念的具体体现包括诸如正确性、健壮性、可靠性这类相关的概念。一致性包括用作形式说明的一组公理的一致性、观察到的事实与理论的一致性、一种语言或接口设计的内部一致性等。正确性可看做部件或系统的行为对声称的设计说明的一致性。完备性包括给出的一组公理使其能获得预期行为的充分性、软件和硬件系统功能的充分性，以及系统处于出错和非预期情况下保持正常行为的能力。

一致性与完备性是一个系统必须满足的两个性质，在形式系统中这两个性质更加突出。对于一个新的公理系统，人们首先会质问的问题就是该系统是否一致？该系统是否完备？一致性是一个相对的概念，通常是在对立统一的双方之间应满足的关系，例如实现相对于规格说明的一致性（即程序的正确性）、数据流图分解相对于原图的一致性、函数实现相对于函数原型中参数、返回值、异常处理的一致性等。完备性也应该是一个相对的概念，通常是相对于某种应用需求而言。完备性与简单性经常会产生矛盾，应采用折衷的方法获得结论。

（5）效率（Efficiency）。关于诸如空间、时间、人力、财力等资源耗费的度量。例如，一个算法的空间和时间复杂性理论的评估。可行性是表示某种预期的结果（如项目的完成或元件制作的完成）被达到的效率，以及一个给定的实现过程较之替代的实现过程的效率。

对算法的时空效率进行分析是最常见的一个实例。但设计与实现算法的人力、财力等资源耗费经常会被忽略。销量像 Windows 一样的商品化软件时，投入再多人力、财力也在所不惜，但作为普通的应用软件当然不值得这样精益求精。

与其他商品的生产一样，软件生产不能单纯追求产品的性能，同样重要的是提高产品的性能价格比。软件产业追求的目标不仅仅是软件产品运行的效率，而且还包括软件产品生产的效率。考虑效率的最佳方法是将多个因素综合起来，通过折衷获得结论。

（6）演化（Evolution）。更改的事实和它的意义。更改时各层次所造成的冲击，以及面对更改的事实，抽象、技术和系统的适应性及充分性。例如，形式模型随时间变化表示系统状况的能力，以及一个设计对环境要求的更改和供配置使用的需求、工具和设备的更改的承受能力。

演化要表达的实际上是生命周期的概念，软件设计活动贯穿了整个软件生命周期，包括各种类型的系统维护活动。

（7）抽象层次（Levels of Abstraction）。计算中抽象的本质和使用。在处理复杂事物、构造系统、隐藏细节及获取重复模式方面使用抽象，通过具有不同层次的细节和指标的抽象能够表示一个实体或系统。例如，硬件描述的层次、在目标层级内指标的层次、在程序设计语言中类的概念，以及在问题解答中从规格说明到编码提供的详细层次。

抽象是人类认知世界的最基本思维方式之一。罗素曾断言：发现一对鸡、两昼夜都是数 2 的实例，一定需要很多年代，其中所包含的抽象程度确实不易达到；至于 1 是一个数的发现，也必定很困难。

抽象源于人类自身控制复杂性能力的不足。我们无法同时把握太多的细节，复杂的问题迫使我们将这些相关的概念组织成不同的抽象层次。日常生活中的 is-a 关系是人们对概念进行抽象和分类的结果，例如苹果是一种水果，水果是一种植物等。将这种 is-a 关系在程序中直接表达出来而形成的继承机制，是面向对象程序设计最重要的特征之一。

（8）空间有序（Ordering in Space）。在计算学科中局部性和近邻性概念。除了物理上的定位（如在网络和存储中）外，还包括组织方式的定位（如处理机进程、类型定义和有关操作的定位），以及概念上的定位（如软件的辖域、耦合、内聚等）。

软件工程师的桌面上总是整洁的，因为其喜欢空间有序。桌面一塌糊涂的人可能是天才，但未必能成为一名合格的软件工程师。

（9）时间有序（Ordering in Time）。按事件排序中的时间概念。其包括在形式概念中把时间作为参数（如在时态逻辑中），时间作为分布于空间的进程同步的手段，时间算法执行的基本要素。时间有序作为一种和谐的美存在，其最大特点是在生命周期中表现出的对称性。有对象创建就有对象消亡，有构造函数就有析构函数，有保存屏幕就有恢复屏幕，有申请存储空间就有释放存储空间等。

时间有序与空间有序是天生的一对。程序中时间的有序应尽量与空间的有序保持一致，如果一个对象的创建与消亡分别写在两个毫无关联的程序段中，潜在的危害性是可想而知的。

（10）重用（Reuse）。在新的情况或环境下，特定的技术、概念或系统成分可被再次使用的能力。例如，可移植性、软件库和硬件部件的重用，促进软件成分重用的技术，以及促进可重用软件模块开发的语言抽象等。

软件重用的对象除源代码外，还包括规格说明、系统设计、测试用例等。软件生命周期中越前端的重用意义越重大。现有的许多努力都是面向源代码一级的重用，例如程序的模块化、封装与信息隐藏、数据抽象、继承、异常处理等机制。其包括当前热门的CORBA、DCOM 等利用构件组装软件系统的技术。

软件重用被认为是软件行业提高生产率的有效途径，然而许多技术与非技术因素阻碍了软件重用的应用与推广。从技术上看，只要形式化方法的研究没有重大突破，软件重用就不可能有质的飞跃。而非技术因素也不可小觑，其中包括了许多社会的、经济的、甚至心理的因素。

（11）安全性（Security）。软件和硬件系统对合适的响应及抗拒不合适的非预期的请求以保护自己的能力；计算机设备承受灾难事件（例如自然灾害、人为破坏）的能力。例如，在程序设计语言中为防止数据对象和函数的误用而提供的类型检测和其他概念，数据保密，数据库管理系统中特权的授权和取消，在用户接口上把用户出错减少到最小的特性，计算机设备的实际安全性度量，一个系统中各层次的安全机制。

一个容易被忽略的安全性问题是如何在程序设计过程中防止程序员无意犯错（这些错误通常不会是有意的）；而另一个容易被忽略的安全性是如何在人机交互过程中防止用户无意犯错（在大多数情况下这些错误也不会是有意攻击），一个用户界面友好的软件系统除了用户操作方便外，还应提供这方面的帮助。

（12）折衷和结论（Tradeoffs and Consequences）。计算中折衷存在的现实性和这种折衷的结论。选择一种设计来替代另一种设计所产生的技术、经济、文化及其他方面的影响。

折衷是存在于所有计算机领域各个层次上的基本事实。例如，在算法研究中空间和时间的折衷，对于矛盾的设计目标所采取的折衷（例如易用性与完备性、灵活性与简单性、低成本与高可靠等），硬件设计的折衷，在各种制约下优化计算能力所蕴含的折衷。一个省时间的算法通常占用较多空间，而省空间的算法往往在时间上并非最佳，选用哪种算法取决于程序的应用环境。

程序设计中的类属机制是严格性与灵活性这一对矛盾目标的折衷结论。Smalltalk、CLOS 等语言放松了类型检查以获取灵活性，C 语言采用指向空值的指针表示通用类型，但这两种折衷方式舍弃安全性而就灵活性。C++ 语言提供的类属机制同时实现了这两个目标，显然是一种更理想的折衷结论。

17.2.3　计算机学科的典型方法

1. 内涵与外延方法

内涵与外延是哲学的两个基本概念。内涵是指一个概念所反映的事物的本质属性的总和，也就是概念的内容。外延是指概念所界定的所有对象的集合，即所有满足概念定义属性的对象的集合。内涵与外延的方法广泛出现在计算机科学的许多分支学科中，是一个能够对无穷对象的集合作分类处理的方法。为了对被研究对象作概念上的抽象，我们需要内涵与外延的方法。

2. 构造性方法

构造性方法是整个计算机学科中最本质的方法。这是一种能够对论域为无穷的客观事物按其有限构造特征进行处理的方法。构造性方法以递归、归纳和迭代技术为代表形式。在递归函数论中使用递归定义和归纳证明技术；在方程求根和函数计算中使用迭代技术。而且在程序设计语言的文法定义和自然演绎逻辑系统的构造中，在关系数据理论模型和对象模型的研究中，以及在编译方法、软件工程、计算机原理、算法设计和程序设计中均大量使用了递归、归纳和迭代等构造性方法。

3. 公理化方法

公理化方法也是计算机科学的一种典型方法。它能帮助学生认识一个系统如何严格表述，帮助学生认识完备性和无矛盾性对一个公理系统的重要性，以及每一条公理深刻的背景、独立性和作用。但是，由于其深刻的哲学意义、学术深度，公理化方法在本科的课程中较少出现。

近年来，除了在形式语义学的研究中使用公理化方法外，开放信息系统的研究都采用了公理化方法或吸取了公理化方法的思想。随着学科发展的深化，预计这一方法还将在一些分支方向上得到运用，并推动学科进一步深入发展。

17.3　计算机学科体系

计算机科学技术是研究计算机的设计与制造，利用计算机进行信息获取、表示、存储、处理、控制和传输等的理论、原则、方法和技术的学科。

17.3.1　计算机学科知识体系

计算机科学是以计算机为研究对象的一门科学。它是一门研究范畴十分广泛、发展非常迅速的新兴学科。在计算机科学领域，理论是根基，技术是表现，两者互为依托。算法为计算机科学的首要问题或者核心问题。我们不应该只重视计算机技术，更应该重视计算机的数学理论基础、计算机思维的方法论、计算机科学知识的交叉性，只有这样才能真正有所提高,有所收获。

1. 离散结构(DS)

离散结构是计算机科学的基础内容。计算机科学与技术的许多领域都要用到离散结构中的概念。离散结构包括集合论、逻辑学、图论和组合数学等重要内容。数据结构和算法分析与设计中含有大量离散结构的内容。为了理解将来的计算技术,需要对离散结构有深入的理解。

2. 程序设计基础(PF)

程序设计基础领域的知识由程序设计基本概念和程序设计技巧组成。这一领域包括的知识单元有程序设计基本概念、基本数据结构和算法等,这些内容覆盖了计算机科学与技术专业的本科生必须了解和掌握的整个程序设计的知识范围。

熟练掌握程序设计语言是学习计算机科学与技术大多数内容的前提,学生至少应该熟练掌握两种程序设计语言。

3. 算法与复杂性(AL)

算法是计算机科学和软件工程的基础,现实世界中,各软件系统的性能依赖于算法的设计及实现的效率和适应性。好的算法对于软件系统的性能是至关重要的,因而学习算法会对问题的本质有更深入的透视。

并不是所有问题都是算法可解的,如何给问题选择适当的算法是关键所在。要做到这一点,先要理解问题,知道相关算法的优点和缺点,及它们在特定环境下解的复杂性,一个好的算法其效率一定是比较高的。

4. 计算机组织与体系结构(AR)

作为计算机专业的学生,应当对计算机的内部结构、功能部件、功能特征、性能以及交互方式有所了解,而不应当把它看做一个执行程序的黑盒子。还应当了解计算机的系统结构,以便在编写程序时能根据计算机的特征编写出更加高效的程序。在选择计算机产品方面,应当能够理解各种部件选择之间的权衡,如 CPU 时钟频率和存储器容量等。

5. 计算机操作系统(OS)

操作系统是硬件性能的抽象,人们通过它来控制硬件。它也负责计算机用户间的资源分配和管理工作。要求学生在学习内部算法实现和数据结构之前对操作系统有比较深入的理解。因而这部分内容不仅强调操作系统的使用(外部特性),更强调它的设计和实现(内部特性)。

操作系统中的许多思想也可以用于计算机的其他领域,如并发程序设计、算法设计和实现、虚拟环境的创建、安全系统的创建及网络管理等。

6. 网络及其计算(NC)

计算机和远程通信网络尤其是基于 TCP/IP 网络的发展,需要强大的互联网技术作为支撑,网络及其计算领域主要包括计算机通信网络概念和协议、多媒体系统、万维网标准和技术、网络安全、移动计算及分布式系统等。

要精通这个领域必须具有理论和实践两方面的知识,其中实验是必不可少的。实验可以使学生更好地理解概念,学会处理实际问题。实验包括数据收集和综合、协议分析、网络监控与管理、软件结构和设计模型评价等。

7. 程序设计语言(PL)

程序设计语言是程序员与计算机之间"对话"的媒介。一个程序员不仅要熟练掌握一门语言,更要了解各种程序设计语言的风格。工作中,程序员会使用不同风格的语言,也会遇到许多不同的语言。

为了能够迅速地掌握一门语言,程序员必须理解语言的语义及这些语言表现出来的设计风格。要理解编程语言实用的一面,也需要有语言翻译和诸如存储分配方面的基础知识。

8. 人机交互(HC)

人机交互是一门研究系统与用户之间的交互关系的学问。系统可以是各种各样的机器,也可以是计算机化的系统和软件。人机交互界面通常是指用户可见的部分,用户通过人机交互界面与系统交流,并进行操作。小如收音机的播放按键,大至飞机上的仪表板、或是发电厂的控制室。人机交互界面的设计要包含用户对系统的理解(即心智模型),那是为了系统的可用性或者用户友好性。

9. 图形学和可视化计算(GV)

计算机图形学和可视化计算可以划分成计算机图形学、可视化技术、虚拟现实及计算机视觉4个相互关联的领域。计算机图形学是一门以计算机产生并在其上展示的图像作为通信信息的艺术和科学。当前的可视化技术主要是探索人类的视觉能力,但其他的感知通道,包括触觉和听觉,也均在考虑之中。虚拟现实是要让用户经历由计算机图形学以及可能的其他感知通道所产生的三维环境,提供一种能增进用户与计算机创建的"世界"交互作用的环境。

10. 智能系统(IS)

人工智能领域所关注的是关于自动主体系统的设计和分析。这些系统中有些是软件系统,而有些系统则还配有传感器和传送器(如机器人或自动飞行器),一个智能系统要有能感知环境、执行既定任务及与其他主体进行交流的能力。这些能力包括计算机视觉、规划和动作、机器人学、多主体系统、语音识别和自然语言理解等领域。

智能系统介绍一些技术工具以解决用其他方法难以解决的问题。其中包括启发式搜索和规划算法、知识表示的形式方法和推理、机器学习技术以及语言理解、计算机视觉、机器人等问题领域中所包含的感知和动作问题的方法等。

11. 信息管理(IM)

信息管理技术在计算机的各个领域都是至关重要的。它包括了信息获取、信息数字化、信息的表示、信息的组织、信息变换和信息的表现、有效存取算法和存储信息、数据模型化和数据抽象以及物理文件存储技术。

信息管理也包含信息安全性、隐私性、完整性以及共享环境下的信息保护。学生需要建立概念上和物理上的数据模型,确定什么信息管理方法和技术适合于一个给定的问题,并选择和实现合适的 IM 解决方案。

12. 软件工程（SE）

软件工程是指高效率地构建满足客户需求的软件系统所需的理论、知识和实践的应用。软件工程适用于各类软件系统的开发。它包含需求分析和规约、设计、构建、测试、运行和维护等软件系统生存周期的所有阶段。软件工程使用过程化方法、技术和质量。它使用管理软件开发的工具、软件制品的分析和建模工具、质量评估与控制工具、确保有条不紊且有控制地实施软件演化和复用的工具。

13. 社会和职业问题（SP）

学生需要对与信息技术领域相关的基本文化、社会、法律和道德等社会和职业问题有所理解。应该知道这个领域的过去、现在和未来。应该有能力提出关于社会对信息技术的影响问题，有能力对这些问题的解决做出评价。将来的从业者必须能够在产品进入特定环境以前，就能预测到可能的影响和后果。学生需要清楚软硬件经销者和用户的权力，还必须遵守相关的职业道德。将来的从业者要清楚背负的责任和失败后可能产生的后果，清楚自身的局限性和所用工具的局限性。所有的从业者必须经历长期的考验才能在信息技术领域站稳脚跟。

14. 数值计算科学（CN）

科学计算已形成一个单独的信息与计算科学学科。它与计算机科学技术既分离却又紧密相关。虽然数值方法和科学计算是计算机专业本科阶段的重要科目之一，但该知识领域的内容是否对所有计算机专业的学生都是必需这一问题尚未得到一致的认可，因此这部分知识不列为计算机学科的核心知识单元。

17.3.2　计算机学科与其他学科的联系

同计算机学科联系最紧密的学科是哲学中的逻辑学，数学中的构造性数学，电学中的微电子科学、通信系统原理、结构与安全性；在不远的将来可能是光电子科学、生物科学中的遗传学和神经生理学，物理和化学科学中的精细材料科学。其影响的切入点主要集中在信息存储、信息传递、认知过程、大规模信息传输的介质和机理方面。

1. 计算机系统的哲学意义

在计算机诞生以前，人类的所有发明创造无非是人的体能的放大和外延，对人的智能却没有多大改变。自从计算机诞生以后，人类的许多发明创造都和人的智能的放大和外延有关。

以往，任何一台机器设备的使用，都必须遵照一定的流程（程序）、工艺（方法）和规则。这些规定和方法并不叫做"软件"。计算机在开始应用的时候也没有软件，但要有一定的程序，开始时采用布线逻辑控制，后来使用机器语言 0 和 1 来编写程序，操纵计算机，但是很复杂，不易于掌握。在后来研制的计算机中采用了汇编语言和 Basic、Fortran、C 等高级语言来编写程序。这种发展起来的编程语言大大简化了计算机的操作，构成了计算机的"软件"，成为计算机不可缺少的组成部分。后来"软件"的内涵逐步扩大，从早期的编程语言发展到操作系统以及各种通用的系统软件和专用的应用软件,与此同时,计算机的功能和作用也不断扩大。"软件"成为计算机的应用方法和发挥计算机潜能以满足各种需求的应用程序系统,这便是现代的"软件概念"。

计算机的"软件"与"硬件"相辅相成、相互促进、交互主导、协调发展。在计算机应用的初级阶段,计算机单机运行,以硬件的发展为主,软件从属于硬件的发展。20世纪六七十年代,计算机联机运行,出现了"主机+终端"结构,以软件的发展为主,发展了操作系统和系统软件。20世纪80年代,计算机的发展以硬件为主,出现了性能不断提高和型号不断变化的PC和便携计算机,计算机获得极大普及;与此同时,各种通用软件和专用软件也获得了很大发展。进入20世纪90年代以来,互联网兴起、PC大量入网运行、计算机网络化对软件提出了新的更高的要求。20世纪90年代的计算机以软件的发展为主,同时对硬件也提出了新的要求,价廉物美、使用方便的"网络计算机"和移动计算机将成为新潮流。

总之,从计算机发展的整个历程来看,计算机的软件和硬件是相辅相成、相互促进的。在一个时期内硬件领先,软件相对滞后,硬件要求软件与之配合;在另一个时间内软件占主导地位,硬件相对滞后,软件促进了硬件的发展,软件与硬件呈现相互主导、协调发展的总态势。这种发展趋势,就像一个人走路一样,左右脚交互领先,协调前进。

"软件概念"的泛化,"软件"与"硬件"成为现代技术装备和社会事物的基本结构。

"软件"本来特指计算机的应用方法和应用程序系统。由于"软件"在计算机发展中的巨大作用和软件产业在现代经济发展中的重要地位,使社会各界对"软件"无不刮目相看。"软件概念"深入人心并促使其内涵和意义进一步泛化,已远远超出了计算机软件的范畴。此时的"软件"和"硬件"概念,已是泛指具有计算机"软件"和"硬件"功能的构成和事物。"软件"和"硬件"成为现代技术装备的基本结构和两大基本组成部分;"软件"和"硬件"也成了现代事物和社会管理的基本结构和两大基本组成部分。人们普遍借用"软件"和"硬件"的概念来观察、分析、研究技术结构、社会结构、经济发展、社会管理等,已经善于将事物分为"软件"和"硬件",然后分析各自的情况和相互关系,找出它们之间的问题和矛盾,以便寻求解决问题的途径和策略。重"硬件"轻"软件"的旧观念已经落伍。人们从历史的教训中认识到了"软件"的重大作用,开始把目光和力量投入到"软件"产业的开发。

从"软件"与"硬件"内涵的外延和升华,发展到"软"与"硬"的关系,构成一组新的哲学范畴。"软件"内涵的外延和泛化,涌现了一系列"新概念",像"软经济"、"软科学"、"软专家"、"软管理"、"软系统"等。这一系列"新概念"都借用了"软件"的"软"内涵,都与各自对应的"硬件"的"硬"观念相区别。这一系列"软概念"的兴起,表明"软件"和"硬件"中所包含的"软"和"硬"的概念已深入到社会生活的各个领域,成为一组具有普遍意义的新概念,具有鲜明的时代特征。

2. 计算机科学与数学

数学是计算机科学的主要基础,以离散数学为代表的应用数学是描述学科理论、方法和技术的主要工具。计算机科学与技术学科中不仅许多理论是用数学描述的,而且许多技术也是用数学描述的。

近年来,学科基础研究和技术开发越来越多地同数学建立更为紧密的联系,对各种数学工具的使用不仅越来越广泛,而且越来越深入。例如,逻辑学在学科中的应用从早期的数理逻辑发展到今天的模型论和非经典逻辑;代数学在学科中的应用从早期的抽象代数发展到今天的泛代数;几何学的应用从早期的二维平面计算机绘图发展到今天的三维动画软件系统;并在与复分析的结合中产生了分形理论与技术;在数据压缩与还原、信息安全方面引入了小波理论、代数编码理论等;非线性规划方法在复杂动态问题中的处理等都已经在学科中找到具体应用。

电子计算机快速、准确的演算能力给数学方法带来了革新。它的应用改变了那些被认为"纯数学"、"纯理论"根本无法求解的数学方程,能够直接与生产结合,定量地指导生产实践,如量子力学中的薛定谔方程(Schrdinger Equation)等。它的应用使数学方法渗透到各个领域,特别是渗透到那些过去被认为与数学关系不大的学科领域,产生出新的数学分支,如计算天文学、计算物理学、计算化学、经济数学等。它的应用促进了数学本身的发展,使这门一向置身于实验科学之外的科学挤进了实验学科的行列,使数学的面貌为之一新。人们利用电子计算机快速、准确的计算性能,可以对某些数学问题的求解进行试算工作。如美国数学家多拉,运用这种数学试验方法,探讨了非线性现象,用计算机求解,结果在荧光屏上找到了非线性方程的数学解(孤立子方程)。这是计算机应用史上的重大突破,它体现了数学方法的重大变革。电子计算机的应用使系统方法由定性到定量研究事物、解决问题成为可能。如果没有计算机,要运用系统方法解决最优设计、最优控制、最优管理是不可想象的。

计算机系统运行的严密性、学科理论方法与实现技术的高度一致是计算机科学与技术学科同数学学科密切相关的根本原因。从学科特点和学科方法论的角度考察,计算机科学与技术学科的主要基础是数学,特别是数学中以代数、逻辑为代表的离散数学;而程序技术和电子技术仅仅只是计算机科学与技术学科产品或实现的一种技术表现形式。

数理逻辑与抽象代数是学科最重要的两项数学基础。它们的研究思想和研究方法在学科许多有深度的领域得到了最广泛的应用。可以从下列几个方面认识数理逻辑和代数在学科中的地位和作用。

(1) 从计算模型和可计算性的研究来看,可计算函数和可计算谓词是等价的,相互之间可以转化。这就是说,计算可以用函数演算来表达,也可以用逻辑推理来表达。作为计算模型可以计算的函数恰好与可计算谓词是等价的,而且,数理逻辑本身的研究也广泛使用代数方法;同时,逻辑系统又能通过自身的无矛盾性保证这样一种计算模型是合理的。由此可见,作为一种数学形式系统,图灵机及其与它等价的计算模型的逻辑基础是坚实的。

(2) 在实际计算机的设计与制造中,使用数字逻辑技术实现计算机各种运算的理论基础是代数和布尔代数。布尔代数只是在形式演算方面使用了代数的方法,其内容的实质仍然是命题逻辑。依靠代数操作实现的指令系统具有(原始)递归性,而数字逻辑技术和集成电路技术只是计算机系统的一种产品或实现的技术形式。

(3) 从计算机程序设计语言方面考察,语言的理论基础是形式语言、自动机与形式语义学。而形式语言、自动机和形式语义学所采用的主要研究思想和方法来源于数理逻辑和代数。程序设计语言中的许多机制和方法,如子程序调用中的参数代换、赋值等都出自数理逻辑的方法。此外,在语言的语义研究中,4 种语义方法最终可归结为代数和逻辑的方法。这就是说,数理逻辑和代数为语言学提供了方法论的基础。

(4) 在计算机体系结构的研究中,像容错计算机系统、Transputer 计算机、阵列式向量计算机、可变结构的计算机系统结构及其计算模型等都直接或间接与逻辑、代数密不可分。如容错计算机的重要基础之一是多值逻辑;Transputer 计算机的理论基础是 CSP 理论;阵列式向量计算机必须以向量运算为基础;可变结构的计算机系统结构及其计算模型主要采用类似于语义学中的逻辑与代数的方法。

(5) 从计算机各种应用的程序设计方面考察,任何一个可在存储程序式电子数字计算机上运行的程序,其对应的计算方法首先都必须是构造性的,数据表示必须离散化,计算操作必须使用逻辑或代数的方法进行,这些都应体现在算法和程序之中。此外,到现在为止,算法的正确性、程序的语义及其正确性的理论基础仍然是数理逻辑,或进一步的模型论。真正的程序语义是模型论意义上的语义。

高等代数和一般抽象代数只解决了简单个体的论域上的大量运算问题,对具有结构特征和属性成分的复杂个体的论域上的运算问题,表达和处理是不方便的,常常是有困难的。针对这类对象的运算操作及其正确性等语义学问题,有必要发展泛代数和高阶逻辑理论。数学学习除了要求学生具有一般理工科意义上的基础知识训练以外,更重要的是要通过严格的训练,逐步实现思维方式的数学化。

目前,国内外大多数计算机科学与技术工作者数理逻辑基础知识只涉及命题演算、一阶谓词演算和少量的逻辑系统演算特征(范式部分)。近世代数基础知识只涉及群、环、域和格,尚未具备逻辑演算的系统特征中等值代换(替换)和逻辑公式的计算(无嵌套范式和逻辑演算规约等)的基础知识、模型论基础知识和泛代数基础知识,这在今后深入研究具有复杂结构的对象的表示、操作和计算的正确性、人工智能的逻辑基础和非确定性计算问题时常常是不够的。要使工程师在今后的知识更新中能比较顺利地深入掌握新知识,必须加强数理逻辑、抽象代数、集合论、图论、理论计算机科学的修养。

3. 计算机科学与微电子技术

微电子技术是现代电子信息技术的直接基础。美国贝尔研究所的三位科学家因研制成功第一个结晶体三极管,获得 1956 年诺贝尔物理学奖。晶体管成为集成电路技术发展的基础,现代微电子技术就是建立在以集成电路为核心的各种半导体器件基础上的高新电子技术。集成电路的生产始于 1959 年,其特点是体积小、重量轻、可靠性高、工作速度快。衡量微电子技术进步的标志体现在 3 个方面:一是缩小芯片中器件结构的尺寸,即缩小加工线条的宽度;二是增加芯片中所包含的元器件的数量,即扩大集成规模;三是开拓有针对性的设计应用。大规模集成电路指每一单晶硅片上可以集成制作一千个以上的元器件。集成度在一万至十万以上元器件的为超大规模集成电路。20 世纪 80 年代国际上大规模和超大规模集成电路光刻标准线条宽度为 $0.7 \sim 0.8 \mu m$;20 世纪 90 年代的标准线条宽度为 $0.3 \sim 0.5 \mu m$。集成电路有专用电路(如钟表、照相机、洗衣机等电路)和通用电路。通用电路中最典型的是存储器和处理器,应用极为广泛。计算机的换代就取决于这两项集成电路的集成规模。

存储器是具有信息存储能力的器件。随着集成电路的发展,半导体存储器已大范围地取代过去使用的磁性存储器,成为计算机进行数字运算和信息处理过程中的信息存储器件。目前,实验室已做出 8MB 的动态存储器芯片。动态存储器的集成度以每 3 年翻两番的速度发展。

中央处理器(CPU)是集成电路技术的另一重要方面。现代计算机的 CPU 通常由数十万到数百万晶体管组成。20 世纪 70 年代,随着微电子技术的发展,一个完整的 CFU 可以制作在一块指甲大小的硅片上。20 世纪 60 年代初,最快的 CPU 每秒能执行 100 万条指令(MIPS)。1991 年,高档微处理器的速度已达 5000 万～8000 万次。现在继续提高 CPU 速度的精简指令系统技术以及并行运算技术正在发展中。

此外,光学与电子学的结合,成为光电子技术,被称为尖端中的尖端,为微电子技术的进一步发展找到了新的出路。美国《时代》杂志指出,“21 世纪将成为光电子时代。”可以断言,光电子技术将继微电子技术之后再次推动人类科学技术的革命。

4. 计算机科学与生物学

1952 年,微生物学家沃森(J. D. Watson)和克里克(F. H. Crick)宣布他们已经解决了现代生物学最重要的问题,破译出了隐藏在 DNA 分子结构中的“遗传密码”。“密码”这个词汇用得相当巧妙,令人马上联想到信息论中的“信息的编码”,而且还令人想到英国第一台计算机的用途——破译德国的密码。不久 DNA 分子就被普遍认为是某种微型控制论机器,它们储藏并处理极微小单位的、经过化学编码的信息。据称,这些经过编码的信息控制着生物体复制的不连续的过程,当载有全部编码的两条螺旋体被解开时,携带的信息将按储存单位一段段地解读,如同计算机的记忆存储器解读其中的字符串一样。虽然实际上 DNA 的“程序”远没有那么简单,但在“新生物学”突破的初期,似乎维纳的“控制论机器将更接近人”的假设被肯定了,控制论和生物学找到了共同的基础。

在随后的时间里,计算机领域的用语总和生物学语言息息相关,或者互作比喻。“反馈”、“病毒”(Virus)、“人工智能”(AI)、“记忆”(Memory),甚至“语言”(比如 Basic、Pascal 之类计算机编程语言)等诸如此类的大量的拟人化的词汇成为了计算机领域的基本术语;并且计算机因其处理速度不断得到提高而被赋予了进化论的解释。计算机似乎变成了地球上新的“物种”,一种会同人类进行“共生的进化”(凯梅尼语——Basic 语言的发明者)的“智慧物种”。人们开始习惯地认为,不仅自己的基因,而且自己的意识和个人的心理也都是“程序化”的。

20 世纪 80 年代以来,计算机开始进入人们日常生活的各个领域,行政部门、公共机构、教育部门、科研部门、金融机构以及家庭生活等全方位的社会生活领域中都出现了计算机的“身影”。大量拟人化的用语使计算机成为了一种非常“聪明”的智慧生物,人类的新的好伙伴。它们会精确地“思考”,会“对用户友善”,还可以人机“对话”。在实际生活与工作中,人们发现,“计算机”的逻辑运算能力已经远非人脑可及,而且计算机不像人脑那样经常会将过往信息“遗忘”。计算机给人以任何时候都可充分相信和依赖的绝对“理性”的形象,而人脑则常常会表现出“非理性”的一面,从而便有一种不是十分可靠的感觉。

生命科学是一门实验的科学,计算机自投入应用即在实验科学中发挥着作用,承担了大量实验数据的存储、处理以及分析,一些适合于不同类型生物学实验数据处理的软件包纷纷问世,并为科研工作者所接受,这只是计算机在生命科学舞台上的小角色,不足为奇。

"人类基因组计划"是 20 世纪生命科学研究的重大举措。计算机在某种程度上是以联合主演的身份与现代基因技术同领风骚。

生物制药是 21 世纪的支柱产业,科学家利用计算机模拟受体的三维结构,以计算机模拟方法研究受体与配体的相互关系,提出更佳的配体设计方案,为新的高选择性配体及新药研究开辟了新途径。

在生命科学领域,新成果的诞生常伴随着技术上的突破。近年来计算机技术的参与催生了多项先进、便捷的技术手段和技术设施。如曾获诺贝尔奖的聚合酶链反应(PCR),由"变性、退火、延伸"3 个主要步骤组成,经过多次循环,扩增很少量的 DNA 片段。大型仪器的研制、应用更是离不开计算机的加盟,如计算机断层扫描(即 CT)仪、核磁共振仪、流式细胞仪、激光共聚焦显微镜等,还有利用计算机精确记忆定位而设计的机械手在胚胎学、分子遗传学等的显微操作中大显身手,极大地方便了科学实验的进行。

众多的科学工作者享受了计算机技术带来的便捷与准确,从任何一台联网的计算机上都可以及时浏览最新成果,这是计算机技术促进生命科学发展的一种体现。计算机技术与生命科学的联姻加速了生命科学的进步,反之,生命科学的成果亦能招致计算机技术的革命。

随着生物技术基因工程、蛋白质工程和微电子技术、自动化技术以及聚合物化学、人造膜工艺等学科的平行发展,生物计算机从人们模糊的构想中款款而出。生物计算机主要有两个研制方向,一是在不改变传统数字式计算技术的基础上,用含半醌类有机化合物的分子取代现用的硅半导体元器件,在分子水平上进行器件关开和逻辑操作,其优越性在于不仅大大缩小了电子器件的体积,而且优化了工作性能,扩大了存储量,提高了运算速度;另一是模拟活生物体系统,寻找二进制数字新的表达方式,表达载体是生物大分子,目前认为可行的生物大分子主要有两种:蛋白质、核酸。

17.3.3 计算机学科的研究内容

计算机学科是以计算机为研究对象的一门科学,是一门研究范畴十分广泛、发展非常迅速的新兴学科。它研究的内容包括计算机硬件、计算机软件、计算机网络和计算机应用等方面。

1. 计算机理论

计算机理论研究内容主要包括以下 5 个方面。

(1) 离散数学。研究数理逻辑、集合论、近世代数和图论等。

(2) 算法分析理论。研究算法设计与算法的时间复杂性和空间复杂性分析中的数学方法与理论,如组合数学、概率论、数理统计等。

(3) 形式语言与自动机理论。研究程序设计语言以及自然语言的形式化定义、分类、结构等有关理论以及识别各类语言的形式化模型及其相互关系。

(4) 程序设计语言理论。运用数学和计算机科学的理论研究程序设计语言的基本规律,包括形式语言文法理论、形式语义学和计算语言学等。

(5) 程序设计方法学。研究能保证高质量程序的各种程序设计规范化方法,并研究程序正确性证明的理论等。

2．计算机硬件

计算机硬件研究内容主要包括以下 5 个方面。

（1）元器件与存储介质。研究构成计算机硬件的各类电子的、磁性的、机械的、光学的、超导的元器件和存储介质。

（2）微电子技术。研究构成计算机硬件的各类大规模、超大规模集成电路芯片的结构和制造技术等。

（3）计算机组成原理。研究通用计算机的硬件组成、结构以及各部件构成和工作原理。

（4）微型计算机技术。研究目前使用最为广泛的微型计算机的组成原理、结构、芯片、接口及其应用技术。

（5）计算机体系结构。研究计算机软硬件的总体结构、计算机的各种新型体系结构以及进一步提高计算机性能的新技术。

3．计算机软件

计算机软件研究内容主要包括以下 7 个方面。

（1）设计新颖的程序设计语言及相应的翻译系统。

（2）数据结构。研究数据的逻辑结构、物理结构以及它们之间的关系，并针对这些结构定义的运算操作。

（3）操作系统。研究如何对计算机系统的软硬件资源进行有效的管理，并极大限度地方便用户使用计算机。

（4）数据库系统。研究数据模型以及数据库系统的实现技术。

（5）算法设计与分析。研究计算机领域及其他相关领域中的常用算法的设计方法，并分析这些算法的时间复杂性和空间复杂性。

（6）软件工程学。研究如何采用工程的概念、原理、技术和方法来开发和维护软件。

（7）可视化技术。如何用图形和图像来直观地表征数据。

4．计算机网络

计算机网络研究内容主要包括以下 4 个方面。

（1）网络结构。研究局域网（LAN）、广域网（WAN）、Internet 等各种类型网络的拓扑结构、构成方法及接入方式。

（2）数据通信与网络协议。研究实现连接在网络上的计算机之间进行数据通信的介质、原理、技术以及通信双方必须共同遵守的各种规约。

（3）网络服务。研究如何为计算机网络的用户提供方便的服务。

（4）网络安全。研究计算机网络的设备安全、软件安全、信息安全以及病毒防治等技术，以提高计算机网络的可靠性和安全性。

5．计算机应用

计算机应用研究内容主要包括以下 4 个方面。

（1）软件开发工具。研究软件开发工具的有关技术、各种新型的程序设计语言及其编译程序、文字和报表处理工具、数据库开发工具、多媒体开发工具以及计算机辅助工程使用的工具软件等。

（2）完善已有的应用系统。根据新的技术平台和实际需求对已有的应用系统进行升级、改造，使其功能更加强大、更加便于使用。

（3）开拓新的应用领域。研究如何扩大计算机在国民经济以及社会生活中新的应用范畴。

（4）人机工程。研究人与计算机的交互和协同技术，为人使用计算机提供一个更加友好的环境和界面。

17.4　思考与讨论

17.4.1　问题思考

1. 计算机学科的特点有哪些？
2. 计算机学科的 3 个基本问题是什么？
3. 计算机学科的 12 个核心概念是什么？
4. 计算机学科的知识体系包含哪些知识结构？
5. 计算机学科研究的主要内容是什么？

17.4.2　课外讨论

1. 从一个方面简述计算机学科的发展。
2. 如何理解计算机的学科形态？
3. 对计算机学科的典型方法有什么新的看法？
4. 简述计算机学科与其他学科的联系。

第18章 计算机伦理与职业

【本章导读】

计算机科学技术的发展为人类的道德进步提供了良好的机遇,但同时计算机带来的涉及道德、伦理方面的负效应也给道德建设提出了前所未有的难题与挑战。本章从计算机伦理学的产生与发展、研究内容、职业伦理规范等方面,介绍计算机伦理学的基本概念,并讲述计算机从业人员职业规范,提出加强计算机职业道德建设的重要性。

【本章主要知识点】

① 计算机伦理学及其内容;
② 计算机职业道德;
③ 软件工程师的基本素质;
④ 与计算机相关的职业领域。

18.1 计算机伦理学

计算机伦理是信息与网络时代人们应当遵守的基本道德。深刻认识信息时代计算机伦理道德的重要性,借鉴国外计算机伦理理论及实践的经验教训,深入研究信息网络时代的伦理道德问题,构建中国特色的网络伦理或计算机网络道德规范体系,具有重要的理论价值和现实意义。

18.1.1 计算机伦理学的建设背景

计算机伦理学(Computer Ethics)是研究计算机信息与网络技术伦理道德问题的新兴学科。它涉及计算机高新技术的开发和应用,信息的生产、储存、交换和传播中的广泛伦理道德问题。随着当代信息与网络技术的飞速发展,计算机伦理学已引起全球的普遍关注。

1. 计算机伦理的产生与发展

计算机信息与网络技术应用引起的社会利益冲突和建立新的道德秩序的需要,是西方计算机伦理学研究兴起与发展的根本原因。1985年,美国著名哲学杂志《形而上学》发表了泰雷尔·贝奈姆的《计算机与伦理学》和杰姆斯·摩尔的《什么是计算机伦理学》两篇论文,成为西方计算机伦理学兴起的重要标志。此后,随着计算机信息技术的进一步发展,特别是国际互联网(Internet)的出现,计算机技术在应用中引起的社会伦理问题日渐成为西方哲学界、科技界和全社会关注的一个热点。西方计算机伦理学的理论研究与教学,引起了包括计算机工程师、信息技术公司经理、专业人员和社会各界对计算机伦理问题的广泛关注,推动了计算机行业职业道德规范和信息网络技术行为准则的确立。

在计算机伦理学的学科性质界定上,一些西方国家的学者把它纳入"应用伦理学"或"规范伦理学"的范畴,强调网络计算机伦理学的"实用性",希望通过研究具体行为的规范性指导方针,来解决信息技术带来的一系列具体道德问题。许多学者认为,可以借助传统的伦理学理论和原则,把它们作为计算机信息伦理问题的指导方针和确立规范性判断的依据。戴博拉·约翰逊和斯平内洛在他们的著作中,都分别把目前在西方社会中影响最大的3大经典道德理论(以边沁和密尔为代表的功利主义,以康德和罗斯为代表的义务论,以霍布斯、洛克和罗尔斯为代表的权利论)作为他们构建计算机伦理学的理论基础。

西方学者在把西方社会认可的一般伦理价值观念,应用到计算机信息与网络伦理分析领域的基础上,进一步探讨了计算机伦理学的一些基本原理和原则问题。

美国学者斯平内洛在《信息技术的伦理方面》一书中提出了计算机网络道德是非判断应当遵守的3条一般规范性原则:一是"自主原则",在信息技术高度发展的境况下,尊重自我与他人的平等价值与尊严,尊重自我与他人的自主权利;二是"无害原则",人们不应该用计算机和信息技术给他人造成直接的或间接的损害。这一原则被称为"最低道德标准"。三是"知情同意原则",人们在网络信息交换中,有权知道谁会得到这些数据以及如何利用它们。没有经过信息权利人的同意,他人无权擅自使用这些信息的权利。

西方学者还对计算机"职业"、"职业人员"、"职业道德"的特殊性问题作了探讨。韦克特和爱德尼认为,由于计算机技术广泛的社会性应用,计算机和信息技术专家并非是传统意义上的职业人员或专业人员,他们对社会公众有着特殊的职责。韦克特和爱德尼倡言:"一个真正的计算机职业人员,不仅应当是自我领域的专家,而且也应当使自己的工作适应人类文明的一般准则,具有这方面的道德自律能力与渴望。"

2. 建设计算机伦理的重要性

信息网络时代的来临,迫切需要全社会高度重视计算机伦理的建设。在我国,近年来计算机信息产业与互联网络呈现加速发展的势头,但对计算机信息与网络伦理的研究相对滞后。因此,有必要全面地认识和把握计算机伦理对计算机信息网络技术和整个社会发展的重要意义。

(1) 现代计算机信息与网络技术是一种强大的工具或力量。怎样使用它,究竟是给人类带来幸福还是灾难,完全取决于人自己,取决于人的伦理道德价值指向。当前,计算机信息与网络技术的迅速发展,实际上是把人类推向一个必须由自己选择未来的"十字路口"。这一新技术善的使用,能给人类生活的方方面面带来巨大福利,推动人类文明发展;它的恶的使用,又可能给人类带来巨大灾难。因此,必须借助道德理性的力量,依靠人类的伦理自觉精神来趋利避害,规范和约束计算机信息与网络技术的研究与应用方向,使之造福于全社会。

(2) 现代计算机信息网络技术,赋予个人以过去不可想象的巨大力量,享有以往不可想象的自由,专门技术人员或"上网"应用人员个人行为的善恶是非,相当程度上取决于个人的"道德自律"。目前,黑客与网民制造的网络病毒和垃圾邮件已经成为一大公害。一项研究报告显示:每年由于病毒等网络破坏行为导致全球经济损失高达160多亿元。而每年全球因垃圾邮件造成的损失也高达20亿美元。在我国,计算机病毒的发作也越来越频繁,传播速度也越来越快,造成的破坏也越来越严重。这些事件一再告诫人们:科学技术越是发展,越是要求人的"道德自律"。计算机信息网络技术越发达,越要求相关联的个人具备与之相适应的计算机网络道德素养。

(3) 现代计算机信息网络技术依旧处在探索与发展的过程中,必须借助人类特有的伦理智慧和道德精神的指引,才能防止研究与应用的急功近利,把技术上的"不确定性"对社会可能带来的危害降低到最低程度。现代计算机信息网络技术,是一种"确定性"与"不确定性"的统一。这一领域任何新技术的开发与应用,都具有一定意义的"冒险"意味。计算机初创时期的"不经意疏忽",导致了一场全球性"千年虫"的危机,仅美国为克服"千年虫"危机,就耗费了9000亿美元。在技术开发与应用的过程中,如何使企业与个人能为社会利益、他人利益和人类利益着想,重视道德的"自律"与"他律",尽最大的努力,确保和增加新技术的正效应,将始终是计算机伦理的神圣责任。

3. 构建计算机伦理的基本原则

计算机道德是在计算机信息网络领域调节人与人、人与社会特殊利益关系的道德价值观念和行为规范。从计算机伦理的特点来看,一方面,它作为与信息网络技术密切联系的职业伦理和场所境遇伦理,反映了这一高新技术对人们道德品质和素养的特定要求,体现出人类道德进步的一种价值标准和行为尺度。遵守一般的、普遍的计算机网络道德,是当今世界各国从事信息网络工作和活动的基本"游戏规则",是信息网络社会的社会公德。另一方面,它作为一种新型的道德意识和行为规范,受一定的经济政治制度和文化传统的制约,具有一定的民族性和特殊性。

从中国的实际情况出发,在构建计算机伦理或计算机网络道德规范体系方面,应当遵循以下几项基本原则。

(1) 促进人类美好生活原则。科学技术的发展与进步必须与人类追求美好生活的愿望相一致,服务于人类共同体的整体和长远利益。促进人类美好生活的原则,意味着信息网络技术的研究开发者必须充分考虑这一技术可能给人类带来的影响,对不合理运用技术的可能性予以排除或加以限制;信息网络技术的运用者必须确保其对技术的运用会增进整个人类的福祉且不对任何个人和群体造成伤害;信息网络空间的传输协议、行为准则和各种规章制度都应服务于信息的共享和美好生活的创造以及人类社会的和谐文明进步。

(2) 平等与互惠原则。每个网络用户和网络社会成员享有平等的权利和义务互惠。无论网络用户在现实生活中拥有何种社会地位、职务和个人爱好,不管他的文化背景、民族和宗教是什么,在网络社会中,他们都应被赋予某个特定的网络身份,即用户名、网址或口令。网络所提供的一切服务和便利,他都应该得到,而网络共同体的所有规范,他也应该遵守并履行一个网络行为主体所应该履行的义务。任何一个网络成员和用户必须认识到,他(她)既是网络信息和网络服务的使用者和享受者,也是网络信息的生产者和提供者,同时也享有网络社会交往的平等权利和互惠的道德义务。

（3）自由与责任原则。这一原则主张计算机网络行为主体在不对他人造成不良影响的前提下,有权利自由选择自己的行为方式,同时对其他行为主体的权利和自由给予同样的尊重。网络空间的广阔性和无中心特征,激发了人心中的自主意识,为个体一定程度地实现自主权提供了可能。与此同时,网络主体对自己的行为也必须担负道德责任,成熟理性主体所享受的自由都是合理的、正当的,都是"自律的"、"守规矩的",而不是"放任的"和"随意的"。自由与责任原则要求人们在网络活动中实现"自主",即充分尊重自我与他人的平等价值与尊严,尊重自我与他人的自主权利。

（4）知情同意原则。知情同意原则在评价与信息隐私相关的问题时,可以起到很重要的作用。网络知识产权的维护也适用知情同意原则。人们在网络信息交换中,有权知道是谁以及如何使用自己的信息,有权决定是否同意他人得到自己的数据。没有经过信息权利人的同意或默许,他人无权擅自使用这些信息。

（5）无害原则。无害原则要求任何网络行为对他人、网络环境和社会至少是无害的。这是最低的道德标准,是网络伦理的底线伦理。网络病毒、网络犯罪、网络色情等,都是严重违反无害原则的行为。无害原则认为,无论动机如何,行为的结果是否有害应成为判别道德与不道德的基本标准。由于计算机网络行为产生的影响无比快速和深远,因此行为主体必须小心谨慎地考虑和把握可能产生的后果,防止传播谣言或有害信息,杜绝任何有害举动,避免伤害他人与社会。

18.1.2　计算机伦理学的主要内容

计算机伦理学的主要包括以下 6 个方面的内容。

1. 隐私保护

隐私保护是计算机伦理学最早的课题。传统的个人隐私包括姓名、出生日期、身份证号码、婚姻、家庭、教育、病历、职业、财务情况等数据。现代个人数据还包括电子邮件地址、个人域名、IP 地址、手机号码以及在各个网站登录所需的用户名和密码等信息。随着计算机信息管理系统的普及,越来越多的计算机从业者能够接触到各种各样的保密数据。这些数据不仅仅局限为个人信息,更多的是企业或单位用户的业务数据,它们同样是需要保护的对象。

2. 计算机犯罪

信息技术的发展带来了以前没有的犯罪形式,如电子资金转账诈骗、自动取款机诈骗、非法访问、设备通信线路盗用等。我国《刑法》对计算机犯罪的界定包括违反国家规定,侵入国家事务、国防建设、尖端科学技术领域的计算机信息系统的;违反国家规定,对计算机信息系统功能进行删除、修改、增加、干扰,造成计算机信息系统不能正常运行的;违反国家规定,对计算机信息系统中存储、处理或者传输的数据和应用程序进行删除、修改、增加的操作,后果严重的;故意制作、传播计算机病毒等破坏性程序,影响计算机系统正常运行的。

3. 知识产权

知识产权是指创造性智力成果的完成人或商业标志的所有人依法所享有的权利的统称。所谓剽窃,简单地说就是以自己的名义展示别人的工作成果。随着个人计算机和互联网的普及,剽窃变得轻而易举。然而不论在任何时代、任何社会环境,剽窃都是不道德的。计算机行业是一个以团队合作为基础的行业,从业者之间可以合作,他人的成果可以参考、公开利用,但是不能剽窃。

4. 软件盗版

软件盗版问题也是一个全球化问题,绝大多数的计算机用户都在已知或不知的情况下使用着盗版软件。我国已于 1991 年宣布加入保护版权的伯尔尼国际公约,并于 1992 年修改了版权法,将软件盗版界定为非法行为。然而在互联网资源极大丰富的今天,软件反盗版更多依靠的是计算机从业者和使用者的自律。

5. 无用、有害信息扩散

病毒、蠕虫、木马,这些字眼已经成为了计算机类新闻中的常客。如本文一开始提到的"熊猫烧香",它其实是一种蠕虫的变种,而且是经过多次变种而来的,能够终止大量的反病毒软件和防火墙软件进程。由于"熊猫烧香"可以盗取用户名与密码,因此带有明显的牟利目的,其制作者已被定为破坏计算机信息系统罪并被判处有期徒刑。计算机病毒和信息扩散对社会的潜在危害远远不止网络瘫痪、系统崩溃那么简单,如果一些关键性的系统如医院、消防、飞机导航等受到影响发生故障,其后果是直接威胁人们生命安全的。

6. 导致危害的操作和黑客

黑客和某些病毒制造者的想法是类似的,他们或自娱自乐、或显示威力、或炫耀技术,以突破别人认为不可逾越的障碍为乐。黑客们通常认为只要没有破坏意图,不进行导致危害的操作就不算违法。但是对于复杂系统而言,连系统设计者自己都不能够轻易下结论说什么样的修改行为不会对系统功能产生影响,更何况没有参与过系统设计和开发工作的其他人员,无意的损坏同样会导致无法挽回的损失。

18.1.3 美国计算机职业伦理规范

美国从 20 世纪 90 年代起全面制定了各种计算机伦理规范。1992 年 10 月 16 日,美国计算机协会(ACM)执行委员会为了规范人们的道德行为,指明道德是非,表决通过了经过修订的《美国计算机协会(ACM)伦理与职业行为规范》(简称《规范》)。这一具有权威性的计算机职业伦理规范希望美国计算机协会的每一名正式会员、非正式会员和学生会员就合乎伦理规范的职业行为做出承诺。《规范》对个人在从事与计算机有关活动中应当承担的道德责任做了简洁的陈述,确定了承诺的各项内容。《规范》及所附"指南"的目的,是为专业人员的业务行为中做出合乎道德的选择提供一个准则。同时也可以为是否举报违反职业道德准则的行为提供一个判断的标准。

美国计算机伦理规范的一般准则是:造福社会与人类;避免伤害他人;诚实可信;做到公平而不歧视;尊重包括著作权和专利权在内的各项产权;尊重知识产权;尊重他人的

隐私;保密。

1. 造福社会与人类

这关系到所有人生活质量的原则,确认了保护人类基本权利及尊重一切文化多样性的义务。计算机专业人员的一个基本目标,是将计算机系统的负面影响,包括对健康及安全的威胁减至最小。在设计或完成系统时,计算机专业人员必须尽力确保他们的劳动成果将用于对社会负责的领域,以满足社会的需要,并且不会对人类健康与安全造成危害。除了社会环境的安全,人类福祉还包括自然环境的安全。因此,设计和开发系统的计算机专业人员必须对可能破坏地方或全球环境的行为保持警惕,并引起他人的注意。

2. 避免伤害他人

"伤害"的意思是引起有害或负面的后果,例如,人们不希望看到的信息丢失、财产损失、财产破坏或有害的环境影响。这一准则禁止运用计算机技术以损害的人群包括用户、普通公众、雇员和雇主。有害行为包括对文件和程序的有意破坏和修改,它会导致资源的严重损失或人力资源不必要的耗费。善意的行为包括那些为完成既定任务的行为,也有可能造成意外的伤害。在这样的事件中,负责任的个人或集体有义务尽可能地消除或减轻负面后果。避免造成无意过错的一个方法,在设计和实现的过程中,要对决策影响范围的潜在后果进行细心考虑。

为尽量避免对他人的非故意伤害,计算机专业人员必须尽可能在执行系统设计和检验公认标准时减少失误。另外,对系统的社会影响进行评估,常常需要揭示对他人造成严重伤害的可能性。如果计算机专业人员就系统特征对用户、合作者或上级主管作了歪曲,那他必须对任何伤害性后果承担个人责任。

在工作情境下,计算机专业人员对任何可能对个人或社会造成严重危害系统的危险征兆负有必不可少向上报告的责任。如果他的上级主管没有采取措施来减轻相应的危险,为了有助于解决问题或降低风险,"越级报告"也许是必要的。然而,对于违规行为轻率或错误的报告本身可能是有害的。因此,在报告违规之前,必须对相关的各个方面进行全面评估。尤其是对风险及责任的估计应当可靠。建议在报告之前,事先征询其他计算机专业人员的意见。

3. 诚实可信

诚实是信任的一个重要组成部分,缺少信任的组织将无法有效地运转。诚实的计算机专业人员不会在某个系统或系统设计上故意不诚实或弄虚作假,相反,他会彻底公开系统所有的局限性及存在的问题。计算机专业人员有义务对他或她的个人资格,以及任何可能关系到自身利益情况持诚实的态度。作为美国计算机协会这样一个志愿组织的成员,他们的立场或行为有时也许会被许多专业人员称做是"自讨苦吃"。美国计算机协会的会员要努力避免人们对美国计算机协会本身、协会及下属单位的立场和政策产生误解。

4. 公平而不歧视

公平而不歧视体现了平等、宽容、尊重他人以及公平、正义原则的价值。基于种族、性别、宗教信仰、年龄、身体缺陷、民族等的歧视,显然违背了美国计算机协会的政策,是不被容许的。

对信息和技术的应用或错误应用,可能会导致不同群体人们之间的不平等。在一个公平的社会里,每个人都拥有平等的机会去参与计算机资源的使用或从中获益,而无须考虑他们的种族、性别、宗教信仰、年龄、身体缺陷、民族等其他类似因素。但这些理念并不为计算机的任意使用提供正当的支持,也不是违背本规范任何其他伦理准则的合适借口。

5. 尊重包括著作权和专利权在内的各项产权

在大多数情况下,对著作权、专利权、商业秘密和许可证协议条款的侵犯是被法律禁止的。即使在软件得不到足够保护之时,对其各项权利的侵犯仍然有违职业行为准则。对软件的拷贝只应在适当的授权下进行。决不能纵容未经授权的复制行为。

6. 尊重知识产权

计算机专业人员有义务保护知识产权的完整性。具体地说,即使在其(比如著作权或专利权)未受明确保护的情况下,也不得将他人的意念或成果据为己有。

7. 尊重他人的隐私

在人类文明史上,计算机及通信技术使得个人信息的搜集和交换具有了前所未有的规模,因而,侵犯个人及群体隐私的可能性也大大增加。专业人员有责任维护个人数据的隐私权及完整性。这包括采取预防措施确保数据的准确性,以及防止这些数据被非法访问或泄露给无关人员。此外,必须制定程序允许个人检查他们的记录和修正错误信息。

这一守则的含义是,系统只能搜集必要的个人信息,对这些信息的保存和使用周期必须有明确的规定并强制执行,为某个特殊用途搜集的个人信息,未经当事人(们)同意不得用于其他目的。这些原则适用于电子通信(包括电子邮件),在没有用户或者拥有系统操作与维护方面合法授权人员同意的情况下,阻止那些窃取或监听用户电子数据(包括短信)的进程。系统正常运行和维护期的用户数据检测,除非有明显违反法律、组织规章或本《规范》的情况发生,必须在最严格的保密级别下进行。即使发生上述情况,相关信息的情况和内容也只允许透露给正当的权威机构。

8. 保密

当一个人直接或间接地做出保密的承诺,当此人能够在履行职责以外获取私人的信息时,诚实原则也同样适用于信息保密的问题。承诺为雇主、客户和用户保密的所有职责都是符合伦理要求的,除非法律或本《规范》的其他原则要求他们服从更高层次的职责。

18.2 职业理想与职业道德

职业理想的形成对以后职业道德的建立具有很大的影响。在选择职业前,树立正确的职业理想,将会对正确地选择职业、建立高尚的职业道德,起到不可估量的作用。

18.2.1 职业理想

职业理想是人们在职业上依据社会要求和个人条件,借想象而确立的奋斗目标,即个人渴望达到的职业境界。它是人们实现个人生活理想、道德理想和社会理想的手段，并受社会理想的制约。职业理想是人们对职业活动和职业成就的超前反映，与人的价值观、职业期待、职业目标密切相关的，与世界观、人生观密切相关。

1. 职业理想特点

（1）差异性。职业是多样性的。一个人选择什么样的职业，与他的思想品德、知识结构、能力水平、兴趣爱好等都有很大的关系。政治思想觉悟、道德修养水准以及人生观决定着一个人的职业理想方向。知识结构、能力水平决定着一个人的职业理想追求的层次。个人的兴趣爱好、气质性格等非智力因素以及性别特征、身体状况等生理特征也影响着一个人的职业选择。因此，职业理想具有一定的个体差异性。

（2）发展性。一个人的职业理想的内容会因时因地因事的不同而变化。随着年龄的增长、社会阅历的增强、知识水平的提高，职业理想会由朦胧变得清晰，由幻想变得理智，由波动变得稳定。因此，职业理想具有一定的发展性。孩提时代，想当一名警察，长大后却成了一名教师的事实就说明了这一点。

（3）时代性。社会的分工、职业的变化，是影响一个人职业理想的决定因素。生产力发展的水平不同、职业理想社会实践的深度和广度的不同，人们的职业追求目标也会不同，是因为职业理想总是一定的生产方式及其所形成的职业地位、职业声望在一个人头脑中的反映。计算机的诞生，从而演绎出与计算机相关的职业，如计算机工程师、软件工程师、计算机打字员等职业。2004年8月份国家向社会发布第一批9个新职业以后，近日，国家劳动和社会保障部又向社会发布第二批10个新职业。这批新职业是会展策划师、商务策划师、数字视频（DV）策划制作师、景观设计师、模具设计师、家具设计师、建筑模型设计师、客户服务管理师、宠物健康护理员、动画绘制员等。这些新职业基本上都集中在现代服务业，主要是管理、策划创意、设计和制作。其特点是不仅要求从业人员有较高的理论知识素养，而且要求有较强的动手能力，属于高技能人才中的知识技能型人才。

2. 实现职业理想的条件

（1）了解自己。从自身出发，从自己的所受教育、自己的能力倾向、自己的个性特征、身体健康状况出发，准确定位，瞄准适合自己的岗位去不懈地努力。

（2）了解职业。每种职业都有与之相适应的职业能力要求。除了具备观察、思维、表达、操作、职业理想公关等一般能力之外，一些特殊行业还有特殊要求，如计算能力、空间判断能力等。有选择地、有针对性地培养自己的能力，主动去适应并接受职业岗位的挑战是十分重要的。

（3）了解社会。了解社会的需求是成功择业并就业的关键。了解社会主要是要了解社会需求量、竞争系数和职业发展趋势。社会需求量是指一定时期职业需求的总量。这是一个动态的又相对稳定的数量。竞争系数是指谋求同一种职业的劳动者人数的多少。在其他条件一定的情况下，竞争系数越大，职业概率越小。社会地位高、工作条件好、工资待遇优的职业，想要谋取的人数多，相应地竞争系数就大。职业发展趋势是指职业未来发展的态势。有些职业一时需求量大，竞争激烈，但随着社会的发展将日趋衰落；有些职业暂时处于被冷落状况，但随着社会的发展会日益兴旺。因此，加强对社会职业需求的分析和预测，了解社会职业岗位需求情况是极其重要的。

（4）树立正确的人生观。人生观是人们对于人生目的和人生意义的根本看法和根本态度。持不同的人生观的人，其职业理想也一定不同。要根据时代的要求，根据社会发展的要求，坚持以辩证唯物主义和历史唯物主义的立场、观点和方法看待人生，不断加强学习，不断提高自己的思想素质、文化素质、能力素质，树立正确的价值观、苦乐观、幸福观、荣辱观。

（5）树立正确的职业观。职业观是人们在选择职业与从事职业所持的基本观点和基本态度，是理想在职业问题上的反映，是人生观的重要组成部分。职业观具有3个基本要素：维持生活、发展个性、承担社会义务。正确的职业观把3个基本要素统一起来，以承担社会义务作为主导方向。

18.2.2　计算机职业道德

计算机职业道德是指在计算机行业及其应用领域所形成的社会意识形态和伦理关系下，调整人与人之间、人与知识产权之间、人与计算机之间以及人和社会之间的关系的行为规范总和。

计算机的广泛应用一方面为社会带来了巨大的福祉，另一方面也带来了诸如计算机犯罪、危害信息安全、侵犯知识产权、计算机病毒、信息垃圾、信息污染、黑客攻击等一系列涉及道德、伦理方面的负效应。当前，计算机从业人员越来越多，工作性质的特殊性使他们比普通用户更为广泛、更为普遍地受到这些负效应的影响；此外，由于计算机从业人员拥有丰富的专业知识，如果不注意加强计算机职业道德修养的培养和提高，可能会引发更为严重的社会问题。

1. 计算机职业道德基础规范

计算机职业作为一种特定职业，有较强的专业性和特殊性。从事计算机职业的工作人员在职业道德方面有许多特殊的要求，但作为一名合格的职业计算机工作人员，首先要遵守一些最基本的通用职业道德规范，包括敬业、守信、公正、认真、合作。敬业，即用一种严肃的态度对待自己的工作，勤勤恳恳，兢兢业业，尽职尽责；守信是指信守承诺；公正，即处理问题时，要站在公正的立场上，按照同一标准和同一原则办事；认真是做好任何工作的根本，任何产品的开发都是一项系统工程，任何一个部分的缺陷都会引起整个系统的故障甚至崩溃，在工作过程中要对自己负责的工作精益求精；计算机行业的一个重要特点就是讲究团队合作，一方面要注意做好自己的工作而不能总是指望他人，另一方面又要在合作中主动去帮助他人。

2. 计算机从业人员职业道德的基本要求

法律是道德的底线，计算机从业人员职业道德的最基本的要求，就是遵守国家关于计算机管理的法律法规。我国的计算机信息法规制定较晚，但是各级具有立法权的政府机关制定了一批管理计算机行业的法律法规，比如《全国人民代表大会常务委员会关于维护互联网安全的决定》、《计算机软件保护条例》、《互联网信息服务管理办法》、《互联网电子公告服务管理办法》等。严格遵守这些法律法规是对计算机专业人员职业道德的最基本要求。

3．计算机从业人员职业道德的核心原则

任何一个行业的职业道德,都有其最基础、最具行业特点的核心原则,计算机行业也不例外。世界知名的计算机道德规范组织 IEEE-CS/ACM 软件工程师道德规范和职业实践(SEEPP)联合工作组曾就此专门制定过一个规范,根据此项规范计算机从业人员职业道德的核心原则主要有以下两项。

(1) 计算机专业人员应当以公众利益为最高目标。这一原则可以解释为:对他们的工作承担完全的责任;用公益目标节制软件工程师、雇主、客户和用户的利益;批准软件,应在确信软件是安全的、符合规格说明的、经过合适测试的、不会降低生活品质、影响隐私权或有害环境的条件之下,一切工作以大众利益为前提;当他们有理由相信有关的软件和文档,可以对用户、公众或环境造成任何实际或潜在的危害时,向适当的人或当局揭露;通过合作全力解决由于软件、及其安装、维护、支持或文档引起的社会严重关切的各种事项;在所有有关软件、文档、方法和工具的申述中,特别是与公众相关的,力求正直,避免欺骗;认真考虑诸如体力残疾、资源分配、经济缺陷和其他可能影响使用软件益处的各种因素;应致力于将自己的专业技能用于公益事业和公共教育的发展。

(2) 客户和雇主在保持与公众利益一致的原则下,计算机专业人员应注意满足客户和雇主的最高利益。

这一原则可以解释为:在其胜任的领域提供服务,对其经验和教育方面的不足应持诚实和坦率的态度;不明知故犯使用非法或非合理渠道获得的软件;在客户或雇主知晓和同意的情况下,只在适当准许的范围内使用客户或雇主的资产;保证他们遵循的文档按要求经过某一人授权批准;只要工作中所接触的机密文件不违背公众利益和法律,对这些文件所记载的信息须严格保密;根据其判断,如果一个项目有可能失败,或者费用过高,违反知识产权法规,或者存在问题,应立即确认、文档记录、收集证据和报告客户或雇主;当他们知道软件或文档有涉及社会关切的明显问题时,应确认、文档记录和报告给雇主或客户;不接受不利于为他们雇主工作的外部工作;不提倡与雇主或客户的利益冲突,除非出于符合更高道德规范的考虑,在后者情况下,应通报雇主或另一位涉及这一道德规范的适当的当事人。

4．计算机从业人员职业道德的其他要求

除了以上基础要求和核心原则外,作为一名计算机职业从业人员还有一些其他的职业道德规范应当遵守,比如,按照有关法律、法规和有关机关团内的内部规定建立计算机信息系统;以合法的用户身份进入计算机信息系统;在工作中尊重各类著作权人的合法权利;在收集、发布信息时尊重相关人员的名誉、隐私等合法权益等。

18.2.3　美国计算机职业道德

《美国计算机协会(ACM)伦理与职业行为规范》中规定,美国计算机职业道德包括计算机专业技术人员的道德责任,以及计算机组织者的道德准则。

1. 美国计算机专业技术人员的道德责任

(1) 不论专业工作的过程还是其产品,都努力实现最高的品质、效能和尊严。追求卓越也许是专业人员最重要的职责。计算机专业人员必须努力追求品质,并认识到品质低劣的系统可能会导致严重的负面效果。

(2) 获得和保持专业能力。把获得与保持专业能力当作自身职责的人才可能优秀。一个专业人员必须制定适合自己各项能力的标准,然后努力达到这些标准。可以通过自学、出席研讨会、交流会、讲习班或加入专业组织等方法提升自己的专业知识和技能。

(3) 熟悉并遵守与业务有关的现有法规。美国计算机协会会员必须遵守现有的地方、县、州、国家及国际法规,除非有至上的道德依据允许他或她不这么做。还应当遵守所加入的组织的政策和规程,但除了服从之外还应保留自我判断的能力,有时候,现有的法规和章程可能是不道德或不合适的,因此,必须给予质疑。当法律或规章缺乏坚实的道德基础,或者与另一条更重要的法律相冲突时,违背现有的法规有可能是合乎道德的。如果一个人因为某条法律或规章看上去不道德,或任何其他原因,而决定违反它时,这个人必须对其行为及其后果承担一切责任。

(4) 接受和提供适当的专业评价。高质量的专业工作,尤其在计算机专业领域内,不可缺少专业的评价和批评。只要时机合适,各个会员应当寻求和利用同事的评价,同时对他人的工作提供自己的评价。

(5) 对计算机系统及它们的效果做出全面而彻底的评估,包括分析可能存在的风险。在评价、推荐和发布系统及其他产品时,计算机专业人员必须尽可能给予生动、全面、客观的介绍。计算机专业人员处于受到人们特殊信赖的位置,因而也就承担着特殊的责任来向雇主、客户、用户及公众提供客观、可靠的评估。专业人员在评估时还必须排除自身利益的影响。正如避免伤害准则所要求的,系统任何危险的征兆都必须通报给有机会或者有责任去解决相关问题的人。

(6) 遵守合同、协议和分派的任务。遵守诺言是正直和诚实的表现。对于一个计算机专业人员,还应确保系统各部分正常运行。同样,当一个人和别的团队一起承担项目时,此人有责任向该团队通报工作的进程。如果一个计算机专业人员感到无法按计划完成分派的任务时,他或她有责任要求变动。在接受工作任务前,必须经过认真的考虑,全面衡量对于雇主或客户的风险和利害关系。这里依据的主要原则是:一个人有义务对专业工作承担个人责任。但在某些情况下,可能要优先考虑其他的伦理原则。一个具体任务不应该完成的判断可能不被接受。尽管有明确的考虑和理由支持专业人员不应该完成一个具体的任务,但在工作任务还没有变动时,合同和法律仍然要求他或她按指令继续完成自己分派到的任务。当然,是否继续完成自己的工作,最终取决于计算机专业人员个人的道德判断。不管做出怎样的决定,他或她都必须承担其后果。无论如何,"违心"执行任务并不意味着专业人员可以不对其行为的负面效果承担道德责任。

(7) 促进公众对计算机技术及其影响的了解。计算机专业人员有责任与公众分享专业知识,促进公众了解计算机技术,包括计算机系统及其局限和影响。本守则隐含了一条道德义务,即计算机专业人员有责任驳斥一切有关计算机技术的错误观点。

（8）只在授权状态下才能使用计算机及通信资源。窃取或者破坏有形及无形的电子财产是"避免伤害他人"准则所禁止的。而对某个计算机或通信系统的入侵和非法使用，则为本守则所反对。"入侵"包括在没有明确授权的情况下，访问通信网络及计算机系统或系统内的账号或文件。只要没有违背歧视原则，个人和组织有权限制对他们系统的访问。未经许可，任何人不得进入或使用他人的计算机系统、软件或数据文件。在使用系统资源，包括通信端口、文件系统空间、其他的系统装置及计算机时间之前，必须经过适当的批准。

2. 美国计算机组织者的道德准则

（1）重视组织单位成员的社会责任，促进成员全面承担这些责任。任何类型的组织都具有公众影响力，因此它们必须承担社会责任。如果组织的章程和立场倾向于社会的福祉，就能够减少对社会成员的伤害，进而服务于公共利益，履行社会责任。因此，除了完成质量指标外，组织领导者还必须鼓励全面参与履行社会责任。

（2）组织人力物力，设计并建立提高劳动生活质量的信息系统。组织领导者有责任确保计算机系统逐步升级，而不是降低劳动生活质量。实现一个计算机系统时，组织必须考虑所有员工的个人及职业上的发展、人身安全和个人尊严。在系统设计过程和工作场所中，应当考虑运用适当的人机工程学标准。

（3）肯定并支持对一个组织所拥有计算机和通信资源的正当及合法使用。因为计算机系统既可以成为损害组织的工具，也可以成为帮助组织的工具。组织领导必须清楚地定义什么是对组织所拥有计算机资源的正当使用，什么是不正当的使用。虽然这些规则的数目和涉及的范围应当尽可能小一些，但一经制订，它们就应该得到彻底的贯彻实施。

（4）在评估和确定人们的需求过程中，要确保用户及受系统影响的人已经明确表达了他们的要求，同时还必须确保系统将来能满足这些需求。系统的当前用户、潜在用户以及其他可能受这个系统影响的人，他们的要求必须得到评估并列入需求报告。系统认证应确保已经照顾到了这些需求。

（5）提供并支持那些保护用户及其他受系统影响人尊严的政策。设计或实现有意无意地贬低某些个人或团体的系统，在伦理上是不能被接受的。处于决策地位的计算机专业人员应确保所设计和实现的系统，是保护个人隐私和重视个人尊严的。

（6）为组织成员学习计算机系统的原理和局限创造条件。受教育的机会是促使所有组织成员全身心投入的一个重要因素。必须让所有成员有机会提高计算机方面的知识和技能。其包括提供能让他们熟悉特殊类型系统的效果和局限的课程。特别是，必须让专业人员了解围绕着过于简单的模型，沉溺于任何现实操作条件下都不大可能实现的构想和设计，以及与这个行业复杂性有关的问题时，构建系统所要面对的危害。

与此同时，《美国计算机协会（ACM）伦理与职业行为规范》还特地要求美国计算机协会的每个会员认真做到：第一，维护和发扬《规范》的各项原则。计算机行业的未来既取决于技术上的优秀，也取决于道德上的优秀。美国计算机协会的每一名会员，不仅自己应该遵守《规范》所表述的原则，还应鼓励和支持其他的会员遵守这些原则。第二，视违反《规范》为不符合美国计算机协会会员身份的行为。专业人员对某个伦理规范的遵守，主要是一种志愿行为，但是，如果有会员公然违反《规范》去从事不道德的勾当，美国计算机协会多半会取消其会员资格。

为了规范人们的道德行为，指明道德是非，美国的一些专门研究机构还专门制定了一些简明通晓的道德戒律。如著名的美国计算机伦理协会制定了"计算机伦理 10 诫"：你不应当用计算机去伤害别人；你不应当干扰别人的计算机工作；你不应当偷窥别人的文件；你不应当用计算机进行偷盗；你不应当用计算机作伪证；你不应当使用或拷贝没有付过钱的软件；你不应当未经许可而使用别人的计算机资源；你不应当盗用别人的智力成果；你应当考虑你所编制的程序的社会后果；你应当用深思熟虑和审慎的态度来使用计算机。现在，美国许多建立网络系统的公司、学校和政府机构，在为员工提供网络使用权的同时，明确制定了各种网络伦理准则。如南加利福尼亚大学的网络伦理声明，明确谴责"6种网络不道德行为"：有意地造成网络交通混乱或擅自闯入其他网络及其相关的系统；商业性或欺骗性地利用大学计算机资源；偷窃资料、设备或智力成果；未经许可接近他人的文件；在公共用户场合做出引起混乱或造成破坏的行为；伪造电子邮件信息。这些计算机信息与网络伦理准则，值得我们认真分析与借鉴。

18.2.4　软件工程师基本素质

在现代软件企业中，软件工程师的主要职责是帮助企业或个人用户应用计算机实现各种功能，满足用户的各种需求。北京软件行业协会通过对国际软件企业的深入调查并综合国内软件工程专家的意见后认为，成为一名合格的软件工程师需要具备如下 6 大基本素质。

1．良好的编码能力

基础软件工程师的一个重要职责是把用户的需求功能用某种计算机语言予以实现。编码能力直接决定了项目开发的效率。这就要求软件工程师至少精通一门编程语言，比如当前国内企业常用的 C/C++ 、VB 和国际上最流行的 Java 语言，熟悉它的基本语法、技术特点和 API（应用程序接口）。

2．自觉的规范意识和团队精神

随着软件项目规模越来越大，仅仅依靠个人力量已经无法完成工作，因此，现代软件企业越来越重视团队精神。

一般来讲，软件企业中的程序员可以分为两种，一种是程序"游击队员"，他们可能对编程工具很熟，能力很强，把编码编得很简洁高效，但却缺乏规范和合作的观念；另一种程序员编程不一定很快，但是很规范，个人能力不一定很强，但合作意识很好。第二种人更加适合现代软件企业发展的潮流。对于基础软件工程师来说，他们在企业中的角色决定了他们必须具有良好的规范意识和团队精神。

3．认识和运用数据库的能力

信息是以数据为中心的，因此与数据库的交互在所有软件中都是必不可少的。了解数据库操作和编程是软件工程师需要具备的基本素质之一。目前常用的数据库软件有甲骨文公司的 Oracle 数据库和微软公司的 SQL Server 等。

4. 较强的英语阅读和写作能力

程序世界的主导语言是英文,编写程序开发文档和开发工具帮助文件离不开英文,了解业界的最新动向、阅读技术文章离不开英文,就是与世界各地编程高手交流、发布帮助请求同样离不开英文。作为基础软件工程师,具有一定的英语基础对于提升自身的学习和工作能力极有帮助。

5. 具有软件工程的概念

基础软件工程师处于软件企业人才金字塔的底层,是整个人才结构的基础,虽然他们从事的工作相对于系统分析师和高级程序员要单纯一些,但是他们是整个软件工程中重要的一环,因此,基础软件工程师同样要具有软件工程的概念。从项目需求分析开始到安装调试完毕,基础软件工程师都必须能清楚地理解和把握这些过程,并能胜任各个环节的具体工作,这样的能力正好符合了当前企业对基础软件工程师的全面要求。

6. 求知欲和进取心

软件业是一个不断变化和不断创新的行业,面对层出不穷的新技术,软件人才的求知欲和进取心就显得尤为重要,它是在这个激烈竞争的行业中立足的基本条件。

18.3 信息产业的法律法规

以法律法规来调整和规范社会行为是现代文明社会的重要特征。随着依法治国方略的确定,我国社会主义法制建设的步伐明显加快,法律体系逐步健全。由于信息技术产业的特殊性,不仅要掌握法律基础知识,也要了解与信息产业相关的法律法规。学习法律知识,既是时代的要求,也是自身健康成长、成才和全面发展所必需的。

18.3.1 信息产业法律法规

信息产业法律法规包括法律、行政法规、部门规章以及地方性法规等。以下列出信息产业主要的法律法规。

1. 法律

- 中华人民共和国企业所得税法(2007 年 3 月 16 日第十届全国人民代表大会第五次会议通过)。
- 中华人民共和国循环经济促进法(2008 年 8 月 29 日第十一届全国人民代表大会常务委员会第四次会议通过,2008 年 8 月 29 日中华人民共和国主席令第 4 号公布,自 2009 年 1 月 1 日起施行)。
- 中华人民共和国电子签名法(2004 年 8 月 28 日第十届全国人民代表大会常务委员会第十一次会议通过,2004 年 8 月 28 日中华人民共和国主席令第 18 号公布,自 2005 年 4 月 1 日起施行)。
- 中华人民共和国著作权法(1990 年 9 月 7 日第七届全国人民代表大会常务委员会

第十五次会议通过,根据 2001 年 10 月 27 日第九届全国人民代表大会常务委员会第二十四次会议《关于修改〈中华人民共和国著作权法〉的决定》修正)。中华人民共和国著作权法(第二次修正)于 2010 年 2 月 26 日第十一届全国人民代表大会常务委员会第十三次会议获得通过。

- 全国人民代表大会常务委员会关于维护互联网安全的决定(2000 年 12 月 28 日第九届全国人民代表大会常务委员会第十九次会议通过)。

2. 行政法规

- 国务院对确需保留的行政审批项目设定行政许可的决定(2009 年 11 月 24 日发布)。
- 废弃电器电子产品回收处理管理条例(2009 年 3 月 9 日发布)。
- 互联网视听节目服务管理规定(2008 年 1 月 2 日发布)。
- 电子废物污染环境防治管理办法(2007 年 9 月 29 日发布)。
- 业余无线电台呼号管理办法(2007 年 6 月 22 日发布)。
- 关于发布 800/900MHz 频段射频识别(RFID)技术应用试行规定的通知(2007 年 5 月 18 日发布)。
- 中华人民共和国政府信息公开条例(国务院令第 492 号)(2007 年 1 月 17 日发布)。
- 信息网络传播权保护条例(2006 年 7 月 13 日发布)。
- 中华人民共和国互联网上网服务营业场所管理条例(2006 年 7 月 1 日发布)。
- 中华人民共和国著作权法实施条例(2002 年 8 月 2 日发布)。
- 计算机软件保护条例(2001 年 12 月 20 日发布)。
- 集成电路布图设计保护条例(2001 年 4 月 2 日发布)。
- 互联网信息服务管理办法(2000 年 9 月 25 日发布)。
- 商用密码管理条例(1999 年 10 月 7 日发布)。
- 中华人民共和国计算机信息系统安全保护条例(1994 年 2 月 18 日发布)。
- 中华人民共和国无线电管理条例(1993 年 9 月 11 日发布)。

3. 部门规章

- 工业和信息化部行政许可实施办法(工业和信息化部令第 2 号)(2009 年 11 月 24 日发布)。
- 废弃电器电子产品回收处理管理条例(2009 年 3 月 31 日发布)。
- 税控收款机生产企业资质管理办法(工业和信息化部令第 8 号)(2009 年 3 月 10 日发布)。
- 建立卫星通信网和设置使用地球站管理规定(工业和信息化部令第 7 号)(2009 年 3 月 10 日发布)。
- 电信业务经营许可管理办法(工业和信息化部令第 5 号)(2009 年 3 月 10 日发布)。
- 电信设备抗震性能检测管理办法(工业和信息化部令第 3 号)(2009 年 3 月 10 日发布)。

- 电子认证服务管理办法(工业和信息化部令第1号)(2009年3月10日发布)。
- 无线电台执照管理规定(工业和信息化部令第6号)(2009年3月10日发布)。
- 软件产品管理办法(工业和信息化部令第9号)(2009年3月10日发布)。
- 电子信息产业统计工作管理办法(信息产业部令第42号)(2008年11月28日发布)。
- 非经营性互联网信息服务备案管理办法(信息产业部令第33号)(2008年11月28日发布)。
- 中华人民共和国无线电频率划分规定(信息产业部令第40号)(2008年11月28日发布)。
- 电子认证服务管理办法(信息产业部令第35号)(2008年11月28日发布)。
- 通信行业统计管理办法(中华人民共和国信息产业部令第26号)(2008年11月28日发布)。
- 互联网电子邮件服务管理办法(信息产业部令第38号)(2008年11月28日发布)。
- 军工电子装备科研生产许可证管理办法(信息产业部令第32号)(2008年11月28日发布)。
- 电子信息产业统计工作管理办法(信息产业部令第42号)(2007年5月11日发布)。
- 800MHz数字集群通信频率台(站)管理规定(2007年4月3日发布)。
- 建立卫星通信网和设置使用地球站管理规定(2006年7月3日发布)。
- 计算机软件著作权登记办法(2006年6月27日发布)。
- 电子信息产品污染控制管理办法(2006年2月28日发布)。
- 互联网电子邮件服务管理办法(2006年2月20日发布)。
- 个人信用信息基础数据库管理暂行办法(2005年8月18日发布)。
- 电子认证服务管理办法(2005年2月8日发布)。
- 税控收款机生产企业资质管理办法(2004年10月29日发布)。
- 税控收款机生产企业资质管理办法(信息产业部令第29号)(2004年9月16日发布)。
- 中国互联网络域名管理办法(2002年8月1日发布)。
- 互联网新闻信息服务管理规定(2002年8月1日发布)。
- 电子信息产业统计工作管理办法(2002年8月1日发布)。
- 中国互联网络域名管理办法(信息产业部令第24号)(2002年3月9日发布)。
- 软件产品管理办法(2000年10月27日发布)。

18.3.2 计算机软件保护

计算机软件作为人类智力劳动的创造性成果,具有开发难、复制易等特点。对软件知识产权的保护成为广大软件开发者、所有者、经营者、使用者特别关心的问题。

对于计算机软件的保护在法律上是指以法律为手段对计算机软件的知识产权提供保护;为支持计算机软件的安全运行而提供的法律保护。

计算机软件知识产权是指公民或法人对自己在计算机软件开发过程中创造出来的智力成果所享有的专有权利。其包括著作权、专利权、商标权和制止不正当竞争的权利等。

1. 计算机软件的著作权

著作权又称为版权,是指作品的作者根据国家著作权法对自己创作的作品的表达所享有的专有权的总和。1990 年 9 月我国颁布的《著作权法》规定,计算机软件是受著作权保护的一类作品。2001 年 12 月公布的《计算机软件保护条例》作为著作权法的配套法规是保护计算机软件著作权的具体实施办法。我国的法律和有关国际公约认为计算机程序和相关文档、程序的源代码和目标代码都是受著作权保护的作品。

2. 与计算机软件相关的发明专利权

专利权是由国家专利主管机关根据国家颁布的专利法授予专利申请者或其权利继受者在一定的期限内实施其发明以及授权他人实施其发明的专有权利。世界各国用来保护专利权的法律是专利法。专利法所保护的是已经获得了专利权、可以在生产建设过程中实现的技术方案。各国专利法普遍规定,能够获得专利权的发明应当具备新颖性、创造性和实用性。中国的《专利法》最早于 1984 年 3 月颁布。

对计算机软件知识产权加以保护是为保护智力成果创造者的合理权益,以维护社会的公正,维护软件开发者成果不应无偿占用的原则,鼓励软件开发者的积极性,推动计算机软件产业及整个社会经济文化的尽快发展。

3. 计算机软件名称标识的商标权

对商标的专用权也是软件权利人的一项知识产权。所谓商标是指商品的生产者经销者为使自己的商品同其他人的商品相互区别而置于商品表面或者商品包装上的标志,通常由文字、图形或者兼由这两者组成。

有些商标用于标识提供软件产品的企业,如 IBM、HP、联想、Cisco 等,它们是对应企业的信誉的标志。有些商标则用于标识特定的软件产品,如 UNIX、OS/2、WPS 等,它们是特定软件产品的名称,是特定软件产品的功能和性能的标志。

一个企业的标识或者一项软件的名称未必就是商标。然而,当这种标识或者名称在商标管理机关获准注册、成为商标后,在商标的有效期内,注册者对它享有专用权,他人未经注册者许可不得再使用它作为其他软件的名称。否则,就构成冒用他人商标、欺骗用户的行为。我国的《商标法》最早于 1982 年 8 月颁布。

4. 有关计算机软件商业秘密的不正当竞争行为的制止权

如果一项软件的技术设计没有获得专利权,而且尚未公开,这种技术设计就是非专利的技术秘密,可以作为软件开发者的商业秘密而受到保护。

对于商业秘密,其拥有者具有使用权和转让权,可以许可他人使用,也可以将之向社会公开或者去申请专利。

对商业秘密的这些权利不是排他性的。任何人都可以对他人的商业秘密进行独立的研究开发,也可以采用反向工程方法或者通过拥有者自己的泄密行为来掌握它,并且在掌握之后使用、转让、许可他人使用、公开这些秘密或者对这些秘密申请专利。

根据我国 1993 年 9 月颁布的《中华人民共和国反不正当竞争法》,商业秘密的拥有者有权制止他人对自己商业秘密从事不正当竞争行为。

为了保护商业秘密,最基本的手段就是依靠保密机制,包括在企业内建立保密制度、同需要接触商业秘密的人员签订保密协议等。

18.4　职业与择业

选择职业,是全社会凡具有劳动能力的人都面临的最基本也是最重要的问题。认识自己的兴趣、气质、性格和能力,了解职业特点、职业环境、职业对人素质的要求,可有效地解决择业的针对性,减少盲目性。

18.4.1　与计算机专业有关的职业领域

一般来说,与计算机专业有关的职业可以分为 4 个领域:计算机科学、计算机工程、软件工程和计算机信息系统。这些领域中的职业在工作性质、专业训练等方面都有不同的要求。由于在计算机领域工作的人所面临的最大挑战就在于要紧跟飞速发展的技术,当选择了相关领域中的某项职业后,意味着将面临技术的不断变换和不断的学习。因而计算机从业人员一定要树立"终生学习"的概念,不断学习新技术,学会对新事物产生兴趣。

1. 计算机科学

计算机科学领域内的工作者把重点放在研究计算机系统中软件与硬件之间的关系,开发可以充分利用硬件新功能的软件,以提高计算机系统的性能;此外对操作系统、数据库管理系统、语言的编译系统等的研究与开发,一些工具软件(如字处理软件、图形处理软件、通信软件等)也应有受过计算机科学技术严格训练的人员来担任。

2. 计算机工程

计算机工程领域中所从事的工作比较侧重于计算机系统的硬件,注重于新型计算机和计算机外部设备的硬件开发及网络工程等。计算机工程师也要进行程序设计,但开发软件不是他们的主要目标。

计算机工程涉及的行业也很广泛,有对计算机硬件及外部设备的开发,也有专门设计电子线路(包括 CPU)的。这些行业的专业性要求也很高,除了计算机科学技术系的学生可以胜任该类工作外,电子工程系的学生也是比较合适的人选。

3. 软件工程

软件工程师的工作是从事软件的开发和研究。他们注重于计算机系统软件的开发(如操作系统、数据库管理系统、编译系统等),也可以从事工具软件的开发(如办公软件、辅助设计软件、客户管理软件、电子商务软件等)。

相关软件企业提供的岗位主要有软件开发工程师、软件测试工程师、系统分析与架构设计师、营销服务工程师、实施与维护工程师、软件项目管理工程师、咨询与技术服务等。从事软件工程的人员除需要有较好的数学基础和程序设计能力外,对软件生产过程中的各个环节也应熟知并掌握。如果这些人除了软件工程的知识还具有相关行业、领域的知识,他们必定会大受欢迎。

4. 计算机信息系统

这个领域的工作涉及社会上各种企业、机构的信息中心或网络中心等部门。这些工作包括处理企业日常运作的数据,对企业现有软硬件设施的技术支撑、维护,以保证企业的正常运作。

这类工作人员一般要求对商业运作有一定的基础。计算机科学技术专业的学生再学习一些商科知识能胜任此类工作。如果是企业信息部门的主管,则对商业运作的了解和对计算机系统的熟悉方面要求更高。

18.4.2 计算机职业资格考试

我国已开始推行劳动力市场准入制度,即通过职业资格证书认证的方式对劳动者的从业资格进行确认,这标志着我国劳动力市场走上了标准化、规范化的轨道。实行劳动力市场准入制度的基础之一,就是强有力地与职业资格证书制度紧密结合的职业教育。全国计算机职业资格认证考试主要有如下类型。

1. 计算机技术与软件专业技术资格(水平)考试

计算机专业的职业资格认证大体分为五类,是国家人事部和信息产业部领导下的国家级考试,是对原中国计算机软件专业技术资格和水平考试(简称软件考试)的完善与发展。它科学、公正地对全国计算机与软件专业技术人员进行职业资格、专业技术资格认定和专业技术水平测试。考试级别分 5 个专业:计算机软件、计算机网络、计算机应用技术、信息系统、信息服务。每个专业又分 3 个层次:高级资格(高级工程师)、中级资格(工程师)、初级资格(助理工程师、技术员)。每个专业、每个层次还设置了若干个级别(见图 18-1)。

计算机技术与软件专业技术资格(水平)考试专业类别、资格名称和级别层次对应表					
	计算机软件	计算机网络	计算机应用技术	信息系统	信息服务
高级资格	信息系统项目管理师　系统分析师　系统架构设计师 网络规划设计师　系统规划与管理师				
中级资格	软件评测师 软件设计师 软件过程能力 评估师	网络工程师	多媒体应用设计师 嵌入式系统设计师 计算机辅助设计师 电子商务设计师	系统集成项目管理 工程师 信息系统监理师 信息安全工程师 数据库系统工程师 信息系统管理工程师	计算机硬件 工程师 信息技术支持 工程师
初级资格	程序员	网络管理员	多媒体应用制作 技术员 电子商务技术员	信息系统运行管理员	网页制作员 信息处理 技术员

图 18-1　专业类别、资格名称和级别层次

2. 全国计算机应用技术证书考试

全国计算机应用技术证书考试（NIT 考试）是教育部考试中心主办的计算机应用技能培训考试系统。它借鉴了英国剑桥大学考试委员会举办的剑桥信息技术（CIT）的成功经验并与之接轨，采用了系统化的设计、模块化的结构、个性化的教学、规范化的考试和国际化的标准，为用人单位提供了一个客观、统一、规范的标准，适合各种行业人员岗位培训的需要，供用人单位录用、考核工作人员参考。目前有计算机操作基础、文字处理、电子表格、数据库、程序设计、计算机绘图、桌面出版、多媒体应用、因特网（Internet）、局域网和会计电算化 11 个模块，并根据计算机技术的发展和实际需要不断增设新模块。

3. 全国计算机信息高新技术考试

全国计算机信息高新技术考试是原劳动部为了适应社会发展和科技进步的需要，提高劳动力素质和促进就业，加强计算机信息技术领域新兴职业技能培训考核工作，由劳动和社会保障部职业技能鉴定中心在全国范围内统一组织实施的社会化职业技能考试。考试共分 8 个模块，即办公软件应用模块、数据库应用模块、因特网应用模块、计算机图形图像处理模块、计算机速记模块、专业排版模块、微型计算机安装调试与维修模块和计算机辅助设计模块，考试合格颁发全国计算机信息高新技术考试合格证书（OSTA）。等级划分为五、四、三、二、一，对应职业资格的初级、中级、高级、技师和高级技师，分别称为初级操作员、操作员、高级操作员、操作师和高级操作师。

4. IT 厂商设立的认证考试

IT 厂商设立的认证考试是由软硬件开发商举办设立的培训认证。其目的是证明学员对该公司开发的软硬件的掌握程度。主要有微软认证产品专家（MCP）、微软认证系统工程师（MCSE）和微软认证软件开发专家（MCSD）、MCSA（微软认证系统管理员）、CCNA（Cisco 网络工程师）、CCDA（Cisco 网络的教师认证）、CCNP（Cisco 认证网络专家）、华为-3COM 认证、MCDBA（微软认证数据库管理员）、RHCE（RedHat 认证工程师）、SCJP（SunJava 认证软件工程师）、CISSP（信息系统安全认证专家）、ADOBE 平面设计师 3DS MAX 工程师以及美国 Autodesk 认证考试等。

18.5　思考与讨论

18.5.1　问题思考

1. 什么是计算机伦理？其主要内容是什么？
2. 建设计算机伦理的重要性有哪些？
3. 职业理想与职业道德有什么联系？
4. 计算机软件保护的法律法规有哪些？
5. 与计算机相关的职业有哪几种领域？

18.5.2　课外讨论

1．如何理解构建计算机伦理的基本原则？
2．合格的软件工程师所具备 6 大基本素质中最重要是什么？
3．说出自己所看到的与计算机相关的职业。
4．计算机产业的发展对自己所学专业有哪些影响？

参 考 文 献

[1] (美)佛罗赞,莫沙拉夫著. 计算机科学导论. 刘艺,等译. 北京:机械工业出版社,2009.

[2] 黄国兴,陶树平,丁岳伟. 计算机导论. 2版. 北京:清华大学出版社,2008.

[3] 耿国华. 计算机导论与C语言. 2版. 北京:电子工业出版社,2010.

[4] 董荣胜. 计算机科学导论:思想与方法. 北京:高等教育出版社,2007.

[5] 陶树平. 计算机科学技术导论(专业版). 2版. 北京:高等教育出版社,2002.

[6] 赵致琢. 计算科学导论. 2版. 北京:北京科学出版社,2000.

[7] 张效祥. 计算机科学技术百科全书. 北京:清华大学出版社,1998.

[8] 吴鹤龄,崔林. ACM图灵奖——计算机发展史的缩影. 北京:高等教育出版社,2000.

[9] (美)布赖恩特. 深入理解计算机系统(修订版). 龚奕利,等译. 北京:中国电力出版社,2004.

[10] 唐朔飞. 计算机组成原理. 北京:高等教育出版社,2008.

[11] 郑纬民,汤志忠. 计算机系统结构. 2版. 北京:清华大学出版社,2004.

[12] 张尧学,史美林,张高. 计算机操作系统教程. 3版. 北京:清华大学出版社,2006.

[13] 汤子瀛,梁红兵,汤小丹. 计算机操作系统. 西安:西安电子科技大学出版社,2007.

[14] 谢希仁. 计算机网络. 5版. 北京:电子工业出版社,2008.

[15] 常晋义,何世明,赵秀兰. 现代网络技术及应用. 北京:机械工业出版社,2004.

[16] Gilles Brassard, Paul Bratley. Fundamentals of Algorithmics. 北京:清华大学出版社,2005.

[17] 严蔚敏,吴伟民. 数据结构(C语言版). 北京:清华大学出版社,2007.

[18] 萨师煊,王珊. 数据库系统概论. 4版. 北京:高等教育出版社,2006.

[19] 常晋义. 管理信息系统—原理、技术与应用. 北京:高等教育出版社,2009.

[20] 常晋义,邹永林,周蓓. 管理信息系统. 北京:中国电力出版社,2008.

[21] 马华东. 多媒体技术原理及应用. 2版. 北京:清华大学出版社,2008.

[22] 张海藩. 软件工程导论. 5版. 北京:清华大学出版社,2008.

[23] (美)普雷斯曼. 软件工程:实践者的研究方法(原书第6版). 郑人杰,等译. 北京:机械工业出版社,2007.

[24] 李剑,等. 信息安全概论. 北京:机械工业出版社,2009.

[25] 杨力平. 计算机犯罪与防范. 北京:电子工业出版社,2002.

[26] 王士同. 人工智能教程. 2版. 北京:电子工业出版社,2006.

[27] 刘鹏. 云计算. 北京:电子工业出版社,2010.

[28] (美)特雷尔·拜纳. 计算机伦理与专业责任. 北京:北京大学出版社,2010.

[29] 殷正坤. 计算机伦理与法律. 武汉:华中科技大学出版社,2003.

[30] 中国科学院信息领域战略研究组. 中国至2050年信息科技发展路线图. 北京:科学出版社,2009.

[31] 吴功宜. 智慧的物联网——感知中国和世界的技术. 北京:机械工业出版社,2010.

[32] 高庆狮. 21世纪有关计算机领域的十二个重大难题. 新华文摘,2005(20).

[33] 顾明,赵曦滨,郭涉,孙家广. 现代操作系统的思考. 电子学报,2001(12).

[34] 王正平. 美国计算机伦理学研究与计算机职业伦理规范建设. 江西社会科学,2008(12).

[35] 信息产业法律法规. http://www.gdei.gov.cn/zwgk/zcfg/flfg/.

[36] 考试专业与级别. http://www.rkb.gov.cn/jsj/cms/kszn/zyjb/index.html.